华中昆虫研究

（第十四卷）

王满困　雷朝亮　朱　芬　主编

中国农业科学技术出版社

图书在版编目（CIP）数据

华中昆虫研究．第十四卷／王满囷，雷朝亮，朱芬主编．—北京：中国农业科学技术出版社，2018.9

ISBN 978-7-5116-3872-4

Ⅰ.①华… Ⅱ.①王…②雷…③朱… Ⅲ.①昆虫-中国-文集 Ⅳ.①Q968.22-53

中国版本图书馆 CIP 数据核字（2018）第 202132 号

责任编辑 姚 欢
责任校对 马广洋

出 版 者 中国农业科学技术出版社
北京市中关村南大街 12 号 邮编：100081
电 话 (010)82106636(编辑室) (010)82109702(发行部)
(010)82109709(读者服务部)
传 真 (010)82106631
网 址 http://www.castp.cn
经 销 者 各地新华书店
印 刷 者 北京建宏印刷有限公司
开 本 787 mm×1 092 mm 1/16
印 张 23.5
字 数 600 千字
版 次 2018 年 9 月第 1 版 2018 年 9 月第 1 次印刷
定 价 70.00 元

前　　言

由湖北省、湖南省和河南省昆虫学会组织的区域性学术交流活动——华中三省昆虫学术年会，在推动华中地区昆虫学研究的发展乃至我国昆虫学事业中起着重要的作用。为展示华中地区近年来昆虫学研究成果、了解昆虫学各领域研究新动态、交流害虫绿色防控新技术，华中三省（湖北、湖南、河南）昆虫学会2018年学术研讨会将于2018年10月19—22日在湖北省襄阳市召开。

本次年会共收到学术论文和研究摘要共66篇，主要内容包括昆虫基础研究、农林害虫综合治理、有益昆虫利用、媒介生物、城市与水利工程白蚁治理等，不仅反映了昆虫学研究前沿领域研究进展，还有来自生产第一线科技人员防治各类害虫的新经验、方法和策略，充分展示了近年来华中三省昆虫学研究的重要成果，具有较高的理论水平和生产实用价值，对从事有害生物防治研究的教学与科研工作者具有较高的参考价值，对推动我国昆虫学事业发展和害虫控制新技术、新方法、新成果具有重要的作用。

本论文集通过湖北省昆虫学会、河南省昆虫学会和湖南省昆虫学会共同努力完成，同时还得到了华中农业大学、湖南本业绿色防控科技股份有限公司、湖北怀鑫投资有限公司、宜昌市金通白蚁防治有限公司等单位的大力支持，在此一并表示衷心感谢。

昆虫资源利用与害虫可持续治理湖北省重点实验室是本次学术研讨会的主办单位之一，论文的征集、修改及会议的筹备、举办得到了重点实验室全体老师的支持和帮助，在此一并表示衷心感谢。

由于时间仓促，编者水平有限，错误或遗漏在所难免，恳请读者、作者批评指正。

编　者

2018年9月20日

目 录

研究综述

研究论文

研究摘要

教学改革

研究综述

壳聚糖纳米材料在新型农业杀虫剂中的研究进展*

李振亚**，王合中，尹新明***
（河南农业大学植物保护学院，郑州 450002）

摘 要：纳米技术的迅猛发展促使了各种壳聚糖纳米材料的产生，以壳聚糖为基础的纳米材料将在现代农业杀虫剂转型中占得突出地位。壳聚糖是一种生物相容并可降解的天然材料，可作为新型农药的替代成分，如增效剂或缓释剂，在农业有害生物的防治中将发挥重要作用。本文综述了近年来壳聚糖纳米材料在新型农药研发中的现状，包括制备与应用，开发前景与亟待解决的问题等。

关键词：壳聚糖；纳米材料；杀虫剂；害虫防治

Research Advance of Chitosan Based Nano-materials in New Insecticide

Li Zhenya, Wang Hezhong, Yin Xinming
(*College of Plant Protection*, *Henan Agricultural University*, *Zhengzhou*, *Henan* 450002, *China*)

Abstract: The rapid development in nanotechnology has led to the creation of various chitosan based nano-materials. These chitosan based nano-materials will have prominent task in transforming insecticide. Chitosan is a bio-compatible, non-toxic and natural material and could be an alternative to synthetic pesticide as a synergist or sustained release preparation which could play an important role in pest control. This review recaps the recent research on chitosan nano-materials in the development of new pesticides, including their preparation and application, the development prospects, the burning questions as well.

Key words: Chitosan; Nano-material; Insecticide; Pest control

杀虫剂的科学有效使用，直接关系到农药防效好坏、农业安全生产、环境生态安全等方面。近年来，我国杀虫剂呈现出品种结构优化、产品研发水平提高的趋势，以新型农业杀虫剂为代表的绿色农药理念在不断发展完善（孙长娇等，2016）。

科学技术的发展促使着现代农业的不断改进和日趋完善，如纳米技术对农业生产的贡献。1959 年 Feynman 首次提出纳米技术的概念，他设想了通过操纵原子直接合成纳米材料的可能性。而真正的“纳米技术”一词直到 1974 年才由 Norion 首次使用。纳米材料是指三维尺度中至少有一维尺度在 0~100nm 范围内的材料。壳聚糖是世界上储量仅次于纤维素的生物聚合物，广泛存在于虾蟹等甲壳类动物的外壳、各种昆虫的表皮、

---

* 基金项目：河南省水果产业体系项目（S2014-11-G03）
** 第一作者：李振亚；E-mail：mrli0371@163.com
*** 通信作者：尹新明；E-mail：xmyin01@sohu.com

贝类等软体动物的外壳及真菌的细胞壁中。壳聚糖具有许多独特的物理化学性质如：大比表面积、非抗原性、吸附性、易溶解性，带正电荷。由于具有生物相容性、抗菌性、对环境安全、生物可降解性而成为生物组装、聚电解质分析、成膜能力及金属螯合等的理想选择。在农业领域被视为在生物农药、化肥、生长调节剂及检测植物生长与发育等方面具有巨大研发价值（Usman *et al.*，2016）。

目前，纳米技术的研究扩展催生出以纳米材料为基础的各种农业研究转型。壳聚糖由于其可降解性与生物溶解性可代替农业合成中的农用化学品以达到防治有害生物、强化土壤耐旱能力、调节植物生长等作用。为此，本文对近年来壳聚糖纳米材料在新型杀虫剂的研究和应用情况进行概述，为相关领域的研究拓展思路与参考。

1 纳米壳聚糖的制备方法

壳聚糖溶液在阴离子环境中能够形成凝胶，用于药物输送，但尺寸大（1~2mm）而限制了其应用（Shiraishi *et al.*，1993）。Ohya 等首次制备出壳聚糖纳米颗粒，方法为乳化和交联制备，用于静脉注射抗癌药物 5-氟尿嘧啶（Grenha，2012）。目前常用的有 5 种纳米壳聚糖制备方法：离子凝胶法、微乳法、乳化溶剂扩散法、聚电解质复合法和反向胶束法。其中应用最为广泛的是离子凝胶法、聚电解质复合法，操作简单，无须借助高强度外力或有机溶剂（Sailaja *et al.*，2011）。

1.1 离子凝胶法

离子凝胶技术最早由 Calvo 等（1997）报道，目前已被广泛改进及应用。该方法原理为利用氨基间的静电使壳聚糖和带负电荷的聚阴离子如三磷酸盐等相互作用，壳聚糖溶解于乙酸，再加入聚阴离子，在简单的机械搅拌下自发形成纳米颗粒。纳米颗粒的尺寸和表面电荷量可通过改变两者比例调节，壳聚糖比例增大时，纳米壳聚糖的浓度和聚合程度增大（Jonassen *et al.*，2012）。Antoniou 等（2015）使用此法制备出平均粒径为（180.25±2）nm，分散度（PDI）为 0.15±0.02，带电量为正（23.7±1.98）mV 的球状纳米壳聚糖颗粒，透射电镜显示纳米壳聚糖相比壳聚糖分子间距更为紧密。

1.2 微乳法

此法是由 De 等（1999）发明，先将表面活性剂溶于正已烷中，壳聚糖的醋酸-戊二醛溶液连续加入表面活性剂/正已烷混合液中，在室温下搅拌，过夜后壳聚糖与戊二醛的游离氨基完成交联，有机溶剂除去过量的表面活性剂，$CaCl_2$除去沉淀，最后离心得到纯净的纳米壳聚糖，此法的缺点是使用抗还原剂戊二醛，不利于蛋白质或缩氨酸的整合。赵静等（2012）引用此方法制备出了平均粒径为 192.6nm 的纳米壳聚糖载药微粒。

1.3 乳化溶剂扩散法

EIshabouri（2002）最早发表此方法，实际上是对 Niwa 等（1993）方法的改良。采用聚乳酸-羟基乙酸共聚物作为乳化剂，泊洛沙姆作为稳定剂，经过高压处理，稀释成乳状液，聚合物扩散形成纳米颗粒，此法的缺点是需要借助高强度压力及大量有机溶剂。Grenha（2012）研究并阐述了此法影响壳聚糖纳米颗粒的反应参数，必须保证聚合物的充分分散，此外固化前要防止离子间的粘连。

1.4 聚电解质复合法

室温条件下，向壳聚糖的醋酸溶液中加入 DNA，由于聚阳离子聚合物和 DNA 自我组装形成聚电解质复合体（Erbacher *et al.*，1998），因此又称为自我组装法。理论上，任何聚电解质都可以与多糖相互作用制备纳米颗粒，但在实际生产中处于安全性考虑，仅限于具有水溶性和生物相容性的聚合物，此法制备的纳米壳聚糖携带有许多负性聚合物如多糖、肽。Mao 等（2010）将此法优化，研究了壳聚糖与 DNA 的浓度比例，缓冲液的 pH 值大小和反应体系的温度等条件对复合反应程度的影响。

1.5 反向胶束法

Kadib 等（2008）发表该方法，主要亮点是无须交联或有毒有机溶剂，此外，利用此法可制备出尺寸较小的纳米壳聚糖颗粒，基本原理为将壳聚糖的水溶液加入含有表面活性剂的有机溶剂中，以形成反向胶束（Zhao *et al.*，2011）。

2 纳米壳聚糖在杀虫剂中的应用

纳米壳聚糖由于其表面富含氨基，有生物相容性，比表面积大，高带电量等特性，因而具有可修饰改造性，对生物膜穿透性强，吸附能力强，携带药物等能力强。在新型杀虫剂的研发中，目前主要研究载药与缓/控释药等内容，尤其研究纳米颗粒的杀虫活性及对颗粒表面基团进修饰，以提高杀虫活性等方面。

2.1 作为载体缓/控释药方面研究

壳聚糖纳米颗粒具有优良的载体性能，为各种载药复合物的研究发展提供了基础（Malmiri *et al.*，2012）。纳米壳聚糖能够携带药物颗粒跨膜，保护大分子药物不被降解，同时能控制药物或者大分子在“目的地”的释放（Janes *et al.*，2001；Divya & Jisha，2017）。由于纳米壳聚糖的尺寸较小，能够更有效地与细胞膜相互作用并以内吞的方式进入细胞（Ghadi *et al.*，2014）。有研究证明，纳米壳聚糖能够提高药物的生物利用度，影响药物代谢动力学，并保持载体-药物的密闭性，减缓药物释放（Janes *et al.*，2001；Shi *et al.*，2011）。

Gabriel 等（2017）采用纳米壳聚糖载植物源杀虫剂通过人工饲喂法研究 3 龄棉铃虫幼虫，研究发现处理 9 天后幼虫对载体-杀虫剂拒食率相比于对照为 62%～76.4%，而无载体的杀虫剂为 86.3%～100%，纳米壳聚糖作为载体能够减缓此杀虫剂的释放并减弱幼虫拒食；相比于无载体的杀虫剂，载体杀虫剂的死亡率显著增高，蛹重和成虫重量显著减少，未分化、畸形化成虫比例增多，纳米壳聚糖对于此类植物源杀虫剂的缓慢释放和长期控制虫害至关重要。Elsayed 等（2015）研究了纳米壳聚糖和植物提取物对库蚊和家蝇的杀虫活性并取得良好的结果。Feng 等（2012）利用 200～500nm 纳米壳聚糖作为载体携带植物源农药，使药效成分能够到达昆虫肠道，减少有效成分的流失并对昆虫造成损伤。

张谦（2014）详细研究了单分散纳米壳聚糖胶囊的制备及缓释药物的功能，通过药物释放的机理模型，解释了药物释放动力学和药物释放体系的结构变量的关系。将啶虫脒吸附在纳米壳聚糖胶囊中，囊心比越大，吡虫啉的释放速率越低，在药物释放的后期，随着释放介质渗入胶囊内部，药物的溶解和渗出速率明显下降，但高囊心比的胶囊提供了更大的药物浓度梯度，因而使药物能够更快速地释放。大粒径的胶囊由于其较低的比表面积和较厚的扩散基质，因而缓/控释更为显著。此外，Kumar 等（2015）也研究了纳米壳聚糖胶囊对啶虫脒缓控释能力，吸附后的纳米胶囊粒径不变，在溶剂中的稳定性增加，在酸性、碱性溶剂中 36h 的释放量为 50%，在水溶剂中需要 24h，而对照组按照商业配方在 3 种介质中 6h 的释放量全部高于 50%，证明这一无毒可降解的纳米载体有助于减少农药的使用。

2.2 作为新型杀虫剂方面

壳聚糖本身已被证明具有一定的杀虫活性（张宓，2003；王合中等，2016；Badawy，2012；Coleman，2005；Rabea，2011）。壳聚糖的纳米颗粒能显著提高聚合物的比表面积、表面电荷量与电荷密度（Huang *et al.*，2014）。目前，研究纳米壳聚糖本身的杀虫活性的方式有两种，一是不对纳米颗粒表面的官能团进行改造而直接作用于虫体。对纳米颗粒进行各种修饰以达到增加溶解性，增加稳定性，增加对药物的吸附能力等目的从而尽可能地增加药效减少用量。

2.2.1 纳米壳聚糖的杀虫效果

Sabbour 等（2016）详细研究了在室内和模拟田间的条件下粒径约为 50nm 的纳米壳聚糖对沙漠蝗的作用效果。室内研究表明：纳米壳聚糖对初孵幼虫、幼虫、幼虫末期、雌性成虫和雄性成虫的室内 LC_{50} 分别为 268mg/L、244mg/L、213mg/L、231mg/L 和 232mg/L；壳聚糖与纳米壳聚糖处理后产卵量、卵的孵化率及成虫数量比空白显著降低，而纳米壳聚糖处理相比壳聚糖处理组也显著降低；模拟田间防效表明：壳聚糖处理后沙漠蝗存活率为 29%，而纳米壳聚糖处理后存活率仅为 8%，并得出纳米壳聚糖的水溶性及小尺寸效应是其穿透并致死害虫的原因。纳米壳聚糖可以作为一种安全有效的化学纳米材料应用于害虫防治（Sabbour，2014；2015；2016）。笔者也曾初步研究了脱乙酰度的纳米壳聚糖对小麦蚜虫的毒力（2016），采用有效粒径为 157.0nm 的纳米壳聚糖，对麦长管蚜、二叉蚜、禾谷缢管蚜进行毒力测定，LC_{50} 值分别为 17.825mg/L、20.589mg/L 和 14.381mg/L，而对 3 种麦蚜的 7 天田间防效达 80.33%、79.65%、82.57%，而与吡虫啉的等体积混配剂，对麦长管蚜、二叉蚜、禾谷缢管蚜田间防效 7 天的结果为 88.31%、87.21%、84.76%。

2.2.2 改性纳米壳聚糖的杀虫效果

对壳聚糖的改性研究主要集中于与金属离子螯合以增加活性离子、增加有机/无机化学基团以提高氨基活性及生物活性等。改性出的壳聚糖及其衍生物已展示了对灰翅夜蛾、棉铃虫、小菜蛾、棉蚜、桃蚜等害虫良好的防治效果。截至目前，已有至少 24 个种类的几丁质及其衍生物已被证明具有明显的杀虫活性，其有效浓度为 5g/kg（Chen *et al.*，2011；Zhang *et al.*，2011），其中最具杀虫活性的是 N-（2-乙酰-6-苄基）-几丁质，对幼虫具有 100%的毒杀效果，其 LC_{50} 仅有 0.32 g/kg。Casals（2012）用 N-烷基壳聚糖，苄基壳聚糖对棉铃虫、小菜蛾、棉蚜、麦长管蚜、桃大尾蚜等害虫的防治效果进行研究并取得积极进展。Badawy（2012）对不同分子量的壳聚糖的杀虫效果进行了研究，发现分子量为 2.27×10^5 g/mol 及其铜改性的壳聚糖对夜蛾和夹竹桃具有较高的毒杀作用。

Sahab 等（2015）研究了有效粒径为 50.75nm 的改性物纳米（壳聚糖-多聚丙烯酸）对四纹豆象和棉蚜的杀虫活性。室内测定结果表明，经过壳聚糖-多聚丙烯酸纳米颗粒处理 7 天后的棉蚜存活率为 27%，产卵量为 20.9 个/头，而对照组分别达为 97%与 100 个/头；四纹豆象的存活率分别为 21.9%（处理组）与 96.3%（对照组），产卵量分别为 28 个/头（处理组）与 100 个/头（对照组），改性后的纳米壳聚糖具有明显的杀虫效果，并与 Cabrera（2002）及 Zhang（2003）的研究结果一致。

3 纳米壳聚糖助力精细农业与可持续农业

目前，以纳米壳聚糖、纳米二氧化硅为代表的众多农药纳米制剂能够针对害虫制定出具体的防治措施，以减少化学农药使用和残留，越来越多的研究趋向于精细纳米农业系统的研发（Manju *et al.*，2016），从而达到对农业生产的危害如环境破坏、农药残留与粮食安全等降至最低（Nuruzzaman *et al.*，2016；Shukla *et al.*，2013）的目的。此外，纳米农药制剂具有更高的溶解度、稳定性和分散性能（Venugopal *et al.*，2016），基于纳米材料的智能传输系统，使一些纳米材料（如果胶、淀粉、纤维素和壳聚糖）在提高农药利用率，尽量减少危险残留物在生态环境中扩散的研究备受关注（Dzung *et al.*，2011；Caulet *et al.*，2014）。

在发展农业提高粮食生产力的同时不对生态系统产生不利影响，是农业科学研究的永恒主题。在此背景下，缓慢而持久地控制农用化学品的释放是一项关键技术，诸多对纳米壳聚糖的研究表明其已经成为一种可利用的稳定载体。利用纳米材料和纳米技术以应对气候变化、环境污染及农药残留等农业可持续发展和粮食安全所面临的挑战，将纳米技术应用于植物病虫害的监测和防治，在提高植物抗性、减少药肥施用、提高作物产量等方面是此项技术的价值所在。将杀虫剂或其他农药装载于微球中，能够起到“封装”的作用，既能保护有效成分避免大量流失，又能保证杀虫剂只在微球/微囊的控制范围内释放，避免对周遭环境的影响，这是可持续农业的一种微观诠释（Kashyap *et al.*，2015）。Wu 等（2008）研究了纳米壳聚糖的缓释肥料性能，利用壳聚糖纳米颗粒的内层涂层，制备出一种同时具有控释和保水能力的壳聚糖纳米复合肥。经检测，纳米壳聚糖颗粒对营养物质的释放在第 30 天时不超过 75%，此外，纳米壳聚糖还是一种可降解材料，对土壤不会造成污染。Corradini 等（2010）也研究了纳米壳聚糖缓释氮磷钾肥的可能性，Hussain 等（2013）报道了影响纳米壳聚糖中尿素释放的影响因素。Ahmed 和 Fekry（2013）研究了纳米壳聚糖为基础的传感器，用于测定土壤和水体中重金属的含量，对重金属砷、铅、镍等具有很强的去除能力，并通过电响应监控整个吸附去除过程。这些材料不但制备简单，控释农药和氮磷钾肥，还能避免土壤和水体污染，减少农药和化肥的使用，在降低生产成本的同时提高作物生产率，助力于农业可持续发展。

4 展望

尽管纳米壳聚糖在医药和医学科学领域有着充分的研究与应用，但关于纳米壳聚糖在杀虫剂及其研究应用尚处于初级阶段。利用壳聚糖纳米颗粒在运送杀虫剂及诱导植物生长等方面研究极少，对非靶标生物的安全性评价方面研究罕见。

一旦实现此类纳米颗粒有效控制作物生长并减少农用化学品的环境危害，就要不得不考虑宿主-病原体、纳米技术与高效运输、纳米颗粒与植物防御系统及定点释放等可能从生理生化和遗传水平揭示纳米粒子的运作模式。最终形成安全有效低剂量的植物保护产品，真正意义上提高生产力，降低生产成本。因此，纳米壳聚糖具有广阔的应用前景，具有可持续性与环境友好性，尚需更加深入的研究与实践。

参考文献

李振亚，王合中，安世恒，等 . 2016. 纳米几丁质制剂对麦蚜的毒力及防效测定［J］. 河南农业大学学报（5）：635-640.

孙长娇，崔海信，王琰，等 . 2016. 纳米材料与技术在农业上的应用研究进展［J］. 中国农业科技导报，18（1）：18-25.

王合中，尹新明，李振亚 . 2016. 纳米几丁质在防治小麦蚜虫方面的应用：CN100750524 A［P］.

张宓，谭天伟，袁会珠，等 . 2003. 壳聚糖杀虫与壳低聚糖抑菌活性研究［J］. 北京化工大学学报（自然科学版），30（4）：13-16.

张谦 . 2014. 单分散纳米缓释微胶囊的制备及其释药行为研究［D］. 重庆：重庆大学 .

赵静，曾建国，邹剑锋，等 . 2012. 黄芩苷——血根碱离子对壳聚糖纳米粒的制备及表征［J］. 中草药，43（4）：676-682.

Ahmed R A，Fekry A M. 2013. Preparation and Characterization of a Nanoparticles Modified Chitosan Sensor and Its Application for the Determination of Heavy Metals from Different Aqueous Media［J］. International Journal of Electrochemical Science，8（5）：6692-6708.

Antoniou J，Liu F，Majeed H，Zhong，F. 2015. Characterization of tara gum edible films incorporated with bulk chitosan and chitosan nanoparticles：A comparative study［J］. Food Hydrocolloids，44：309-319.

Badawy，M E，Aswad E I. 2012. Insecticidal Activity of Chitosans of Different Molecular Weights and Chitosan-metal Complexes against Cotton Leafworm Spodoptera littoralis and Oleander Aphid Aphis nerii［J］. Plant Protection Science，48（3）：131-141.

Cabrera G，Casals P，Cardenas G，*et al.* 2002. Biodegradable chitosan derivatives with potential agriculture uses［C］// Proceeding 10th IUPAC Int. Congr. On the Chemistry. Of Crop Protect Basel：227.

Casals C，Elmer P A G，Viñas I，*et al.* 2012. The combination of curing with either chitosan or Bacillus subtilis，CPA-8 to control brown rot infections caused by Monilinia fructicola［J］. Postharvest Biology & Technology，64（1）：126-132.

Caulet R P，Gradinariu G，Iurea D，*et al.* 2014. Influence of furostanol glycosides treatments on strawberry（*Fragaria ananassa* Duch.）growth and photosynthetic characteristics under drought condition［J］. Scientia Horticulturae，169：179-188.

Chen Q，Wang X，Chen F，*et al.* 2011. Functionalization of upconverted luminescent NaYF4：Yb/Er nanocrystals by folic acid-chitosan conjugates for targeted lung cancer cell imaging［J］. Journal of Materials Chemistry，21（21）：7661-7667.

Coleman C M，Boyd R S，Eubanks M D. 2005. Extending the elemental defense hypothesis：dietary metal concentrations below hyperaccumulator levels could harm herbivores［J］. Journal of Chemical Ecology，31（8）：1669-1681.

Corradini E. 2010. A preliminary study of the incorparation of NPK fertilizer into chitosan nanoparticles［J］. Express Polymer Letters，4（8）：509-515.

Divya K, Jisha M S. 2017. Chitosan nanoparticles preparation and applications [J]. Environmental Chemistry Letters (1): 1-12.

Dzung N A, Khanh V T, Dzung T T. 2011. Research on impact of chitosan oligomers on biophysical characteristics, growth, development and drought resistance of coffee [J]. Carbohydrate Polymers, 84 (2): 751-755.

Elshabouri M H. 2002. Positively charged nanoparticles for improving the oral bioavailability o cyclosporin-A [J]. Int J Pharm, 249 (1): 101-108.

Erbacher P, Zou S, Bettinger T, *et al.* 1998. Chitosan-based vector/DNA complexes for gene delivery: biophysical characteristics and transfection ability [J]. Pharmaceutical Research, 15 (9): 1332-1339.

Feng B H, Peng L F. 2012. Synthesis and characterization of carboxymethyl chitosan carrying ricinoleic functions as an emulsifier for azadirachtin [J]. Carbohydrate Polymers, 88 (2): 576-582.

Gabriel P M, Ignacimuthu S, Gandhi M R, *et al.* 2017. Comparative studies of tripolyphosphate and glutaraldehyde cross-linked chitosan-botanical pesticide nanoparticles and their agricultural applications [J]. International Journal of Biological Macromolecules, 104 (Pt B): 1813.

Ghadi A, Mahjoub S, Tabandeh F, *et al.* 2014. Synthesis and optimization of chitosan nanoparticles: Potential applications in nanomedicine and biomedical engineering [J]. Caspian Journal of Internal Medicine, 5 (3): 156.

Grenha A. 2012. Chitosan nanoparticles: a survey of preparation methods [J]. Journal of Drug Targeting, 20 (4): 291.

Huang J, Chang P R, Lin N, *et al.* 2014. Polysaccharide Nanocrystals: Current Status and Prospects in Material Science [M] // Polysaccharide-Based Nanocrystals: Chemistry and Applications. Wiley-VCH Verlag GmbH & Co. KGaA: 1-14.

Hussain A, Collins G, Yip D, *et al.* 2013. Functional 3-D cardiac co-culture model using bioactive chitosan nanofiber scaffolds [J]. Biotechnology & Bioengineering, 110 (2): 637-647.

Janes K A, Fresneau M P, Marazuela A, *et al.* 2001. Chitosan nanoparticles as delivery systems for doxorubicin [J]. Journal of Controlled Release, 73 (2): 255-267.

Jonassen H, Kjøniksen A L, Hiorth M. 2012. Stability of chitosan nanoparticles cross-linked with tripolyphosphate [J]. Biomacromolecules, 13 (11): 3747-3756.

Kadib A E, Molvinger K, Guimon C, *et al.* 2008. Design of Stable Nanoporous Hybrid Chitosan/Titania as Cooperative Bifunctional Catalysts [J]. Chemistry of Materials, 20 (6): 2198-2204.

Kashyap P L, Xu X, Heiden P. 2015. Chitosan nanoparticle based delivery systems for sustainable agriculture [J]. International Journal of Biological Macromolecules, 77: 36-51.

Kumar S, Chauhan N, Gopal M, *et al.* 2015. Development and evaluation of alginate-chitosan nanocapsules for controlled release of acetamiprid [J]. International Journal of Biological Macromolecules, 81: 631-637.

Malmiri H J, Jahanian M A G, Berenjian A. 2012. Potential applications of chitosan nanoparticles as novel support in enzyme immobilization [J]. American Journal of Biochemistry & Biotechnology, 8 (4): 203.

Manju K, Chou D, Kumara S, *et al.* 2016. Nover prospective for chitosan based nano-aterials in precision agriculture- A review [J]. The Bioscan, 11 (4): 2287-2291.

Mao S, Sun W, Kissel T. 2010. Chitosan-based formulations for delivery of DNA and siRNA [J]. Adv Drug Deliv Rev, 62 (1): 12-27.

Mattiolibelmonte M, Gigante A, Muzzarelli R A, *et al.* 1999. N, N-dicarboxymethyl chitosan as delivery agent for bone morphogenetic protein in the repair of articular cartilage [J]. Medical & Biological Engineering & Computing, 37 (1): 130-134.

Niwa T, Takeuchi H, Hino T, *et al.* 1993. Preparations of biodegradable nanospheres of water-soluble and insoluble drugs with D, L-lactide/glycolide copolymer by a novel spontaneous emulsification solvent diffusion method, and the drug release behavior [J]. Journal of Controlled Release, 25 (1-2): 89-98.

Nuruzzaman M, Rahman M, Liu Y, *et al.* 2016. Nanoencapsulation, Nano-Guard for Pesticides: A New Window for Safe Application [J]. Journal of Agricultural & Food Chemistry, 64 (7): 1447.

Rabea E I, Badawy M. 2011. A Biopolymer Chitosan and Its Derivatives as Promising Antimicrobial Agents against Plant Pathogens and Their Applications in Crop Protection [J]. International Journal of Carbohydrate Chemistry (29): 1-29.

Sabbour M, Singer S. 2015. Control of locust *Schistocerca gregaria* (Orthoptera: Acrididae) by using imidaclorprid [J]. International Journal of Scientific & Engineering Research, 6 (10): 243-246.

Sabbour M. 2015. Nanochitosan against three olive pests under laboratory and field conditions [J]. Science Journal of Biology and Life Sciences, 3 (5): 155-160.

Sabbour M. 2016. Observations of the effect of nano chitosan against the Locust *Schistocerca gregaria* (Orthoptera: Acrididae) [J]. Journal of Nanoscience and Nanoengineering, 2 (4): 28-33.

Sahab A, Waly A, Sabbour M, *et al.* 2015. Synthesis, antifngal and insecticidal potential of chitosan (CS) -g-poly (acrylic acid) (PAA) nanoparticles against some seed borne fungi and insects of soybesn [J]. International Journal of Chem Tech Resaerch, 8 (2): 589-598.

Sailaja A, Amareshwar P, Chakravarty P. 2011. Current Pharma Research Formulation of solid lipid nanoparticles and their applications [J]. Current Pharma Research, 1 (2): 197-203.

Shi L E, Tang Z X, Yi Y, *et al.* 2011. Immobilization of Nuclease p1 on ChitosanMicro-spheres [J]. Chemical & Biochemical Engineering Quarterly, 25 (1): 83-88.

Shiraishi S, Imai T, Otagiri M. 1993. Controlled-release preparation of indomethacin using calcium alginate gel [J]. Biological & Pharmaceutical Bulletin, 16 (11): 1164-1168.

Shukla S K, Mishra A K, Arotiba O, *et al.* 2013. Chitosan-based nanomaterials: a state-of-the-art review [J]. International Journal of Biological Macromolecules, 59 (4): 46.

Usman A, Zia K M, Zuber M, *et al.* 2016. Chitin and chitosan based polyurethanes: A review of recent advances and prospective biomedical applications [J]. International Journal of Biological Macromolecules, 86: 630-645.

Venugopal N, Sainadh N. 2016. Novel Polymeric Nanoformulation of Mancozeb-An Eco-Friendly Nanomaterial [J]. International Journal of Nanoscience, 15 (4).

Wu L, Liu M, Rui L. 2008. Preparation and properties of a double-coated slow-release NPK compound fertilizer with superabsorbent and water-retention [J]. Bioresour Technol, 99 (3): 547-554.

Zhang Y, Ni M, Zhang M, *et al.* 2003. Calcium phosphate-chitosan composite scaffolds for bone tissue engineering [J]. Tissue Engineering Part A, 9 (2): 337-345.

Zhang H X, Wang Z H, Chen X P, *et al.* 2011. A Biomimetic Chitosan Derivates: Preparation, Characterization and Transdermal Enhancement Studies of N-Arginine Chitosan [J]. Molecules, 16 (8): 6778-6790.

Zhao L M, Shi L, Zhang Z L, *et al.* 2011. Preparation and application of chitosan nanoparticles and nanofibers [J]. Brazilian Journal of Chemical Engineering, 28 (3): 353-362.

茶脊冠网蝽的生物学特性及防治研究进展*

王梦思[1**]，崔清梅[2]，罗　鸿[2]，宗三林[3]，赵　耀[1]，彭　宇[1***]
（1. 湖北大学生命科学学院，武汉　430062；2. 恩施土家族苗族自治州农业科学院，恩施　445000；3. 湖北信风作物保护有限公司，武汉　430070）

摘　要：茶脊冠网蝽是我国西南茶区的主要害虫之一，在恩施土家族苗族自治州茶区可查证的历史资料中记载很少。近几年，在适宜的自然条件下恩施土家族苗族自治州茶区茶脊茶网蝽暴发成灾，成为新入侵的危险性害虫。本文综述了国内近年来对茶脊冠网蝽的形态特征、生物学特性及防治研究进展，提出了今后茶脊冠网蝽防治的研究重点和发展方向。

关键词：茶脊冠网蝽；形态特征；生物学特性；防治方法；研究进展

Advances in Biological Characteristics and Control of the *Stephanitis chinensis* Drake*

Wang Mengsi[1**], Cui Qingmei[2], Luo Hong[2], Zong Sanlin[3], Zhao Yao[1], Peng Yu[1***]
(1. *College of Life Sciences*, *Hubei University*, *Wuhan* 430062, China; 2. *Enshi Academy of Agricultural Sciences*, *Enshi* 445000, China; *Hubei Xinfeng Crop Protection Ltd*, *Wuhan* 430070, China)

Abstract: *Stephanitis chinensis* Drake is one of the major pests in the tea region southwest China. There are few historical records available in the tea region of Enshi prefecture. In recent years, in the suitable natural conditions, the *Stephanitis chinensis* Drake in the tea region of Enshi prefecture broke out and became a new dangerous invading pest. In this paper, the advances in morphological characteristics, biological characteristic and control of *Stephanitis chinensis* Drake in the recent years were summarized, the research emphasis and development direction of control of *Stephanitis chinensis* Drake in the future were proposed.

Key words: *Stephanitis chinensis* Drake; Morphological characteristics; Biological characteristic; Control technique; Advances

茶脊冠网蝽（*Stephanitis chinensis* Drake）属半翅目网蝽科（Hemiptera：Tingidae），又名茶网蝽、茶军配虫、白纱娘。茶脊冠网蝽最早是西南茶区广东、贵州、云南茶树的主要害虫。我国对茶脊冠网蝽的最早防治研究来源于 1988 年四川省苗溪茶场茶科所。2006 年传入四川宣汉县、万源县，由于镇巴、紫阳两个县是陕西的南大门，与四川万

* 基金项目：国家重点研发计划（2016YFD0200902）和国家自然科学基金（31672317）
** 第一作者：王梦思；E-mail：1369308315@ qq. com
*** 通信作者：彭宇；E-mail：pengyu@ hubu. edu. cn

源紧密接壤，山川河流的相连与交通、商贸的频繁往来，种苗采购，暖冬气候使得该害虫得以迅速传播（张锡友等，2017）。2010 年，陕西省镇巴县盐场镇茶农首次报告该害虫造成大面积茶园一片灰白，当年有镇巴县的盐场、赤南、巴山三镇发生茶脊冠网蝽虫害，约 $200hm^2$茶园（陈孝钧等，2013）受到为害。随着茶脊冠网蝽在川东茶区的暴发并扩散，2012 年茶脊冠网蝽于紫阳县、镇巴县向东北方向呈梯次的传播形式进行扩散(张元龙等，2015)。2013 年年底，茶脊冠网蝽已扩散到镇巴县的 10 个镇，紫阳县 5 个镇，逾2 $000hm^2$茶园不同程度受害（吴平昌等，2014）。截至 2017 年，茶脊冠网蝽已蔓延到汉江流域、嘉陵江流域的 15 个重点产茶乡镇，约7 $297hm^2$茶园已经不同程度的发生了茶脊冠网蝽为害（张锡友等，2017）。

2016—2018 年导致恩施土家族苗族自治州传入区严重发生茶脊冠网蝽为害，已成为当地茶叶生产中最严重的病虫害问题之一。鉴于此，深入研究茶脊冠网蝽的生物学特性、发生规律与综合防治技术等，对保障茶树产业的安全生产、农民增收、生态环境的安全保护等均具有重要的实践意义。

1 寄主及为害特性

茶脊冠网蝽主要为害茶树、油茶。茶脊冠网蝽若虫和成虫以刺吸式口器从茶树冠中下层成熟叶片背面吸食汁液，在其暴发期也为害上层嫩叶。典型的为害症状是叶片正面呈现密集的白色小斑点，为害严重时，叶片正面失绿斑点连成一片，呈灰白色，远看茶树一片灰白，背面有大量的黑色黏质物，系害虫排泄物、蜕壳和滋生的霉菌等（吴平昌等，2014)，因此被村民误认为茶树病害，具有集中为害的特点，重者致茶树叶片脱落，树势衰弱，茶芽萌发缓慢且细小或发芽停滞，对茶叶产量和品质均造成影响严重时可使茶树枯死（田忠正，2017）。由于缺乏对茶脊冠网蝽的监测防控技术及天敌制约，再加上其繁殖力强，群体数量大，向外扩散至无虫区的能力很强，其种群猖獗发生极为有利。

2 形态特征

2.1 卵

茶脊冠网蝽产卵于成熟茶叶叶肉内，长 0.38～0.42mm、宽 0.19～0.22mm，乳白色，长椭圆形，顶部有卵盖，卵盖椭圆形，褐色，中部稍拱突，卵盖上附有黑色带有光泽的胶状物（茶脊冠网蝽的分泌物），成熟卵在强光照射下呈白色亮点（不必借助于显微镜，肉眼可见）。

2.2 若虫

茶脊冠网蝽若虫分 5 龄。初孵化及蜕壳时体白色，后从浅绿色渐变为深绿色直至黑色，复眼红色发达，头顶有鞭状、较长触角一对，针状的刺吸式口器，胸部有行走足 6 对。变黑虫体经多次蜕壳随龄期逐渐增大。3 龄以上头顶有直立的刺状物呈三角形排列，3 龄之后翅芽明显，腹部背面中央纵列有 4 枚刺状突起，虫体两侧有 8 对刺状物。躯壳坚硬，蜕壳后仍能保持完整形态。若虫 5 龄不同形态区别见表 1。

表 1 茶脊冠网蝽若虫不同龄期的形态特征

龄期	大小（mm × mm）	前翅翅芽	刺突
1 龄	0.63 × 0.35	无	无
2 龄	0.81 × 0.46	无	出现突起，头顶无直立的刺状物呈三角形排列
3 龄	0.96 × 0.53	略有突出	全身突起明显，头顶有直立的刺状物呈三角形排列
4 龄	1.45 × 0.79	至第 1 腹节前缘	前胸背板 2 个刺突明显，无头兜和中纵脊
5 龄	1.87 × 1.08	至第 4 腹节前缘	前胸背板出现头兜和中纵脊

2.3 成虫

茶脊冠网蝽成虫体长 3.1~4.2mm，宽 2mm 左右，体小扁平，初羽化时呈乳白色，行动迟缓，2h 后体色逐渐加深至暗褐色。前胸具有网状花纹。头兜囊球形，前端逐渐变窄。背板发达，向前突出盖住头部，向后延伸将小盾片覆盖，两侧伸出呈薄圆片状的侧背片。翅长椭圆形，膜质透明，满布网状花纹。前翅有一纵粗脉，中间具有 2 条暗色斜斑纹。触角膝状，4 节，第三节最长。腹部黑色，具一暗色纵沟。雄虫比雌虫个体稍小，雌虫腹部肥大，末端圆锥形，产卵器明显，产卵器基部具有生殖片，雄虫腹部相对瘦长，腹末有 1 对爪状抱握器。

3 生物学特性

在陕南茶区，茶脊冠网蝽一年发生 2~3 代，冬季以卵在茶树叶片中越冬（田忠正，2017）。恩施土家族苗族自治州茶脊冠网蝽 1 年发生 2 代，以卵在茶丛中下部成熟叶片组织内越冬。越冬卵于翌年 4 月上中旬至 5 月上旬孵化。越冬代若虫发生盛期在 5 月上、中旬，5 月中旬至 7 月中旬进入成虫发生期。第二代卵期在 6 月初至 8 月下旬，9 月初至 10 月下旬进入若虫期，9 月中旬进入若虫盛发期并开始出现成虫，9 月下旬至 10 月上旬为成虫盛发期。

全年以第一代发生整齐且集中，发生初、盛、末期明显，且虫口密度大，常为第二代的 3~4 倍，为害严重。成虫初羽化时，全身均为白色，2h 后翅上显露花纹，腹部颜色加深，后随时间增长，翅上的黑纹和腹部颜色逐渐加深。初羽化的成虫生活力弱，成虫不善飞翔，多静伏于叶背或爬行于枝叶间。羽化后 4 天开始活跃进行交尾产卵，成虫多在上午交尾，历时 30~90min。成虫喜产卵于茶丛中、下部叶背主脉两侧组织内，排列成行，后覆以黑色胶质物。初孵若虫从卵壳内爬出，先在茶丛中、下部叶背刺吸汁液，肉眼难以观察。若虫有群集性，常成群集于叶背主、侧脉附近，排列整齐，随虫龄增大，开始分散。一般若虫发生盛期均在气温 20~25℃、相对湿度 75%~80%的气候条件下，反之，气温高、湿度大，则发生轻。

4 防治方法

在茶脊冠网蝽孵化初期，由于虫体小，数量大，田间虫情调查极不方便。茶脊冠网蝽数量大，茶脊冠网蝽发生严重的茶园内，整株茶树的成熟叶背面虫体密布，若虫羽化分散前数量多达每叶百头左右。茶脊冠网蝽怕光，阳光下活动加剧，茶脊冠网蝽静伏于茶树枝叶密集的中下部的叶片背面吸食汁液，遇阳光照射四散逃逸，爬行较快，成虫还有较弱的飞行能力，为准确观察虫体带来了一定的难度。一旦茶园受害，即使及时防治，但树势恢复缓慢，无法用茶树叶片的受害程度来确定防治效果。

4.1 农业及物理防治

6月和10月在茶脊冠网蝽成虫寿命结束后对茶园进行适当修剪，将剪下茶枝运出茶园销毁。采用修剪茶园的方式杀死成熟茶叶中茶脊冠网蝽卵，从而降低田间虫卵量和虫口基数。茶脊冠网蝽若虫进入4~5龄时在茶园内悬挂黄色黏虫色板，注意悬挂方法，可用竹竿或棍棒插入地里，将黄板固定在竹竿或棍棒上，也可直接拴系在吊绳上。悬挂高度稍微超过茶树即可，黄板数量视茶园内虫情而定，注意黄板粘满害虫后及时更换。

4.2 化学防治

吴平昌等（2014）通过不同农药防治效果的对比试验，筛选出吡虫啉、联苯菊酯、高氯啶虫脒三种防治效果良好的农药。张元龙等（2015）采用25%噻虫嗪水分散粒剂2 400倍液，20%吡虫啉可溶性液剂2 400倍液以及2.5%联苯菊酯微乳剂2 800倍液对陕南茶区茶脊冠网蝽进行防控，10天之后，茶脊冠网蝽得到有效防控。于忠明等（2016）采用5种杀虫剂对茶脊冠网蝽进行防控：药后1天，20%啶虫脒可溶粉剂防效较高（虫口减退率97.11%，防效96.96%）；药后3天，10%联苯菊酯乳油、25%噻虫嗪水分散粒剂、20%啶虫脒可溶粉剂3种药剂防治效果较好，均达90%以上；药后7天：各处理防效大幅提高到峰值（0.3%苦参碱水剂防效增幅最大，防效达到99.11%）；药后14天，25%噻虫嗪水分散粒剂和0.3%苦参碱水剂仍保持较高防效，表现出持效性，其他处理防效呈下降趋势。

4.3 生物防治

大量使用化学农药对茶园害虫进行防治，既增加了害虫的抗药性使得害虫的防治更加困难，同时茶叶检测出农残超标，限制了茶产业的发展。采用生物防治的方式将成为解决这一问题的最有效途径。生物防治无毒、无害、无污染，不仅符合人们对绿色食品的需求，而且为农业的可持续发展提供了保障。利用害虫的自然天敌来防治害虫是生物防治中最直接、最有效的方式，目前应用于茶脊冠网蝽生物防治的天敌资源主要是天敌昆虫及茶园优势种蜘蛛。对于茶脊冠网蝽的捕食性昆虫目前有军配盲蝽，军配盲蝽若虫以及成虫一生都与茶脊冠网蝽一起生活，以口针吸取其体液为食。在茶园中，蜘蛛是茶园害虫的重要的捕食性天敌，茶园蜘蛛的种类和数量都非常丰富，种群数量可占茶园捕食性天敌总数的80%~90%（李新月，2012）。茶园蜘蛛数量多、寄主广、捕食量大，平均每头蜘蛛每天可捕食害虫6~10头，对害虫具有较大的控制作用（张觉晚等，2007）。自2017年7月至2018年6月在恩施土家族苗族自治州农业科学院茶园试验田采集蜘蛛共11科，其中优势种群为漏斗蛛科、跳蛛科、管巢蛛科，其次是狼蛛科、地蛛科、蟹蛛科、猫蛛科、球蛛科、皿蛛科、圆蛛科、肖蛸蛛科。在每年茶脊冠网蝽盛期的5月和10月，茶园内尤其以漏斗蛛科的机敏漏斗蛛，跳蛛科的白斑猎蛛居多。现阶段，由于茶脊冠网蝽暴发期数量大，时间短，茶园为害面积大，对茶脊冠网蝽的持续控制单纯地依靠生物防治是不切实际的，因此要注重把生物防治和其他防治策略综合起来，形成一个综合的防治方法。

5 小结

茶脊冠网蝽主要为害茶树，以直接刺吸方式对叶片造成为害。该蝽隐蔽性强、繁殖力强、传播蔓延快，集中为害、分布广泛，防控手段单一，有效防治时间短，防治强度大，难以有效控制，一旦达到一定基数，次年极易发生大暴发。而由于其数量大，天敌少，因而不能抑制其种群发展，且已有的防治方法效果欠佳。其传播方式为人为传播，通过茶树品种的引进以及茶叶买卖造成该蝽在不同城市和地区扩展。随着人类交流的频繁及交通运输业的发展，其传播速度会大大加快。因此，茶脊冠网蝽的入侵具有危险性，相关部门应引起重视，及时采取措施阻止其进一步的入侵和传播。

参考文献

陈孝钧，吴平昌，马荣彬，等 . 2013. 镇巴茶区一种新发生的害虫：茶脊冠网蝽［J］. 中国茶叶（8）：16-17.

李新月 . 2012. 湖南省茶园蜘蛛种类调查与优势种生态学研究［D］. 长沙：湖南农业大学 .

田忠正 . 2017. 茶脊冠网蝽发生规律与防治技术研究［D］. 杨凌：西北农林科技大学 .

吴平昌，李尤学 . 2014. 陕南茶区茶脊冠网蝽发生现状和防控研究［J］. 陕西农业科学，60（3）：73-76.

于忠明，李瑞清，甘立奎，等 . 2016. 5 种杀虫剂防控茶树茶脊冠网蝽试验初报［J］. 农药科学与管理，37（7）：48-50.

张觉晚，李训生，喻恢云，等 . 2002. 湖南娄底地区茶园害虫及天敌资源调查［J］. 茶叶通讯，01：35-37.

张锡友，罗碧安，孙光德，等 . 2017. 陕南茶脊冠网蝽蔓延威胁及有效防控对策思考［J］. 茶业通报，39（3）：130-132.

张云龙，涂作菊，岳建武，等 . 2015. 陕南茶区茶脊冠网蝽发生与控制探讨［J］. 现代农业科技，18：152-153.

黑腹果蝇脑解剖结构的研究进展*

常亚军**，马百伟，刘晓岚，谢桂英，陈文波，汤清波，赵新成***
（河南农业大学植物保护学院，郑州 450000）

摘 要：黑腹果蝇 *Drosophila melanogaster* 是重要的科研模式昆虫，与其他昆虫比，黑腹果蝇脑的解剖结构研究最为详细。本文主要就黑腹果蝇脑解剖结构的研究进展进行了综述。昆虫的脑是中枢神经系统中的重要组成部分，能够统一协调体内外的一切刺激和反应，了解昆虫脑的结构为进一步研究昆虫脑功能及其对行为神经调控机制奠定了基础。

关键词：黑腹果蝇；脑结构；神经髓

Advances in Research on Brain Structure of *Drosophila melanogaster**

Chang Yajun**, Ma Baiwei, Liu Xiaolan, Xie Guiying,
Chen Wenbo, Tang Qingbo, Zhao Xincheng***
(*College of Plant Protection*, *Henan Agricultural University*, *Zhengzhou* 450000, China)

Abstract: The fruit fly *Drosophila melanogaster* is an important model for scientific research. Compared with other insects, the anatomical structure of the brain of *D. melanogaster* was best studied. In this paper, the research progress of the brain anatomical structure of *D. melanogaster* was reviewed. The brain of insects is an important part of the central nervous system, receiving the external and internal environmental cues and demanding the reactions of insects. To understand the structure of the insect brain, it will provide the basic knowledge for further research on the function of the insect's brain and neural mechanism for the behaviories.

Key words: *Drosophila melanogaster*; Brain structure; Neuropils

昆虫脑作为感受和处理身体内、外接收信息的协调中心，控制着昆虫取食、生长、发育等各种生理过程（Chapman，1998）。昆虫脑由前脑、中脑、后脑 3 部分构成。后脑位于中脑的下面，与颚神经节相连。后脑可能在味觉感受和味觉行为调控中起重要的作用（Ignell *et al.*，2005）。中脑位于脑的前端，主要由触角叶构成，为脑的嗅觉初级中枢，接收来自触角的感觉信息。前脑为脑的主要部分，包括两个前脑叶，内部有蕈形体、中央复合体、视叶等结构显著的神经髓。蕈形体为学习和记忆的中枢（Fahrbach，2006；Dubnau & Chiang，2013）。中央复合体为昆虫运动导向中枢（el Jundi *et al.*，2010），除此外，中央复合体也参与调控学习和记忆（Liu *et al.*，2006；Sakai *et al.*，

* 基金项目：国家自然科学基金（31471830，U1604109）
** 第一作者：常亚军，硕士研究生，主要从事农业昆虫和害虫防治研究；E-mail：1072745297@ qq. com
*** 通信作者：赵新成，副教授，主要从事农业昆虫和害虫防治研究；E-mail：xincheng@ henau. edu. cn

2012）。视叶为视觉中枢。除这些之外，前脑还包括侧角、背前脑和腹前脑以及间脑等神经髓。这些神经髓为多种感觉（嗅觉、味觉、听觉、视觉、机械感觉等）的高级中枢、信息整合中枢和前运动中枢。在鳞翅目、膜翅目、双翅目等昆虫成虫脑内，颚神经节与脑紧密融合在一起，成为脑的一部分。颚神经节为脑的味觉中枢。

昆虫脑各神经髓结构大小与其调控的行为密切程度相关。根据感觉和行为的重要性程度大小不同，其脑结构大小不同。比如蜜蜂、蚂蚁等社会性昆虫，学习和记忆能力强，则蕈形体体积相对较大（Dreyer *et al.*，2010）。群居蝗虫脑的视觉中枢和中央体相对较大，而独居蝗虫脑的嗅觉中枢相对较大（Ott & Rogers，2010），这与他们的迁飞习性和觅食策略不同有关。不同的昆虫，生活习性和适应环境的方式不同，脑的解剖结构也不同。所以深入研究昆虫脑的解剖结构，将会促进昆虫脑功能及行为神经调控机制的研究。黑腹果蝇 *Drosophila melanogaster* 是重要的科研模式昆虫，与其他昆虫比，黑腹果蝇脑的解剖结构研究最为详细。本文将就黑腹果蝇脑解剖结构的研究进展进行综述，以期推动昆虫科研工作者对黑腹果蝇脑的了解，并为研究其他昆虫脑的解剖结构奠定基础。

1　黑腹果蝇脑的基本结构

黑腹果蝇脑约有 10 万个神经元，通过对多个脑的数据整合做到对完整脑的均衡覆盖，绘制出的三维图谱（Peng *et al.*，2011），才能对果蝇脑做到精确的划分。此外，科学家们分别从分子生物学、脑神经科学和生物化学等不同学科角度、结合虚拟现实和遗传学等思路、利用自动细胞计数算法分析果蝇的脑细胞分布（Shimada *et al.*，2005）等方法，全方位、多角度的来理解、研究果蝇的大脑，并建立了果蝇脑结构资源公共开放网站 http：//www.virtualflybrain.org，以方便相关领域科研人员使用（Ito *et al.*，2014）。随着科学技术的进步与发展，科研人员更是创新性的将 3D 打印技术引进果蝇脑结构研究中，利用 3D 脑模型来方便对果蝇脑的研究与学习（图 1，赵新成等，2017；陈秋燕等，2018）。

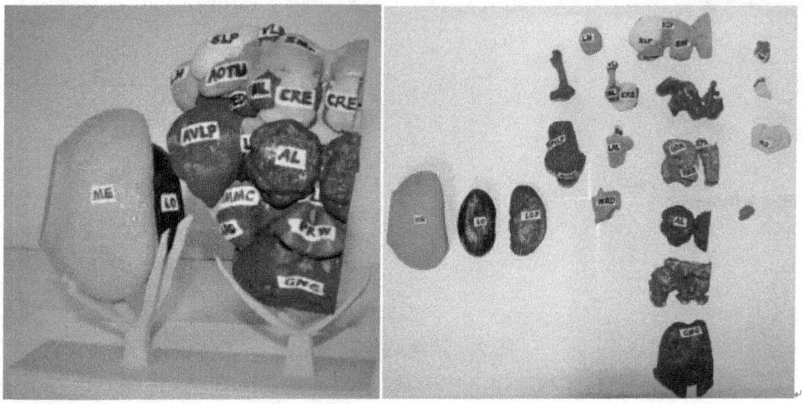

图 1　黑腹果蝇脑 3D 打印模型的组合和拆解

黑腹果蝇的脑神经节位于头壳内，中间有食道穿过，所以果蝇脑包括咽上神经区

(supraesophageal zone) 和咽下神经区 (subesophageal zone) 两部分。咽下神经区主要为颚神经节，控制口器的活动。咽上神经区为脑的主题部分，包括前脑、中脑和后脑 3 个区域，前脑主要是高级感觉中枢，包括视叶、蕈形体和中央复合体等结构；中脑则主要包括触角叶；后脑位于中脑的下方，与颚神经节融合，很难辨别出来。通过利用多种神经标记技术，黑腹果蝇脑又被细分为 12 大部分、47 个神经髓结构和 75 个亚结构 (Ito *et al.*, 2014)。

2 黑腹果蝇脑的各部分结构

2.1 视叶

视叶 (optic lobe, OL) (图 2A) 位于复眼里面，是前脑向两侧长出的部分，通常具有几个嵌套的神经髓，处理复眼光受体神经元探测到的视觉信息。多数昆虫，每个视叶包括视神经节层、视髓和视小叶复合体，视髓分为外髓和内髓。视小叶复合体分为视小叶和视小叶板。视神经节层 (视神经板) (lamina, LA)，最远端的视叶神经髓，紧靠复眼下面。

视髓 (medulla, ME)，视叶第二个神经髓，也是最大的视叶神经髓。果蝇的视髓分为 10 层，1~6 层为外髓，第 7 层为蛇纹层，8~10 层为内髓。副视髓 (accessory medulla, AME)，视髓前面离散的部分，接近后视神经连合 (posterior optic commissure) 入口处。

视小叶复合体 (lobula complex, LOX)，视叶最内侧的区域，具有单个神经髓或者具有 2 个视网膜图谱相对的神经髓。在果蝇、蚊子、蛾、蝴蝶、甲虫、蜻蜓、豆娘中，视小叶复合体分为两个独立的神经髓，视小叶和视小叶板。视小叶 (lobula, LO) 位于前方，具有很多柱状神经元；而视小叶板 (lobula plate, LOP) 则位于后方，是比较窄薄的神经髓。

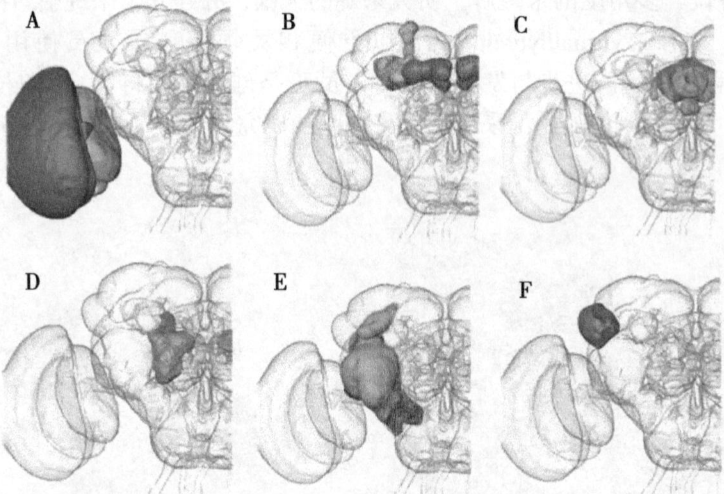

图 2 果蝇脑结构分区

A：视叶 (Optic lobe OL)；B：蕈形体 (mushroom body MB)；C：中央复合体 (central complex, CX)；D：侧复合体 (lateral complex LX)；E：腹面外侧神经髓 (ventrolateralneuropils VLNP)；F：侧角 (lateral horn LH)

2.2 蕈形体

蕈形体（mushroom body，MB）（图 2B），又称蘑菇体，前脑中成对存在，单个包括约2 500个神经元，是分叶的神经髓，许多昆虫脑顶后方具有帽或杯状的神经髓，前方具有多个叶状神经髓。同时，蘑菇体是昆虫脑重要的感觉整合中枢，也被认为是高级智力中枢（刘力，2000）。

蕈形体包括 4 个主要部分，冠、柄、垂直叶和中间叶。蕈形体冠（calyx，CA），球状或杯状结构区，位于蕈形体背面后端。副蕈形体冠（accessory calyx，ACA），球状冠突起的部分。蕈形体柄（pedunculus，PED），蕈形体树干状部分，从冠延伸到叶。垂直叶（vertical lobe，VL），一个蕈形体叶，大致垂直投射。中间叶（medial lobe ML），第二个蕈形体叶，直接或倾斜投射到脑中线。

2.3 中央复合体

中央复合体（central complex，CX）（图 2C），互相连接的神经髓系统，位于前脑的中线，主要包括中央体、扇形体、椭形体、前脑桥和小结（潘玉峰和刘力，2008）。中央体或称中心体（central body）：中央复合体中最显著的一组神经髓。扇形体（fan-shaped body，FB），模块化神经髓，具有不同的形状，呈扇状（果蝇、蝗虫、蜜蜂）、矩形或条棒状。椭形体（ellipsoid body，EB）：模块化神经髓，呈椭形或环形。果蝇中，FB 位于 EB 的后面。前脑桥（protocerebral bridge，PB）：桥样的神经髓，位于 FB 的后面。小结（noduli，NO），纤维球结构，由几个堆积的盘片或隆起物组成，位于 FB 腹面。

2.4 侧复合体

侧复合体（lateral complex，LX）（图 2D），位于中央复合体前方外侧的神经髓，与中央复合体紧密联系，包括球体（bulb，BU）和侧副叶（lateral accessory lobe，LAL）两部分。球体（BU）：EB 两侧的神经髓。侧副叶（LAL）是锥体形神经髓，位于 EB 的下方外侧，触角叶的后面。

2.5 腹面外侧神经髓

腹面外侧神经髓（ventrolateralneuropils，VLNP）（图 2E），位于中间脑腹面外侧区域，包括前视结节、腹面外侧前脑、后外侧前脑、后视结节。前视结节（anterior optic tubercle，AOTU）：脑的最前上方（most anterior-superior）的视纤维球，在果蝇中，与 VLP 稍有分离，通过前视神经束（anterior optic tract，AOT）接收来自 ME 和 LO 的神经输入。腹面外侧前脑（ventrolateralprotocerebrum，VLP），指 VLNP 前部的大部分神经髓，位于 AL 和 OL 之间，分为前区、后区和楔形体。腹面外侧前脑前区（anterior VLP，AVLP），VLNP 的前面突触的部分，是 VLP 无纤维球区域；腹面外侧前脑后区（posterior VLP，PVLP），VLP 内具有纤维球的区域；楔形体（wedge WED），无纤维球区域，位于 VLP 的下面，向下延伸，与颚神经节相平。

2.6 侧角

侧角（lateral horn，LH）（图 2F），第二级嗅觉中心。在蝇、蝗虫、蜜蜂、蟑螂、蛾等中，侧角向外突出；而在其他昆虫中，可能被深埋在其他神经髓中，没有角状突起。侧角与其他神经髓没有明显的边界，依据投射神经元的投射区域而定。在果蝇中，侧角位于上端外侧前脑和PVLP后面，PVLP和PLP上面，上端外侧前脑下面，钳形体上部外侧。

2.7 上端（顶）神经髓

上端（顶）神经髓（superior neuropils，SNP）（图3A），中心脑最顶端的神经髓，又分为上端外侧前脑（superior lateral protocerebrum，SLP）、上端中间前脑（superior intermediate protocerebrum，SIP）和上端内侧前脑（superior medial protocerebrum，SMP）。上端外侧前脑（SLP）是SNP的外侧部分，外侧区域覆盖着LH的内侧部分；上端中间前脑（SIP）则是蕈形体垂直叶后面相对较小的区域；上端内侧前脑（SMP），SNP内侧部分，大致位于与蕈形体叶、柄、冠相邻区域的上方。

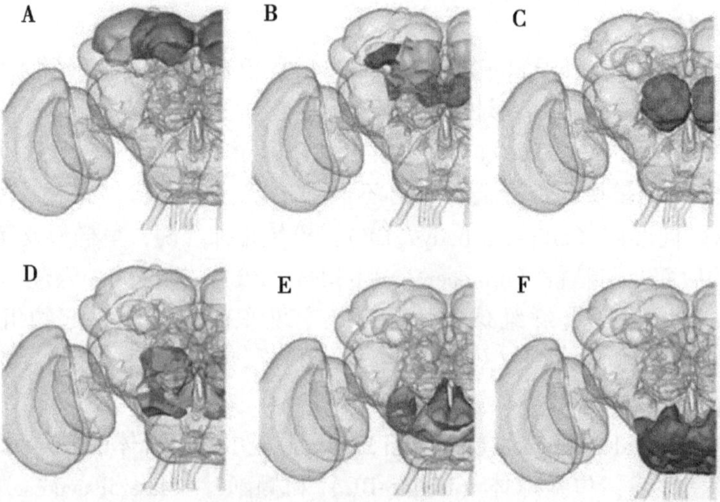

图3 果蝇脑结构分区

A：上端（顶）神经髓（superior neuropils SNP）；B：下端神经髓（inferior neuropils INP）；C：触角叶（antennal lobe AL）；D：腹面内侧神经髓（ventromedial neuropils，VMNP）；E：围（咽）食道神经髓（periesophagealneuropils PENP）；F：颚神经节（gnathal ganglia GNG）

2.8 下端神经髓

下端神经髓（inferior neuropils，INP）（图3B），SNP下面的神经髓，大约与蕈形体中间叶和柄相平，分为前后两部分，前面部分为网穗体，包围着中间叶；后面部分，包括钳形体、下桥和枝角。网穗体（crepine，CRE），环绕蕈形体中间叶的区域。钳形体（clamp，CL），位于FB/PB和蕈形体柄之间的区域，包括蕈形体柄的上下区域分为钳形体上区（superior clamp，SCL）和钳形体下区（inferior clamp，ICL）。下桥（inferior bridge，IB），FB后面，PB下面，脑最后面的中线区域。枝角（antler，ALT），薄但延长的结构连接着IB和SLP。

2.9 触角叶

触角叶（antennal lobe，AL）（图3C），脑最前端具有纤维球的神经髓，位于前脑的前面，网穗体的下面，船头体和凸缘体的上方。具有许多纤维球，每个纤维球接收特定类型的嗅觉感觉神经元。触角叶主要包括 2 部分，纤维球部分和触角叶核心（antennal lobe hub）。触角叶中心没有纤维球，没有嗅觉感觉神经元的末梢。

2.10 腹面内侧神经髓

腹面内侧神经髓（ventromedial neuropils，VMNP）（图 3D），食道两侧的成对区域，位于中央复合体和 INP 下面，LAL 后面，VLNP 内侧，主要包括 5 部分。腹面复合体（ventral complex，VX）：LAL 和巨大神经连合之间的一组神经髓。衬里（vest，VES），腹复合体的主要部分，位于内侧，位于食道两侧，马鞍体的上方。肩章体（epaulette，EPA），ICL 下面外侧部分，较小。颈领体（gorget，GOR），FB 下面，巨大神经连合上面，小而薄的区域。后坡（posterior slope，PS），VX 和巨大神经连合后面的神经髓且分为上部和下部。后坡上部（superior posterior slope，SPS），巨大神经连合和后视神经连合水平面上方的部分；后坡下部（inferior posterior slope，IPS），巨大神经连合和后视神经连合水平面下方的部分。

2.11 围（咽）食道神经髓

围（咽）食道神经髓（periesophagealneuropils，PENP）（图 3E），食道下面或两侧，属于脑神经节，主要包括 5 个结构。马鞍体（saddle，SAD），覆盖 GNG 上表面的区域，包括 AMMC。触角机械感觉和运动中心（antennal mechanosensory and motor center，AMMC），具有触角机械感觉神经元末梢和控制触角肌肉运动神经元树突的区域。凸缘体（flange，FLA），小的三角形区域，马鞍体前端突出的神经髓，食道孔前端侧翼。鞍后桥（cantle，CAN），小的三角形区域，马鞍体后端突出的神经髓，食道孔中间侧翼。船头区（prow，PRW），食道孔开口下面区域的前端，位于 GNG 最前端的上面。

2.12 颚神经节

颚神经节（gnathal ganglia GNG）（图 3F），脑的最下端部分的神经髓，具有来自咽、下颚-下唇、和胸-腹神经节的神经元轴突末梢。GNG 包括上颚神经原节、下颚神经原节和下唇神经原节。在幼虫期三个原节边界非常清晰，但成虫期边界不清晰，两种类型的标志有助于识别边界：一是 VUM（ventral unpaired median）神经元的纤维束，神经纤维束在每个神经原节的中线离开，果蝇的 VUM 神经元群位于颚神经节的前半部分，这样上颚和下颚神经髓在一起；二是（副）咽神经（上颚神经髓）的感觉神经元末端以及下颚-下唇神经（下颚神经髓和下唇神经髓），果蝇的颚神经节只在咽下神经髓区域的腹侧部分。

3 结论

综上所述，黑腹果蝇脑的解剖结构被划分为 12 大分区，包括 47 个神经髓结构和 75 个亚结构。这些结构的明确，为深入研究果蝇脑的功能提供了详细的结构基础。另外，果蝇脑三维模型构建能够清晰、准确地展现出脑的解剖结构和脑内各神经髓结构形状、大小、相对位置以及它们之间的空间关系。果蝇脑细微结构的鉴定和脑模型的构建，为详细研究其他昆虫脑的解剖结构和功能提供了鉴别标准和参照工具，并将会促进其他昆虫的脑神经生物学的快速发展。

参考文献

陈秋燕，常亚军，郭倩倩，等 . 2018. 应用 3D 打印技术辅助识别昆虫脑解剖结构 [J]. 昆虫学报，61 (4)：439-448.

刘力 . 2000. 果蝇：基因、脑和行为 [J]. 世界科技研究与发展，22 (6)：46-49.

潘玉峰，刘力 . 2008. 昆虫脑中央复合体的结构与功能研究进展 [J]. 生物物理学报，24 (4)：251-259.

赵新成，谢桂英，陈秋燕，等 . 2017. 应用 3D 打印技术辅助果蝇脑结构教学的实践 [J]. 华中昆虫研究 .

赵新成，谢桂英，汤清波 . 2018. 高校昆虫脑科学教学与科研融合的探索 [J]. 教育教学论坛 (13).

Chapman R F. 1998. The insects: structure and function [M]. 4th ed. UK: Cambridge University Press, Cambridge.

Dreyer D, Vitt H, Dippel S, *et al.* 2010. 3D standard brain of the red flour beetle Tribolium castaneum: A tool to study metamorphic development and adult plasticity [J]. Front. Syst. Neurosci., 4: 3.

Dubnau J, Chiang AS. 2013. Systems memory consolidation in *Drosophila* [J]. Curr. Opin. Neurobiol., 23 (1): 84-91.

Fahrbach SE. 2006. Structure of the mushroom bodies of the insect brain [J]. Annu. Rev. Entomol., 51: 209-232.

Ignell R, Hansson B S. 2005. Projection patterns of gustatory neurons in the suboesophageal ganglion and tritocerebrum of mosquitoes [J]. J. Comp. Neurol., 492: 214-233.

Ito K, Shinomiya K, Ito M, *et al.* 2014. A Systematic Nomenclature for the Insect Brain [J]. Neuron, 81 (4): 755-765.

Jundi B, Heinze S, Lenschow C, *et al.* 2010. The locust standard brain: a 3D standard of the central complex as a platform for neural network analysis [J]. Front. Syst. Neurosci., 3: 21.

Liu G, Seiler H, Wen A, *et al.* 2006. Distinct memory traces for two visual features in the *Drosophila* brain [J]. Nature, 439 (7076): 551-556.

Ott SR, Rogers SM. 2010. Gregarious desert locusts have substantially larger brains with altered proportions compared with the solitarious phase [J]. Proc. R. Soc. B, 277: 3087-3096.

Peng H, Chung P, Long F, *et al.* 2011. Brain Aligner: 3D registration atlases of Drosophila brains [J]. Nature Methods, 8 (6): 493-500.

Sakai T, Inami S, Sato S, *et al.* 2012. Fan-shaped body neurons are involved in period-dependent regulation of long-term courtship memory in *Drosophila* [J]. Learn Mem., 19 (12): 571-574.

Shimada T, Kato K, Kamikouchi A, *et al.* 2005. Analysis of the distribution of the brain cells of the fruit fly by an automatic cell counting algorithm [J]. Physica A Statistical Mechanics & Its Applications, 350 (1): 144-149.

瓜类褪绿黄化病毒-介体-植物互作研究进展*

王　青**，李静静，卢少华，张泽龙，苏攀龙，闫凤鸣***
（河南农业大学植物保护学院，郑州　450002）

摘　要：瓜类褪绿黄化病毒（*Cucurbit chlorotic yellows virus*，CCYV）是近年来在多种作物间迅速蔓延的一种植物病毒，其发生往往伴随着其介体昆虫烟粉虱的大暴发。为深入研究病毒-介体-植物三者之间的互作关系，进一步为防治瓜类褪绿黄化病毒病及烟粉虱提供更为有力的理论依据，本文从瓜类褪绿黄化病毒研究现状出发，综述了瓜类褪绿黄化病毒-介体-植物互作的研究进展。

关键词：瓜类褪绿黄化病毒；烟粉虱；互作

Research Progress on Tripartite Interactions Among *Cucurbit chlorotic yellows virus*-Vector Insect-Plants

Wang Qing，Li Jingjing，Lu Shaohua，Zhang Zelong，Su Panlong，Yan Fengming
（*College of Plant Protection*，*Henan Agricultural University*，*Zhengzhou* 450002）

Abstract：*Cucurbit chlorotic yellows virus*（CCYV） is a plant virus that spreads rapidly among various crops in recent years，and its occurrence is often accompanied by a large outbreak of its vector insect *Bemisia tabaci*. In order to make a further study of the tripartite interactions among virus-vector insect-plants，and provide a more powerful theoretical basis for preventing and controlling *cucurbits chlorosis virus* and *Bemisia tabaci*，this article reviews the research progress on the tripartite interactions among *Cucurbit chlorotic yellows virus*-vector insect-plants based on the research status of *Cucurbit chlorotic yellows virus*.

Key words：*Cucurbit chlorotic yellows virus*；*Bemisia tabaci*；Interaction

大多数植物病毒都是依赖于介体进行传播的（Power，2000；Andret-Link and Fuchs，2005；Hohn，2007）。目前，烟粉虱 *Bemisia tabaci*（Gennadius）已成为植物病毒的重要传播媒介（Nault，1997）。根据国际病毒分类委员会（International Committee on Taxonomy of Viruses，ICTV）的统计结果：截至 2018 年，烟粉虱可以传播包括双生病毒科（Geminiviridae）菜豆金黄花叶病毒属（*Begomoviruses*）、长线形病毒科（Closteroviridae）毛形病毒属（*Crinivirus*）、马铃薯 Y 病毒科（Potyviridae）甘薯病毒属（*Ipomovirus*）等 5 个属的 468 余种植物病毒。

---

* 基金项目：国家自然科学基金（31471776）
** 第一作者：王青；E-mail：wangqing941007@163.com
*** 通信作者：闫凤鸣；E-mail：fmyan@henau.edu.cn

瓜类褪绿黄化病毒（*Cucurbit chlorotic yellows virus*，CCYV）作为近几年报道的一种新病毒，由烟粉虱 *Bemisia tabaci*（Gennadius）以半持久性方式迅速传播至多个国家，给诸多国家的农业生产造成了严重的经济损失（Okuda *et al.*，2010）。

1 瓜类褪绿黄化病毒（CCYV）概述

1.1 瓜类褪绿黄化病毒发生情况

瓜类褪绿黄化病毒（CCYV），在分类系统中归属于长线形病毒科（Closteroviridae），毛形病毒属（*Crinivirus*），由 B 型和 Q 型烟粉虱以半持久性方式特异性传播（Okuda *et al.*，2010），可为害西瓜、南瓜、丝瓜等瓜类植物以及甜菜、曼陀罗、昆诺藜、本生烟等非瓜类植物，可引起褪绿、黄化症状，但叶脉仍为绿色，在黄瓜和甜瓜叶片上引起典型的褪绿黄化症状（Okuda *et al.*，2010）。通常植株从中下部叶片受感染，向上发展，新叶无明显症状。

CCYV 最早于 2010 年由 Okuda *et al.*（2010）在日本正式报道，随后 CCYV 在中国、苏丹、黎巴嫩、伊朗以及沙特阿拉伯也相继发现（Hamed *et al.*，2011；Abrahamian *et al.*，2012；Bananej *et al.*，2013；Al-Saleh *et al.*，2015）。在我国，CCYV 最早于 2007 年在上海被发现，接着在宁波、寿光、郑州等地陆续被发现（Gu *et al.*，2011）；目前，瓜类褪绿黄化病毒主要分布于河北、山东、河南、江苏、上海、浙江、广西、海南（刘珊珊等，2013）和台湾（Huang *et al.*，2010）等地区。

1.2 瓜类褪绿黄化病毒研究概况

CCYV 病毒自发现以来，各项研究工作正在逐步深入。在 2009 年，由 Gyoutok 等利用反转录聚合酶链式反应（Reverse-transcription polymerase chain reaction，RT-PCR），通过对病毒感染植物叶片基因片段的检测方法，发现该病毒是一种新型病毒病，并将该病毒命名为瓜类褪绿黄化病毒（*Cucurbit chlorotic yellows virus*，CCYV）。2010 年，Okuda 等对 CCYV 全序列进行了测序，研究表明：病毒粒子为线状，长度介于 650~900nm 之间，基因组由两条正义单链 RNA 构成，分别为 RNA1 及 RNA2。其中 RNA1 有 8 607个核酸碱基（nucleotides）（GenBank AB523788），编码 4 个开放阅读框，分别是甲基转移酶（MTR）、RNA 依赖的 RNA 聚合酶（RdRp）、P6 和 P22；RNA2 有 8 041个核酸碱基（nucleotides）（GenBank AB523789）组成，编码 8 个开放阅读框，其中热击蛋白同系物（Hsp70h）、P59、外壳蛋白（CP）、重复的外壳蛋白（CPm）以及 P26 在属内是相对保守的（图 1）。

近年来，寄主植物带毒检测与植物对病毒的抗性研究等方面是当下研究的集中热点（Okuda *et al.*，2010；袁媛等，2012；Okuda *et al.*，2013）。Kubota 等（2011）建立了一种检测 CCYV 的方法——双抗体夹心酶联免疫吸附测定法（Double antibody sandwich enzyme-linked immunosorbent assay，DAS-ELISA）。随后，在 Wang 等（2014）建立了一种可快速准确地检测 CCYV 的方法——环介导等温扩增法（Reverse transcription loop-mediated isothermal amplification，RT-LAMP），该方法特异性强，灵敏度高。施艳等（2013）在大肠杆菌中高效表达了瓜类褪绿黄化病毒的外壳蛋白，以表达产物为抗原，大量制备特异性抗血清。梁相志（2014）明确了烟粉虱传播该病毒的获毒时间、传毒时间和持毒时间等传毒行为。Wang 等（2015）通过 Y2H（酵母双杂交）测定分析，在所有可能的组合中，研究了 CCYV 的编码蛋白。卢少华等（2015）研究发现，CCYV 可以改变烟粉虱的取食偏好性，并且能够增强烟粉虱的取食效率，使烟粉虱的行为更有利于该病毒的传播。Li 等（2016）成功提取了 CCYV 的病毒粒子，并通过人工饲料法饲喂烟粉虱，证实了 CCYV 半持久性传播的特性。刘珊珊等（2016）研究表明，在甜瓜生产中，有效地控制烟粉虱的发生群体数量，是控制 CCYV 发生的最主要因素。Shi 等（2016）研究发现经侵染克隆获得的 CCYV 可以通过烟粉虱在黄瓜植株间传播。Lu 等（2017）研究发现 B 型和 Q 型两种生物型成虫的传播 CCYV 的能力差异较大，并且 Q 型显著高于 B 型。

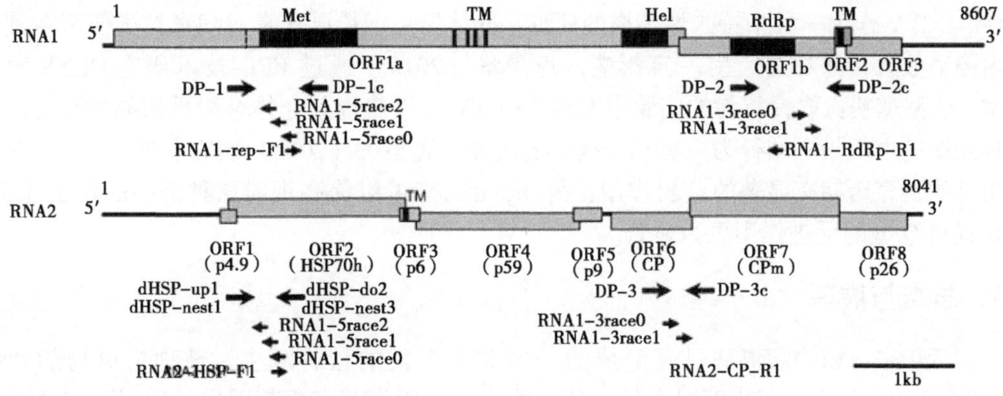

图 1　瓜类褪绿黄化病毒（CCYV）的 RNA1 和 RNA2 序列

注：图中矩形代表开放阅读框（ORFs），黑色框代表预测的 RNA1 编码的物质：Met，甲基转移酶；Hel，RNA 解旋酶 1；RdRp，依赖于 RNA 的 RNA 聚合酶；TM，跨膜结构域。RNA1 中的点线部分代表假定的切割位点。ORFs 的名称标在其下方。比例尺代表 1 kb。

2　CCYV-介体-植物互作

2.1　CCYV 对寄主植物的影响

病毒侵染植物后通常会诱导植物产生一系列生理生化的变化，从而改变植物的特性，具体表现为：病毒侵染植物后可改变寄主植物的性状，如叶片边缘的颜色、筛管成分中胼胝质含量和细胞壁厚度的变化，影响植物体内氨基酸的组成和含量、筛管的运输能力、可溶性糖的积累以及光合作用的强弱等，引起的症状主要为变色、畸形，如黄化、萎缩、矮化、肿瘤等，使媒介昆虫在病株上刺探取食时表现出与在健康植物上不同的行为。

刘珊珊（2013）研究了 CCYV 对‘风味 5 号’、‘甬甜 5 号’以及‘黄皮 9818’3 个品种的甜瓜果实的影响，结果表明：CCYV 可使甜瓜果实变小、色泽不均、品质下降。宋丹阳（2018）通过研究黄瓜感病 CCYV 后对其挥发物的影响时发现：黄瓜感病后，植株开始释放蒎烯和月桂酸，而在健康植株中占有一定比例的（E）-3-己烯-1-醇乙酸酯和 D-柠檬烯（苎烯）却未被检测出来。

2.2 CCYV 对介体昆虫的影响

病毒可通过直接和间接两种作用方式影响媒介昆虫的种群变化（Belliure *et al.*，2005；Colvin *et al.*，2006）。直接互作即介体昆虫与病原物的直接相互作用，主要包括两部分：①介体昆虫对病原物的传播；②病原物在介体昆虫体内的各种生理活动对介体昆虫的影响。间接互作则指的是被昆虫或者是植物病毒为害过的寄主，其生理条件及特性会发生变化，从而对其互作对象（病毒或昆虫介体）产生影响。例如，昆虫介体的适合度与行为会受到与其共同宿主植物上寄生的病毒的间接影响（Shrestha *et al.*，2017）。寄主植物的挥发性物质可以被机体昆虫作为觅食信号来进行寄主的定位，所以寄主植物改变吸引昆虫定位的化学物质可以对其行为产生影响（Pickett *et al.*，1992；Birkett *et al.*，2004）。

CCYV 作为一种半持久性传播的病毒，介体昆虫烟粉虱获毒后病毒粒子便可在其体内停留数天，并对其产生一定影响。卢少华（2015）通过 EPG 技术研究 CCYV 对 B 型、Q 型烟粉虱取食行为的实验中发现，CCYV 可以修饰其介体烟粉虱的取食行为，使其介体昆虫烟粉虱的行为更有利于病毒的传播。唐雪飞（2018）研究发现，CCYV 对烟粉虱的发育历期有显著的延长作用，另外，CCYV 可以提高烟粉虱种群中的雌虫比例，并且对 Q 型的促进作用更为显著。

3 总结与展望

近年来，植物病毒病已逐渐成为一类非常严重的植物病害，被称为植物的“癌症”。CCYV 作为近年来新报道的一种植物病毒，凭借其寄主范围广，传播速度快等优势迅速在多种植物中蔓延，且 CCYV 的发生往往伴随着烟粉虱种群的大暴发。因此，深入贯彻研究 CCYV-介体-寄主植物三者之间的互作关系对于有效防治该病毒具有十分重要的意义。截至目前，三者互作的相关研究相对较少，主要涉及 CCYV 对植物及介体昆虫生态学特性的影响，但在对植物的致病机理以及影响机制等相关分子研究的诸多方面仍需进一步深入。

参考文献

梁相志.2014. 烟粉虱传播瓜类褪绿黄化病毒的机理研究［D］. 郑州：河南农业大学硕士论文.

刘珊珊，彭斌，吴会杰，等.2013. 海南省和河南省发生甜瓜褪绿黄化病的分子鉴定［J］. 果树学报，30（2）：291-293.

刘珊珊，严蕾艳，王毓洪，等.2016. 甜瓜褪绿黄化病的发生与传毒介体烟粉虱群体数量关系的调查［J］. 中国瓜菜，29（11）：7-10.

刘珊珊.2013. 甜瓜褪绿黄化病病原的分子多样性分析及发生规律研究［D］. 中国农业科学院.

卢少华，李静静，刘明杨，等.2015. 烟粉虱 B 型和 Q 型竞争能力的室内比较分析［J］. 中国农业科学，48（7）：1339-1347.

卢少华，李静静，刘明杨，等.2015. 瓜类褪绿黄化病毒对烟粉虱取食行为的影响［C］//王满囷等. 华中昆虫研究（第十一卷）. 北京：中国农业科学技术出版社.

施艳，袁媛，孙虎，等.2013. 瓜类褪绿黄化病毒外壳蛋白基因在大肠杆菌中的表达及抗血清的制备［J］. 植物病理学报，43（5）：495-499.

宋丹阳 . 2018. 瓜类褪绿黄化病毒对介体烟粉虱行为和寄主植物特性的影响［D］. 郑州：河南农业大学 .

唐雪飞 . 2018. 瓜类褪绿黄化病毒对介体烟粉虱生物学特性的影响［D］. 郑州：河南农业大学 .

袁媛，赵特，梁相志，等 . 2012. 甜瓜病叶 CCYV 积累量与叶片症状表现的相关性研究［J］. 河南农业大学学报，46（6）：655-657.

Abrahamian P E，Sobh H，Abou-Jawdah Y. *et al.* 2012. First report of Cucurbit chlorotic yellows virus on cucumber in Lebanon［J］. Plant Dis，96：1704.

Al-Saleh M A，Al-Shahwan I M，Amer M A，*et al.* 2015. First report of Cucurbit chlorotic yellows virus in cucumber in Saudi Arabia［J］. Plant Disease，99（5）：. 734-734.

Andret- Link P，Fuchs M. 2005. Transmission specificity of plant virus by vectors［J］. J Plant Pathology，87：153-165.

Bananej K，Menzel W，Kianfar N，*et al.* . 2013. First report of Cucurbit chlorotic yellows virus infecting cucumber，melon，and squash in Iran［J］. Plant Dis，97：1005.

Belliure B，Janssen A，Maris P C，*et al.* 2005. Herbivore arthropods benefit from vectoring plant viruses［J］. Ecology Letters，8（1）：70-79.

Birkett M A，Agelopoulos N，Jensen K M V，*et al.* 2004. The role of volatile semiochemicals in mediating host location and selection by nuisance and disease-transmitting cattle flies［J］. Med Vet Entomol，18：313-322.

Colvin J，Omongo C A，Govindappa M R，*et al.* 2006. Host-plant viral infection effects on arthropod-vector population growth，development and behaviour：management and epidemiological implications［J］. Advances in Virus Research，67（6）：419-452.

Gu Q S，Liu Y H，Wang Y H，*et al.* 2011. First report of Cucurbit chlorotic yellows virus in cucumber，melon，and watermelon in China［J］. Plant Dis，95：73.

Gyoutok Y，Okazaki S，Furuta A，*et al.* 2009. Chlorotic yellows disease of melon caused by Cucurbit chlorotic yellows virus，a new crinivirus［J］. Jpn J Phytopathol，75：109-111.

Hamed K，Menzel W，Dafalla G，*et al.* First report of Cucurbit chlorotic yellows virus infecting muskmelon and cucumber in Sudan［J］. Plant Dis，95：1321.

Hohn T. 2007. Plant virus transmission from the insect point of view［J］. Proc Natl Acad Sci，104（46）：327-359.

Huang L H，Tseng H H，Li J T，*et al.* 2010. First report of *Cucurbit chlorotic* yellows virus infecting cucurbits in Taiwan［J］. Plant Disease，94（9）：1168.

Kubota K，Usugi T，Tsuda S. 2011. Production of antiserum and immunodetection of Cucurbit chlorotic yellows virus，a novel whitefly-transmitted crinivirus［J］. Journal of General Plant Pathology，77（2）：116-120.

Li J，Liang X，Wang X，*et al.* 2016. Direct evidence for the semipersistent transmission of Cucurbit chlorotic yellows virus by a whitefly vector［J］. Scientific Reports，6：36604.

Lu S，Li J，Wang X，*et al.* 2017. A Semipersistent Plant Virus Differentially Manipulates Feeding Behaviors of Different Sexes and Biotypes of Its Whitefly Vector［J］. Viruses，9（1）：4.

Nault L R. 1997. Arthropod transmission of plant viruses：A new synthesis［J］. Ann Entomol Soc Am，90：521-541.

Okuda M，Okazaki S，Yamasaki S，*et al.* 2010. Host range and complete genome sequence Cucurbitchlorotic yellows virus，a new member of the genus Crinivirus［J］. Phytopathology，100：560-566.

Okuda S, Okuda M, Sugiyama M, *et al.* 2013. Resistance in melon to Cucurbit chlorotic yellows virus, a whitefly-transmitted crinivirus [J]. Eu J Plant Pathol, 135: 313-321.

Pickett J A, Wadhams L J, Woodcock C M, *et al.* 1992. The chemical ecology of aphids [J]. Annu Rev Entomol, 37: 67-90.

PowerA G. 2000. Insect transmission of plant viruses: a constraint on virus variability [J]. Curr Opin Plant Biol, 3 (4): 336-340.

Shi Y, Gu Q, Yan F, *et al.* 2016. Infectious clones of the crinivirus cucurbit chlorotic yellows virus are competent for plant systemic infection and vector transmission [J]. J Gen Virol, 97 (6): 1458-1461.

Shrestha D, Mcauslane H J, Adkins ST, *et al.* 2017. Host-Mediated Effects of Semipersistently Transmitted Squash Vein Yellowing Virus on Sweetpotato Whitefly (Hemiptera: Aleyrodidae) Behavior and Fitness [J]. J Econ Entomol, 110 (4): 1433-1441.

Wang Z, Gu Q, Sun H, *et al.* 2014. One - step reverse transcription loop mediated isothermal amplification assay for sensitive and rapid detection of Cucurbit chlorotic yellows virus [J]. Journal of Virological Methods, 195 (1): 63-66.

Wang Z, Wang Y, Sun H, *et al.* 2015. Two proteins of Cucurbitchlorotic yellows virus, P59 and P9, are self-interacting [J]. Virus Genes, 51 (1): 152.

昆虫唾液激发子和效应子研究进展*

汤金荣**，董少奇，张新桥，李为争，王高平，原国辉，郭线茹，赵　曼***
（河南农业大学植物保护学院，郑州　450002）

摘　要：植食性昆虫唾液在昆虫与寄主植物长期协同进化过程中，发挥着至关重要的作用。其中，有些唾液成分能够被寄主植物识别，并激活植物的防御反应，称为激活子；有些则能够抑制植物的防御反应以促进昆虫的存活和发育，称为效应子。本文就植食性昆虫与寄主植物相互作用中发挥重要作用的几种昆虫唾液激发子和效应子，叙述了它们在不同种类昆虫中的最新研究进展，并对其在害虫防治中的应用前景进行了展望。

关键词：昆虫；植物；协同进化；昆虫唾液；激活子；效应子

Research Progress in Insect Saliva Elicitors and Effectors*

Tang Jinrong**, Dong Shaoqi, Zhang Xinqiao, Li Weizheng,
Wang Gaoping, Yuan Guohui, Guo Xianru, Zhao Man***
(*College of Plant Protection*, *Henan Agricultural University*, *Zhengzhou* 450002, *China*)

Abstract: Herbivore insect saliva plays an important role in the co-evolution of insects and host plants. For insect saliva, some saliva components, like elicitors, can be identified by the host plant and induce the defense response system of plant, while some saliva compounds like effectors suppress the plant defense response to facilitatethe survival and development of insects. In this article, we described the latest research progress of some insect saliva elicitors and effectors that play a crucial role in the interaction of phytophagous insects and host plants, and the application prospects of these insect saliva components in pest control was also discussed in the review.

Key words: Insect; Host plant; Co-evolution; Insectsaliva; Elicitor; Effector

在自然界，为了维持种群发展，植食性昆虫通过调整自身生理生化活动及相应的行为反应来获得快速应对生存环境变化的能力。其中，昆虫唾液在植食性昆虫适应性进化过程中发挥着至关重要的作用（Delucia *et al.*, 2012；Ferry *et al.*, 2004；任爱等，2013）。昆虫唾液作为植食性昆虫直接分泌到与植物作用界面的基础物质，不仅能对昆虫摄取到的植物组织进行预消化和预解毒外，还能调控植物的防御反应（Hogenhout and Bos, 2011；Petrova and Smith, 2014）。我们把能够激活植物防御反应的昆虫唾液成分称为激活子，能够抑制植物防御反应的唾液成分称为效应子（effectors）。但对于同一

* 基金项目：国家重点研发计划（2018YFD0200600）
** 第一作者：汤金荣，硕士研究生，主要从事昆虫生态学和害虫综合治理研究；E-mail：tangjinronga@163.com
*** 通信作者：赵曼，主要从事昆虫生态学和昆虫植物互作关系研究；E-mail：zhaoman821@126.com

唾液成分，其在植食性昆虫寄主适应性中的作用也会随昆虫种类及其取食的寄主植物不同而有一定差异（Elzinga & Jander，2013）。

自 1997 年 Alborn 等从棉贪夜蛾（*Spodoptera littoralis*）幼虫口腔分泌物中首次分离出能诱发植物防御反应的信息物以来，昆虫唾液与寄主植物的相互作用关系就引起了人们的广泛关注。随着现代生物化学及分子生物学等技术的迅速发展及其在昆虫学研究领域的渗入，人们对植食性昆虫唾液功能的认识也产生了质的飞跃。本文主要就植食性昆虫唾液中的效应子和激活子及其对寄主植物的影响等进行综述，以期为植物与昆虫之间的协同进化关系和害虫综合治理方面提供一些有价值的信息。

1 昆虫唾液激发子

在植物与植食性昆虫长期协同进化过程中，双方形成了一系列防御和反防御策略。植物诱导型抗虫防御反应可以分为直接防御和间接防御（Karban *et al.*，1997）。直接防御指植食性昆虫取食植物时，植物自身产生的次生代谢物质直接作用于昆虫，从而使其生长发育受阻或者死亡。间接防御指植物被植食性昆虫取食后，通过释放挥发性信息物质，以吸引天敌来对取食昆虫进行捕食或寄生。在植食性昆虫唾液中，目前已经鉴定出来数种能够引起植物初级抗虫反应的激发子，其中研究较多的是鳞翅目幼虫取食时唾液中的脂肪酸-氨基共轭物（FACs）。例如甜菜夜蛾（*Spodopetra exigua*）唾液中的 N-亚麻酸氨基-L-谷氨酰胺，这种激发子能够诱导玉米植株产生挥发物来吸引甜菜夜蛾的寄生性天敌，而这些挥发物不能被单独的机械损伤所诱导（Alborn *et al.*，1997）。之后在其他昆虫的口腔分泌物也相继发现了 FACs 类激发子的存在，例如棉铃虫（*Helicoverpa armigera*）、斜纹夜蛾（*Prodenia litura*）、黏虫（*Mythimna separata*）、甘薯天蛾（*Agrius convolvuli*）、黄脸油葫芦（*Teleogryllus emma*）、烟草天蛾（*Manduca sexta*）和黑腹果蝇（*Drosophila melanogaster*）等（禹海鑫等，2015）。

植食性昆虫唾液中除了 FACs 类激发子之外，还存在着大量蛋白类激发子。例如大菜粉蝶（*Pieris brassicae*）唾液中的 β-葡糖苷酶可以诱导寄主植物产生与虫害类似的植物挥发物（Mattiacci *et al.*，1995）；麦长管蚜（*Sitobion avenae*）唾液中的果胶酶可以诱导小麦大量释放挥发性物质吸引寄生蜂前来寄生；桃蚜（*Mmyzus persicae*）唾液中的活性蛋白能诱导拟南芥产生防御反应，从而抑制蚜虫的取食行为（Liu *et al.*，2009）。在众多蛋白类激发子中，β-葡糖苷酶是研究最早的水解酶。Mattiacci 等（1995）把杏仁 β-葡糖苷酶和相当酶活性的大菜粉蝶唾液分别涂在人工机械损伤的甘蓝叶片伤口上，能够诱导甘蓝植株产生与虫害相似的挥发性气体，对大菜粉蝶天敌有相似的吸引效果，当给予机械损伤，并在植物根部加杏仁 β-葡糖苷酶时，同样也能够吸引天敌。

2 昆虫唾液效应子

在昆虫与植物长期的协同进化中，植物和昆虫之间展开“军备竞赛”，表现为“进攻-防御-反防御”的不断升级（Li & Ni，2011）。被称为效应子的植食性昆虫唾液成分，能够抑制植物防御反应以促进昆虫自身存活和发育，如美洲棉铃虫（*Helicoverpa zea*）幼虫唾液中的葡萄糖氧化酶能抑制烟草和番茄等茄科植物中烟碱等有害次生物质的积累（Tian *et al.*，2012）。目前已经鉴定出来数种能够抑制植物防御反应的植食性昆虫效应子，其中研究较多的是鳞翅目幼虫取食时唾液中的葡萄糖氧化酶。葡萄糖氧化酶广泛存在于微生物、植物和动物中，在昆虫中极为普遍，目前已在鳞翅目 24 科共 85 种昆虫的下唇腺中检测到了葡萄糖氧化酶的活性（杨丽红，2016）。葡萄糖氧化酶在昆虫的不同发育阶段和不同的组织中分布具有明显的差异（宋娜和王琛柱，2004），其主要来源于昆虫的下唇腺，经唾液排出体外，在昆虫取食活跃期活性最高，参与到昆虫与寄主植物的相互作用中（Musser *et al.*，2002），说明葡萄糖氧化酶与昆虫的取食密切相关。Musser 等（2002）率先从多个角度证明了美洲棉铃虫葡萄糖氧化酶可以抑制寄主植物烟草中防御性物质烟碱的含量。首先他们从美洲棉铃虫的唾液中发现了能抑制烟碱含量的物质，然后逐步把范围缩小到下唇腺。最后用灼伤吐丝器的方法证明了是下唇腺中的葡萄糖氧化酶抑制了烟草中烟碱的含量。

效应子并非鳞翅目昆虫独有。半翅目昆虫通过口针刺穿来试探或取食植物汁液，研究表明在一些刺吸式昆虫唾液中也存在能够抑制寄主植物防御反应的唾液成分（Powell *et al.*，2006）。例如，蚜虫在取食过程中会产生胶状唾液形成口针鞘保护口针，同时也向植物细胞和韧皮部中分泌唾液（Miles，1999；Cherqui *et al.*，2000）。胶状唾液和水状唾液中都含有各类蛋白，其中某些具有活性的蛋白作为效应子抑制植物的防御反应（Mutti *et al.*，2008；Bos *et al.*，2010）；在豌豆蚜（*Acyrthosiphon pisum*）唾液中发现一种血管紧张素转化酶，可能与昆虫的发育、生殖和免疫等有关，当对其进行基因干扰后，豌豆蚜在其原有的适宜寄主蚕豆上的存活率显著降低（Wang *et al.*，2015）。

3 讨论与展望

直到今天，植食性昆虫唾液激发子和效应子在植物与昆虫互作关系中的具体作用机制依然不是很清楚。因此，进一步鉴定和研究昆虫效应子的功能可为深入理解植物与昆虫的相互作用关系提供帮助（Elzinga *et al.*，2014；Rodriguez *et al.*，2014）。

随着作物种植制度和种植结构的改变，对多食性昆虫而言，寄主植物种类及其对不同寄主的适应性也在逐渐发生改变，这种寄主适应性进化是由植食性昆虫体内一些与寄主适应性相关的重要适应因子所介导。近年来，一些研究者通过筛选在植食性昆虫寄主适应或生长发育过程中发挥重要作用的基因，来为新型抗虫植物的发展和培育发掘潜在作用靶标。如在烟草中表达烟粉虱（*Bemisia tabaci*）唾液效应子 BtQ56 的 dsRNA，可以显著抑制烟粉虱在烟草上的存活和产卵（Mao *et al.*，2011；徐红星，2015）。最近研究发现，根癌农杆菌瞬时表达系统可用于研究昆虫唾液激活子和效应子的功能，当在烟草中对烟蚜唾液激活子进行过表达时，显著降低了烟草对烟蚜的寄主适合度，而对烟蚜唾液效应子进行植物 RNAi，显著抑制了烟蚜在烟草上的生长发育。

随着基因工程技术的迅猛发展，植食性害虫的防治策略将更多地向分子及细胞水平扩展，研究昆虫唾液成分在基因水平上对植物体内各种防御信号传导途径的影响，之后再通过基因工程手段将昆虫唾液效应蛋白的 dsRNA 通过转基因方法导入寄主植物中实现其功能表达，来达到可持续控制害虫的目的。因此，深入开展昆虫唾液激发子和效应子研究，不仅有助于深入理解昆虫与寄主植物的相互作用关系，还能为农业害虫的有效控制和减少化学农药使用提供新的途径。

参考文献

任爱，赵凯，刘军侠，等 . 2013. 昆虫不同寄主种群遗传分化及其生理适应机制研究进展 [J]. 河北林果研究 (3)：254-258.

徐红星 . 2015. 转录分析烟粉虱应对寄主转换的分子机制及唾液效应因子 BtQ56 在其中的作用 [D]. 杭州：浙江大学 .

杨丽红 . 2016. 葡萄糖氧化酶 GOX 在棉铃虫与烟青虫下唇腺差异表达的机理初探 [D]. 郑州：河南农业大学 .

禹海鑫，叶文丰，孙民琴，等 . 2015. 植物与植食性昆虫防御与反防御的三个层次 [J]. 生态学杂志，34 (1)：256-262.

宗娜，王琛柱 . 2004. 三种夜蛾科昆虫对烟草烟碱的诱导及其与昆虫下唇腺葡萄糖氧化酶的关系 [J]. 科学通报，49 (14)：1380-1385.

Alborn H T, Turlings T C J, Jones T H, *et al.* 1997. An elicitor of plant volatiles from beet armyworm oral secretion [J]. Science, 276 (5314): 945-949.

Bos J I B, Prince D, Pitino M, *et al.* 2010. A functional genomics approach identifies candidate effectors from the aphid species *Myzus persicae* (green peach aphid) [J]. Plos Genetics, 6 (11): e1001216.

Cherqui A, Tjallingii W F. 2000. Salivary proteins of aphids, a pilot study on identification, separation and immunolocalisation [J]. Journal of Insect Physiology, 46 (8): 1177-1186.

Delucia E H, Nabity P D, Zavala J A, *et al.* 2012. Climate change: resetting plant-insect interactions [J]. Plant Physiology, 160 (4): 1677-1685.

Elzinga D A, Jander G. 2013. The role of protein effectors in plant-aphid interactions [J]. Current Opinion in Plant Biology, 16 (4): 451-456.

Elzinga D A, Vos M D, Jander G. 2014. Suppression of plant defenses by a *Myzus persicae* (green peach aphid) salivary effector protein [J]. Molecular plant - microbe interactions: MPMI, 27 (7): 747-756.

Ferry N, Edwards M G, Gatehouse J A, *et al.* 2004. Plant-insect interactions: molecular approaches to insect resistance [J]. Current Opinion in Biotechnology, 15 (2): 155-161.

Hogenhout S A, Bos J I. 2011. Effector proteins that modulate plant-insect interactions [J]. Current Opinion in Plant Biology, 14 (4): 422-428.

Li X, Ni X. 2011. Deciphering the Plant - Insect Phenotypic Arms Race. Recent Advances in Entomological Research [M]. Springer Berlin Heidelberg.

Mao Y B, Tao X Y, Xue X Y, *et al.* 2011. Cotton plants espressing *CYP6AE*14 double-stranded RNA show enhanced resistance to bollworms [J]. Transgenic Research, 20: 665-673.

Mattiacci L, Dicke M, Posthumus M A. 1995. Beta-glucosidase: an elicitor of herbivore-induced plant odor that attracts host - searching parasitic wasps [J]. Proc Natl Acad Sci U S A, 92 (6): 2036-2040.

Miles P W. 1999. *Aphid saliva* [J]. Biological Reviews, 74 (1): 41-85.

Musser R O, Cipollini D F, Hum-Musser S M, *et al.* 2005. Evidence that the caterpillar salivary enzyme glucose oxidase provides herbivore offense in solanaceous plants [J]. Archives of Insect Biochemistry & Physiology, 58 (2): 128-137.

Musser R O, Hummusser S M, Eichenseer H, *et al.* 2002. Herbivory: caterpillar saliva beats plant defences [J]. Nature, 416 (6881): 599.

Mutti N S, Louis J, Pappan L K, *et al.* 2008. A protein from the salivary glands of the pea aphid, acyrthosiphon pisum, is essential in feeding on a host plant [J]. Proceedings of the National Academy of Sciences of the United States of America, 105 (29): 9965-9969.

Petrova A, Smith C M. 2014. Immunodetection of a brown planthopper (*Nilaparvata lugens* Stål) salivary catalase-like protein into tissues of rice, *Oryza sativa* [J]. Insect Molecular Biology, 23 (1): 13-25.

Powell G, Tosh C R, Hardie, J. 2006. Host plant selection by aphids: behavioral, evolutionary, and applied perspectives [J]. Annual Review of Entomology, 51 (1): 309-330.

Rodriguez P A, Stam R, Warbroek T, *et al.* 2014. Mp10 and Mp42 from the aphid species *Myzus persicae* trigger plant defenses in *Nicotiana benthamiana* through different activities [J]. Molecular plant-microbe interactions: MPMI, 27 (1): 30-39.

Tian D L, Peiffer M, Shoemaker E, *et al.* 2012. Salivary glucose oxidase from caterpillars mediates the induction of rapid and delayed-induced defenses in the tomato plant [J]. PloS one, 7 (4), e36168.

Wang W, Luo L, Lu H, *et al.* 2015. Angiotensin-converting enzymes modulate aphid-plant interactions [J]. Scientific Reports, 5: 8885.

Yong L, Wang W L, Guo G X, *et al.* 2010. Volatile emission in wheat and parasitism by aphidius avenae after exogenous application of salivary enzymes of sitobion avenae [J]. Entomologia Experimentalis Et Applicata, 130 (3): 215-221.

昆虫苦味感受机制的研究进展*

侯文华[1**]，马 英[2]，宋唯伟[1]，孙龙龙[1]，赵新成[1]，汤清波[1***]
(1. 河南农业大学植物保护学院，郑州 450002；
2. 河南农业大学国家小麦工程技术研究中心，郑州 450002)

摘 要：相对于昆虫感受糖类物质的研究，关于昆虫感受苦味物质的研究较少。苦味感受部分或全部决定着昆虫取食、产卵和寄主选择等行为。我们一般把苦味物质称为忌避剂（deterrents），昆虫具有相应的苦味受体和苦味受体神经元，这些受体和神经元的敏感性决定了昆虫对苦味物质的行为反应。昆虫对苦味物质的电生理和行为反应具有可塑性，这种可塑性可经过取食经历获得。目前鉴定了几个昆虫苦味受体，其中调控昆虫对咖啡因感受的味觉受体研究的较为透彻，但是可能还存在其他调控咖啡因感受的味觉受体，说明了昆虫苦味感受的复杂性。随着电生理技术、生物信息学技术和基因编辑技术的发展，昆虫苦味感受的研究将会继续深入。

关键词：苦味感受；忌避剂；味觉受体神经元；可塑性

Advances in Bitter Perception of Insects

Hou Wenhua[1], Ma Ying[2], Song Weiwei[1], Sun Longlong [1],
Zhao Xincheng [1], Tang Qingbo [1]
(1. *Department of Plant Protection*, *Henan Agricultural University*, *Zhengzhou*, 450002, China; 2. *National Engineering Research Center for Wheat*, *Henan Agricultural University*, *Zhengzhou*, 450002, China)

Abstract: The advances of bitter perceptions in insects are reviewed in the present paper. It is known that the bitter perceptions play an important role during the process of insects feeding, oviposition and host choices. The plant compounds could be classified into the phagostimulants and deterrents based the effects on the insects. Insects contain the corresponding receptor neurons responding to different plant compounds which contribute mostly to the host choices. The gustatory responses and the feeding behaviors to bitter substances in insects can be plastic based on such as feeding experiences. A few bitter receptors were indentified, e. g. receptors modulating the responses to caffeine. But it suggests the taste coding mechanisms are complex compared with olfaction perception insects. The studies for bitter perception in insects will be explored thoroughly with the development of science and technology.

---

* 基金项目：河南省教育厅科学技术研究重点项目（13B210050）；河南省高校科技创新人才支持计划（17HASTIT042）；国家自然科学基金面上项目（31672367）

** 第一作者：侯文华；E-mail：wenhuahou@ 163. com

*** 通信作者：汤清波；E-mail：qingbotang@ 126. com

Key words: Bitter perception; Deterrents; Gustatory receptor neurons; Plasticity

1 植物化学物质的一般分类

根据植物化学物质对植食性昆虫取食行为影响的作用可以把味觉刺激物质分为取食激食素（phagostimulants）和忌避剂（deterrents）两大类（Schoonhoven & van Loon, 2002）。前者主要包括一些糖类如蔗糖、果糖、葡萄糖、肌醇和氨基酸等，这些物质能够刺激昆虫的取食；而后者多系植物次生物质如单宁、苷类、酚类以及生物碱等化学物质，这些物质一般具有毒性，能够抑制昆虫的取食。我们也称这些物质为“苦味物质”，所谓的苦味是因为这些物质相对于哺乳动物如人类是苦味，而对于昆虫这些物质则是抑制其取食的物质。Vickerman 等（2002）研究发现用磁麻苷（cymarin）处理昆虫的寄主植物后，幼虫将无法识别这些寄主植物，表现为拒食；笔者实验室研究发现黑芥子苷处理的辣椒和烟草叶片能够抑制棉铃虫幼虫的取食（未发表数据）。

2 昆虫的苦味物质感受器

根据昆虫的种类和发育状态，昆虫的苦味物质感受器的分布位置也不相同。如鳞翅目昆虫的成虫苦味感器一般分布在触角、前足跗节上、产卵器上（Kvello *et al.*, 2010），而幼虫的苦味感器一般分布在口器上（Glendinning *et al.*, 2001; Tang *et al.*, 2000; Tang *et al.*, 2015）；双翅目蝇成虫的苦味感器一般分布在唇瓣上，而幼虫的味觉感器也分布在口器上（Thorne *et al.*, 2004; Wang *et al.*, 2004）。味觉感器主要分为毛状、圆锥状、乳突状感器，这些感器顶端有一个顶孔，味觉神经元的树突深入到顶孔处，在昆虫取食或接触寄主时，寄主的化学刺激物质能够通过顶孔渗入到感器内部，并与神经元树突上的受体相结合，激发味觉神经冲动，神经冲动经神经元轴突传导至昆虫中枢神经系统（central nervous system）。

鳞翅目幼虫口器上的味觉感器一般呈栓锥状，主要包括下颚外颚叶上的一对中栓锥感器（medial sensillum styloconica）和侧栓锥感器（lateral sensillum styloconica）（图 1），其形态在鳞翅目种间差异不大（Tang *et al.*, 2015; Tang *et al.*, 2014）。但是感受器尺寸却在昆虫种间甚至种内存在显著差异，如棉铃虫 5 龄幼虫中栓锥感器和侧栓锥感器的顶端锥突长度均显著短于烟青虫 5 龄幼虫；而棉铃虫 5 龄幼虫中栓锥感器和侧栓锥感器主锥体的长度和宽度均显著长于烟青虫幼虫（汤清波等, 2011）；烟青虫中栓锥感器主锥体的长度显著长于烟青虫侧栓锥感器的长度（Tang *et al.*, 2015）。这些差异可能与昆虫味觉感器的功能相关。

3 激食素和忌避剂在昆虫取食选择中的作用

激食素和忌避剂在昆虫取食选择中的作用有 2 个理论：第一种理论认为激食素和忌避剂的综合作用决定了植食性昆虫是否接受寄主。该理论一般适应于多数昆虫。如笔者实验室研究发现蔗糖能够促进棉铃虫幼虫对烟草或者辣椒叶片的取食选择，而黑芥子苷则抑制棉铃虫幼虫对烟草或者辣椒叶片的取食选择；但是高浓度蔗糖能明显抑制黑芥子

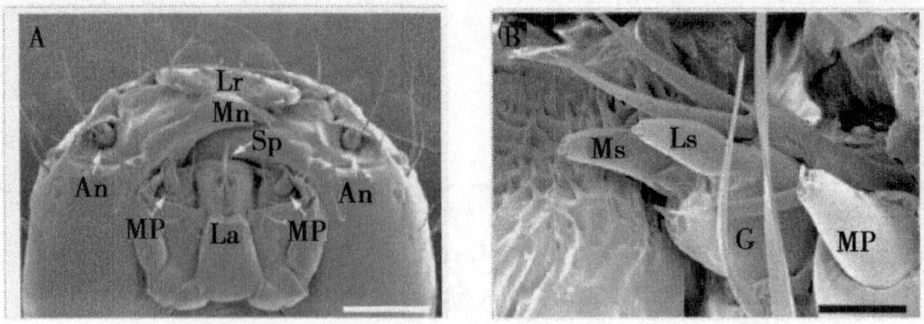

图1　棉铃虫5龄幼虫口器上的味觉栓锥感器形态

A：口器整体图；B：下颚放大图（Ms：中栓锥感器；Ls：侧栓锥感器；G：下颚外颚叶；Mp：下颚须；An：触角；Mn：上颚；Lr：上唇；La：下唇）；A和B图标尺分别为500μm和200μm（Tang *et al.*，2014）。

苷的拒食作用，而高浓度的黑芥子苷则可明显抑制蔗糖的激食作用。

激食素和忌避剂综合决定学说的一个典型例子是关于君主斑蝶 *Danaus plexippus* 幼虫味觉的研究。君主斑蝶 *Danaus plexippus* 以萝藦科（Asclepiadaceae）乳草属植物如马利筋（*Asclepias curassavica*）为食，而此类植物含有一种高浓度的化学物质-强心苷（cardenolide），使得黑脉金斑蝶体内也聚积了这种有毒物质，这对黑脉金斑蝶起到了保护作用，避免某些掠食者的侵袭。当多个科的植物可供选择时，幼虫取食萝藦科植物，当萝藦科不同植物可供选择时，幼虫对植物的选择则与植物强心苷的浓度呈正比；进一步，蔗糖、肌醇和芦丁（rutin）等物质能够刺激君主斑蝶幼虫取食，而非寄主植物次生物质咖啡因、棉酚、番茄苷（tomatine）、颠茄碱（atropine）、槲皮苷（quercitrin）和黑芥子苷（sinigrin）则抑制幼虫的取食行为。一些非乳草属植物强心苷如毛地黄苷（digitoxin）和乌本苷（ouabain）则对君主斑蝶幼虫的取食起着中性的作用，而另外一种非乳草属植物强心苷磁麻苷（cymarin）则对幼虫具有强烈的取食抑制作用。马利筋叶片提取物的极性和非极性提取物都对君主斑蝶幼虫具有激食作用。这些结果表明激食素和忌避剂决定着君主斑蝶幼虫对寄主植物和非寄主植物的取食选择（Vickerman & De Boer，2002）。

第二种理论认为昆虫对寄主的取食选择主要依赖一些特殊的"激食素"，这些激食素对于这些昆虫具有"激食"作用，而对于其他的昆虫则是忌避剂。该理论主要发现于一些专食性或寡食性的昆虫，这些寄主植物特有的次生物质也称为"标志性刺激物"（token stimuli）。常见于鳞翅目、双翅目和鞘翅目的部分专化取食伞形花科、十字花科等的昆虫（Fraenkel，1959；Shoonhoven *et al.*，1998）。如芥子油苷（glucosinolates）对取食十字花科植物的菜粉蝶 *Pieris rapae* 和大菜粉蝶 *Pieris rassicae* 是"激食素"，而对于其他不取食十字花科植物的昆虫如棉铃虫则是忌避剂；取食茄科植物的烟草天蛾 *Manduca sexta* 幼虫则对茄科寄主植物次生物质——紫花茄皂苷（Indioside D）敏感，其对紫花茄皂苷的敏感程度决定了是否接受茄科寄主植物（del Campo *et al.*，2001）。但是，是否所有的专食性或寡食性昆虫都是依赖识别寄主植物的"标志性刺激物"还不明了。

4 苦味感知的生理机制

昆虫对“苦味”物质感受主要依赖味觉感器，味觉感器存在于昆虫的外周味觉器官。如鳞翅目昆虫幼虫的口器，鳞翅目成虫喙、前足跗节等位置。如黑介子苷是棉铃虫幼虫的取食忌避剂，而其幼虫口器中栓锥感器内存在一个“忌避剂”味觉受体神经元；番木鳖碱（strychnine）或毛旋花子甙（strophanthin-K）也是棉铃虫的取食“忌避剂”，而其幼虫中栓锥感器内也存在对这两种物质敏感的味觉受体神经元（Zhou *et al.*，2010）。家蚕 *Bombyx mori* 在行为上对水杨苷（salicin）的敏感性要高于咖啡因，因其幼虫口器中栓锥感器内存在对这两种物质敏感的味觉受体神经元（Zhang *et al.*，2013）。烟草天蛾 *M. sexta* 对马兜铃酸（aristolochic acid）和咖啡因产生忌避行为主要由三对苦味神经元控制，其中一个神经元只对马兜铃酸强烈敏感，另外两个即对马兜铃酸敏感，也对咖啡因敏感（Glendinning *et al.*，2001）。菜粉蝶对绿原酸（phenolic chlorogenic acid）产生强烈忌避行为的机制是其幼虫侧栓锥感器存在一个苦味受体神经元，能够对绿原酸产生较强的电生理反应（Zhou *et al.*，2009）。

不同种昆虫甚至近缘种昆虫对同一种苦味物质的味觉敏感性也存在不同。广食性的棉铃虫和寡食性的烟青虫幼虫味觉栓锥感器对单宁酸（tannic acid）、番茄苷、尼古丁等苦味物质的味觉敏感性均存在差异（Tang *et al.*，2000）；棉铃虫幼虫中栓锥感器对棉酚正浓度梯度电生理反应，烟青虫幼虫中栓锥感器对烟碱呈正浓度梯度电生理反应（汤清波等，2015；汤清波等，2011）。家蚕中栓锥形感受器内存在一个可同时识别水杨苷和咖啡因的味觉受体神经元，而棉铃虫的栓锥感器内则无典型的咖啡因和水杨苷敏感神经元，棉铃虫幼虫对水杨苷的敏感性低于寡食性家蚕幼虫，但棉铃虫幼虫对咖啡因的识别能力强于家蚕幼虫（Zhang *et al.*，2013）。

5 苦味感受的可塑性

取食经历能够影响植食性昆虫的取食选择行为，这种影响有两种结果，即脱敏化和敏感加强化。如烟草天蛾幼虫连续 72h 取食添加水杨苷人工饲料后不但对水杨苷行为反应的敏感性降低，而且侧栓锥感器对水杨苷的敏感性降低（Schoonhoven，1969）。取食含咖啡因（caffeine）人工饲料的烟草天蛾的忌避剂受体神经元对咖啡因和水杨苷（salicin）的敏感性降低，但对马兜灵酸（aristolochic acid）的敏感性却无影响，表明不同抑制物向中枢神经系统传递刺激物信息时可能诱导了不同的转导途径（Glendinning *et al.*，2001；Glendinning *et al.*，1999）。取食正常人工饲料的棉铃虫幼虫对番木鳖碱和毛旋花子甙（strophanthin-K）均显示强烈的不选择性，但是幼虫取食包含取食忌避剂番木鳖碱（strychnine）的人工饲料一段时间后，幼虫不但在行为对番木鳖碱和毛旋花子甙不再敏感，而且对这两种物质在味觉感受上表现出脱敏化（Zhou *et al.*，2010）。

甘蓝和旱金莲 *Tropaeolum majus* 均是菜粉蝶的寄主植物，但是甘蓝饲喂的菜粉蝶幼虫不但在二项取食选择行为测定中对绿原酸（phenolic chlorogenic acid）、柚皮苷（flavonol glycoside naringin）及番木鳖碱（alkaloid strychnine）的不选择敏感性高于旱金莲和人工饲料饲养的幼虫，而且在相对应的味觉受体神经元的敏感性上也高于旱金莲和人工饲料饲养的幼虫（Zhou *et al.*，2009），说明取食选择能够显著影响昆虫的味觉行为和味觉感受。

取食经历强化昆虫对该物质敏感性的典型例子还是专食性昆虫的烟草天蛾，当烟草天蛾幼虫取食含有紫花茄皂苷（Indioside D）的茄科植物后，幼虫在行为上显著趋向于取食茄科植物，而取食非茄科植物的幼虫则对茄科植物和非茄科没有显著差异；此外，在味觉受体神经元的敏感性上，有茄科植物取食经历的幼虫对紫花茄皂苷（Indioside D）的敏感性显著高于取食非茄科植物的幼虫（del Campo *et al.*，2001）。

6 苦味味觉受体的鉴定

相对于糖类受体，目前鉴定的昆虫苦味受体尚不多见，果蝇 *Drosophila melanogaster* 的 Gr66a 受体是目前受到关注较多的一个昆虫苦味受体，该受体只在果蝇小型（S type）味觉感器和中型（I type）味觉感器内表达，而不在大型（L type）味觉感器内表达，Gr66a 的表达与果蝇对苦味物质的忌避行为有关（Marella *et al.*，2006；Wang *et al.*，2004）；Moon 通过分子生物学和行为学等手段证明 Gr66a 调控果蝇对苦味物质咖啡因的味觉反应和行为（Moon *et al.*，2006），而后 Lee 等（Lee *et al.*，2009）又发现 Gr93a 与 Gr66a 能够共同调控果蝇对咖啡因的味觉行为。此外，在其他昆虫上也陆续发现了昆虫苦味或疑似昆虫苦味受体如家蚕的 BmGr16，BmGr18 和 BmGr53（Mayu K *et al.*，2018；Guo *et al.*，2017；Shim *et al.*，2015；Sparks & Dickens，2016）。Xu 等发现鳞翅目昆虫的假定苦味受体可根据基因结构分为三类。其中，棉铃虫的一些 3 型受体对寄主植物粗提物有反应，其中一种对氨基酸脯氨酸有反应。然而，这些受体是否真的对苦味物质作出反应尚未阐明（Xu *et al.*，2016）。相信随着生物信息学和分子生物学技术以及基因编辑技术的发展，有更多的昆虫苦味受体鉴定出来。

7 总结与展望

昆虫苦味感受是昆虫化学感受的重要组成部分，对其的研究是了解昆虫取食、产卵、寄主选择等行为的基础，也是了解昆虫味觉形成、寄主转化乃至物种形成的关键环节。根据目前的研究，昆虫苦味识别机制可能不同于嗅觉识别机制，其机制可能更为复杂。因此，对昆虫苦味感受的研究，对我们全面了解昆虫化学感受机制有重要的意义。

参考文献

汤清波，党静，詹欢，等. 2015. 棉铃虫和烟青虫幼虫对植物次生代谢物质的味觉电生理反应和取食选择行为 [J]. 河南农业大学学报，49：61-67.

汤清波，马英，黄玲巧，等. 2011. 昆虫味觉感受机制研究进展 [J]. 昆虫学报，54：1433-1444.

del Campo M L，Miles C I，Schroeder F C，*et al.* 2001. Host recognition by the tobacco hornworm is mediated by a host plant compound [J]. Nature，411：186-189. doi：10.1038/35075559 35075559 [pii].

Glendinning J I，Brown H，Capoor M，*et al.* 2001. A peripheral mechanism for behavioral adaptation to specific "bitter" taste stimuli in an insect [J]. Journal of Neuroscience，21：3688-3696.

Glendinning J I，Tarre M，Asaoka K. 1999. Contribution of different bitter-sensitive taste cells to feeding inhibition in a caterpillar (*Manduca sexta*) [J]. Behavioral Neuroscience, 113: 840-854.

Guo H, Cheng T, Chen Z, *et al.* 2017. Expression map of a complete set of gustatory receptor genes in chemosensory organs of *Bombyx mori* [J]. Insect Biochemistry And Molecular Biology, 82: 74-82. doi: 10.1016/j.ibmb.2017.02.001.

Kvello P, Jorgensen K, Mustaparta H. 2010. Central gustatory neurons integrate taste quality information from four appendages in the moth *Heliothis virescens* [J]. Journal of Neurophysiology, 103: 2965-2981.

Lee Y, Moon S J, Montell C. 2009. Multiple gustatory receptors required for the caffeine response in *Drosophila* [J]. Proceedings of the National Academy of Sciences of the United States of America, 106: 4495-4500. doi: 10.1073/pnas.0811744106.

Marella S, Fischler W, Kong P, *et al.* 2006. Imaging taste responses in the fly brain reveals a functional map of taste category and behavior [J]. Neuron, 49: 285-295.

Moon S J, Köttgen M, Jiao Y, *et al.* 2006. A taste receptor required for the caffeine response in vivo [J]. Current Biology, 16: 1812-1817.

Mayu K, Fumika S, Kana T, *et al.* 2018. Insect taste receptors relevant to host identification by recognition of secondary metabolite patterns of non-host plants [J]. Biochemical and Biophysical Research Communications, 499: 901-906

Poudel S, Lee Y. 2016. Gustatory Receptors Required for Avoiding the Toxic Compound Coumarin in *Drosophila melanogaster* [J]. Molecules And Cells, 39: 310-315. doi: 10.14348/molcells.2016.2250.

Schoonhoven L M. 1969. Sensitivity Changes in Some Insect Chemoreceptors and Their Effect on Food Selection Behaviour [J]. Kon Neth Akad Wetensch Proc Ser C Biol Med Sci, 72 (4): 491-498.

Schoonhoven L M, van Loon J J A. 2002. An inventory of taste in caterpillars: each species its own key [J]. Acta Zoologica Academiae Scientiarum Hungaricae, 48: 215-263.

Shim J, Lee Y, Jeong Y T, *et al.* 2015. The full repertoire of *Drosophila* gustatory receptors for detecting an aversive compound [J]. Nature Communications, 6: 8867. doi: 10.1038/ncomms9867.

Sparks J T, Dickens J C. 2016. Bitter-sensitive gustatory receptor neuron responds to chemically diverse insect repellents in the common malaria mosquito *Anopheles quadrimaculatus* [J]. Naturwissenschaften, 103: 39. doi: 10.1007/s00114-016-1367-y.

Tang D L, Wang C Z, Luo L E, *et al.* 2000. Comparative study on the responses of maxillary sensilla styloconica of cotton bollworm *Helicoverpa armigera* and oriental tobacco budworm *H. assulta* larvae to phytochemicals [J]. Science In China Series C-life Sciences, 43: 606-612. doi: 10.1007/BF02882281.

Tang Q B, Hong Z Z, Cao H, *et al.* 2015. Characteristics of morphology, electrophysiology, and central projections of two sensilla styloconica in *Helicoverpa assulta* larvae [J]. Neuroreport, 26: 703-711. doi: 10.1097/WNR.0000000000000413.

Tang Q B, Zhan H, Cao H, *et al.* 2014. Central projections of gustatory receptor neurons in the medial and the lateral sensilla styloconica of *Helicoverpa armigera* larvae [J]. PLoS One, 9: e95401. doi: 10.1371/journal.pone.0095401.

Thorne N, Chromey C, Bray S, *et al.* 2004. Taste perception and coding in *Drosophila* [J]. Current Biology, 14: 1065-1079. doi: 10.1016/j.cub.2004.05.019.

Vickerman D B, De Boer G. 2002. Maintenance of narrow diet breadth in the monarch butterfly caterpillar: response to various plant species and chemicals [J]. Entomologia Experimentalis et Applicata, 104: 255-269. doi: 10.1023/a: 1021266702958.

Wang Z, Singhvi A, Kong P, *et al.* 2004. Taste representations in the *Drosophila* brain [J]. Cell, 117: 981-991. doi: 10. 1016/j. cell. 2004. 06. 011.

Xu W, Papanicolaou A, Zhang HJ & Anderson A. 2016. Expansion of a bitter taste receptor family in a polyphagous insect herbivore [J]. Sci Rep, 6: 23666. doi: 10. 1038/srep23666.

Zhang H J, Faucher C P, Anderson A, *et al.* 2013. Comparisons of contact chemoreception and food acceptance by larvae of polyphagous *Helicoverpa armigera* and oligophagous *Bombyx mori* [J]. Journal of Chemical Ecology, 39: 1070-1080. doi: 10. 1007/s10886-013-0303-2.

Zhou D, van Loon J J, Wang CZ. 2010. Experience-based behavioral and chemosensory changes in the generalist insect herbivore Helicoverpa armigera exposed to two deterrent plant chemicals [J]. Journal of Comparative Physiology A, 196: 791-799. doi: 10. 1007/s00359-010-0558-9.

Zhou D S, Wang C Z, van Loon J J. 2009. Chemosensory basis of behavioural plasticity in response to deterrent plant chemicals in the larva of the Small Cabbage White butterfly Pieris rapae [J]. Journal of Insect Physiology, 55: 788-792. doi: 10. 1016/j. jinsphys. 2009. 04. 011.

鳞翅目初孵幼虫的行为综述*

骆倩文[1**]，赵　琦[2]，刘佳星[1]，徐海川[1]，高超男[1]，原国辉[1]，李为争[1***]

（1. 河南农业大学植物保护学院，郑州　450002；

2. 中国农业大学开封实验站，开封　475000）

摘　要：鳞翅目初孵幼虫面临食料植物定向的困难，需要处理一系列植物表面和内部的复杂障碍。这些特征以及微气候在植物组织之间和株内的变化，影响这些小体生物的运动。此外，一龄幼虫还面临大量天敌。初孵幼虫死亡率很高，但变异较宽。试验和操作研究以及对动物的详细观察对于理解雌虫产卵和幼虫存活、植物防卫、种群动态之间的联系还有现代作物抗性育种工程是基本的。

关键词：鳞翅目；初孵幼虫

Behavior of First Instar Lepidoptera Larve

Luo Qianwen[1**], Zhao Qi[2], Liu Jiaxing[1], Xu Haichuan[1],

Gao Chaonan[1], Yuan Guohui[1], Li Weizheng[1***]

(1. *College of Plant Protection*, *Henan Agricultural University*, *Zhengzhou* 450002, *China*;

2. *Kaifeng Experimental Station of China Agricultural University*, *Kaifeng* 475000, *China*)

Abstract: Neonate Lepidoptera are confronted with the daunting task of establishing themselves on a plant. The factors relevant to this process need to be considered at spatial and temporal scales relevant to the larva and not the investigator. Neonates have to cope with an array of plant surface characters as well as internal characters once the integument is ruptured. These characters as well as microclimatic conditions vary within and between plants and interact with larval feeding requirements, strongly affecting movement. There is an array of natural enemies with which first instars must contend. Mortality in neonates is high but can vary widely. Experimental and manipulative studies are vital if the subtle interaction of factors responsible for this high and variable mortality are to be understood. These studies are essential for an understanding of theories linking female oviposition behavior with larval survival, plant defense theory, and population dynamics, as well as modern crop resistance breeding programs.

Key words: Lepidoptera; larva

鳞翅目幼虫生命表野外研究中，孵化不久的个体如果找不到就认为死亡了，部分原

* 基金项目：中国科学院昆虫发育与进化生物学重点实验室开放课题（2009DP17321414）；国家农业部公益性行业专项课题（201203036）

** 第一作者：骆倩文；E-mail：luoqianwen1995@163.com

*** 通信作者：李为争；E-mail：wei-zhengli@163.com

因是初孵幼虫体型太小。孵化不久的幼虫需要搜索取食位置，这个过程中会遇到叶毛、表皮蜡、坚硬组织、有毒次生代谢物、多变的微环境以及天敌等。要想弄清初孵幼虫的生存和生长状况，需要大量细致的观察和操控性试验。

1 初孵幼虫的存活和致死因子

大田生命表研究中，胚胎发育阶段卵的死亡率通常被严重低估，因为这个阶段的存活率通常是用肉眼发现的一龄幼虫数量除以卵数量的估计值。某些研究甚至避过这个困难的观察阶段，直接研究卵到2龄或者3龄幼虫的死亡率（Islam，1994）。鳞翅目低龄幼虫阶段的死亡率很高，有9%~26%的个体孵化之后就找不到了，通常认为死亡率在25%~75%（80个种类中的调查如此）。在一龄幼虫结束时，100粒同生群的卵平均仅剩余27头存活的个体。

Price（1984）认为，暴露取食的昆虫遭受的死亡率（70%）比隐蔽取食的植食性昆虫（40%）更高。潜叶类昆虫的一龄幼虫一般死亡率较低（32%），但是尽管钻蛀性昆虫也会隐蔽取食，死亡率却高得多（50%）。暴露于叶片取食的种类死亡率达到53%，但是群集取食且隐藏于网幕中的昆虫，死亡率也会达到41%左右。这类分析的一个困难是，需要准确地鉴定一种初孵幼虫的取食位置和取食方式。许多种类在一生中会改变食性，例如棉铃虫从番茄叶片上逐渐转移到果实内部为害。

寄主专化程度影响存活率。多食性种类一龄幼虫的死亡率平均为57%，专食性种类一龄幼虫的死亡率大约为43%。产卵方式如聚产、散产或者单产影响较小，聚产的卵通常死亡率稍高。死亡率的时空变异使得不同研究之间的横向比较很困难。

生命表中低龄幼虫阶段的首要致死因子通常分为捕食者、消失、扩散、天气、寄主定殖障碍、寄主植物和未知因子。Cornell & Hawkins（1995）构建的数据库得出的结论是“捕食是最重要的致死因子”，但是该因子不能与“消失”或者“未知”鉴别开来。要鉴别出捕食作用的相对权重，需要通过直接观察确定天敌的捕食时间、捕食频次和捕食对象以及被捕食对象的食性（Bernays，1997）。这可以通过天敌去除法（exclusion）（Hunter & Elkinton，2000）、化学熏蒸处理或者扩散测试来实现。仅少数研究中作者们鉴别了捕食、扩散和寄主定殖造成的死亡。还有人采用虫尸解剖鉴定和笼罩去除法来确定捕食的相对贡献。有人发现，暴露区域和网罩里的昆虫死亡率一样高，包括一些野外研究（Wakisaki *et al.*，1991）和室内研究。笼罩法在应用时需要小心，可能会阻碍幼虫离开植物或者植物组织，从而提高其存活率。一般而言，寄生作用是卵期的关键致死因子（Smith，1996），而不是初孵幼虫的主要致死因子，也有一些例外（van Den Berg &Cock，1993）。天气效应包括雨水冲刷、高温和冬季低温。

上述死亡因子之间有复杂的拮抗、加成等相互作用。例如，烟芽夜蛾 *Heliothis virescens* 初孵幼虫的致死因子Bt毒素和天敌之间就会发生增效作用（Johnson & Gould，1992）。以不同方式攻击初孵幼虫的天敌种团也会通过种内种间竞争、集团内捕食（intra-guild predation）发生直接相互作用。谷实夜蛾 *Helicoverpa zea* 初孵幼虫被长蝽和猫蛛捕食的数量随着其他捕食者存在与否以及这些捕食者密度的影响（Guillebeau & All，1990）。其他因素也有间接的影响，例如大豆根系上的泡囊丛枝菌根会显著降低谷实夜蛾初孵幼虫的生长速度和存活率（Gange & West，1994）。食物和天敌的相对影响是种群生态学中一个争论不休的问题。Lill & Marquis（2001）发现一种织叶蛾 *Psilocorsis quercicella* 初孵幼虫的存活和繁殖受到植物质量更重要的直接影响。寄主植物的间接影响是延长了低龄昆虫的发育历期，从而延长了暴露于天敌下的时间，即 Benrey & Denno（1997）提出的“慢生长—高死亡率”假说。

大龄幼虫对天敌的化学、生理学、行为学和形态学防卫研究很多，但是初孵幼虫方面的研究非常少见。尽管体型小，初孵幼虫可以使用警戒色、保护色、隐藏、飞行和扩散等方式防卫捕食性昆虫。两种蝴蝶 *Dione junio* 和 *Abananote hylonome* 位于前胸垂直面的颈腺和丝中的羧酸和萜类驱避蚂蚁，尽管大龄幼虫在蚂蚁攻击下存活率比初孵幼虫高（Osborn & Jaffe，1998）。

昆虫要想取食植物，必须造成植物组织破裂，克服叶毛、表皮蜡质层和坚硬的表皮，所有这些结构都在快速伸展的叶片上存在。克服这些障碍之后，幼虫还要获取维持生命的充分营养，与此同时要避开局部浓度较高的毒素和诱导性防卫物。幼虫对有毒植物的行为反应是通过爬行或者吐丝离开不能取食的植物组织甚至完整的植株。在迁移过程中可能造成死亡，也可能不会。如果植物因素很关键，幼虫在植物上的原始位置（产卵位置）将对其定殖能力产生重要的影响。

2 初孵幼虫面临的外在植物因子

由于体型小，对大龄幼虫不重要的环境物理因子可能对于初孵幼虫是关键的。不同的株型、大小和形态影响初孵幼虫的生长（Karban，1992）。夜蛾幼虫偏好带有短柄的叶腋和较低位置的枝条，因为运动的代价比较低。叶面上的毛和腺毛以两种方式影响初孵幼虫。没有腺体的叶毛是一种机械障碍。腺毛还能分泌出来一些对昆虫有毒或者黏性的防卫物质，*Paleacrita vernata* 初孵幼虫在榆树叶片上的取食量和腺毛的密度呈负相关关系（Dix *et al.*，1996），初生的甜菜夜蛾 *Spodoptera exigua* 幼虫的存活率也与 12 个番茄品系上的腺毛密度有显著的负相关（Eigenbrode & Trumble，1993）。在有腺毛的曼陀罗上，烟草天蛾 *Manduca sexta* 初孵幼虫取食更少，生长更慢。这种差异是由于腺毛中分泌出一种复杂的糖酯混合物造成的。

叶蜡和其他叶面化合物：仅仅是叶面蜡的存在与否就会影响昆虫的取食或者定殖，叶蜡的种类而不是含量可能在初孵幼虫的定殖和存活中更加重要。在叶片带有绒毛的白菜上，小菜蛾 *Plutella xylostella* 初孵幼虫花费更多的时间爬行、吐丝，试咬次数更多。结果是有毛叶片的品种上扩散率更高，定殖率更低，存活率非常低下。类似地，菜粉蝶幼虫在有毛的甘蓝品种上也是爬行比例更多，取食量下降（Stoner，1997）。除了叶蜡之外，叶面上的化合物还有许多亲水的初生代谢物和次生代谢物，尤其是游离氨基酸和可溶性糖类（Derridj *et al.*，1996）。这些化合物很多会影响鳞翅目昆虫的产卵选择，但是其对初孵幼虫的行为和生长表现的直接或者间接作用了解很少。

叶片粗糙度和硬度：叶片的粗糙度和硬度是食叶的幼虫必须克服的问题。各种测试硬度的设备和切割测试发现其影响草食作用（Choong，1996）。叶片的粗糙度和硬度在植物之间和株内均有变化，影响大颚的磨合。半纤维素含量较高的玉米品种对草地夜蛾

Spodoptera frugiperda 初孵幼虫的抗性越强（Hedin，1990）。

叶片微生物群落：叶片上有真菌、细菌和其他微生物组成的复杂菌落。如果含有某些昆虫幼虫的致病菌，摄入之后是很危险的。有研究表明，这些微生物对幼虫的威胁可能比对成虫的威胁更大。大田条件下，仅一龄的帝王蝶 *D. plexippus* 幼虫才会被 *Ophryocystis elektroscirrha* 侵染，而成虫体表却有足够监测到的荷载量却生长正常（Leong *et al.*，1997）。初孵幼虫可以鉴别有毒的食物，例如苹浅褐卷蛾 *Epiphyas postvittana* 初孵幼虫可以鉴别含有 Cry1A（c）和 Cry1Ba 毒素的饲料（Harris *et al.*，1997），一龄的草地黏虫 *S. frugiperda* 对苇状羊茅健康叶片的偏好性显著比侵染了黑麦草内生真菌的叶片偏好性更强，这种幼虫在 4 龄之后失去鉴别能力。

局部的温度和湿度也影响一龄幼虫的存活。包括紫外光在内的光强，通过影响植物的初生代谢和次生代谢，间接影响初孵幼虫在植物上的生长表现，也能间接激活植物的化学防卫物质如呋喃香豆素类和萜类（Lee 和 Berenbaum，1990）。Manuwoto 和 Scriber（1985）发现较低的光强造成欧洲玉米螟 *Ostrinia nubilalis* 在大田玉米上取食速度加快，结论是较低的光强造成叶片中氮含量更高而不是防卫物质如丁布的含量更低所致。紫外光存在的条件下，柠檬醛对于粉纹夜蛾幼虫有光活化毒性（Green 和 Berenbaum，1994）。

3 影响初孵幼虫的植物之间的因素

低龄幼虫和大龄幼虫相比，相对生长速度、取食速度、代谢速度更快，同化效率更高，但是净生长效率更慢，通常在植物基因型之间的取食选择性比大龄幼虫更强。氮和叶片中的水含量是初孵幼虫生长表现的重要决定因素（Loeb，1997）。在玉米感虫品种和抗虫品种上取食的草地夜蛾幼虫而言，营养性氨基酸比毒素含量更重要。一龄幼虫对次生代谢物的敏感性比大龄幼虫高。例如，乳草中的毒素强心苷对帝王蝶 4 龄和 5 龄幼虫生长和成虫繁殖没有负面影响。但是一龄幼虫却付出相当大的生理代价来克服这种毒素（Zalucki & Brower，1992）。Roth 等（1994）发现舞毒蛾初孵幼虫的生长表现在寄主植物种类之间变异较大，与叶片中的酚类高度相关。植物凝聚素对欧洲玉米螟初孵幼虫有很高的毒性，存活下来的个体生长速度较慢（Czapla & Lang，1990）。

4 结构性防卫和诱导性防卫的表达

植物结构性防卫对初孵幼虫的影响取决于特定的研究体系。取食表达蛋白酶抑制剂的烟草或者拟南芥时，多食性海灰翅夜蛾 *Spodoptera littoralis* 一龄幼虫的死亡率增加，体重下降（Leo *et al.*，1998）。甘蔗中不同的黄酮类组成，影响着其对小蔗螟 *Eldana saccharina* 初孵幼虫的抗虫性和感虫性（Rutherford，1998）。从花旗松叶片中分离的萜类对在人工饲料上取食的舞毒蛾一龄幼虫没有影响，但是叶片中的酚类无论单独使用还是与萜类混合，都会延缓生长速度，降低存活率。类似地，椒样薄荷中的单萜类对 *Peridroma saucia* 初孵幼虫几乎没有影响（Harwood *et al.*，1990）。

诱导性植物防卫一般被认为可以降低结构性防卫表达的成本，靶标是多食性的昆虫，但是基于氮元素的诱导性防卫可能对于专食性昆虫也有效。烟草天蛾的初孵幼虫在叶片受到损伤后生物碱含量增加的林生烟草 *Nicotiana sylvestris* 上发育的体型更小，取食量更少，在挥发物信号茉莉酸甲酯诱导的二倍体野生烟草 *Nicotiana attenuata* 上也是生长更慢，死亡率更高（Dam *et al.*，2000）。烟草天蛾在损伤的番茄生长速度比对照慢，是因为损伤的番茄产生了高浓度的蛋白酶抑制剂，但是幼虫的生长速度不会直接受到提取出的蛋白酶抑制剂的影响。

5 初孵幼虫的行为和生理

绝大多数鳞翅目初孵幼虫有一个取食前的运动阶段（prefeeding movement phase），包括叶片上的局部探索和长距离的扩散。通常是向着新展开的嫩叶方向爬行来获得第一口食物。远距离扩散通常是吐丝随风扩散实现的，记录到这种行为的鳞翅目昆虫包括木蠹蛾科、尺蛾科、毒蛾科、夜蛾科、蓑蛾科和螟蛾科。随着幼虫长大，吐丝扩散的方式不再适合，因为体重增大了，此时依赖爬行。一龄幼虫吐丝扩散的百分率从舞毒蛾 *L. dispar* 的 15%~26%（Diss *et al.*，1996）到变异黏虫 *Mythimna convecta* 的 93%（McDonald，1991）。吐丝扩散的距离取决于风速、幼虫原始高度、幼虫大小、吐丝的长短以及障碍物（Litsinger *et al.*，1991）。除了吐丝扩散外，幼虫还可以在一株植物上吐丝下垂。如果产卵位置是在非寄主植物上或者质量较差的植物上，孵化的幼虫的死亡率与它们到新寄主的距离呈正比，也会受非生物因子如土壤温度、环境温度的影响。马铃薯块茎蛾 *Phthorimaea operculella* 主要在土壤中产卵，寄主定向的成功率取决于寄主植物种类，80%的初孵幼虫能够定向到马铃薯植株上，但是其他寄主上的定向率仅有 50%。在间作系统中，高达 1/3 的玉米禾螟 *Chilo partellus* 的卵是产在非寄主植物上的（Ampong *et al.*，1994）。苹浅褐卷蛾 *Epiphyas postvittana* 初孵幼虫移动能力很强，对 15 种寄主植物和 11 种非寄主植物表现出明确的寄主选择行为，但是产卵的雌蛾却不能鉴别这些植物（Foster & Howard，1999）。如果寄主植物种类或者寄主植物的组织不适合取食，那么在株内和株间的探索行为就会持续下去。研究幼虫的定殖行为可以辅助筛选抗虫品种。初孵幼虫可能在植物含有 Bt 毒素的情况下持续爬行。低龄幼虫定向合适寄主或者合适器官的寄主还不清楚，一般认为和大龄阶段是相同的。苹浅褐卷蛾的初孵幼虫同时利用视觉信息和气味信息进行定向，而苹果蠹蛾幼虫喜欢定向到同种幼虫已经为害的苹果上（Landolt *et al.*，1998）。欧洲玉米螟幼虫还能顺着叶脉这种物理结构搜索合适的取食位置（Coll & Bottrell，1991）。

幼虫的食性可能随着发育阶段变化。一些 *Aenetus* 属种类的幼虫在早期取食真菌和碎屑，大龄阶段开始钻蛀木材（Tobi *et al.*，1993）。大木蛾 *Endoxyla cinerea* 在 3 年幼虫期的最后两年是钻蛀桉属的树木，但是第一年取食细根和根毛。多数灰蝶的低龄幼虫是植食性昆虫，但是大龄阶段与蚂蚁共生或者甚至变成捕食性的（Agrawal & Fordyce，2000）。欧洲玉米螟、小蔗螟和玉米禾螟都在叶鞘上取食，3 龄之后开始蛀茎（Kumar，1992）。甚至在这个阶段，高粱秸秆表皮的硬度和秸秆上的蜡质也是小蔗螟钻蛀的限制因素。Gaston 等（1991）发现英国 1 137种小型鳞翅目昆虫中，有 200 种的食性会随着生长而变化。初孵幼虫的身体大小和其爬行速度、饥饿耐受力没有关系。

有 5%~10%的鳞翅目昆虫的卵和幼虫呈聚集分布。有时这种聚集行为还会持续在幼虫期的所有阶段出现，但是通常在 3 龄或者 4 龄阶段幼虫扩散开来单独取食或者以小的群体聚集取食。聚集起来的优势比较突出，觅食效率较高，防卫天敌的能力增强，也有利于体温的调节。对于多数鳞翅目昆虫而言，一龄阶段聚集对取食的促进作用最为明显（Fitzgerald，1993）。

6 展望

研究者应当选择最适合其科学问题的虫龄展开研究，而不是最方便观察和操控的虫龄。一龄幼虫的死亡率，是植物防卫、昆虫克服植物阻碍因子的行为和生理能力、天气效应、与同级营养层及上下级营养层生物的相互作用等决定的，所有这些复杂的因子均在临时性的、狭窄的时间段内发挥着重要的作用。对鳞翅目初孵幼虫的直接观察尽管比较困难，耗时费力，但是对于这个关键生命阶段生态学问题的阐明是非常重要的。

参考文献

Agrawal A A，Fordyce J A. 2000. Induced indirect defence in a lycaenidant association：the regulation of a resource in a mutualism [J]. Proc. R. Soc.，267：1857-1861.

Ampong N K，Reddy K V S. 1994. Chilo partellus（Swinhoe）oviposition on non-hosts：a mechanism for reduced pest incidence in intercropping [J]. Acta Oecol.，15：469-475.

Benrey B，Denno RF. 1997. The slow-growth-high-mortality hypothesis：a test using the cabbage butterfly [J]. Ecology.，78：987-999.

Bernays EA. 1997. Feeding by lepi-dopteran larvae is dangerous [J]. Ecol Entomol.，22：121-123.

Caldas A. 1992. Mortality of *Anaea ryphea*（Lepidoptera：Nymphalidae）immatures in Panama [J]. J. Res. Lepidop.，31：195-204.

Choong MF. 1996. What makes a leaf tough and how does this affect the pattern of Castanopsis leaf consumption by caterpillars [J]. Funct Ecol.，10：668-674.

Coll M，Bottrell DG. 1991. Microhabitat and resource selection of the European corn borer（Lepidoptera：Pyralidae）and its natural enemies in Maryland（USA）field corn [J]. Environ. Entomol.，20：526-533.

Cornell HV，Hawkins BA. 1995. Survival patterns and mortality sources of herbivorous insects：some demographic trends [J]. Am Nat.，145：563-593.

Czapla TH，Lang BA. 1990. Effect of plant lectins on the larval development of European corn borer（Lepidoptera：Pyralidae）and southern corn rootworm（Coleoptera：Chrysomelidae）[J]. J. Econ. Entomol.，83：2480-2485.

De Leo F，Bonad'e-Bottino MA，Ceci LR，*et al.* 1998. Opposite effects on Spodoptera littoralis larvae of high expression level of a trypsin proteinase inhibitor in transgenic plants [J]. Plant Physiol，118：997-1004.

Derridj S，Wu BR，Stammitti L，*et al.* A. 1996. Chemicals on the leaf surface，information about the plant available to insects. Entomol [J]. Exp. Appl.，80：197-201.

Diss AL，Kunkel JG，Montgomery ME，*et al.* 1996. Effectsofmaternalnu-trition and egg provisioning on parameters of larval hatch，survival and dispersal in the gypsy moth，Lymantria dispar L [J]. Oecologia.，106：470-477.

Dix ME，Cunningham RA，King RM. 1996. Evaluating spring cankerworm（Lepidoptera：Geometridae） preference for Siberian elm clones [J]. Environ. Entomol., 25: 56-62.

Van Den Berg H, Cock MJW. 1993. Stage-specific mortality of Helicoverpa armigera in three smallholder crops in Kenya [J]. J. Appl. Ecol., 30: 640-653.

Eigenbrode SD, Trumble JT. 1993. Antibiosis to beet armyworm (Spodoptera exigua) in Lycopersicon accessions [J]. Hort Science, 28: 932-934.

Fitzgerald TD. 1993. Sociality in caterpillars [J]. See Ref., 211: 372-403.

Foster SP, Howard AJ. 1999. Adult female and neonate larval plant preferences of the generalist herbivore, Epiphyas postvittana. Entomol [J]. Exp. Appl., 2: 53-62.

Gange AC, West HM. 1994. Interactions between arbuscular mycorrhizal fungi and foliar-feeding insect in Plantago lanceolata [J]. New Phytol., 128: 79-87.

Gaston KJ, Reavey D, Valladares GR. 1991. Changes in feeding habit as caterpillars grow [J]. Ecol. Entomol., 16: 339-344.

Green ES, Berenbaum MR. 1994. Photoxicity of citral to Trichoplusia ni (Lepidoptera: Noctuidae) and its amelioration by vitamin A [J]. Photochem. Photobiol., 60: 459-462.

Guillebeau L P, All J N. 1990. Big-eyed bugs (Hemiptera: Lygaeidae) and the striped lynx spider (Araneae: Oxyopidae): intra and interspecific interference on predation of first instar corn earworm (Lepidoptera: Noctuidae) [J]. J. Entomol. Sci., 25: 30-33.

Harris MO, Mafile OF, Dhana S. 1997. Behavioral responses to lightbrown apple moth neonate larvae on diets containing Bacillus thuringiensis formulations or endotoxins [J]. Entomol. Exp. Appl., 84: 207-219.

Harwood SH, Moldenke AF, Berry RE. 1990. Toxicity of peppermint monoterpenes to the variegated cutworm (Lepidoptera: Noctuidae) [J]. J. Econ. Entomol., 83: 1761-1767.

Hedin PA, Williams WP, Davis FM, *et al.* 1990. Roles of amino acids, protein, and fiber in leaf-feeding resistance of corn to the fall armyworm [J]. J. Chem. Ecol., 16: 1977-1995.

Hunter AF, Elkinton JS. 2000. Effects of synchrony with host plant on populations of a spring feeding lepidopteran [J]. Ecology, 81: 1248-1261.

Islam Z. 1994. Key factor responsible for fluctuations in rice yellow stemborer populations in deepwater rice ecosystems [J]. Insect Sci. Appl., 15: 461-468.

Johnson MT, Gould F. 1992. Interaction of genetically engineered host plant resistance and natural enemies of *Heliothis virescens* (Lepidoptera: Noctuidae) in tobacco [J]. Environ. Entomol., 21: 586-597.

Karban R. 1992. Plant variation: its effects on populations of herbivorous insects [J]. See Ref., 92: 195-215.

Kumar H. 1992. Oviposition, larval ar-rest and establishment of *Chilo partellus* (Lepidoptera: Pyralidae) on maize genotypes during anthesis [J]. Bull. Entomol. Res., 82: 355-360.

Loeb G, Stout MJ, Duffey SS. 1997. Drought stress in tomatoes: changes in plant chemistry and potential non-linear consequences for insect herbivores [J]. Oikos, 79: 456-468.

Landolt PJ, Hofstetter RW, Chapman PS. 1998. Neonate codling moth larvae (Lepidoptera: Tortricidae) orient anemotactically to odor of immature apple fruit [J]. Pan-Pac. Entomol., 74: 140-149.

Lee K, Berenbaum MR. 1990. Defense of parsnip webworm against phototoxic furanocoumarins: the role of antioxidant enzymes [J]. J. Chem. Ecol., 16: 245-246.

Lill JT, Marquis RJ. 2001. The effects of leaf quality on herbivore performance and attack from natural enemies [J]. Oecolo-gia., 126: 418-428.

Litsinger JA, Hasse V, Barrion AT, *et al.* 1991. Response of Ostrinia furnacalis (Guenee) (Lepidoptera: Pyralidae) to intercropping [J]. Environ. Entomol., 20: 988-1004.

ManuwotoS, Scriber JM. 1985. Neonate larval survival of European corn borers, Ostrinia nubilalis, on high and low DIM-BOA genotypes of maize: effects of light intensity and degree of insect inbreeding. Agric [J]. Ecosyst. Environ., 14: 221-236.

McDonald G. 1991. Oviposition and larval dispersal of the common army-worm, *Mythimna convecta* (Walker) (Lepidoptera: Noctuidae) [J]. J. Ecol., 16: 385-394.

Osborn F, Jaffe K. 1998. Chemical ecology of the defense of two nymphalid butterfly larvae against ants [J]. J. Chem. Ecol., 24: 1173-1186.

Price P. 1984. Insect Ecology [M]. New York: Wiley & Sons.

Roth SK, Lindroth RL, Montgomery ME. 1994. Effects of foliar phenolics and scorbic acid on performance of the gypsy moth (*Lymantria dispar*) [J]. Biochem. Syst. Ecol., 22: 341-351.

Rutherford RS. 1998. Prediction of resistance in sugarcane to stalk borer *Eldana saccharina* by near-infrared spectroscopy on crude budscale extracts: involvement of chlorogenates and flavonoids [J]. J. Chem. Ecol., 24: 1447-1463.

Smith SM. 1996. Biological control with Trichogramma: advances, successes, and potential of their use. Annu [J]. Rev Entomol., 41: 375-406.

Stoner KA. 1997. Behavior of neonate imported cabbageworm larvae (Lepidoptera: Pieridae) under laboratory conditions on collard leaves with glossy or normal wax. J. Entomol. Sci., 32: 290-295.

Tobi DR, Grehan JR, Parker BL. 1993. Review of the ecological and economic significance of forest *Hepialidae* (Insecta: Lepidoptera) [J]. Ecol. Manage., 56: 1-12.

van Dam NM, Hadwich K, Baldwin IT. 2000. Induced responses in *Nicotiana attenuata* affect behavior and growth of the specialist herbivore *Manduca sexta* [J]. Oecologia, 122: 371-379.

Wakisaki S, Tsukuda R, Nakasuji F. 1991. Effects of natural enemies, rainfall, temperature and host plants on survival and reproduction of the diamondback moth [J]. TD Griggs: 15-26.

Zalucki MP, Brower LP. 1992. Survival of first instar larvae of Danaus plexippus (Lepidoptera: Danainae) in relation to cardiac glycoside and latex content of *Asclepias humistrata* (Asclepiadaceae) [J]. Chemoecology, 3: 81-93.

群落水平上的昆虫信息化合物相互作用*

盛子耀[1**]，赵　琦[2]，崔　攀[1]，张少华[1]，马一飞[1]，李为争[1]，原国辉[1***]
（1. 河南农业大学植物保护学院，郑州　450002；
2. 中国农业大学开封实验站，开封　475000）

摘　要：传统群落生态学侧重于研究食物链或者食物网水平上的营养关系，而化学生态学侧重于研究生物之间基于化学信息的联系，两个领域的充分结合才能完整地理解昆虫的行为。本文综述了自然生态系统中对昆虫行为有影响的、不同来源的信息化合物及其相互作用。

关键词：信息化合物；寄主选择；权衡

Interactions of Insect Infochemicals at Community Level

Sheng Ziyao，Zhao Qi，Cui Pan，Zhang Shaohua，
Ma Yifei，Li Weizheng，Yuan Guohui*
(*College of Plant Protection*，*Henan Agricultural University*，*Zhengzhou* 450002)

Abstract：Traditional community ecology focuses on the nutruitional relations at the levels of food chain or food web，while chemical ecology focuses on the communication between organisms based on chemical cues. The comprehensive integration between these two fields will improve our understanding of insect behaviors. The author reviewed infochemicals and their interactions of different derivation which affecting insect behaviors in natural eco-system.

Key words：Infochemical；Host selection；Trade-off

了解生物个体之间相互作用的变化性状产生的因果关系是进化生态学的核心问题。生物个体的变异会造成繁殖能力的差异。如果这种变异有遗传基础，那么自然选择就会使具有最大遗传潜力表型的基因型遗传到下一代。为了使繁殖量最大，生物个体在一生中不得不做出许多决策，例如，在生长和防卫上的投资各有多大，什么时候吸引配偶，在什么时间、什么地点产卵，在特定产卵位置分配多少后代，是搜索食物，还是躲避天敌等（Ricklefs，1990；Price，1997）。生物环境和非生物环境中的信息为昆虫提供了一个机会，使它们最好地适应当前的和未来的生态条件。这些信息是随着时间和空间而变化的。生物环境中的信息通常由大量不同的化合物组成的。信息化合物的成分随着发出信息者的基因型、生物条件和非生物条件而变化。对于反应者而言，一些变异代表着信

* 基金项目：国家自然科学基金资助项目（31071972）
** 第一作者：盛子耀，男，硕士研究生，研究方向为化学生态学；E-mail：ziyaosheng@163.com
*** 通信作者：原国辉；E-mail：hnndygh@126.com

号，另一些代表着噪声，这取决于信息变异和反应者适合度之间的关系。信息化合物的价值也取决于情境变异，例如，在优越的寄主植物存在和不存在的情境中，较差的寄主植物散发的气味对于一头饥饿的昆虫而言是不同的，在竞争性取食的昆虫存在和不存在的条件下，一株昆虫偏好的寄主植物散发的气味对于昆虫的价值也是不同的。现在已经报道的植食性昆虫多数食性比较狭窄。这些专食性昆虫寄主选择行为中，正确的决策是很关键的。这个问题在过去数十年受到了广泛的重视。然而，把昆虫的寄主选择仅仅视为昆虫选择对自身的发育和繁殖价值最高的植物的过程，或者仅在二级营养层次上考察植物-昆虫的相互作用，都是片面的，不能全面理解昆虫寄主选择的进化（Bernays & Graham，1988；Thompson，1988）。如果在多级营养层的食物网中研究寄主选择，就必然还要考虑防卫天敌、躲避竞争性昆虫的重要性（Faeth，1985；Bernays & Graham，1988；Bernays，1998）。有大量的研究案例表明，昆虫的寄主选择会受到来自竞争者（Wood，1982；Schoonhoven 1990）和捕食性天敌（Hoffmeister & Roitberg，1997）的信息的影响。本文重点综述在多级营养层中受信息化合物调控的昆虫寄主选择过程。

1　寄主植物气味信息的变异

植物次生代谢过程产生的气味在防卫昆虫中具有重要的意义并且已经通过大量的试验证实（Schoonhoven *et al.*，1998）。然而，尽管植物次生代谢物在防卫多食性昆虫中非常有效，但是一些专食性昆虫反而会利用它们作为标志性的刺激信息，更好地找到这些植物。例如，粉蝶类昆虫利用植物表皮上的硫代葡萄糖苷来识别十字花科的产卵寄主（van Loon *et al.*，1992;），有的还能储存这些次生化合物并用来防卫第三营养层的天敌（Hunter & Schultz，1993；Rowell-Rahier *et al.*，1995；Hartmann，1999）。昆虫在选择产卵位置或者取食位置的时候，会利用植物气味的变化（Schoonhoven *et al.*，1998）。例如，葡萄花翅小卷蛾 *Lobesia botrana* 与葡萄的侵染真菌灰葡萄孢 *Botrytis cinerea* 形成一种共生关系，这种蛾能够利用真菌侵染产生的3-甲基丁醇识别健康的葡萄和感病的葡萄（Tasin *et al.*，2012）。植物在防卫昆虫和自身生长方面的投资通常是负相关的，因此影响植物生长速度的环境条件的变化也会影响它们在抗虫性方面的投资（Herms & Mattson，1992）。因此，在寄主选择过程中，昆虫对植物化合物的利用也取决于植物对光照和养分的利用。

植物次生物质可以被昆虫为害或者真菌侵染而诱导出来，并具有短期或者长期的影响（Haukioja，1990）。例如，被昆虫取食的烟草，烟碱浓度在几天中剧烈增加，且这种应激反应随着非生物条件例如养分可利用性而变化（Baldwin，1999）。这种诱导强度与昆虫种类有关（Stout *et al.*，1994）。诱导性次生代谢物可能在局部发生，也可能内吸传导到全株。多数草食作用会增强植物的诱导抗性，也有诱导出植物感虫性的报道。有时，这种诱导感虫性可以用专食性昆虫对“标志性刺激物”浓度增加的正面反应来解释（Stanjek *et al.*，1997）。另一种感虫性是由于昆虫引起植物落叶，造成源-库关系的变化造成的（Honkanen & Haukioja，1998）。植物对昆虫取食后的反应，有时会造成吸引天敌的气味物质的释放（Dicke，1994；Takabayashi & Dicke，1996）。植食性昆虫也会利用这些诱导出的挥发物更好地进行寄主选择，例如某些鞘翅目昆虫的先锋性个体在花生上取食，会产生很多引诱后继者前来取食的气味（Bolter *et al.*，1997；Yarden & Shani，1994）。昆虫可能受这些气味的驱避（Pallini *et al.*，1997）或引诱（Loughrin *et al.*，1995；Bolter *et al.*，1997；Pallini *et al.*，1997）作用。昆虫将会得益于鉴别虫害植物和机械损伤植物散发的气味的能力，但是证据不多。

粉纹夜蛾 *Trichoplusia ni* 雌蛾受同种幼虫为害的棉花引诱，但是到达受害植株之后，她们寻找受害株附近的健康植株产卵（Landolt，1993），意味着虫害株提供了粉纹夜蛾定向一个寄主斑块的信息，使得植物更显然，但是在随后的搜索决策中却积极回避竞争。粉蝶类回避在其他雌虫个体已经产卵的寄主植物上产卵，这是附腺分泌物随着产卵被涂布到叶面上造成的，被称为产卵抑制信息素（oviposition-deterring pheromone）或者寄主标记信息素（host-marking pheromone）（Schoonhoven，1990），但 Blaakmeer 等（1994）认为是十字花科的植物应激反应产生的内吸性物质造成的而不是粉蝶附腺分泌物所致。

总之，前期暴露于昆虫取食之后的植物，对后来取食的昆虫的适合度有不同的影响。但是，后来的昆虫是否能鉴别被害植物释放的信息，以及在什么时间、以什么方式鉴别这些信息，目前还没有完全弄清。最可能是昆虫能够整合植物的信息以及此前取食或者仍在取食的昆虫来源的信息，例如虫粪的成分、信息素或者其他化合物。

2 昆虫信息化合物的变异

来源于昆虫的信息化合物包括腺体释放的信息素或者虫粪（Schindek & Hilker，1996）。蛾类成虫在一天的特定时辰释放性信息素。释放出的信息素可以吸附在叶片上延长释放时间（Drijfhout & Groot，2001），也会被雨水冲刷缩短释放时间（Averill & Prokopy，1987）。昆虫的信息素也可能是对天敌的攻击反应而诱导释放的，例如蚜虫和蓟马的告警素（Pickett *et al.*，1992；Teerling *et al.*，1993）。因此，这些信息素不仅代表着竞争性昆虫的存在，而且也代表着天敌的存在，从而引起昆虫离开植物搜索避难所（Pickett *et al.*，1992）。另外，植食性昆虫也会回避死亡的个体有关的信息，这可能代表着天敌存在的另一类信息（Rollo *et al.*，1995）。

3 捕食者的信息化合物和昆虫的寄主选择

寄主植物对于昆虫的价值取决于是否存在天敌以及天敌的数量、类型（Müller & Godfray，1999）。一些植物能够蓄留植食性昆虫的天敌来保护它们免受植食者的攻击，从而影响其作为植食者寄主植物的质量（Grostal & O'Dowd，1994；Yano，1994；Walter，1996；Agrawal & Karban，1997）。因此，选择食物和回避天敌是各种昆虫必须面临的权衡问题（Kats & Dill，1998）。昆虫或许会偏好营养比较差、但寄生蜂比较少的植物，而不是营养较好但是天敌经常访问的植物（Ohsaki & Sato，1994）。例如，一种实蝇 *Rhagoletis basiola* 的寄主接受度受来自卵寄生蜂的信息化合物的负面影响（Hoffmeister & Roitberg，1997），植食性螨类至少 4 天的时间内会回避植绥螨类（*phytoseiid*）天敌的信息化合物污染的植物组织（Kriesch & Dicke，1997）。然而，这些植食性螨类对取食真菌的或者取食花粉的螨类的信息化合物反应。

4 不同来源的信息化合物变异之间的相关性

综上所述，来自植物、植食性昆虫和肉食性昆虫的化学信息，在植食性选择寄主植物的时候都是可以利用的。这些信息可以单独被一种产生，也可以是多级营养层的生物相互作用产生的或者协同起作用的。来自这三个主要来源的信息的存在和丰富度可能有相关关系。例如，植物的直接防卫信息和间接防卫信息之间，以及植物次生代谢物的产量和肉食者的信息之间，都似乎存在负相关关系（Vrieling *et al.*，1991；Heil *et al.*，1999）。在分析千里光 *Senecio jacobaea* 中吡咯烷生物碱的变异和伴随的植食性昆虫数量之间的关系时，Vrieling 等（1991）发现生物碱浓度较高的植株上有较少的蚜虫和保护蚜虫的蚂蚁，反之亦然。保护蚜虫的蚂蚁会攻击专食性的朱砂蛾 *Tyria jacobaeae* 的幼虫，这种幼虫不受吡咯烷生物碱含量的影响。因此，生物碱含量较低的千里光植株可能污染了大量的来自蚂蚁的信息化合物，而生物碱含量较高的植株可能肉食者信息较少。植食性昆虫的信息素可能与某些植物散发的气味浓度有正相关关系，这事因为植物的气味诱导信息素的释放（Reddy & Guerrero，2004）。是否植物也会对第三营养层的生物信息响应，目前还没有受到充分的注意。如果植物能够知觉到肉食性昆虫的存在（例如知觉到自己的花粉被移除，或者知觉到肉食性昆虫的虫粪），会影响它们对植食性昆虫的诱导性防卫反应吗？又如，植物在诱导性防卫气味上的投资在天敌存在时会下降吗？当前已经发现，植物甚至在没有受到危害的情况下，就能够对来自邻居竞争植物、植食性昆虫和病原菌的存在做出反应（Blaakmeer *et al.*，1994；Bruin *et al.*，1995；Shulaev *et al.*，1997；van Loon，1997；Ballare，1999），所以植物对天敌信息的反应也并非是天方夜谭。

5 来源于不同营养层的信息整合

昆虫对信息化合物的行为反应是表型可塑性的，这取决于昆虫的生理状态、前期经历和非生物条件等（Bernays，1995；Robertson *et al.*，1995；Dicke *et al.*，1998）。通过联系性学习行为，昆虫可能会把来自植物上不同类型的信息整合起来，例如植物的气味和植物的外形（Papaj & Prokopy，1989）。大量研究报道了寄主植物的信息化合物对雄虫对同种性信息素反应的调控作用（Dickens *et al.*，1993；Landolt *et al.*，1994）。昆虫对其他昆虫释放的信息化合物的反应，或者昆虫对其他昆虫为害的植物释放信息化合物反应，可能取决于这些信息和健康植物释放信息化合物相对量的大小（Pettersson *et al.*，1998）。未来一个重要的研究方向是，综合考察昆虫寄主选择时与食物、竞争者和天敌有关的矛盾选择压下的权衡情况。例如，在植物质量差但是没有天敌时，以及植物质量高但是具有大量的天敌时，植食性昆虫怎么决策？这些决策在专食性昆虫和多食性昆虫之间有差异吗？某些专食性昆虫能够选择性储存寄主植物中的毒素，用于防卫天敌，并且对这些植物的偏好性甚至比营养价值更高的植物更强。然而，在来自天敌的信息存在和不存在于该植物的情况下，这些专食性昆虫对这些植物的偏好性会发生变化吗？这些科学问题是行为生态学中振奋人心的研究领域（Anholt & Werner，1995；Gotceitas *et al.*，1995；Bouskila *et al.*，1998）。

6 植食性昆虫、信息网络和食物网

化学生态学中的信息化合物联系网，与传统的群落生态学中基于营养联系的食物网，是紧密交织在一起的（Vet & Dicke，1992；Janssen *et al.*，1998）。在实验室和大田环境下，信息化合物网络对植食性昆虫觅食的影响值得进一步研究。这类研究会促进我们进一步理解进化生态学、行为生态学和化学生态学之间的横向联系。建立更加全面的农田生态系统模型，对农业害虫的综合管理提供科学的依据。例如，当前已经大量发现，植食性昆虫取食诱导的植物挥发物（例如萜类）会引诱天敌，有人建议将这些萜类释放到农田，促进生物防治的效果。从本综述的角度来看，如果农田并没有那么高密度的害虫，这样的应用方式会不会造成天敌对自然害虫密度的误判？会不会造成天敌大量饥饿致死或者加剧集团内捕食（intra-guild predation）作用？会不会造成天敌功能反应的改变？进一步讲，这些虫害诱导的植物挥发物会不会造成植物在防卫-生长投资上的改变，造成自身抗虫能力的下降？

参考文献

Agrawal A A，Karban R. 1997. Domatia mediate plant-arthropod mutualism [J]. Nature，387：562-563.

Anholt B R，Werner E E. 1995. Interaction between food availability and predation mortality mediated by adaptive behavior [J]. Ecology，76 (7)：2230-2234.

Averill A L，Prokopy R J. 1987. Residual activity of oviposition-deterring pheromone in Rhagoletis-pomonella (Diptera：tephritidae) and female response to infested fruit [J]. Journal of Chemical Ecology，13：167-177.

Baldwin I T. 1999. Inducible nicotine production in native Nicotiana as an example of adaptive phenotypic-plasticity [J]. Journal of Chemical Ecology，25：3-30.

Ballare H C L. 1999. Keeping up with the neighbours：phytochrome sensing and other signalling mechanisms [J]. Trends Plant Science，4：97-102.

Bernays E A. 1998. Evolution of feeding behavior in insect herbivores Success seen as diferent ways toeat without being eaten [J]. Bioscience，48：35-44.

Bernays E，Graham M. 1988. On the evolution of host specificity in phytophagous arthropods [J]. Ecology，69：886-892.

Blaakmeer A，Hagenbeek D，van Beek T A，*et al.* 1994. Plant response to eggs vs. host marking pheromone as factors inhibiting oviposition by Pieris brassicae [J]. Journal of Chemical Ecology，20：1657-1665.

Bolter C J，Dicke M，van Loon J J A，*et al.* 1997. Attraction of Colorado potato beetle to herbivore damaged plants during herbivory and after its termination [J]. Journal of Chemical Ecology，23：1003-1023.

Bouskila A，Robinson M E，Roitberg B D，*et al.* 1998. Life-history decisions under predation risk：importance of a game perspective [J]. Evolutionary Ecology，12 (6)：701-715.

Bruin J，Sabelis M W，Dicke M，*et al.* 1995. Do plants tap SOS signals from their infested neighbours? [J]. TrendsEcol. Evol.，10：167-170.

Dicke M. 1994. Local and systemic production of volatile herbivore-induced terpenoids: Their role inplant-carnivore mutualism [J]. Plant Physiol, 143: 465-472.

Dicke M, Sabelis M W. 1988. Infochemical terminology: based on cost-benefit analysis rather than original compounds? [J]. Funct. Ecol., 2: 131-139.

Dicke M, Takabayashi J, Posthumus M A, *et al.* 1998. Plant-phytoseiid interactionsmediated by prey-induced plant volatiles: variation in production of cues and variation in responses of predatory mites [J]. Exp. Appl. Acarol., 22: 311-333.

Dicke M, van Beek T A, Posthumus M A, *et al.* 1990. Isolation and identification of volatile kairomone that affects acarine predator-prey interactions. Involvement of host plant in its production [J]. Journal of Chemical Ecology, 16: 381-396.

Dickens J C, Smith J W, Light D M. 1993. Green leaf volatiles enhance sex attractant pheromone of thetobacco budworm. *Heliothis virescens* (Lep.: Noctuidae) [J]. Chemoecology, 4: 175-177.

Dukas R. 1998. Ecological relevance of associative learning in fruitfly larvae [J]. Behav. Ecol. Sociobiol., 19: 195-200.

Drijfhout F P, Groot A T. 2001. Close-range attraction in *Lygocoris pabulinus* (L.) [J]. Journal of Chemical Ecology, 27 (6): 1133-1149.

Faeth S H. 1985. Host leaf selection by leaf miners: interactions among three trophic levels [J]. Ecology, 66: 870-875.

Gotceitas V, Fraser S, Brown J A. 1995. Habitat use by juvenile atlantic cod (*Gadus morhua*) in thepresence of an actively foraging and non-foraging predator [J]. Marine Biology, 123: 421-430.

Grostal P, Dicke M. 1999. Direct and indirect cues of predation risk influence behavior and reproduc-tion of prey: a case for acarine interactions [J]. Behav. Ecol., 10: 422-427.

Grostal P, Dicke M. 2000. Recognising oneâ 8 1308 enemies; a functional approach to risk assessment by prey [J]. Behavioral Ecology & Sociobiology, 47 (4): 258-264.

Grostal P, O'Dowd D J. 1994. Plants, mites and mutualism: leaf domatia and the abundance andreproduction of mites on *Viburnum tinus* (Caprifoliaceae) [J]. Oecologia, 97: 308-315.

Hartmann T. 1999. Chemical ecology of pyrrolizidine alkaloids [J]. Planta, 207: 483-495.

Haukioja E. 1991. Induction of Defenses in Trees [J]. Annual Review of Entomology, 36 (1): 25-42.

Heil M, Fiala B, Linsenmair K E. 1999. Reduced chitinase activities in ant plants of the genus Macaranga [J]. Naturwissenschaften, 86: 146-149.

Herms D A, Mattson W J. 1992. The dilemma of plants: to grow or to defend [J]. Q. Rev. Biol., 67: 283-335.

Hoffmeister T S, Roitberg B D. 1997. Counterespionage in an insect herbivore-parasitoid system [J]. Naturwissenschaften, 84: 117-119.

Honkanen T, Haukioja E. 1998. Intra-plant regulation of growth and plant-herbivore interactions [J]. Ecoscience, 5: 470-479.

Hunter M D, Schultz J C. 1993. Induced plant defenses breached? Phytochemical induction protects anherbivore from disease [J]. Oecologia, 94: 195-203.

Janssen A, Pallini A, Venzon M, *et al.* 1998. Behaviour and indirect food web interactionsamong plant inhabiting arthropods [J]. Exp. Appl. Acarol., 22: 497-521.

Karban R, Myers J H. 1989. Induced plant responses to herbivory [J]. Annu. Rev. Ecol. Syst., 20: 331-348.

Kats L B, Dill L M. 1998. The scent of death: chemosensory assessment of predation risk by preyanimals [J]. Ecoscience, 5: 361-394.

Kriesch S, Dicke M. 1997. Avoidance of predatory mites by the two-spotted spider mite Tetranychusurticae: the role of infochemicals [J]. Proc. Exp. Appl. Entomol., 8: 121-126.

Landolt P J. 1993. Efects of host plant leaf damage on cabbage looper moth attraction and oviposition [J]. Entomol. Exp. Appl., 67: 79-85.

Landolt P J, Heath R R, Millar J G, *et al.* 1994. Effects ofhost plant, Gossypium hirsutum L, on sexual attraction of cabbage looper moths, *Trichoplusia ni* (Hubner) (Lepidoptera: Noctuidae) [J]. Journal of Chemical Ecology, 20: 2959-2974.

Loughrin J H, Potter D A, Hamilton-Kemp T R. 1995. Volatile compounds induced by herbivory act asaggregation kairomones for the Japanese beetle (*Popilia japonica* Newman) [J]. Journal of Chemical Ecology, 21: 1457-1467.

Mu Killer C B, Godfray H C J. 1999. Predators and mutualists influence the exclusion of aphid species fromnatural communities [J]. Oecologia, 119: 120-125.

Ohsaki N, Sato Y. 1994. Food plant choice of Pieris butterflies as a trade-off ! between parasitoidavoidance and quality of plants [J]. Ecology, 75: 59-68.

Pallini A, Janssen A, Sabelis M W. 1997. Odour-mediated responses of phytophagous mites to con-speci "c and heterospeci" c competitors [J]. Oecologia, 100: 179-185.

Pallini A, Janssen A, Sabelis M W. 1998. Predators induce interspecific competition for food in refugespace [J]. Ecol. Lett., 1: 171-177.

Papaj D R, Prokopy R J. 1989. Ecological and evolutionary aspects of learning in phytophagous insects [J]. Annu. Rev. Entomol., 34: 315-350.

Pettersson J, Karunaratne S, Ahmed E, *et al.* 1998. The cowpea aphid, Aphis craccivora, host plantodours and pheromones [J]. Entomol. Exp. Appl., 88: 177-184.

Pickett J A, Wadhams L J, Woodcock C M, *et al.* 1992. The chemical ecology of aphids [J]. Annu. Rev. Entomol., 37: 67-90.

Prokopy R J, Duan J J. 1998. Socially facilitated egglaying behavior in Mediterranean fruitflies [J]. Behav. Ecol. Sociobiol, 42: 117-122.

Reddy G V P, Guerrero A. 2004. Interaction of insect pheromones and plant semiochemicals [J]. Trends in Plant Science, 9 (5): 253-261.

Ricklefs R E. 1990. Ecology. W. H. Freeman & Co., New York. Robertson, I. C., Roitberg, B. D., Williamson, I., Senger, S. E., 1995. Contextual chemical ecology: anevolutionary approach to the chemical ecology of insects [J]. Am. Entomol, 41: 237-239.

Rollo C D, Borden J H, Casey I B. 1995. Endogenously produced repellent from American cockroach (Blattaria: Blattidae): Function in death recognition [J]. Environ Entomol, 24: 116-124.

Rowell-Rahier M, Pasteels J M, Alonso-Mejia A, *et al.* 1995. Relative unpalatability of leafbeetles with either biosynthesized or sequestered chemical defence [J]. Anim. Behav., 49: 709-714.

Schindek R, Hilker M. 1996. Influence of larvae of Gastrophysa viridula on the distribution of conspeci "cadults in the" eld [J]. Journal of Chemical Ecology, 21: 370-376.

Schoonhoven L M. 1990. Host-marking pheromones in lepidoptera, with special reference to two Pierisspp [J]. Journal of Chemical Ecology, 16: 3043-3052.

Schoonhoven L M, Jermy T, Van Loon J J A. 1998. Insect-Plant Biology. From Physiology to Evolution. Chapman and Hall, London. Schultz J C. 1988. Many factors influence the evolution of herbivore diets, but plant chemistry is central [J]. Ecology, 69: 896-897.

Shulaev V, Silverman P, Raskin I. 1997. Airborne signalling by methyl salicylate in plant pathogenresistance [J]. Nature, 385: 718-721.

Stanjek V, Herhaus C, Ritgen U, *et al.* 1997. Changes in the leaf surface of Apiumgraveolens (Apiaceae) stimulated by jasmonic acid and perceived by a specialist insect [J]. Helv. Chim. Acta., 80: 1408-1420.

Takabayashi J, Dicke M. 1996. Plant-carnivore mutualism through herbivore-induced carnivore attrac-tants [J]. Trends Plant Sci., 1: 109-113.

Tasin M, Knudsen C K, Pertot I. 2012. Smelling a diseased host: grapevine moth responses to healthy and fungus-infected grapes [J]. Anim Behav., 83: 555-562.

Teerling C R, Pierce Jr H D, Borden J H, *et al.* 1993. Identi "cation and bioactivity of alarmpheromone in the westernflower thrip, Frankliniella occidentalis [J]. Journal of Chemical Ecology, 19: 681-697.

Turlings T C J, Loughrin J H, McCall P J, *et al.* 1995. Howcaterpillar-damaged plants protect themselves by attracting parasitic wasps. Proc. Natl. Acad. Sci. USA, 92: 4169-4174.

Turlings T C J, Wa K ckers F L, Vet L E M, *et al.* 1993. Learning of host- "ndingcues by *Hymenopterous parasitoids*. In: Papaj D R, Lewis A C. (Eds.), Insect learning: Ecological andEvolutionary Perspectives [M]. New York: Chapman and Hall: 51-78.

van Loon J J A, Blaakmeer A, Griepink F C, *et al.* 1992. Leaf surface compound from Brassica oleracea (Cruciferae) induces oviposition by *Pieris brassicae* (Lepidoptera: Pieridae) [J]. Chemoecology, 3: 39-44.

van Loon L C. 1997. Induced resistance in plants and the role of pathogenesis-related proteins [J]. European Journal of Plant Pathology, 103 (9): 753-765.

Vet L E M, Dicke M. 1992. Ecology of infochemical use by natural enemies in a tritrophic context [J]. Annual Review of Entomology, 37: 141-172.

Vrieling K, Smit W, van der Meijden E. 1991. Tritrophic interactions between aphids (Aphis jacobaeae Schrank), ant species, *Tyria jacobaeae* L. and *Senecio jacobaea* L. lead to maintenance of geneticvariation in pyrrolizidine alkaloid concentration [J]. Oecologia, 86: 177-182.

Walter D E. 1996. Living on leaves: mites, tomenta, and leaf domatia [J]. Annual Review of Entomology, 41 (1): 101-114.

Wood D L. 1982. The role of pheromones, kairomones, and allomones in the host selection andcolonization behavior of bark beetles [J]. Annual Review of Entomology, 27: 411-446.

Yano S. 1994. Flower nectar of an autogamous perennial Rorippa indica, as an indirect defense mechanism against herbivorous insects [J]. Researches on Population Ecology, 36 (1): 63-71.

Yano S. 1994. Flower nectar of an autogamous perennial Rorippa indica as an indirect defense mechanismagainst herbivorous insects [J]. Researches on Population Ecology, 36 (1): 63-71

Yarden G, Shani A. 1994. Evidence for volatile chemical attractants in the beetle *Maladera matrida* Argaman (Coleoptera: scarabaeidae) [J]. Journal of Chemical Ecology, 20 (10): 2673-2685.

昆虫神经元标记方式的研究进展*

孙龙龙**，宋唯伟，侯文华，赵新成，汤清波***
（河南农业大学植物保护学院，郑州 450002）

摘 要：大多数昆虫通过外周器官来感受外界的刺激信息，其内的受体神经元能够感知外界化学刺激物的刺激并把刺激物的信息传导至中枢神经系统。因此，研究昆虫外周感器内的神经元在中枢神经系统的标记方式及投射通路对理解昆虫如何“编码”这些刺激信息具有重要的意义。本文则对昆虫外周神经元在中枢神经系统中的标记方法进行简述。

关键词：神经元；投射通路；中枢神经系统；标记方式

Research Progress on Neuronal label Methods in Insects

Sun Longlong，Song Weiwei，Hou Wenhua，Zhao Xincheng，Tang Qingbo
(*College of Plant Protection*，*Henan Agricultural University*，*Zhengzhou* 450002，China)

Abstract：Most insects perceive external stimuli through peripheral organs，and the recipient neurons within them are able to sense the stimulation of external chemical stimuli and transmit stimuli to the central nervous system. Therefore，it is important to pursue the central projection pathways and the labeled methods of neurons on the central nervous system. Research on the projection pathways of peripheral neurons in the central nervous system could significantly contribute to the understanding the feeding behaviors and the “coding mechanisms” in insects. In this present papaer，progress of the labeled methods of neurons from peripheral system to the central nervous system is briefly described.

Key words：Neurons；Projection pathway；Central nervous system；Labeled methods

当昆虫的外周味觉感受器接触到外界的化学刺激物质后，感受器内的味觉神经元会把化学信号转化为电信号（Tang *et al.*，2005），通过神经轴突以脉冲的形式传递给中枢神经系统（central nervous system，CNS）（Tang *et al.*，2014）。那么，分析昆虫外周味觉感器内的味觉神经元到 CNS 的投射通路及投射位置对理解昆虫如何“编码”这些刺激信息具有重要的意义。多年来，研究昆虫中枢神经系统中的投射通路的手段主要有钴染色法（Stocker & Schorderet，1981；Kent & Hildebrand，1987；王琛柱，2003）、荧光标记法（Smith *et al.*，2001）、荧光免疫法（Marella *et al.*，2006；Wang *et al.*，2004）、还原银染色法、Golgi 银浸渍法（Ignell & Hansson，2005）、胍丁胺抗体标记法

* 基金项目：河南省高校科技创新人才支持计划（17HASTIT042）；国家自然科学基金面上项目（31672367）
** 第一作者：孙龙龙；E-mail：sunlonglong0313@163.com
*** 通信作者：汤清波；E-mail：qingbotang@126.com

(van Loon *et al.*, 2008)、免疫过氧化物酶染色法（吴晓波等，1988）、$NiCl_2$ 逆行染色法（田佳，2004）以及银增感法（田佳，2006）等，其中免疫过氧化物酶染色法、$NiCl_2$ 逆行染色法以及银增感法应用较少。

1 钴染色法

钴（Co）染色法是通过氯化钴正向填充的方式来分析感器内神经元的中枢投射模式，随后用银浸渍法进行强化。该方法需首先确定感器的基本排列和结构，根据标准程序进行固定、嵌入、切片（Stocker，1981）后用玻璃毛细管吸取 2% $CoCl_2$（用 70% 乙醇溶解）刺激感器，使感受器内神经元的树突直接接触钴离子，再经过神经轴突进入中枢神经系统后，这些神经元的通路就可以被特异标记（Kent & Hildebrand，1987）。

王琛柱（2003）利用钴回填法对蝗虫后足胫节上 2 个钟形感器内的相关神经 N5B2 进行了染色：

（1）在不漏水的凡士林杯附近放置解剖好的蝗虫后足胫节内神经，切断神经后把神经一端拉入杯内。

（2）吸干生理盐水后加入蒸馏水；而后剪断神经端部，利用渗透压将切断的轴突末端张开；加入 3%～6% 的钴六胺；转移到 6℃ 的低温湿润环境之中（Strausfeld，1980）。

（3）放置一段时间之后用吸水纸把钴溶液吸走，用生理盐水处理神经节后吸干生理盐水并加入含有硫化铵的缓冲液。

（4）静置 8min 后出现黑色的钴化物沉淀。用生理盐水漂洗后进行固定；在一系列浓度梯度的酒精之中脱水；最后用甲基水杨酸盐进行澄清后，使用显微镜观察。

经观察发现在蝗虫后足胫节表面，从基部内侧数第 2、第 3 根刺附近，有 2 个钟形感器；在其下面，各有 1 个神经细胞；2 个神经细胞的轴突在不远处汇合，沿胫节的内侧表皮与 N5B2 相连（图 1）。

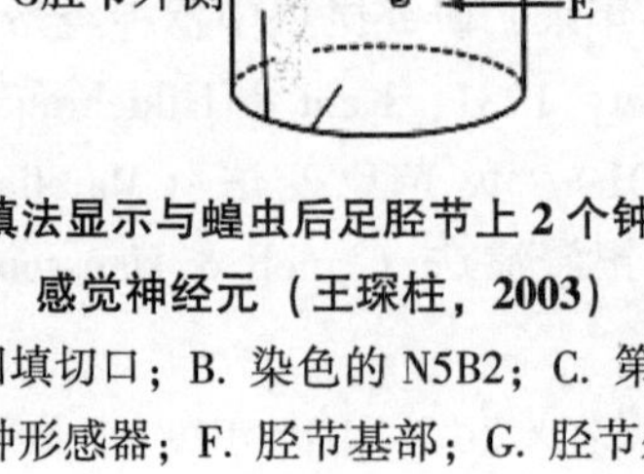

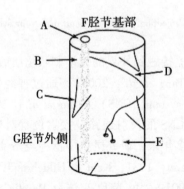

图 1 用钴回填法显示与蝗虫后足胫节上 2 个钟形感器相关的感觉神经元（王琛柱，2003）

A. 神经 N5B2 回填切口；B. 染色的 N5B2；C. 第二胫节刺；D. 染色的感觉神经元；E. 钟形感器；F. 胫节基部；G. 胫节外侧

2 荧光标记法和荧光免疫法

荧光标记法主要把荧光染料（吸收某一波长的光波后能发射出另一波长大于吸收光光波的物质，他们大多是含有苯环及带有共轭双键的化合物）涂在感器的前端伤口（滴加经稀释至荧光效价的荧光抗体），然后将幼虫转移至湿润的培养皿中，在室温或4℃的低温条件下染色 24h 左右，以使荧光染料逐渐随着神经上溯到 CNS。这个技术在昆虫上已经标记了棉铃虫五龄幼虫栓锥感器的神经元（图 2 和图 3）。

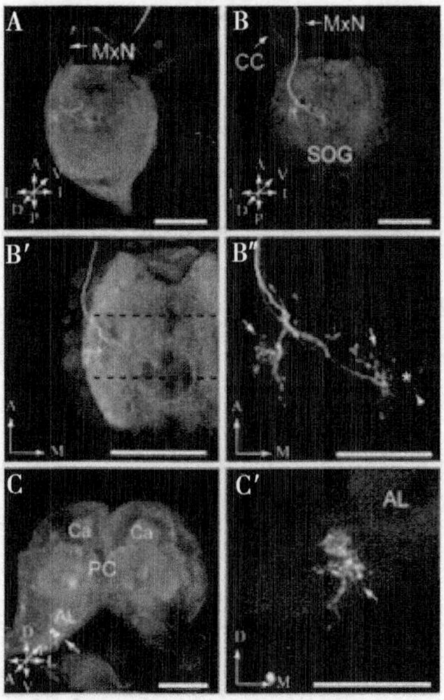

图 2 棉铃虫幼虫中栓锥感器内神经元在 CNS 内的投射

A-B″：SOG；C-C′：脑. 标尺：A，B，B′，B″，C：100μm；B″，C′：50μm（Tang *et al.*，2014）

Tang 等（2014）的研究表明，运用荧光颜料［Dextran tetramethylrlrhodamine and biotin 3000 MW，lysine fixable（Micro-ruby）］通过棉铃虫的一对栓锥感受器进而得到脑内的味觉神经元的投射通路。其中图 2 表示幼虫中栓锥味觉神经元在中枢神经系统中的投射；图 3 表示幼虫侧栓锥味觉神经元在中枢神经系统中的投射。

荧光免疫法又称之为免疫荧光技术，是标记免疫技术中发展最早的一种。它是在免疫学、生物化学和显微镜技术的基础上建立起来的一项技术。有人尝试将抗体分子与一些示踪物质结合，利用抗原抗体的反应进行组织或者细胞内抗原物质的定位。王瓜秀（2018）通过免疫荧光染色技术对果蝇大脑的神经环路等进行了探究，果蝇大脑神经元对于基因功能分析越来越常见：神经元极化、轴突和树突的增长，以及轴突和树突之间建立联系等。用 Gal4／UAS 增强子可以标记果蝇大脑内的神经元从而高分辨率分析野生型或者转基因果蝇内的基因。先在荧光免疫技术将不影响抗原抗体活性的荧光色素标记在抗体上，与其相应的抗原结合后，在荧光显微镜下呈现一种特异性的荧光反应。在

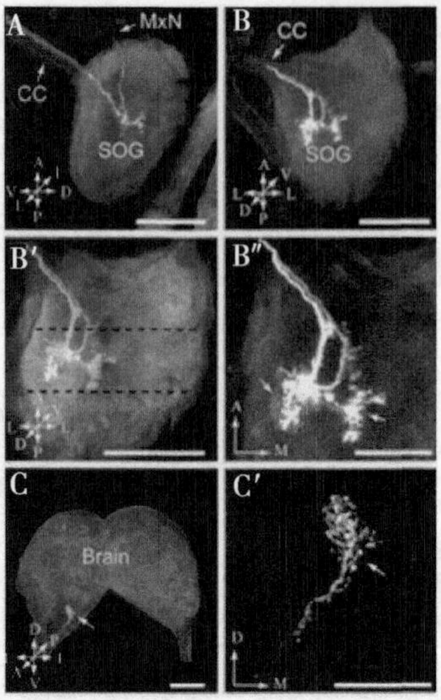

图 3　棉铃虫幼虫侧栓锥感器内神经元在 CNS 内的投射

A－B″：SOG；C－C′：脑．标尺：A，B，B′，C：100μm；B″，C′：50μm（Tang *et al.*，2014）

昆虫的应用上，免疫染色技术已成功应用于棉铃虫成虫的触角叶的染色（Zhao *et al.*，2013），将标记的特异性的荧光抗体直接加在含有抗原的处理成虫脑中，经过一定时间的染色，用缓冲液洗去为参与反应的荧光抗体，室温下干燥、封片与镜检。

陈秋燕等（2016）利用神经突触蛋白抗体，对烟青虫成虫脑进行免疫组织化学染色标记（图 4）：

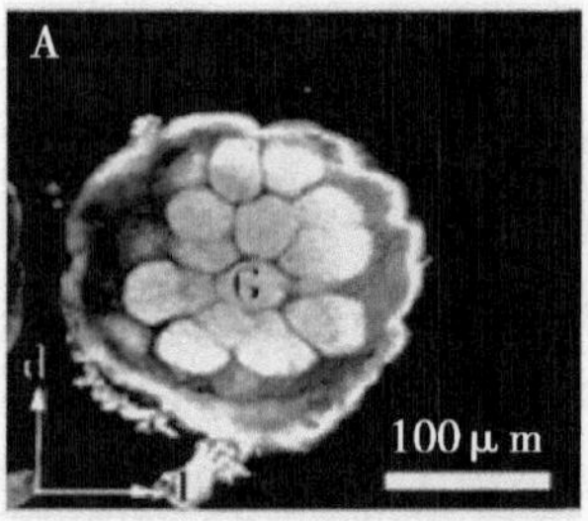

图 4　烟青虫触角叶激光共聚焦扫描显微图像（陈秋燕，2016）

（1）将成虫脑剖出后放在固定液之中固定，4℃过夜。

（2）PBS 漂洗后在 PBSTNGS［含有 5% 的正常山羊血清封闭液的 0.1 mol / L PBST（0.5%Triton X-100 的 PBS 溶液）］中孵育。

（3）在 4℃条件下加入一抗溶液（1∶100SYNORF1；1∶20 NGS，PBST 溶液为母液）中孵育 5 天。

（4）PBS 漂洗后在第二抗体溶液（1∶500 Cy2 偶联的羊抗鼠第二抗体；1∶20NGS，PBST 溶液为母液）中孵育 3 天。

（5）PBS 漂洗后酒精脱水制片，最后在激光共聚焦下观察。

比其他技术如免疫过氧化物酶染色来说，免疫荧光的优势是荧光染色法允许高分辨率共焦或多光子成像获取昆虫大脑深层结构，而荧光标记法的优势正是依靠荧光的分布分析出感受神经元，较其他染色方法来说便捷省时。

3 还原银染色法、Golgi 银浸渍法

还原银染色法作为一种经典的神经镀银染色方法长期以来主要应用于中枢和外周神经系统的染色中（黄清怡等，2008）。根据 Ignell and Hansson（2005）的研究表明，蚊子的神经投射通路也取得了一定的进展。

（1）首先将蚊子的头部预先在 4%甲醛中固定 1h，冲洗缓冲液（0.1mol/L $Na_2HPO_4 \cdot 2H_2O$ 和 $NaH_2PO_4 \cdot H_2O$；pH 值=7）。

（2）固定在 AAF 中，由 0.5mL 冰醋酸，8.5mL 100%乙醇和 1mL 37%甲醛组成，在室温下固定 4h。

（3）固定后，将头部进行漂洗，并从头部中取出脑。

（4）利用一系列的浓度梯度酒精将脑脱水以及萜品醇溶液清洗，浸入二甲苯中，并加热至 60℃。

（5）将脑嵌入到新鲜的还原银溶液中，用原始的还原银法沾染。

1980 年，Strausfeld 等人进行对原始的银浸渍方案进行了修改，作为一种新的染色法，它可以进行定性的测试：

（1）将蚊子断头并从头后部移除角质层和其他组织，以便在嵌入期间容易定向。

（2）将头部在室温下固定过夜，（固定液为 2%戊二醛和 1%多聚甲醛溶液，含有 1.3g 蔗糖/100mL。

（3）在二甲砷酸盐缓冲液中洗涤 3×10min；在黑暗中浸没在过饱和的没食子酸乙酯中 2~4h。

（4）在 dH_2O 中洗涤 2×10min，用丙酮脱水，之后进行包埋。

改进的染色法使用二氧化碳麻醉蚊子，在 70%乙醇中浸泡以去除角质层碳氢化合物，并浸入含有 3g 蔗糖/100mL 的冷 2.5%重铬酸钾溶液中，小心地去除头部后面的角质层和其他角质，此后，将头部转移至含有 1.5%蔗糖/100mL 的 25%戊二醛（5：1）的 2.5%重铬酸钾溶液中，在 4℃下保持 5 天，在 2.5%重铬酸钾溶液中漂洗 8~15min，转移到 4℃下，用 1%四氧化锇（99：1）在 2.5%重铬酸钾溶液中培养 4 天，用 dH_2O 洗涤，转移到 0.75%硝酸银溶液中，直到没有观察到沉淀，并在此温育，在 4℃下溶解 3 天，在 dH_2O 中洗涤，用丙酮进行脱水，之后进行封片与观察。

4 胍丁胺抗体标记法

胍丁胺是由 L-精氨酸脱羧形成的阳离子聚胺，为一种内源性神经调节物质，也称之为神经递质（王婷，2016）。胍丁胺活性依赖标记无脊椎动物神经元的方法最早应用于水生动物和脊椎动物上（Michel *et al.*，1999）。当刺激物质接触感受神经元，打开膜上的离子通道，胍丁胺则随着刺激物质一起进入神经元，并在神经元内累积，胍丁胺在

神经元中累积越来越多，通过与抗体的结合，抗体再与荧光染料结合，这样在共聚焦显微镜（confocal laser scanning）下就能看到标记的神经元。这个技术在昆虫上首先标记了大菜粉蝶侧栓锥感器的神经元（van Loon *et al.*，2008），但是并没有详细报道。目前，关于胍丁胺标记昆虫神经元的试验还在继续尝试。

5 展望

目前，神经元染色技术发展较快，尤其在哺乳动物中的应用较为广泛，但是一些新的神经元染色物质和染色技术还没有在昆虫中得到应用。对于昆虫，神经元染色技术在果蝇上应用较多，在其他昆虫类群中的研究则不多。因此，随着基因技术、蛋白技术和物理技术等的发展，不但一些在哺乳动物中应用较好的技术将在昆虫上进行应用，而且一些新的技术和方法也将在昆虫中得到应用。这将极大的促进昆虫化学感受乃至昆虫学的研究，从而为控制害虫和利用昆虫奠定理论基础。

参考文献

曹欢，詹欢，赵新成，等.2012. 棉铃虫幼虫味觉栓锥感器味觉神经元的投射通路［C］//华中昆虫研究.

陈秋燕，吴晓，汤清波，等.2016. 烟青虫成虫脑结构解剖和三维模型构建［J］. 昆虫学报，59（1）：33-46.

黄清怡，孔繁飞，李莉，等.2008. Holmes 还原银染色法在大鼠皮肤瘢痕神经染色上的应用［J］. 诊断病理学杂志，15（1）：74-75.

汤清波，党静，洪珍珍，等.2014. 昆虫味觉中间神经元的研究简述［C］//原国辉，王高平，张建林. 华中昆虫研究（第十卷）. 北京：中国农业科学技术出版社.

田佳.2006. 昆虫神经元染色的银增感法［J］. 应用昆虫学报，43（2）：258-259.

田佳.2004. 神经细胞外染色法——$NiCl_2$ 逆行染色法［J］. 生物学通报，39（6）：56-56.

王琛柱.2003. 昆虫神经生物学研究技术：用钴回填法对神经元染色［J］. 应用昆虫学报，40（1）：88-89.

王瓜秀.2018. 成年果蝇大脑解剖及荧光染色方法的研究［J］. 生物学杂志（1）：64-67.

王婷.2016. 胍丁胺对脂多糖诱导大鼠急性肺损伤的保护作用及机制［D］. 成都：成都医学院.

吴晓波，徐辉，封江南，等.1988. 冰冻切片免疫过氧化物酶染色法在抗细胞性单克隆抗体筛选和鉴定中的应用［J］. 免疫学杂志（1）：24-27.

Ishikawa S. 1966. Electrical response and function of a bitter substance receptor associated with the maxillary sensilla of the larva of the silkworm, Bombyx mori L［J］. Journal of Cellular Physiology, 67（1）: 1-11.

Kent K S, Hildebrand J G. 1987. Cephalic Sensory Pathways in the Central Nervous System of Larval *Manduca sexta*（Lepidoptera: Sphingidae）［J］. Philosophical Transactions of the Royal Society of London, 315（1168）: 1-36.

Kvello P, Almaas T J, Mustaparta H. 2006. A confined taste area in a lepidopteran brain［J］. Arthropod Structure & Development, 35（1）: 35-45.

Marella S, Fischler W P, Asgarian S, *et al*. 2006. Imaging taste responses in the fly brain reveals a functional map of taste category and behavior［J］. Neuron, 49（2）: 285-295.

Smith D V, St John S J. 1999. Neural coding of gustatory information [J]. Current Opinion in Neurobiology, 9 (4): 427-435.

Stocker R F, Schorderet M. 1981. Cobalt filling of sensory projections from internal and external mouthparts in *Drosophila* [J]. Cell & Tissue Research, 216 (3): 513-523.

Strausfeld N J, Miller T A. 1980. Neuroanatomical techniques. Insect nervous sytem [M]. Springer.

Tang Q B, Zhan H, Cao H, *et al.* 2014. Central projections of gustatory receptor neurons in the medial and the lateral sensilla styloconica of *Helicoverpa armigera* larvae [J]. Plos One, 9 (4): e95401.

Tang Q, Yan Y, Zhao X, *et al.* 2005. Testes and chromosomes in interspecific hybrids between *Helicoverpa armigera* (Hübner) and *Helicoverpa assulta* (Guenée) [J]. Chinese Science Bulletin, 50 (12): 1212-1217.

Van Loon J J A, Tang Q B, Wang H L, *et al.* 2008. Tasting in plant-feeding insects: from single c- ompounds to complex natural stimuli [M]. In: Philip L N, Cobb M, Marion-Poll F. Insect Taste. London: Taylor and Francis Press.

Wang Z, Singhvi A, Kong P, *et al.* 2004. Taste Representations in the *Drosophila* Brain [J]. Cell, 117 (7): 981.

Zhao X C, Tang Q B, Berg B G, *et al.* 2013. Fine structure and primary sensory projections of sensilla located in the labial-palp pit organ of Helicoverpa armigera (Insecta) [J]. Cell & Tissue Research, 353 (3): 399.

棉铃虫的味觉研究进展*

宋唯伟[1**]，马　英[2]，王　艳[1]，侯文华[1]，赵新成[1]，汤清波[1***]
(1. 河南农业大学植物保护学院，郑州　450002；
2. 河南农业大学国家小麦工程技术中心，郑州　450002)

摘　要：本文从以下4个方面描述了棉铃虫的味觉研究进展：①棉铃虫味觉感受器及其内的味觉感受神经元；②棉铃虫味觉受体；③棉铃虫味觉感受机理；④棉铃虫味觉受体神经元的投射。

关键词：棉铃虫；味觉感受器；味觉感受神经元；味觉受体

Advances in Taste of *Helicoverpa armigera*

Song Weiwei[1**], Ma Ying[2], Wang Yan[1], Hou Wenhua[1],
Zhao Xincheng[1], Tang Qingbo[1***]
(1. *Department of Plant Protection*, *Henan Agricultural University*,
Zhengzhou 450002, *China*; 2. *National Engineering Research Center for Wheat*,
Henan Agricultural University, *Zhengzhou* 450002, *China*)

Abstract: The study of taste in *Helicoverpa armigera* is reviewed in the present paper from the following four parts: ①gustatory sensillum and the inner taste receptor neurons; ②taste receptors; ③the mechanism of taste perception of *Helicoverpa armigera*; ④central projections of the peripheral receptor neurons of *H. armigera*.

Key words: *Helicoverpa armigera*; Gustatory sensillum; Gustatory receptor neurons; Gustatory receptors

昆虫是动物界最为繁盛的一个种群，取食是其最主要的生命活动之一（周东升和龙九妹，2013）。当自然界的刺激物质进入到昆虫味觉感器内部后，感器内味觉神经元中的味觉受体（gustatory receptors，Grs）能够识别这些化学物质，把刺激物的化学信号转换为电信号，通过神经轴突以脉冲的形式传送到中枢神经系统（central nervous system，CNS），CNS整合信息后输出调控行为的信息，昆虫完成对刺激物质的反应（Schoonhoven *et al.*，2005）。棉铃虫 *H. armigera* 是我国重要的农业害虫，寄主植物达到30多个科。目前，已经有多个关于棉铃虫幼虫外部感受系统形态、电生理和感受特征

* 基金项目：国家自然科学基金面上项目（31672367）；河南省教育厅科学技术研究重点项目（13B210050）；河南省高校科技创新人才支持计划（17HASTIT042）

** 第一作者：宋唯伟；E-mail：songweiwei1993@126.com
*** 通信作者：汤清波；E-mail：qingbotang@126.com

的报道（Tang *et al.*，2000；Zhou *et al.*，2010；张雪凝等，2011；曹欢等，2013；汤清波等，2014）。本文对棉铃虫的味觉感受机制进行综述。

1 棉铃虫的味觉感受器及其内的味觉感受神经元

昆虫取食过程中的第一个环节就是昆虫接触植物的行为，在此过程中最重要的环节之一是昆虫对植物进行味觉识别。植食性昆虫都有一些专门的器官来识别寄主植物。对于棉铃虫幼虫，其下颚上的栓锥状感受器在对植物的取食过程中起着极为重要的作用（Schoonhoven & van Loon，2002）。

光镜和电镜显示，棉铃虫幼虫下颚外颚叶上的每一个栓锥感器的基部深处各有5个感受神经元，每个感受神经元都是双极神经元，一极为树突，另一极为轴突；其中1个神经元的树突终止于栓锥的端部外起机械感受作用，另外4个感受神经元的树突伸入到栓锥的端部顶空，树突上的受体能够与刺激化学物质结合，通过轴突把刺激信息传送到CNS（Schoonhoven *et al.*，2005；汤清波等，2011）。

1.1 棉铃虫幼虫的味觉感受器

棉铃虫幼虫的味觉感受器相对来说数目不多，集中分布在口器附肢下颚和内唇上（严福顺，1995）。下颚的味觉感受器主要包括外颚叶（galea）上的栓锥状感受器（sensillum styloconica）以及下颚须上的味觉感器（Schoonhoven & van Loon，2002）。

1.1.1 棉铃虫外颚叶上的栓锥感受器

幼虫两个外颚叶（galea）上共有两对栓锥状感受器，其中位于口腔两侧的1对感受器通常被称为中栓锥感受器（medial sensillum styloconica，MSS），位于口腔外侧的1对感受器通常被称为侧栓锥感受器（lateral sensillum styloconica，LSS）。这2对味觉感受器在棉铃虫幼虫取食的化学感受过程中起着至关重要的作用（Grimes & Neunzig，1986）。Devitt和Smith的研究表明，每个感受器内有5个双极神经元，其中1个神经元起着机械附着的作用，其余4个为味觉神经元，它们的树突伸长到感受器的端孔（pore）附近，接触到化学物质后会产生反应，而轴突伸展入脑与中枢神经系统相连（Devitt & Smith，1982）。

鳞翅目幼虫大约有59对味觉感受神经元（Schoonhoven & Blom，1988），其中下颚外颚叶上两对栓锥感受器内的味觉感受神经元在取食过程中起着至关重要的作用。这两对味觉感器形态结构相对简单，且易于电生理操作，也吸引了多个研究者的兴趣。早期的研究者主要是记录栓锥感受器对寄主植物和非寄主植物天然汁液反应的神经信号，由于植物汁液成分较为复杂，刺激植物汁液记录到的信号通常是数个神经元的综合反应（通常在1个栓锥感器所有的4个细胞都起反应），且不同神经元之间可能有交互作用，所以分析也十分复杂（Jermy & Hanson，1968）。因此，国内外关于昆虫味觉电生理的研究多是味觉感器对单个化合物的反应（Jermy，1987；Glendinning & Hills，1997；Bernays & Chapman，2000；Albert，2003；张雪凝等，2011；曹欢等，2013）。但是，昆虫在自然界依然感受的是植物汁液，因此研究中栓锥和侧栓锥感器内多个神经元对植物汁液的感受谱也是十分必要的。Tang等（2014）测定了棉铃虫幼虫对棉花和辣椒叶片汁液的电生理反应，这两种植物一般能诱导中栓锥感器和侧栓锥感器的3个或4个味觉神经元产生反应，且不但中栓锥感器和侧栓锥感器的反应存在差异，而且同一感器对这两种植物的反应也存在差异，说明棉花和辣椒汁液诱导棉铃虫反应物质的化学性质存在差异。

棉铃虫 5 龄幼虫外颚叶上的中栓锥感器和侧栓锥感器的形状相似，但是尺寸存在差异，中栓锥感器主锥体（uniporous peg）的长度（69.51±0.93μm），显著长于侧栓锥感器主锥体的长度（59.56±1.23μm）（$P<0.001$），中栓锥感器主锥体的直径（32.06±0.52μm），显著长于侧栓锥感器主锥体的长度（30.42±0.53μm）（$P = 0.001$）；但是中栓锥感器主椎体端部端锥（conic tip）的长度和直径与和侧栓锥感器差异不显著(Tang *et al.*, 2014)，这种幼虫中栓锥感器和侧栓锥感器尺寸差异的现象是否反映其功能的差异还值得深入探讨。

1.1.2 下颚须上的感受器

与中栓锥感受器和侧栓锥感受器相比，下颚须上感受器受到的关注较少。下颚须位于侧栓锥感受器的旁边，其顶端有 8 个锥状感受器，这 8 个感器可以根据位置进行分类，即上部的 A1、A2 和 A3，内侧的 M1 和 M2，外侧的 L1、L2 和 L3（Albert，2003）；这些感器内一般有 3~4 个神经元；这些锥状感器的体积（长度 3~5μm，直径 2μm）小于外颚叶上的栓锥状感器（长度 40μm 左右，直径 10μm 左右），功能也可能存在不同，这 8 个锥状感器中的 3 个可能具有嗅觉功能，其余 5 个则起着味觉感受器的作用(Grimes & Neunzig，1986)。从行为和电生理的角度来看，一些昆虫下颚须上的感受器既有嗅觉作用又有味觉功能。Albert（2003）发现云杉卷叶蛾 *Choristoneura fumiferana* 幼虫下颚须端部 8 个锥状感器中的一个（L1）感器对蔗糖的反应呈浓度梯度反应。

1.1.3 内唇上的感受器

内唇上感受器受到的关注也较少。研究表明，一些昆虫内唇上具有 1 对圆顶状的感受器上（Albert，1980），但是关于棉铃虫内唇上的感受器还没有报道。这些感受器内可能存在 3 个神经元，但昆虫间也存在差异，例如在 *Mamestra brassicae* 和 *Euxoa messoria* 的内唇感受器上就没有发现这些感受器（Devitt & Smith，1982）。这些神经元在 CNS 的投射位置为前脑、后脑和咽下神经节（Kent & Hildebrand，1987）。电生理研究发现内唇内可能存在 3 类不同的神经元，分别对抑食素、盐类还有其他的一些化合物敏感（Glendinning *et al.*，2000）。

1.2 棉铃虫成虫的味觉感受器

大多数鳞翅目成虫以花蜜和蜜露为食。花蜜含有糖（主要是蔗糖、果糖和葡萄糖)、游离氨基酸等营养物质。这些营养物质有助于鳞翅目成虫的取食，交配和产卵。棉铃虫雌成虫前足第 5 跗分节上的 14 个味觉毛状感受器一般对蔗糖、葡萄糖、果糖、麦芽糖、肌糖醇和 20 种常见氨基酸的刺激有反应，这种前足上的味觉反应能够诱导成虫喙的伸展取食反应，使成虫感知花蜜中的糖，并决定昆虫的取食（Zhang *et al.*，2010)。

1.3 棉铃虫的味觉感受神经元

根据昆虫味觉感受神经元的对应配体物质的类型，把刺激昆虫取食的物质称为刺激素（phagostimulants)，如糖、肌醇、氨基酸和寄主植物特异次生物质等，对这类物质反应的味觉神经元称为刺激素神经元（phagostimulatory neurons）；而把高浓度盐、非寄主次生物质、有毒化学物质等抑制昆虫取食的物质称为抑制素（deterrents），对这类物质反应的味觉神经元称为抑制素神经元（deterrent neurons）（Simmonds & Blane，1991；Bernays & Chapman，2001；Schoonhoven & van Loon，2002）。

棉铃虫侧栓椎感器内存在一个敏感的蔗糖感受神经元，我们最近的研究发现棉铃虫幼虫中栓锥感器中的肌醇细胞对不同糖有一定的反应，表明该细胞可能是棉铃虫多食性的味觉细胞（Zhang *et al.*，2011）。氨基酸感受神经元也是一类重要的味觉感受神经元，其主要作用也是刺激昆虫取食，多数鳞翅目昆虫的氨基酸感受神经元分布在侧栓锥感器内（Schoonhoven & van Loon，2002；汤清波等，2011）。棉铃虫中栓锥感器内的刺激素神经元和抑制素神经元分别对肌醇和黑芥子苷（sinigrin）敏感（Tang *et al.*，2000）。

2 棉铃虫味觉受体

昆虫味觉感受器内的感受神经元的最初鉴定是建立在电生理学和行为学的基础上（汤清波等，2011），而多数昆虫的味觉受体是利用生物信息学技术筛选再利用分子生物学、行为学和电生理学进行功能鉴定（汤清波等，2011）。昆虫的味觉受体主要分布于味觉器官中，但在一些嗅觉器官中也有分布（Sánchezgracia *et al.*，2009）。通常味觉受体在昆虫的味觉组织中表达量很低。一些味觉受体基因只在特定的味觉组织中表达，而另一些基因则在多个味觉组织中广泛表达（孙乐娜等，2009）。目前，在棉铃虫中已鉴定的味觉受体只有糖受体：果糖受体 Gr1 和对半乳糖、麦芽糖、果糖都有剂量反应的 Gr9（Jiang *et al.*，2015；Xu *et al.*，2012）。

类似于哺乳动物的嗅觉受体，昆虫的味觉受体也属于拥有 7 个跨膜域的 G 蛋白偶联受体（G-protein-coupled receptors）家族（汤清波等，2011），这说明 G 蛋白偶联受体参与了昆虫的味觉传导过程。众所周知 G 蛋白偶联受体参与了大量其他信号途径的调节和传导（周东升等，2012）。赵慧婷等人的研究也表明，味觉受体和气味受体一样均具有 7 个跨膜结构（Slone *et al.*，2007；Montell.，2009；赵慧婷等，2012）。

3 棉铃虫的味觉感受机理

对味觉机理的了解，目前尚没有嗅觉机理那么深入。总体上看，两者之间存在很多相近之处，但也存在很多差别。与嗅觉感受细胞一样，在味觉感受细胞的树突上亦存在很多受体位点（Mullin *et al*，1994）。味觉刺激物通过与受体位点的结合，亦能激发一个受体电位，并最终导致一个动作电位的释放（Bernays& Chapman，1994）。所不同的是，在味觉感受器中没有发现味觉物质结合蛋白，亦即味觉刺激物是直接与味觉受体结合的。这可能是味觉的化学物质大多是低分子量化学物质，如氨基酸、简单糖类、矿物质盐类、酸类、核苷酸和各种植物次生性化合物等，他们在水中的溶解度比较高，可以直接到达受体位点（Mullin *et al.*，1994）。

味觉受体的电信号，可经轴突直接传至中枢神经系统，这种从外周到中枢神经系统的信息传导模式有两种理论：即交叉模式（across-fibre）和标记线型（labelled line）

(Schoonhoven & van Loon, 2002)。此外，味觉与嗅觉系统不同的是，在昆虫的中枢神经系统中不存在一个聚合所有味觉信息处理的中心，如棉铃虫口器上味觉感受细胞的轴突是延伸到咽下神经节和后脑（Tang *et al.*，2014)，而位于足上的味觉感受细胞轴突则终止于各自的胸神经节（Bernays & Chapman，1994)。

4 棉铃虫的味觉受体神经元的投射

昆虫中枢神经系统是昆虫接收信息、处理信息和行为调控的中心。昆虫脑和咽下神经节主要接收来自头部的视觉、嗅觉、味觉和触觉等信息。昆虫味觉神经元在 CNS 中投射研究的手段主要有钴染色法（Stocker& Schorderet.，1981；王琛柱，2003)、还原银染色法、Golgi 银浸渍法（Ignell & Hansson，2005)、荧光免疫法（Wang *et al.*，2004；Marella *et al.*，2006）及荧光标记法（Dunipace *et al.*，2001；Kvello *et al.*，2006；Tang *et al.*，2014）等。昆虫外围味觉神经元在 CNS 中的投射部位一般为食道下神经节和后脑（Ignell & Hansson，2005；Kvello *et al.*，2006)。

棉铃虫的幼虫栓锥感器内的味觉神经元轴突经过身体同侧的下颚神经进入咽下神经节的下颚神经节的腹部侧面以及靠近咽下神经节中线的 2 个区域；然后，咽下神经节中的味觉神经轴突通过围咽神经索（circumoesophageal connective）延伸到幼虫后脑（tritocerebrum）的前侧部（Tang *et al.*，2014)。但是，是否不同类别的外周神经元如糖受体神经元和苦味神经元在中枢神经系统中的投射区域存在差异还不明了。有关棉铃虫的其他感受器在味觉神经元中的投射还未见报道。

5 展望

目前，相对于棉铃虫的嗅觉研究来说，味觉研究还相对较少，且大多是一种或者多种混合物对棉铃虫幼虫的电生理反应研究。目前只见报道栓锥感器在味觉神经元的中枢投射研究，其他仍是空白。后期我们应该研究其他的味觉感受器在味觉神经元的投射。

参考文献

曹欢，汤清波，马英，等，2013. 不同取食经历的棉铃虫幼虫对糖和肌醇的味觉电生理反应［J］. 河南农业大学学报，47（3)：306-312.

孙乐娜，张辉洁，龚达平 . 2009. 昆虫味觉受体研究进展［J］. 蚕学通讯，29（3)：47-53.

汤清波，马英，黄玲巧 . 2011. 昆虫味觉感受机制研究进展［J］. 昆虫学报，54（12)：1433-1444.

汤清波，詹欢，Bente G B，等 . 2014. 棉铃虫幼虫脑和咽下神经节的三维结构构建［J］. 昆虫学报，57（5)：538-546.

王琛柱 . 2003. 昆虫神经生物学研究技术：用钴回填法对神经元染色［J］. 昆虫知识，40（1)：88-89.

张雪凝，汤清波，蒋金炜，等 . 2011. 棉铃虫幼虫中栓锥感器对肌醇和糖类的电生理反应［J］. 河南农业大学学报，45（1)：79-85.

赵慧婷，高鹏飞，张桂贤 . 2012. 昆虫化学感受受体的研究进展［J］. 黑龙江畜牧兽医，15：20-22.

周东升，龙九妹．2012. 鳞翅目昆虫幼虫味觉感受器的研究进展［J］. 安徽农业科学，40（26）：12945-12946.

Albert P J. 1980. Morphology and innervation of mouthpart sensilla in larvae of the spruce budworm，*Choristoneura fumiferana*（Clem.）（Lepidoptera：Tortricidae）［J］. Can J Zool，58：842-851.

Albert P J. 2003. Electrophysiological responses to sucrose from a gustatory sensillum on the larval maxillary palp of the spruce budworm，*Choristoneura fumiferana*（Clem.）（Lepidoptera：Tortricidae）［J］. Insect Physiol，49（8）：733-738.

Bernays E A，Chapman R E. 1994. Host-Plant Selection by Phytophagous Insects［J］. Springer US：61-95.

Bernays E A，Chapman R F. 2000. A neurophysiological study of sensitivity to a feeding deterrent in two sister species of *Heliothis* with different diet breadths. J Insect Physiol，46（6）：905-912.

Bernays E A，Chapman R F. 2001. Taste cell responses in the polyphagous arctiid，*Grammia geneura*：towards a general pattern for caterpillars［J］. Insect Physiol.，47（9）：1029-1043.

Devitt B D，Smith J J B. 1982. Morphology and fine structure of mouthpartsensilla in the dark-sided cutworm *Euxoa messoria*（Harris）（Lepidoptera：Noctuidae）［J］. Int J Insect Morphol Embryol，11：255-270.

Dunipace L，Meister S，McNealy C，*et al*. 2001. Spatially restricted expression of candidate taste receptors in the *Drosophila* gustatory system［J］. Curr. Biol.，11：822-835.

Grimes L R，Neunzig H H. 1986. Morphological survey of the maxillae in last stage larvae of the suborder *Ditrysia*（Lepidoptera）：palpi［J］. Ann. Entomol. Soc. Am.，79（3）：491-509.

Glendinning J I，Nelson N，Bernays E A. 2000. How do inositol andglucose modulate feeding in *Manduca sexta* caterpillars［J］. Exp Biol，203：1299-1315.

Glendinning J I，Hills T T. 1997. Electrophysiological evidence for two transduction pathways within a bitter-sensitive taste receptor［J］. Neurophysiol，78（2）：734-745.

Ignell R，Hansson B S. 2005. Projection patterns of gustatory neurons in the suboesophageal ganglion and tritocerebrum of mosquitoes［J］. Comp. Neurol.，492：214-233.

Jiang X J，Ning C，Guo H. 2015. A Gustatory receptor turned to D-fructose in antennal sensilla chaetica of *Helicoverpa armigera*［J］. Insect Biochemistry and Molecular Biology，60：39-46.

Jermy T，Hanson F E，Dethier V G. 1968. Induction of specific food preference in Lepidopterous larvae［J］. Entomol Exp Appl，11（2）：211-230.

Jermy T. 1987. The role of experience in the host selection of phytophagous insects. In：Chapman R F，Bernays E A，Stoffolano J G，Jr.，editors. Perspectives in Chemoreception and Behavior：Springer New York. P，143-157.

Kent K S，Hildebrand J G. 1987. Cephalic sensory path ways in the central nervous system of larval *Manduca sexta*（Lepidoptera：Sphingidae）［J］. Philos. Trans. R. Soc. Lond. B Bio1. Sci.，315（1168）：1-36.

Kvello P，Almaas T J，Mustaparta H. 2006. A confined taste area in a lepidopteran brain［J］. Arthropod. Struct. Dev.，35：35-45.

Marella S，Fischler W，Kong P，*et al*. 2006. Imaging taste responses in the fly brain reveals a functional map of taste category and behavior［J］. Neuron，49：285-295.

Montell C A. 2009. Taste of the *Drosophila* gustatory receptors［J］. Current Opinion in Neurobiology，19（4）：345-353.

Mullin C A. 1994. Neuroreceptor mechanisms in insect gustation: a pharmacological approach [J]. Insect Physiol., 40: 913-931.

Sánchezgracia A, Vieira F G, Rozas J. 2009. Molecular evolution of the major chemosensory gene families in insects [J]. Heredity, 103 (3): 208-216.

Schoonhoven L M, Blom F. 1988. Chemoreception and feeding behavior in a caterpillar: towards a model of brain functioning in insects [J]. Entomol Exp Appl, 49: 123-129.

Schoonhoven L M, Loon J J A. 2002. An inventory of taste in caterpillars: Each species its own key [J]. Acta Zoologica Academiae Scientiarum Hungaricae, 48 (suppl. 1): 215-263.

Schoonhoven L M, van Loon J J A, Dicke M. 2005. Insect-Plant Biology [M]. 2nd ed. Oxford University Press, Oxford: 183-189.

Slone J, Daniels J, Amrein H. 2007. Sugar Receptors in *Drosophila* [J]. Current Biology, 17 (20): 1809-1816.

Simmonds M S J, Blaney W M. 1991. Gustatory codes in lepidopterous Larvae. Symp [J]. Biol. Hung., 39: 17-27.

Stocker RF, Schorderet M. 1981. Cobalt filling of sensory projections from internal and external mouthparts in *Drosophila* [J]. Cell Tissue Res., 216: 513-523.

Tang D L, Wang C Z, Luo L E, *et al.* 2000. Comparative study on the responses of maxillary sensilla styloconica of cotton bollworm *Helicoverpa armigera* and oriental tobacco budworm *H. assulta* larvae to phytochemicals [J]. Sci. China, 43 (6): 606-612.

Tang Q B, Huang L Q, Wang C Z, *et al.* 2014. Inheritance of electrophysiological responses to leaf saps of host- and nonhost plants in two *Helicoverpa* species and their hybrids. Archives of Insect Biochemistry and Physiology, 86: 19-32. doi: 10. 1002/arch. 21154.

Wang Z, Singhvi A, Kong P. 2004. Taste representations in the *Drosophila* brain [J]. Cell, 117 (7): 981-991.

Xu W, Zhang H J, Alisha A. 2012. A sugar Gustatory Identified from the Foregut of Cotton Bollworm *Helicoverpa armigera* [J]. Journal of Chemical Ecology, 38: 11513-1520.

Zhang Y F, van Loon J J A, Wang C Z. 2010. Tarsal taste neuron activity and proboscis extension reflex in response to sugars and amino acids in *Helicoverpa armigera* (Hübner). J. Exp. Biol., 213 (16): 2889-2895.

Zhou D, van Loon J J, Wang C Z. 2010. Experience-based behavioral andchemosensory changes in the genera list insect herbivore *Helicoverpa armigera* exposed to two deterrent plant chemicals [J]. Comp. Physio1. A, 196 (11): 791-799.

豫东陆地桃树主要虫害的发生与防控技术

牛平平[1*]，周国有[1**]，蔡富贵[1]，周　扬[1]，郑付军[2]，闫晓丹[2]
（1. 河南省鄢陵县植保植检站，许昌　461000；
2. 河南省鄢陵县农业局，许昌　461000）

摘　要：桃树是一种既可观花又可摘果的经济果树，在发展休闲观光农业中占有十分重要的地位。近年来，桃树种植面积不断扩大，害虫基数也逐渐增加，桃树虫害的发生始终是困扰桃农的主要问题，生产上迫切需要加强对桃树虫害的监测和防控。本文阐述了桃蚜、桃小食心虫、红颈天牛的发生规律、为害特征，综合实践防治经验，总结出了桃树主要虫害的综合防控技术，以期为桃树主要害虫防治提供技术参考。

关键词：桃树；桃蚜；桃小食心虫；红颈天牛；发生；防控技术

1　桃蚜

桃蚜属同翅目蚜科，别名腻虫、桃赤蚜、烟蚜、菜蚜，是为害桃树的主要害虫。

1.1　发生规律

一年发生10~20余代。以卵在寄主枝梢、芽腋、芽鳞裂缝等处越冬，翌年春季寄主萌芽时越冬卵开始孵化；4月下旬至5月上旬繁殖最快，为害最盛，并产生有翅蚜，迁飞至烟草、蔬菜、杂草等寄主上为害；10月有翅蚜又迁回桃树等寄主上产生有性蚜，交尾产卵越冬。

1.2　为害特征

成虫、若虫以群集的方式在嫩芽、幼叶、嫩枝上刺吸汁液，导致被害部分呈现黑色、红色或黄色斑点，使叶片逐渐变白，从叶缘向叶背不规则蜷曲变形，引起落叶，抑制新梢生长，对花芽形成造成不良影响。桃蚜的排泄物污染叶片及枝梢，易诱发煤烟病，加速早期落叶，影响生长。桃蚜还能传播多种病毒病。

1.3　防控技术

1.3.1　农业防控

蚜虫越冬卵多在外围枝梢上，在修剪时要疏除秋梢，短截春梢。清除树下修剪枝条，带出桃园，降低园中虫卵越冬基数。

1.3.2　物理防控

利用蚜虫的趋黄性，用涂抹黄油的黄色板条对有翅成虫进行诱杀。

---

* 第一作者：牛平平，硕士研究生；E-mail：niuping1109@163.com
** 通信作者：周国有；E-mail：ylxzbzzgy@163.com

1.3.3 生物防控

保护天敌。桃树蚜虫的天敌种类很多，对蚜虫的控制作用都很强。

尽量少喷广谱性农药，保护桃蚜天敌，如草蛉、瓢虫、食蚜蝇等。大草蛉一生可捕食4 000~5 000头蚜虫。对这些天敌加以保护，可适当减少打药次数。

1.3.4 化学防控

防治桃蚜要重视适药、适时的防治原则。适时防治：蚜虫防治的最佳时期是桃树叶芽露绿、花芽现蕾时，也就是花露红时。此时使用石硫合剂防控一次。桃花盛开期不宜用药。花后至初夏，根据当年虫情使用70%吡虫啉水分散粒剂6 000倍液、25%噻虫嗪悬浮剂2 000倍液用药 1~2 次。在秋后迁回桃树的虫量多时，也可适当用药一次。正常年份用药 2~3 次就可控制住蚜虫的发生。防治桃树蚜虫，提倡早期防治，在桃树叶和芽未受为害以前进行。一旦造成卷叶，防治难度增加，防治成本提高。适药防治：桃树落花后，蚜虫集中在叶上为害，可喷10%吡虫啉可湿性粉剂1 000倍液或3%高效氯氰菊酯乳油1 000倍液；秋季蚜虫迁飞回桃树时，可喷 20%氰戊菊酯乳油3 000倍液或 2.5%溴氰菊酯乳剂3 000倍液。同时可选用 50%氟啶虫胺腈水分散粒剂10 000~12 000倍液、22%氟啶虫胺腈悬浮剂5 000~7 000倍液、50%吡蚜酮水分散粒剂2 500~5 000倍液、25%噻虫嗪5 000~10 000倍液、50%抗蚜威可湿性粉剂2 000倍液、2.5%敌杀死乳油8 000倍液及烯啶·吡蚜酮、氟啶·啶虫脒、高氯·马（马拉硫磷）、吡虫·矿物油、吡蚜·螺虫酯等复配剂喷雾防控；对有抗药性的蚜虫，也可用乐斯本2 000倍液与50%西维因 300 倍液混配后喷雾防治。

2 桃小食心虫

桃小食心虫 *Grapholitha molesta*（Busck），卷蛾科小食心虫属的一种昆虫。以幼虫钻蛀桃梢、桃果等，是桃树上最难有效防控的主要害虫。幼虫为害果多从萼、梗洼处蛀入，早期被害果蛀孔外有虫粪排出，晚期被害多无虫粪。幼虫蛀入直达果心，高湿情况下蛀孔周围常变黑腐烂渐扩大，俗称“黑膏药”。近年来，很多桃园采用了果实套袋措施，可以大大减轻桃小食心虫对果实的钻蛀为害，但是许多桃园里，桃小食心虫的幼虫在5、6月钻蛀桃梢，依然造成桃梢折断枯萎。在大发生的年份，即便是果实上有果袋包被，第三代或第四代幼虫也会从比较松散的袋口或解袋后钻蛀进果实。第一代、第二代幼虫为害樱桃、桃树嫩梢多从上部叶柄基部蛀入髓部，向下蛀至木质化处便转移，蛀孔流胶并有虫粪，被害嫩梢渐枯萎，俗称“折梢”。

2.1 发生规律

桃小食心虫发生 2~3 代。越冬代成虫发生在 4 月下旬至 6 月中旬；第一代成虫发生在 6 月末至 7 月末；第二代成虫发生在 8 月初至 9 月中旬。第一代幼虫主要为害桃芽、新梢、嫩叶、叶柄，极少数为害果。有一些幼虫从其他害虫为害造成的伤口蛀入果中，在皮下浅层为害。还有和桃大食心虫共生的。第二代幼虫为害果增多，第三代果为害最重，第三代卵发生期在 8 月上旬至 9 月下旬，盛期在 8 月下旬至 9 月上旬，末期在 10 月上旬。脱果后即入土结茧越冬。

2.2　为害特征

桃小食心虫以幼虫蛀食果实和桃树新梢。第一、二代幼虫主要为害桃梢，从桃梢顶端的第二、三叶基部蛀入，使桃枝枯萎，并转主为害。幼虫从果实胴部蛀入，蛀孔流出水珠状果胶，干涸后呈白色蜡状物，蛀孔愈合后成为凹陷明显的小黑点。幼虫在果内纵横串食，虫道充满红褐色虫粪，呈“豆沙馅”为害状；幼果被害后多呈凹凸不平的“猴头果”；成熟果实不变形。一般一果只有一头幼虫，被害果易腐烂，严重影响果实品质。

2.3　防控技术

2.3.1　*农业防控*

幼虫出土前，在树干周围地面覆盖地膜，抑制幼虫出土。结果后套袋，避免蛀果。秋末冬初时翻耕树盘，可冻死部分越冬幼虫。

2.3.2　*物理防控*

春季细致刮除树上的翘皮，可消灭越冬幼虫；及时摘除被害桃梢，减少虫源；在果园中设置糖醋液（红糖：醋：白酒：水=1：4：1：16）加少量敌百虫，诱杀成虫；可利用黑光灯诱杀，在主枝主干上，利用束草或麻袋片诱杀脱果越冬的幼虫；也可利用悬挂频振式杀虫灯诱杀，从3月中旬至10月中旬，不仅可以诱杀桃小食心虫，还可以诱杀其他害虫，每盏灯可控面积50亩左右，杀虫灯架设在果园周围位置比较高比较开阔的地方，这样能够更好的诱杀害虫。同时注意建园时，尽量避免与桃、杏混栽或近距离栽植，杜绝桃小食心虫在寄主间相互转移。

2.3.3　*生物防控*

利用成虫交配需要释放信息素寻找配偶的生物习性，利用高浓度长时间的信息素干扰，使雄虫无法找到雌虫，达到无法交配产卵以保护果园的目的。这种技术使用简单方便，同时减少农药甚至不需使用农药，符合食品安全的发展。也可在蛾子发生高峰后1~2天，人工释放松毛虫赤眼蜂，可有效控制桃小食心虫为害。

2.3.4　*化学防控*

防治桃小食心虫要选用持效期长的杀虫剂，尤其是由杀卵效果或渗透性较好的杀虫剂。比如灭幼脲和除虫脲，甲维盐类和氯虫苯甲酰胺类等。越冬幼虫出土期，可在树根周围地面喷施50%辛硫磷乳油300倍液或40%毒死蜱乳油600倍液，喷后浅锄树盘。幼虫孵化期，可喷施50%对硫磷乳油1 000倍液、50%杀螟硫磷乳油1 000倍液、20%桃小净乳剂1 200倍液或除虫菊酯类农药等。同时也可使用1.8%阿维菌素3 000~4 000倍液、2.5%溴氰菊酯乳油2 500倍液、10%氯氰菊酯2 000倍液以及苏云金杆菌、双甲脒、甲维·毒死蜱等药剂防控，注意轮换交替用药。

3　红颈天牛

桃红颈天牛属鞘翅目天牛科。体黑色，有光亮；前胸背板红色，背面有4个光滑疣突，具角状侧枝刺；鞘翅翅面光滑，基部比前胸宽，端部渐狭；雄虫触角超过体长4~5节，雌虫超过1~2节。体长28~37mm。红颈天牛属鞘翅目天牛科，幼虫俗称为“钻心虫”，是为害桃树枝干的主要害虫。幼虫在树干内蛀咬隧道，造成皮层脱落，树干中空，影响水分和养分的输送，致使树势衰弱、产量降低、甚至死亡绝产。

3.1 发生规律

2~3 年发生 1 代，以幼虫在蛀道内作茧化蛹越冬，3—4 月恢复活动，5—6 月为为害盛期，6—7 月成虫羽化，交尾产卵于桃树主枝基部或粗皮缝隙内。幼虫孵化后，在皮层下蛀食越冬，次年蛀入木质部为害。幼虫由上而下蛀食，在树干中蛀成弯曲无规则的孔道。蛀道可到达主干地面下 8~10cm。幼虫一生钻蛀隧道全长 50~60cm。在树干的蛀孔外及地面上常大量堆积有排出的红褐色粪屑。受害严重的树干中空，树势衰弱，以致枯死。

3.2 为害特征

近年来在豫东地区桃红颈天牛有逐年加重发生的趋势，应引起注意。桃红颈天牛主要为害木质部，卵多产于树势衰弱枝干树皮缝隙中，幼虫孵出后向下蛀食韧皮部。次年春天幼虫恢复活动后，继续向下由皮层逐渐蛀食至木质部表层，初期形成短浅的椭圆形蛀道，中部凹陷。6 月份以后由蛀道中部蛀入木质部，蛀道不规则。随后幼虫由上向下蛀食，在树干中蛀成弯曲无规则的孔道，有的孔道长达 50cm。仔细观察，在树干蛀孔外和地而上常有大量排出的红褐色粪屑。以幼虫在主干蛀道内为害。6—7 月成虫羽化，12：00—14：00 活动最盛。卵产于主干表皮裂缝内，无刻槽。被害主干及主枝蛀道扁宽，且不规则，蛀道内充塞木屑和虫粪，为害重时，主干基部伤痕累累，并堆积大量红褐色虫粪和蛀屑。粪渣是粗锯末状，部分外排。桃树一般可活 30 年左右，但遭受桃红颈天牛为害的桃树的寿命缩短到 10 年左右，因其以幼虫蛀食树干，削弱树势，严重时可致整株枯死。

3.3 防控技术

3.3.1 农业防控

及时清除并烧毁被害枝条、死树；用铁丝刺杀新虫孔内的幼虫；检查树干，刮除虫卵。幼虫孵化期，人工刮除老树皮，集中烧毁。

3.3.2 物理防控

糖醋液诱杀成虫：桃红颈天牛成虫对糖醋有趋性，可用糖 5 份，醋 20 份，白酒 2 份，水 80 份，将糖和水混合在一起加热至沸，待糖液冷却后，再加上醋和酒混匀制成糖醋液，在 6 月上旬成虫羽化期，将制作好的糖醋液倒入容器中（倒 1/3 即可），悬挂于行间树阴下，距地面 1.5m 高，3~5 天加一次液体。捕杀成虫：6 月下旬至 7 月上旬，是成虫的发生期，可利用成虫喜欢中午活动（12：00—14：00）的习性进行人工捕杀。捕捉的最佳时间是早晨 6：00 以前，或大雨过后太阳出来时。用绑有铁钩的长竹竿，钩住树枝，用力摇动，害虫便纷纷落地，逐一捕捉。捕杀幼虫：7—8 月，孵化出的桃红颈天牛幼虫即在树皮下蛀食，这时可在主干与主枝上寻找细小的红褐色虫粪，一旦发现虫粪，即用锋利的小刀划开树皮将幼虫杀死。蛀入树干内的幼虫，用镊子或钢丝先掏尽粪渣，然后用带钩针状的钢丝，逐渐向蛀孔内插入，并反复抽动，可将幼虫刺死或钩出。成虫产卵期，经常检查树干，发现有方形产卵伤痕，及时刮除或以木槌击死卵粒。

3.3.3 生物防控

保护和利用天敌昆虫。可利用管氏肿腿蜂、壁虎和昆虫病原线虫（2.5 万条/mL）

等防治。涂白防虫：成虫产卵前，在主干和主枝上刷石灰硫黄混合剂并加入适量的触杀性杀虫剂，硫黄、生石灰和水的比例为 1∶10∶40。

3.3.4　化学防控

虫孔施药：幼虫蛀入木质部会有新鲜虫粪排出蛀孔外，当有新鲜虫粪排出的蛀孔，清洁一下排粪孔，将 1 粒磷化铝（0.6g 片剂的 1/8~1/4）塞入虫孔内，然后取黏泥团压紧压实虫孔，或注入 80%敌敌畏乳油1 000倍液，用泥巴封闭虫孔，熏杀幼虫。药剂喷干防治：在成虫产卵盛期至幼虫孵化期，可用 75%硫双威可湿性粉剂1 000~2 000倍液；2.5%氯氟氰菊酯乳油1 000~3 000倍液；10%高效氯氰菊酯乳油1 000~2 000倍液；5%氟苯脲乳油 800~1 500倍液；20%虫酰肼悬浮剂1 000~1 500倍液；15%吡虫啉微囊悬浮剂3 000~4 000倍液；40%毒死蜱乳油 800 倍液；50%杀螟松乳油1 000倍液均匀喷洒离地 15m 范围内的主干和主枝，7~10 天 1 次，连喷几次。

参考文献

刘贵海，白秀娥，孟繁武，等，2003. 桃小食心虫的发生规律与最佳防治时期［J］. 北方果树（6）：25-26.

黄可训，胡敦孝 . 1979. 北方果树害虫及其防治［M］. 天津：天津人民出版社 .

刘奇志，严毓骅，宋艳丽 . 2003. 几种桃红颈天牛防治方法的比较［J］. 植物保护，29（3）：57-58.

刘奇志，杨道伟，梁林琳 . 2010. 苍南县有机茶园茶天牛为害特点分析［J］. 浙江农业学报（2）. doi：10.3969/j.issn.1004-1524.

龚青，黄爱松，唐艳龙，等 . 2013. 桃红颈天牛综合治理技术概述［J］. 生物灾害科学（4）. doi：10.3969/j.issn.2095-3704.

马文会，孙立档，于利国，等 . 2007. 桃红颈天牛发生及生活史的研究［J］. 华北农学报，22（22）：247-249.

李知行，杨有乾 . 2002. 桃树病虫害防治［M］. 北京：金盾出版社 .

蒋海艳，闫李杰 . 2004. 桃红颈天牛的简易防治［J］. 河北果树，5（37）：37.

刘彬声 . 1982. 桃红颈天牛生活习性及防治［J］. 中国果树（2）：45-49.

崔丽丽，吕健，张清泉，等 . 2008. 我国果树天牛类害虫的发生及防治研究进展［J］. 广西植保（2）. doi：10.3969/j.issn.1003-8779.

杨道伟，刘奇志 . 2010. 有机茶园茶天牛为害及防治重点［J］. 安徽农业科学（3）. doi：10.3969/j.issn.0517-6611.

胡长效，丁永辉，孙科 . 2007. 国内桃红颈天牛研究进展［J］. 农业与技术（1）. doi：10.3969/j.issn.1671-962X.2007.01.023.

陈体先 . 2015. 桃红颈天牛生活习性及绿色防控技术［J］. 河北果树（6）. doi：10.3969/j.issn.1006-9402.2015.06.020.

温室大棚玫瑰红蜘蛛的为害与防控技术

任建平
(河南省长葛市农技推广中心，许昌 461000)

摘　要：红蜘蛛是为害玫瑰的主要害虫之一，本文介绍了温室大棚栽培玫瑰红蜘蛛的为害症状、发生规律，并提出了综合防控技术，以期为玫瑰红蜘蛛防治提供技术参考。

关键词：温室大棚；玫瑰；红蜘蛛；为害症状；防控技术

玫瑰是一种集观赏、药用、食用于一体的经济作物，随着市场经济对玫瑰数量及质量要求的不断提高，温室大棚玫瑰的种植规模逐渐扩大。但是，温室大棚内环境密闭、光照不足，玫瑰对虫害的抵抗力降低，且害虫天敌减少，温室大棚栽培玫瑰比露天栽培更易发生虫害。红蜘蛛是温室和大棚栽培的重要害虫，通常以成螨、若螨在玫瑰叶背刺吸汁液、吐丝、结网、产卵和为害；受害叶片先从叶背面叶柄主脉两侧出现黄白色至灰白色小斑点，叶片变成苍灰色，叶面变黄绿色，为害严重时叶片枯焦脱落，植株矮小，生长缓慢。

1　形态特征

红蜘蛛，学名叶螨，属蛛形纲蜱螨目叶螨科，为害重的叶螨有 2 种——朱砂叶螨和二斑叶螨，其中二斑叶螨（*Tetranychus urticae* Koch）最为普遍。二斑叶螨个体发育包括卵、幼螨、第一若螨、第二若螨、成螨 5 个阶段，幼螨和每个若螨之后都有一个静息期。

卵，圆球形，直径约 0. 13mm，有光泽，初产为乳白色，后变为橙黄色，孵化前出现 2 个红色眼点。

幼螨，近球形，初孵时为白色，取食后逐渐变为暗绿色，眼红色，足 3 对。

若螨，体椭圆形，暗绿色，色较幼螨稍深，体背两侧各有一个深绿色或暗红色圆形斑，眼红色，足 4 对。

成螨，体背两侧各具有一块暗绿色或暗红色长斑，有时斑中部色淡分成前后两块，足 4 对。雌成螨椭圆形，夏秋季，体色呈黄绿色或绿色，深秋时，体色以橙红色居多，前端近圆形，腹末较尖。雄成螨近卵圆形，淡黄色或黄绿色，体末端尖削。

2　为害症状

幼螨、若螨、成螨在玫瑰叶背面取食活动，刺吸叶片汁液造成为害。受害叶片初期正面出现针尖大小失绿的黄褐色斑点，后期叶片呈灰白色或暗褐色，受害嫩叶则呈皱缩、扭曲状。为害严重时，叶片从下往上大量失绿卷缩脱落，造成大量落叶；有时从植株中部叶片开始发生，叶片逐渐变黄。红蜘蛛有很强的吐丝结网特性，有时结网覆盖全叶，甚至在叶片或植株间搭接。

3 防控措施

红蜘蛛繁殖速度快、世代历期短、抗药性强、隐蔽性强等特点给防治带来了一定的难度。

3.1 农业防控

清除温室大棚内及棚室外周围的杂草，并集中烧毁或深埋处理，以减少虫口基数：春季彻底摘除病源，集中深埋或烧毁，秋冬清理病叶、病枝。加强温度和湿度调控，促使玫瑰健壮生长。玫瑰生长期的最适温度白天为20~35℃，夜间为12~15℃，要注意玫瑰的保温措施，避免受害而影响生长。玫瑰耐旱，怕涝，积水时间稍长，下部叶片即黄落，严重时植株会死亡，玫瑰种植慎防水涝。加强栽培管理，纠正过量施氮肥的习惯，合理施肥，增加有机肥，以均衡补充肥料，增强植物长势，提高玫瑰对红蜘蛛抗性，在高温时及时补水，补充植株的水分损失。同时，加强修剪，及时修剪虫枝、虫叶，清除落叶，改变植物生长的小气候，增加植株的透风透光性。

3.2 物理防控

用清水喷淋叶片，尤其是叶背，抑制红蜘蛛繁殖。温室大棚内干燥及时喷水雾，增加棚室内相对湿度，造成不利于红蜘蛛发生的生态环境。

3.3 生物防控

利用天敌进行防控。红蜘蛛发生初期利用天敌控制种群数量，释放草蛉、瓢虫、捕食螨、胡瓜钝绥螨等。

使用生物农药。可用90%矿物油用水稀释150~200倍液，进行喷雾防控，3~5天后可以喷第二次；或用10%阿维菌素水分散粒剂8 000~10 000倍液进行喷雾，7天防治一次，两种药交替使用效果更好。

3.4 化学防控

化学防治是螨虫发生后控制力度最强，效果最好的防治方法，但在防治上，特别要重视适药、适时、适法的防治原则。

适药防治：在目前使用的杀螨剂中，能兼防成螨和卵的药剂很少，单一的杀螨剂效果不理想，且大部分杀螨剂是感温性农药，温度超过20℃时随温度增高活性增强，但低温时防效很差。如果选药不当，即使重喷效果也差。在红蜘蛛休眠期，可使用石硫合剂进行防控；玫瑰上红蜘蛛为害初期，发现有个别受害株时，用10%阿维·哒螨灵1 500倍液进行挑治。玫瑰上红蜘蛛普遍发生时，可用73%炔螨特4 000倍液、10%阿维·哒螨灵1 500倍液、15%哒螨酮1 500倍液、5%噻螨酮乳油1 500倍液喷、18%阿维·矿物油1 500倍液等喷雾防治，7天防治一次，红蜘蛛易产生抗药性，提倡混配使用或交替使用不同作用机制的杀螨剂。喷药时，叶面叶背均要喷施。

适时防治：蜘蛛的控制应在虫害为害初期进行防治，3月是玫瑰上红蜘蛛防控的适期，同时要结合温室大棚内玫瑰生产情况，在营养枝修剪后用药。

适法防治：温室大棚内对玫瑰枯枝进行整理后，可在用药前提前浇水，让红蜘蛛爬行到玫瑰植株上部，再喷雾防治，有利于增加防治效果。

参考文献

黄雅俊，宋会鸣，丁佩，等 . 2016. 25%阿维 · 乙螨唑 SC 防治观赏玫瑰红蜘蛛药效评价［J］. 农药，55（77）：539-540.

周成刚，齐海鹰，刘振宇 . 2002. 名贵花卉病虫害鉴别与防治［M］. 济南：山东科学技术出版社 .

周青，李秀梅 . 2003. 红蜘蛛药剂试验研究［J］. 河南林业科技，23（3）：16-17.

赵岩 . 2007. 秋季慎防温室红蜘蛛［J］. 北方园艺（1）：176-177.

种衣剂副作用及其早期诊断技术研究进展*

张泽龙**，李静静，王青，卢少华，闫凤鸣***
（河南农业大学植物保护学院，郑州 450002）

摘　要：本文综述了近年种衣剂在主要农作物上的副作用问题以及针对副作用的早期诊断技术的研究现状。随着种衣剂技术的发展，各种类型的种衣剂逐渐进入市场，种衣剂一方面可以起到防治病虫害的作用，另一方面使用种衣剂所产生的副作用也不容忽视，其一是种衣剂容易产生药害，轻则导致作物减产，重则导致作物绝收，其二是种衣剂的使用污染土壤、水源，为害非靶标生物。因此，建立一套科学的种衣剂使用技术和副作用早期诊断技术势在必行。

关键词：种衣剂；副作用；早期诊断技术

Advances on the Adverse Effects of Seed Coating Agent and Its Early Diagnose Techniques*

Zhang Zelong**，Li Jingjing，Wang Qing，Lu Shaohua，Yan Fengming***

Abstract：The paper reviewed the adverse effects of pesticide seed coating agents on several crops in recent years and the research advance of early diagnose techniques for adverse effects. With the development of seed coating agent technology，various types of seed coating agents are gradually entering the market. Seed coating agents can play an important role in preventing pests and diseases. On the other hand，the adverse effects of seed coating agents can not be ignored. Firstly，using seed coating agent produces adverse effects continually，lightly causes reduction of production，even leads to no kernels or seeds are gathered，as in a year of scarcity. Secondly，using seed coating agents pollutes soil and water and is harmful to non target organisms. Therefore，it is necessary to establish a scientific technology for using seed coating agent and early diagnose the adverse effects.

Key words：Seed coating agent；Adverse effects；Early diagnose technology

1　种衣剂概述

1.1　概念及发展现状

种衣剂是由农药和一些成膜剂、分散剂等助剂混合，经过特殊的加工工艺制成的可

* 基金项目：国家公益性行业（农业）科研专项（201303036）

** 第一作者：张泽龙；E-mail：zelongz0820@163.com
*** 通信作者：闫凤鸣；E-mail：fmyan@henau.edu.cn

以包裹在种子表面的一种制剂。种子包衣技术最早是由美国 Blessing 在 19 世纪提出的(谷登斌和李怀记，2000)。种子包衣技术是指在种子外表皮包上一层种衣剂，用来防治病虫害或调节植物生长、提高农作物产品质量、为农业生产提供便利的一项技术(刘伟，2006)。

20 世纪 80 年代，国外种衣剂已经广泛地应用于种子加工厂。世界各大农用化学品公司也积极开发适用于农户的产品，研制出了一批新型高效的种衣剂产品，例如，美国生产的呋喃丹、卫福合剂（萎锈灵+福美双）德国生产的高巧（福美双+戊菌隆+吡虫啉)，瑞士生产的适乐时。近年来，种衣剂技术在各个国家飞速发展，逐渐演变成一种至关重要的剂型。

我国种衣剂研究起步较晚，拥有较大的市场，发展迅速，早期的种衣剂研究主要集中在丸化包衣、药肥复合型种衣剂，随着抗药性的产生，逐渐出现了复配型种衣剂，近年来，在生物技术发展的大背景下，生物农药也正在迈向市场，国家高度重视环境污染问题，传统的高毒农药正在退出市场，种衣剂也朝着低毒化、环境友好型发展。一些农药的研发单位与一些大型农药企业开展一系列的合作，促进了我国种衣剂的发展步伐。另外根据相关统计，国内市场的种衣剂每年销量增长 15% 以上，国内有 400 多家农药企业涉及种衣剂业务，种衣剂的品种也从 2008 年的 141 种，增长到 2015 年的 312 种，增长 82.4%。种衣剂的剂型种类和应用的作物种类不断发展，从最初的悬浮和干粉种衣剂，到现在微胶囊悬浮种衣剂、生物型种衣剂等多种新型种衣剂（王子时，2018)。

就目前市场上存在的使用种衣剂出现的副作用问题，仍然没有得到有效的方法解决，出现的副作用问题后，需要全面了解和学习种衣剂早期诊断技术，最大程度降低种衣剂副作用带来的损失。

1.2 种衣剂的作用机理

种衣剂可以使种子表面光滑，调节颗粒大小，厚度为 5~10μm，使种子大小更加均匀，更加适合机械播种，提高播种效率，有利于种子的标准化、商业化。

种子经过包衣之后，成膜剂可在种子周围形成一层具有毛细血管型、膨胀型或裂缝型的安全膜，并将杀虫杀菌剂、肥料等活性成分网结在一起，这种结构能为种子发芽提供足够的氧气和水分，表面的活性成分也能够更直接地防治地下害虫和一些土传病害，当种子发芽之后，随着植株不断生长，种衣剂会缓慢从根部释放，经传导运输到未施药部位，使药剂充分发挥作用。

2 种衣剂的副作用

2.1 种衣剂在几种重要农作物上产生的副作用

市场上的种衣剂目前都是一些杀菌剂、除草剂和杀虫剂添加一些助剂制成，慕康国等（1998）研究了三唑酮不同剂型对小麦、玉米、水稻等作物生长发育的影响，试验证明了种衣剂处理过的种子，对病害的防治效果都较为明显，并且对水稻、棉花等作物还有不同程度的增产作用，但同时对种子的发芽率、成苗率也有抑制作用。种衣剂除了有防治土传病害作用之外，也会抑制小麦的正常生长发育，产生副作用的小麦在前期发芽时透气性差、发芽率低或芽根很短、弯曲不出土（王娟等，2014)，在后期小麦植株有机质合成速率下降，产量减产；在辣椒上，出苗期产生种衣剂副作用的辣椒种子出苗率更低，出苗时间差异较大，而正常的辣椒种子出苗率较高，在苗期的表现为生长较为旺盛；棉花种衣剂副作用主要表现在植株叶片较小，苗期植株瘦弱等方面；过量或不当使用种衣剂导致花生种子在土壤中腐烂（霉变）或出苗势和出苗指数下降，导致出苗不整齐、苗的畸形、苗期叶色变黄降低花生苗根系活力，影响后期生长发育，从而造成产量损失。张军等（2011）通过测定发芽率和发芽势，证明了种衣剂对玉米生长具有抑制作用；王青等测定了吡虫啉种衣剂对大豆幼苗生长的影响影响，实验证明种衣剂对大豆 SOD 活性以及大豆的抗逆性能力均有明显的抑制作用（王青，2017）。

2.2 种衣剂对非靶标生物的影响

田体伟等指出种衣剂对非靶标生物也有一应的负面影响，新烟碱类杀虫剂作用于昆虫的中枢神经系统，是乙酰胆碱受体的抑制剂，有报道指出播种季节蜜蜂大量死亡，且在蜜蜂体内检测出上百纳克的新烟碱杀虫剂。Sigler 研究发现，用百菌清处理过的土壤中，细菌和真菌群落结构都遭到破坏，微生物多样性与正常土壤存在明显差异。韩雪等测定了用咯菌腈、甲霜灵、多福可、宁南霉素处理过的大豆根际微生物的多样性，发现包括固氮菌在内的多个菌群受到了明显的抑制作用。

2.3 种衣剂其他方面的副作用

目前市场上的化学种衣剂普遍的残效期长，农药残留问题严重，近年来使用的杀虫剂大部分属于有机磷、氨基甲酸酯、拟除虫菊酯、新烟碱类农药，这几类农药在土壤中残留量大，容易对下茬作物产生药害，种衣剂残留可能会下渗到地表水中，会对水生生物和人畜产生毒害作用。随着筛管向上运输的一部分种衣剂也极可能进入植物的果实中，产生严重的副作用。

3 种衣剂副作用产生的原因

农艺措施不当常会加重种衣剂药害，例如农民在苗早期追施氮肥，氮过盛会导致作物细胞疏松，抗病性差，易发生药害；秸秆还田之后，秸秆发酵产生的甲烷、硫化氢气体会使水稻中毒，加重药害；使用的种衣剂的配比不当也会影响作物的生长发育，吉庆勋等（2014）指出种衣剂如果使用浓度过大会导致种子的呼吸作用减弱，严重导致种子腐烂，发芽率降低。另外，包衣之后的种子不宜播种过早或过晚，应根据当地气象条件适时播种，温度过低会导致药害发生。

4 早期诊断技术

4.1 大豆、花生等经济作物

从作物播种后第 5 天开始，采用 5 点取样方法，每点连续调查 20 穴，记载出苗情况。如齐苗期比周围同期播种推迟 2 天以上，或者比常年出苗时间增加 2 天以上，则表明种衣剂包衣出现了副作用。

在种子播种后第 8 天，采用 5 点取样方法，每点调查 20 穴，调查出苗数，对没有出苗的播种穴，挖土检查种子是否有霉烂、发芽未出土等现象，计算出苗率（含发芽率）。如出苗率较常年或同期播种的周围玉米田下降了 5%~10%，则表明种衣剂出现了副作用。

定期采用5点取样方法，每点调查40株，观察叶片是否出现颜色斑驳、叶面皱缩不平等症状，如出现症状的株数超过5%，则认为种衣剂出现了副作用。

4.2 辣椒、黄瓜等蔬菜作物

选取健康的蔬菜种子，部分用种衣剂包衣并晾干，播种至穴盘，在自然光周期温室里培育。播种第2天开始调查其出苗情况，并按照下列公式计算出苗率、出苗势和出苗指数，同时观察苗的畸形与否，培育第20天测定根系发育和根系活力。

出苗率（%）＝测试种子出苗数/测试种子总数×100

出苗势（%）＝日最多出苗数/测试种子总数×100

出苗指数＝∑（日出苗种子数/出苗天数）

4.3 棉花作物

（1）询问前茬作物农药使用种类和剂量，分析是否前茬作物用药对本季的影响，如果没影响，进入诊断流程2。

（2）本季气候状况、播种时期和播种方法，如果气候正常，播种时期适宜，播种方法正确，进入诊断流程3。

（3）棉花种子是否为隔年包衣的种子，如果非隔年种子，进入诊断流程4。

（4）使用种衣剂的类型和剂量，如果剂量大，结合诊断流程5直接判定为福美双副作用，如果用药剂量合适，如有诊断流程6药害症状，判定为种衣剂副作用。

（5）棉花种衣剂副作用的典型特征。

5 种衣剂副作用防控及缓解办法

5.1 科学使用种衣剂

（1）被包衣的种子应为精选后的良种。种子水分不高于13%。

（2）悬浮种衣剂直接进行包衣种子，不能加水，不能与其他肥料、农药混配使用。

（3）播种前2周进行种子包衣。

（4）使用前应充分摇匀，然后按照药种比1∶40进行种子包衣。

（5）悬浮种衣剂只能用于种子包衣处理，严禁对水田间喷雾。

（6）适期播种，根据当地气候条件选用适当的种子。

（7）种衣剂与安全剂配合使用。

5.2 副作用缓解办法

出苗期推迟和出苗率降低时，发现出苗期推迟和出苗率降低时，挖土检查未出苗的种子，如果种子已发芽尚未出土，则不做任何处理；如果种子出现霉烂等，应及时补种。

株高降低和叶片异常时，出现株高降低和叶片异常时，如果土壤缺水，应及时浇水，并结合中耕施肥，施用尿素或增施复合肥。如果土壤状况良好，应喷施叶面肥进行补救。

6 展望

目前，我国农药尤其是种衣剂领域，创新力度不够，产品更新换代慢，多数农药生产技术和设备依然靠进口，还停留在最大农药生产国，水土资源污染严重的情况，而已开发出的生物农药因对环境条件要求较高，还没有得到大面积的推广。未来的研究工作也应该向着高效低毒功能化迈进，新型种衣剂有效成分应该从工业生产逐渐向多功能环保生物源有效物转变，加大引进国外先进的仪器设备，优化生产工艺。

参考文献

吉庆勋，韩松，王娟，等. 2013. 小麦、玉米种衣剂副作用研究进展［J］. 农药，52（12）：865-867，870.

李金玉，刘桂英. 1990. 良种包衣新产品——药肥复合型种衣剂［J］. 种子（6）：53-56.

慕康国，刘西莉，白建军，等. 1998. 种衣剂及其生物学效应［J］. 种子（6）：50-52.

孙艳会，王远路. 2017. 玉米种衣剂的作用及使用注意事项［J］. 现代农业科技（9）：62-63.

田体伟，雷彩燕，王怡，等. 2014. 种衣剂的副作用研究进展［J］. 种子，33（11）：51-55.

王娟，吉庆勋，韩松，等. 2014. 种衣剂副作用的研究进展［J］. 中国农学通报，30（15）：7-10.

王险峰，刘延，谢丽华，等. 2017. 种衣剂安全性评价探讨［J］. 现代化农业（1）：2-4.

王子时. 2017. 我国种衣剂发展概况［J］. 农家参谋（24）：48.

向兴，李雪莲，赵辉，等. 2015. 10%烯效唑悬浮种衣剂的研制［J］. 农药，54（11）：792-795，804.

余嘉，姚丽美，陈捷. 2015. 防治玉米茎腐病的一种新型木霉菌复合种衣剂（英文）［J］. 上海交通大学学报（农业科学版），33（6）：23-29.

张军，白志刚，张立群，等. 2001. 不同玉米种衣剂对发芽势影响初探［J］. 内蒙古农业科技（3）：21.

赵文梅. 2017. 种衣剂（高巧）对玉米生长及产量的影响［J］. 中国种业（2）：56-57.

Zeng DF，Hong W. 2010. Preparation of a Novel Highly Effective and Environmental Friendly Wheat Seed Coating Agent［J］. Agricultural Sciences in China，9（7）：937-941.

Zhou Yuanyuan. 2014. Research on Biological Seed - coating Agent and Control Efficiency against *Heterodera glycines*［C］//郭泽建，吴元华. 中国植物病理学会2014年学术年会论文集. 北京：中国农业科学技术出版社.

硒和钙在动物机体免疫与代谢反应中的作用*

赵星颖**，刘　龙，胡　翔，金吉男，雷朝亮，黄求应***
（华中农业大学植物科学技术学院，武汉　430070）

摘　要：硒作为生物体内必需的微量元素，不仅能增强体液免疫和抗肿瘤，而且与体内各种氧化还原过程、神经内分泌及其代谢过程密切相关；钙也是生物体内必需的常量元素，广泛存在于骨骼、神经和体液等，并以离子形式在生理方面起重要作用。本文概述了硒和钙在动物免疫和代谢中的功能，并表明了两种微量元素在维持机体生存和健康方面的重要意义。

关键词：硒；钙；免疫；氧化还原；生理

The Role of Selenium and Calcium in the Immune and Metabolic Reactions of Animal Organisms*

Zhao Xingying**, Liu Long, Hu Xiang, Kim Kil-Nam, Lei Chaoliang, Huang Qiuying***
(*College of Plant Science and Technology*, *Huazhong Agricultural University*, *Wuhan* 430070, China)

Abstract: Selenium, as an essential trace element in organisms, not only enhances humoral immunity and anti-tumor, but also closely related to various redox processes, neuroendocrine and metabolic processes in the body. Calcium, as a necessary constant element in organisms, is widely present in bones, nerves and body fluids, etc. It also plays an important role in physiology in the form of ions. We briefly summarizes the immune and metabolic functions of selenium and calcium in animals, and showed that they play a decisive role in survival and health organisms.

Key words: Selenium; Calcium; Immunity; Redox; Physiology

硒（Se）是18世纪瑞典科学家发现的一种与硫相似的化学元素（孔祥瑞，1982），由于家畜在食用含硒饲料或水后经常中毒或死亡，很长一段时间人们将之视为一种毒素。直到1957年Foltz和Schwarz彻底改变了硒的命运，他们发现硒不仅能阻止大鼠肝坏死，而且有利于动物和人的生长发育（Schwarz & Foltz，1999）。20世纪70年代，Berenshtein首次报道了硒可以增强动物的体液免疫。随后，科学家们研究了硒对癌症的影响，发现硒能明显防止病毒和有害化学物质诱发肿瘤，同时也具有抗肿瘤的效果（刘洪生和王海燕，2008）。

钙（Ca）作为动物体内最重要、含量最多的常量矿物元素之一，一旦缺乏或过量，

---

* 基金项目：国家自然科学基金面上项目（31572322）
** 第一作者：赵星颖；E-mail：xyz940818@163.com
*** 通信作者：黄求应；E-mail：qyhuang2006@mail.hzau.edu.cn

都会对动物的健康造成严重威胁，继而引发相关疾病。除了构成组织骨架，存在于动物牙齿和骨骼中外，钙还以离子（Ca^{2+}）形式在生理方面起重要作用（徐强，2016）。

硒和钙分别作为动物体内必需的微量元素和常量元素，在其生命健康方面扮演了至关重要的角色。本文主要就这两种元素如何影响动物免疫功能进行了综述。

1 硒在动物免疫与代谢反应中的作用

1.1 硒对哺乳动物免疫与代谢的影响

硒以其在各种氧化还原过程中的作用而闻名，归因于其作为第21个天然存在的由UGA密码子编码的硒代半胱氨酸（Selenocysteine，Sec）参与构成蛋白质（Cone *et al.*，1976；Stadtman，1996）。硒蛋白即含有Sec的蛋白质，大部分硒蛋白是氧化还原酶，可防止细胞成分受到损害，并修复细胞损伤，调节蛋白质氧化还原状态等（Surai，2006；Hatfiel，2006）。低硒饮食可能造成硒蛋白缺乏，导致克山病、大骨节病、黏液性地方性克汀病和男性不育症等人类疾病（Surai，2006）。

在真核生物中，硒蛋白表现出镶嵌现象，某些生物体具有数十种这些蛋白质，如脊椎动物和藻类；而某些生物体如真菌和高等植物在进化过程中则完全失去所有硒蛋白（Lobanov *et al.*，2009）。另外，硒还与维生素E具有协同作用，例如，二者共同作用提高了大鼠血液中超氧化物歧化酶（SOD）和谷胱甘肽过氧化物酶（GSH-Px）活性，致其具有更强的抗氧化能力（赵宏和王宇，2008）。

硒蛋白T（Selenoprotein T）主要定位于内质网和高尔基体（Grumolato *et al.*，2008；Dikiy *et al.*，2007），是一种新型的垂体腺苷酸环化酶激活肽（PACAP）和环磷酸腺苷（cAMP）应答基因，调节神经内分泌细胞分化过程中的钙稳态（Youssef *et al.*，2006）。随着研究的进一步深入，Tanguy等（2011）发现PACAP仅在神经、内分泌和代谢组织发育及再生过程中诱导SelT表达。例如，SelT通过调节胰岛素生成和分泌进而控制生物体内葡萄糖稳态（Provost *et al.*，2013）。由此可见，硒与动物的代谢也息息相关。

1.2 硒对昆虫免疫与代谢的影响

膳食硒在体内可转化为Sec，进一步参与应激反应和维持组织高抗氧化剂水平，这可能有助于更强大的抗微生物和抗病毒防御（Beck *et al.*，2004）。通过在日粮中添加10~20mg/kg Se，粉纹夜蛾 *Trichoplusia ni* 幼虫化蛹延迟一天；在倒数第二龄期和最终龄期饲喂硒的幼虫比在最终龄期没有饲喂硒的幼虫更能抵抗致死性杆状病毒 *Autographa californica multiple* nucleopolyhedrovirus（AcMNPV）的感染（Popham *et al.*，2005）。用含有10~60mg/kg Se的亚硒酸盐饲喂烟芽夜蛾 *Heliothis virescens* 幼虫，其血浆内微量营养素浓度升高，并且针对单核多角体病毒 *Helicoverpa zea* single nucleopolyhedrovirus（HzSNPV）的血浆杀病毒活性增加。与未食用Se的感染幼虫相比，饲喂日粮Se并口服病毒的感染幼虫表现出显著较低的死亡率。结果表明日粮硒水平与血浆硒水平直接相关，而血浆硒水平又与杆状病毒抗性相关（Shelby & Popham，2007）。值得注意的是，叶面施用肥料是小麦和其他农作物硒生物强化的有效手段（Genc *et al.*，2005；Lyons *et al.*，2005），因此广泛采取这种农业生物强化方法事实上可能提高了害虫对生物控制剂如杆状病毒的抗性（Shelby & Popham，2007）。

黑腹果蝇 *Drosophila melanogaster* 硒蛋白质组是第一个充分表征的真核硒蛋白质组，仅保留三种硒蛋白，这些硒蛋白对其生存不是必不可少的，仅在某些胁迫条件下如饥饿发挥作用（Hirosawa-Takamori *et al.*，2000；Missirlis *et al.*，2003；Shchedrina *et al.*，2011）。其他昆虫，如冈比亚按蚊 *Anopheles gambiae* 和意大利蜜蜂 *Apis mellifera* 也具有小的硒蛋白质组，具备 1~3 个硒蛋白（Lobanov *et al.*，2009）。

硒依赖型谷胱甘肽过氧化物酶 selenium-dependent glutathione peroxidase（SeGPx）是一种研究得比较清楚的酶，能够为有机体中的过氧化氢解毒，并为细胞或细胞外液提供关键的抗氧化功能。Felipe 等人利用半翅目昆虫 *Rhodnius prolixus* 首次确定了该基因并研究了 SeGPx（RpSeGPx）的功能。在一龄若虫中，通过喂食含有 RpSeGPx dsRNA 的血液导致其 mRNA 水平下降 84%，蜕皮平均延迟 3 天；沉默 RpSeGPx，过氧化氢酶 Catalase、RpCysGPx 和黄嘌呤脱氢酶 xanthine dehydrogenase（已经被归于抗氧化剂作用的 3 个基因）的表达水平无明显改变；然而 Duox 和 NOX5（两种产生 ROS 的酶）下调表达。研究者对这种效应的最直接解释是减少 ROS 产生可以补偿抗氧化酶缺乏引起的氧化应激反应（Dias *et al.*，2016）。此外，在 *R. prolixus* 中，Duox 已被证明是卵壳中进行蛋白质酪氨酸交联的过氧化氢的来源（Dias *et al.*，2013）。因此，若虫延迟蜕皮可能源于 Duox 的下调。NOX-5 的下调也许发挥类似作用，因为其产物（超氧化物）通过超氧化物歧化酶的作用可转化为过氧化氢（Dias *et al.*，2016）。

2 钙在动物免疫与代谢反应中的作用

2.1 钙对哺乳动物免疫与代谢的影响

Ca^{2+}在绝大部分细胞类型中都是必不可少的第二信使。持续的 Ca^{2+}流入血浆膜对淋巴细胞的激活和适应性免疫反应至关重要（Lewis，2001；Feske *et al.*，2003；Hogan *et al.*，2003；Gallo *et al.*，2006）。Ca^{2+} release-activated Ca^{2+}（CRAC）通道是 T 细胞内 Ca^{2+}内流的主要途径（Lewis，2001；Feske *et al.*，2003；Hogan *et al.*，2003；Gallo *et al.*，2006；Feske *et al.*，2005；Partiseti *et al.*，1994），免疫细胞的抗原刺激触发 Ca^{2+}进入 CRAC 通道，从而激活转录因子 NFAT 对病原体的免疫应答。已有研究表明重症联合免疫缺陷（SCID）患者的细胞在调控 Ca^{2+}进入 CRAC 通道功能方面存在缺陷（Vig *et al.*，2006）；纯合 CRACM1 缺陷小鼠的体积相当小并且在肥大细胞（mast cell）脱粒和细胞因子（cytokine secretion）分泌中产生严重缺陷（Vig *et al.*，2008）。

为了阐明钙-整合素结合蛋白 Calcium and integrin-binding protein 1（CIB1）在动物体内的功能，研究者通过在胚胎干细胞中使用同源重组的方法来产生 Cib1-/-小鼠。尽管突变小鼠正常生长，但雄性不育；睾丸还显示出细胞周期调节剂 Cdc2 / Cdk1 的 mRNA 和蛋白质表达增加；与此同时，突变小鼠的小鼠胚胎成纤维细胞（MEF）较正常小鼠生长速率更慢，表明 CIB1 调节细胞周期，促进生精细胞 spermatogenic germ cells 和/或支持细胞 Sertoli cells 的分化（Yuan *et al.*，2006）。通过其他实验，证明 Cib1-/-小鼠较野生型小鼠具有更多的血小板和骨髓（BM）巨核细胞（$P<0.05$）；其与血小板生成素（TPO）共培养 24h 后，BM 产生更多的多倍体巨核细胞（$P<0.05$），且血小板

消减后血小板恢复能力减弱（$P<0.05$）（Kostyak *et al.*，2012）。总的来说，CIB1 在许多细胞过程（如细胞分化、细胞分裂、细胞增殖、细胞迁移、血栓形成、血管生成、心脏肥大和细胞凋亡）的调节中都发挥重要作用（Yuan *et al.*，2006；Zayed *et al.*，2007；Naik *et al.*，2010；Zayed *et al.*，2010；Kostyak *et al.*，2012）。

2.2 钙对昆虫免疫的影响

众所周知，昆虫缺乏适应性免疫系统，主要依靠先天性免疫反应抵御微生物感染。已有研究表明抗菌肽（AMPs）、肽聚糖识别蛋白（PGRPs）以及凝集素对其先天免疫至关重要（Han *et al.*，2012；Huang *et al.*，2013；Liang *et al.*，2006）。其中，C 型凝集素（CTLs）是 Ca^{2+} 依赖型碳水化合物识别蛋白的超家族，可通过识别组成型和保守型病原相关分子模式来区分自身和非自身。作为模式识别受体（PRR），CTL 参与了不同的免疫反应。例如，AalbCTL1 即一种甘露糖结合型 CTL，是白纹伊蚊 *Aedes albopictus* 唾液成分之一，可以参与酵母菌和革兰氏阳性细菌感染的防御（Cheng *et al.*，2014）；棉铃虫 *Helicoverpa armigera* 的 8 个 CTLs 主要在体内起 PRR 或调理素的作用以促进病原体的血细胞吞噬并保护昆虫免受细菌感染（Wang *et al.*，2012）；家蝇 *Musca domestica* 纯化的 MdCTL1-2 蛋白在 Ca^{2+} 存在下凝集大肠杆菌 *Escherichia coli* 和金黄色葡萄球菌 *Staphylococcus aureus*，表明它们的免疫功能是 Ca^{2+} 依赖性的。最近，抗病毒实验表明 MdCTL1-2 蛋白可以显著降低草地夜蛾 *Spodoptera frugiperda* 细胞对苜蓿银纹夜蛾核型多角体病毒的感染率。此外，MdCTL1-2 蛋白亦能有效抑制 H1N1 流感病毒的复制（Zhou *et al.*，2018）。

3 总结与展望

随着众多科研人员数十年来的不懈努力，学者们逐渐认识到硒和钙等矿物元素对动物机体免疫系统与代谢过程具有重要作用。然而，关于这两种元素如何促进机体免疫功能、调控代谢过程的研究目前主要集中在人和老鼠，昆虫方面知之甚少。因此，揭示硒和钙以何种形式在昆虫免疫与代谢领域发挥作用也许将成为昆虫学研究者未来的关注点。它将进一步丰富昆虫免疫学与代谢组学理论体系，并为提高害虫生物防治技术的效果提供重要依据及新的研究思路。

参考文献

孔祥瑞 . 1982. 硒的生物学作用及临床生化意义［J］. 国外医学 . 临床生物化学与检验学分册（4）：33-36，43.

刘洪生，王海燕 . 2008. 微量元素与动物免疫机能关系概述［J］. 吉林农业科技学院学报（3）：32-33，67.

徐强 . 2016. 动物体内钙的活动及其相关疾病简述［J］. 农技服务，33（4）：189-189.

赵宏，王宇 . 2008. 维生素 E 和硒对大鼠血清中抗氧化酶活性的影响［J］. 青海医学院学报（3）：197-199.

Alexander Dikiy，S V N，D E F，*et al.* 2007. SelT，SelW，SelH，and Rdx12：Genomics and Molecular Insights into the Functions of Selenoproteins of a Novel Thioredoxin-like Family［J］. Biochemistry，46（23）：6871.

Anouar Y, Ghzili H, Grumolato L, *et al.* 2006. Selenoprotein T is a new PACAP- and cAMP-responsive gene involved in the regulation of calcium homeostasis during neuroendocrine cell differentiation [J]. Frontiers in Neuroendocrinology, 27 (1): 82-83.

Beck M A, Handy J, Levander O A. 2004. Host nutritional status: the neglected virulence factor [J]. Trends in Microbiology, 12 (9): 417-423.

Cheng J, Wang Y, Li F, *et al.* 2014. Cloning and characterization of a mannose binding C-type lectin gene from salivary gland of *Aedes albopictus* [J]. Particle and Fibre Toxicology, 7 (1): 337.

Cone J E, Del Río R M, Davis J N, *et al.* 1976. Chemical characterization of the selenoprotein component of clostridial glycine reductase: identification of selenocysteine as the organoselenium moiety [J]. Proceedings of the National Academy of Sciences of the United States of America, 73 (8): 2659-2663.

Dias F A, Gandara A C, Perdomo H D, *et al.* 2016. Identification of a selenium-dependent glutathione peroxidase in the blood-sucking insect *Rhodnius prolixus* [J]. Insect Biochem Mol Biol, 69: 105-114.

Dias F A, Gandara A C, Queiroz-Barros F G, *et al.* 2013. Ovarian dual oxidase (Duox) activity is essential for insect eggshell hardening and waterproofing [J]. Journal of Biological Chemistry, 288 (49): 35058-35067.

Feske S, Okamura H, Hogan P G, *et al.* 2003. Ca^{2+}/calcineurin signalling in cells of the immune system [J]. Biochemical & Biophysical Research Communications, 311 (4): 1117-1132.

Feske S, Prakriya M, Rao A, *et al.* 2005. A severe defect in CRAC Ca^{2+} channel activation and altered K^+ channel gating in T cells from immunodeficient patients [J]. Journal of Experimental Medicine, 202 (5): 651-62.

Gallo E M, CantéBarrett K, Crabtree G R. 2006. Lymphocyte calcium signaling from membrane to nucleus [J]. Nature Immunology, 7 (1): 25-32.

Genc Y, Humphries J M, Lyons G H, *et al.* 2005. Exploiting genotypic variation in plant nutrient accumulation to alleviate micronutrient deficiency in populations [J]. Journal of Trace Elements in Medicine & Biology, 18 (4): 319-324.

Grumolato L, Ghzili H, Monterohadjadje M, *et al.* 2008. Selenoprotein T is a PACAP-regulated gene involved in intracellular Ca^{2+} mobilization and neuroendocrine secretion [J]. Faseb Journal, 22 (6): 1756-1768.

Han L L, Yuan Z, Dahms H U, *et al.* 2012. Molecular cloning, characterization and expression analysis of a C-type lectin (AJCTL) from the sea cucumber *Apostichopus japonicus* [J]. Immunology Letters, 143 (2): 137-145.

Hirosawa-Takamori M, Jäckle H, Vorbrüggen G. 2000. The class 2 selenophosphate synthetase gene of *Drosophila* contains a functional mammalian-type SECIS [J]. Embo Reports, 1 (5): 441-446.

Hjr P, Shelby K S, Popham T W. 2005. Effect of dietary selenium supplementation on resistance to baculovirus infection [J]. Biological Control, 32 (3): 419-426.

Hogan PG, Chen L, Nardone J, *et al.* 2003. Transcriptional regulation by calcium, calcineurin, and NFAT [J]. Genes & Development, 17 (18): 2205-2232.

Huang M, Song X, Zhao J, *et al.* 2013. A C-type lectin (AiCTL-3) from bay scallop *Argopecten irradians*, with mannose/galactose binding ability to bind various bacteria [J]. Gene, 531 (1): 31-38.

Kostyak J C, Naik M U, Naik U P. 2012. Calcium- and integrin-binding protein 1 regulates megakaryocyte ploidy, adhesion, and migration [J]. Blood, 119 (3): 838-846.

Lewis R S. 2001. Calcium signaling mechanisms in T lymphocytes [J]. Annual Review of Immunology, 19 (1): 497-521.

Liang Y, Wang JX, Zhao XF, *et al.* 2006. Molecular cloning and characterization of cecropin from the housefly (*Musca domestica*), and its expression in Escherichia coli [J]. Development and Comparative Immunology, 30 (3): 249-57.

Lobanov A V, Hatfield D L, Gladyshev V N. 2009. Eukaryotic selenoproteins and selenoproteomes [J]. Biochim Biophys Acta, 1790 (11): 1424-1428.

Lyons G H, Judson G J, Ortizmonasterio I, *et al.* 2005. Selenium in Australia: selenium status and biofortification of wheat for better health [J]. Journal of Trace Elements in Medicine & Biology, 19 (1): 75-82.

Missirlis F, Rahlfs S, Dimopoulos N, *et al.* 2003. A putative glutathione peroxidase of Drosophila encodes a thioredoxin peroxidase that provides resistance against oxidative stress but fails to complement a lack of catalase activity [J]. Biological Chemistry, 384 (3): 463-472.

Naik M U, Nigam A, Manrai P, *et al.* 2010. CIB1 deficiency results in impaired thrombosis: the potential role of CIB1 in outside-in signaling through integrin alpha IIb beta 3 [J]. Journal of Thrombosis & Haemostasis Jth, 7 (11): 1906-1914.

Partiseti M, Le D F, Hivroz C, *et al.* 1994. The calcium current activated by T cell receptor and store depletion in human lymphocytes is absent in a primary immunodeficiency [J]. Journal of Biological Chemistry, 269 (51): 32327-32335.

Prevost G, Arabo A, Jian L, *et al.* 2013. The PACAP-regulated gene selenoprotein T is abundantly expressed in mouse and human β-cells and its targeted inactivation impairs glucose tolerance [J]. Endocrinology, 154 (10): 3796-3806.

Schwarz K, Foltz C M. 1999. Selenium as an integral part of factor 3 against dietary necrotic liver degeneration [J]. Nutrition Reviews, 15 (3): 255.

Shchedrina VA, Kabil H, Vorbruggen G, *et al.* 2011. Analyses of fruit flies that do not express selenoproteins or express the mouse selenoprotein, methionine sulfoxide reductase B1, reveal a role of selenoproteins in stress resistance [J]. Journal of Biological Chemistry, 286 (34): 29449-29461.

Shelby K S, Popham H J. 2007. Increased plasma selenium levels correlate with elevated resistance of Heliothis virescens larvae against baculovirus infection [J]. Journal of Invertebrate Pathology, 95 (2): 77-83.

Stadtman T C. 1996. Selenocysteine [J]. Annual Review of Biochemistry, 65 (65): 83-100.

Surai P F, Surai P F. 2006. Selenium in nutrition and health [M]. Nottingham University Press.

Tanguy Y, Falluelmorel A, Arthaud S, *et al.* 2011. The PACAP-regulated gene selenoprotein T is highly induced in nervous, endocrine, and metabolic tissues during ontogenetic and regenerative processes [J]. Endocrinology, 152 (11): 4322.

Vig M, Dehaven W I, Bird G S, *et al.* 2008. Defective mast cell effector functions in mice lacking the CRACM1 pore subunit of store-operated calcium release activated calcium channels [J]. Nature Immunology, 9 (1): 89-96.

Vig M, Peinelt C, Beck A, *et al.* 2006. CRACM1 is a plasma membrane protein essential for store-operated Ca^{2+} entry [J]. Science, 312 (5777): 1220-1223.

Wang J L, Liu X S, Zhang Q, *et al.* 2012. Expression profiles of six novel C-type lectins in response to bacterial and 20E injection in the cotton bollworm (*Helicoverpa armigera*) [J]. Developmental &

Comparative Immunology, 37 (2): 221-232.

Yuan W, Leisner T M, Mcfadden A W, *et al.* 2006. CIB1 is essential for mouse spermatogenesis [J]. Molecular & Cellular Biology, 26 (22): 8507.

Zayed M A, Yuan W, Dan C, *et al.* 2010. Tumor growth and angiogenesis is impaired in CIB1 knockout mice [J]. Journal of Angiogenesis Research, 2 (1): 1-8.

Zayed M A, Yuan W, Leisner T M, *et al.* 2007. CIB1 regulates endothelial cells and ischemia-induced pathological and adaptive angiogenesis [J]. Circulation Research, 101 (11): 1185-1193.

Zhou J, Fang N N, Zheng Y, *et al.* 2018. Identification and characterization of two novel C-type lectins from the larvae of housefly, *Musca domestica* L. [J]. Archives of Insect Biochemistry & Physiology (10): e21467.

郑州市瓜实蝇的发生与监测防控

李元杰[1*]，王　震[1]，毛红彦[2]，张永强[3]，袁　霞[4]
（1. 郑州市植保植检站，郑州　450000；
2. 河南省植物保护植物检疫站，郑州　450000；
3. 中牟县植保植检站，中牟　451450；
4. 郑州市惠济区植保植检站，郑州　450000）

瓜实蝇［*Bactrocera*（*Zeugodacus*）*cucurbitae*（Coquillett）］属双翅目 Diptera 实蝇科 Tephritidae，是一种在热带亚热带地区广泛分布的重要有害生物，可为害 100 余种瓜果蔬菜，主要为害葫芦科和茄科植物，如甜瓜、南瓜、辣椒、苦瓜、无花果、番石榴、桃、番茄等，其以成虫将卵产在瓜果果肉内，其幼虫孵化出来后，直接取食瓜果果肉，最终导致受害瓜果腐烂变质（欧剑峰等，2008）。鉴于其危害之大，且容易随寄主果实调动作远距离传播，郑州市于 2012 年监测到瓜实蝇的发生为害后，郑州市植保植检站高度重视实蝇类害虫的监测防控工作，一方面积极向上级领导和业务部门汇报并多方争取资金支持，另一方面制订方案开展系统监测和防治试验。经过近几年的工作积累，对郑州市当前瓜实蝇的发生情况有了系统掌握，并总结了一套合适的防治技术，现简要综述如下：

1　瓜实蝇的监测

1.1　监测时间、地点

每年 6 月 1 日至 11 月 30 日，在郑州市辖区选择重点区域设置监测点，放置诱捕器进行监测。

1.2　监测方法

监测点设在果园、菜园、农产品物流中心等有潜在瓜实蝇发生为害区，每个监测点相距 1km 以上。诱捕器统一使用宁波纽康生物技术有限公司生产的实蝇诱捕器，并配套使用瓜实蝇性诱剂。诱捕器悬挂在离地面 1.5m 左右的阴凉、通风位置。

1.3　调查与鉴定统计

每周收集诱捕器内的虫体并调查统计一次，每两周更换一次诱剂并清洗维护诱捕器。对收集的虫体标本，根据《实蝇类重要害虫鉴定图册》（吴佳教等，2009）有关瓜实蝇形态特征进行鉴定统计。

* 作者简介：李元杰，农艺师，从事植物保护植物检疫工作；E-mail：jie_ li@ sina. com

2 监测结果与分析

2.1 瓜实蝇主要为害的作物

据郑州市植保部门的监测调查，发现实蝇类害虫在郑州市为害苦瓜、丝瓜、西葫芦、大枣、桃等多种瓜果蔬菜。

2.2 瓜实蝇种群动态分布

通过监测基本掌握了瓜实蝇在郑州市的发生范围和种群动态分布，从（图1）可以看到，瓜实蝇在郑州市7月上旬可监测诱集到成虫，成虫发生活动期为7月上旬至11月中旬，9月下旬至10月上旬为成虫发生盛期。

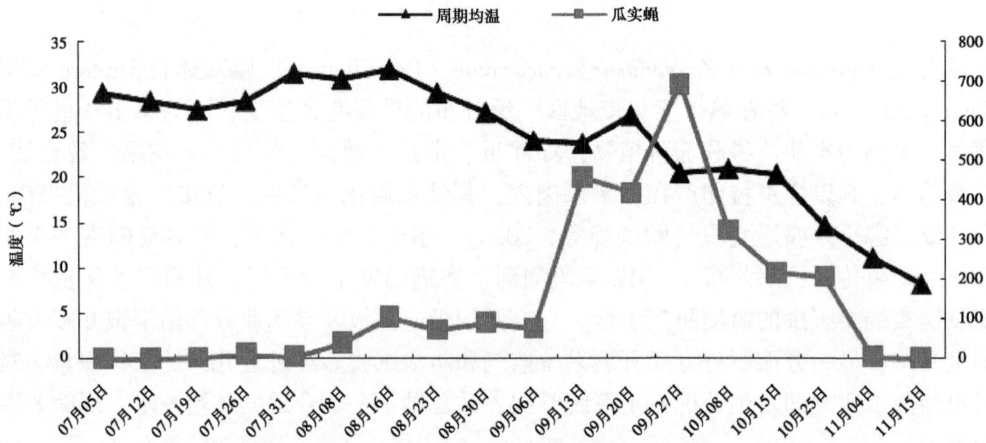

图1 瓜实蝇的发生与周期温度折线图

3 积极开展防治试验示范工作 形成综合防治技术

针对瓜实蝇的防控，郑州市植保植检部门一直探索适合郑州市种植业实际情况的防治方法，积极组织开展了多项防治试验和防治示范工作。并总结整合形成了下述综合防治技术并进行了防治示范，取得了较好的防治效果。

3.1 强化检疫措施

要求各发生区农业植物检疫机构要加强对瓜实蝇的检疫工作，积极开展产地检疫和调运检疫，限制受害水果等产品调运，防止受害瓜果再调运扩散。加强果蔬批发市场检疫，尤其是大型果蔬物流园区的检疫检查力度，从源头上堵住瓜实蝇的传播渠道。

3.2 农业防治

3.2.1 冬季翻耕灭蛹

利用瓜实蝇入土化蛹越冬的特性，在12月初至翌年2月底对发生果园（菜园）进行两次土壤浅翻，做到翻一次再搗耙1~2次，每次耕翻深度在10cm左右，利用温度、水分及其他环境因素的变化，杀灭潜在虫蛹，以压低越冬基数，减轻来年的为害。

3.2.2 清除虫害果

定期清理落果和挂树虫果，落果初期每周清除一次，落果盛期至末期每日一次，做到不留死角，并将收集到的被害果实及时处理，可倒入水池中浸一周以上，或用氯氰菊酯等杀虫剂处理后深埋土坑中并在上面盖土 50cm 以上，且将土压实，在高温天气时，也可在太阳下暴晒 48h，然后深埋，以杀死幼虫。

3.2.3 修剪树枝

去除过密植株，拉大行距与株距，剪除距地面过近枝条，适当拉开中上部枝间距离，改善果园通风透光条件，恶化瓜实蝇繁衍环境。

3.2.3 套袋

对经济价值较高的果蔬，如桃、苹果、苦瓜等，可在果实膨大软化前，用塑料袋或纸质袋对果实进行套袋，以防止实蝇为害。套袋前应注意病虫害的防治。

3.3 诱杀防治

3.3.1 性诱剂诱杀成虫

在发生较严重的地区，于 7 月底至 10 月底利用瓜实蝇性诱剂诱杀成虫，悬挂于离地面 1.5m 的阴凉处，每亩悬挂 3~5 个诱捕器，在性诱剂中混合菊酯类杀虫剂，10~15 天添加一次药剂、诱杀成虫，可明显减少下一代害虫的发生量。

3.3.2 毒饵诱杀成虫

在发生较严重的地区，于 7 月底至 10 月底用多汁水果（香蕉皮、菠萝皮等）或果汁按比例 500∶1 的比例加入 80%敌敌畏制成毒果盘，半斤毒果一盘，悬挂于离地面 1.5m 的阴凉处，每亩 10~15 个，每 7~10 天更换一次。从幼果期开始一直挂到采收完毕。

3.3.3 黏虫胶诱（黏）杀成虫

在 7 月底至 10 月底用“神捕”“稳黏”等实蝇专用诱黏剂直接喷在空矿泉水瓶表面或任何不吸水的材料上，挂于果园外围阴凉通风处略低于作物处，每亩悬挂 4~6 个这样的自制黏虫板，10 天更换一次，可有效黏杀瓜实蝇成虫，减轻果实受害。

3.4 化学防治

在成虫发生盛期，可利用成虫需要补充营养的特性，连续喷洒诱杀药剂，进行喷雾防治。即在早上 10：00 前后和下午 16：00 成虫活动高峰期，用 80%敌敌畏乳油、90%敌百虫晶体 800~1 000倍液或 1.8%阿维菌素乳油2 000~3 000倍液，按 30∶1 的比例加入红糖稀释液喷雾，每 3 行喷 1 行，6~7 天喷一次，连续喷 3~4 次，在果实采收前 20 天停止施药。

8—10 月对发生重、落果多的果园每亩用 10%氯氰菊酯乳油或 2.5%溴氰菊酯乳油 2 000倍液进行树冠喷药，10~15 天一次，连续 2~3 次，对减轻、控制实蝇为害和蔓延十分重要；对轻发地区结合果树后期病虫防治，进行兼治。果实收获前 15 天停止用药。

3.5 点喷或迷向防治

此项技术在需要绿色防控的园区使用可替代化学喷雾。点喷和迷向同时使用，效果更好。

3.5.1 迷向防治

根据监测预报情况，在实蝇类害虫发生的始盛期，种植园区内悬挂装有专用性诱剂的迷向丝，数量每亩20~30个，棋盘式分布，挂于阴凉通风处，每两周检查更换迷向诱剂。

3.5.2 点喷防治

将专用实蝇蛋白饵剂稀释10倍或用自制毒液（糖：醋：酒：水比例为6：3：1：10），掺入万分之二的农药（多杀菌素、阿维菌素、敌百虫、甲维盐等），搅拌均匀，加入药壶。用点喷方法，喷在作物中上部，喷叶的背面，每点均匀喷直径50cm大小即可，每亩棋盘式喷10~15个点，每周喷一次。

4 讨论

瓜实蝇作为一种主要活动在热带、亚热带区域的昆虫，其受温度和降雨的影响很大。国内有研究表明在气温10℃以下，瓜实蝇的各虫态均不能正常发育（袁盛勇等，2008）。近年来在郑州地区的越冬监测试验一直未发现越冬羽化出土的瓜实蝇成虫，同时结合初始监测到的瓜实蝇成虫均为零星分布，并不集中的情况，笔者推测瓜实蝇在郑州地区可能是以成虫在局部特殊生境越冬，同时郑州地区冬季的低温大大减少了瓜实蝇的种群数量，因而来年发生的虫量呈缓慢上升，直到9月中下旬才达到盛发期。因此，瓜实蝇在郑州地区的具体越冬情况有待于进一步研究论证，同时笔者以为可以在进一步研究掌握瓜实蝇的越冬虫态和越冬地点的情况下，在瓜实蝇在郑州地区越冬期这一生存脆弱关键期进行防治探索。

参考文献

欧剑峰，黄鸿，吴华，等.2008. 瓜实蝇国内研究概况［J］. 长江蔬菜（13）：33-37.

吴佳教，梁帆，梁广勤.2009. 实蝇类重要害虫鉴定图册［M］. 广州：广东科技出版社.

袁盛勇，孔琼，张宏瑞，等.2008. 瓜实蝇的发育起点温度和有效积温研究［J］. 江苏农业科学（6）：127-128.

不同光环境对昆虫生长发育的影响研究

董婉君，张　敏，雷朝亮
（华中农业大学植物科学技术学院/昆虫资源利用与害虫
可持续治理湖北省重点实验室，武汉　430070）

摘　要： 众多研究表明，光环境能够对昆虫生长发育、呼吸代谢和繁殖能力等方面产生影响。本文阐述了光影响昆虫生长发育的生理学基础以及近年来不同光环境对昆虫生长发育的影响研究进展。

关键词： 光环境；昆虫；生长发育；影响

1　昆虫感光的生理学基础

1.1　昆虫的视觉器官

昆虫感受外界光波刺激的媒介是视觉器官。昆虫的视觉器官是头部骨骼中的部分，由于表面角膜透明角化，可使光线透入（张金平，2016）。昆虫感受光信号的视觉器官类型是不同的，其在昆虫生态活动中起到重要的作用，包括昆虫求偶、寻找同伴、休眠、滞育、决定行为方向等（Chapman，1998）。昆虫感受光信号的视觉器官主要包括单眼和复眼两大类，这两类并不一定同时存在，功能也不尽相同。

单眼又分为多见于昆虫成虫的背单眼和多见于幼虫的侧单眼。单眼的结构较简单，多为卵圆形，单眼可以协助复眼感知判断，对物体的距离及移动等刺激做出反应，特别是蚁和蜜蜂等社会性昆虫利用单眼在黑暗环境中分辨物体位置和明暗情况。背单眼能够敏感感知弱光，对图像感知不明显，而侧单眼对颜色、形状、距离等具有感知能力，这点与复眼一样，完全变态昆虫幼虫的唯一视觉器官便是侧单眼（刘红霞和彩万志，2007）。复眼一般是由若干独立的小眼面所组成，位于头部正面两侧大部分区域，多为长圆形或椭圆形，昆虫种类不同也会影响其复眼的排列状态、发达程度和小眼数量、大小的不同。作为昆虫的主要视觉器官，每个小眼均作为一个独立存在的视觉单位，包括角膜、感杆束、晶锥和色素细胞等（Shimoda & Honda，2013）。昆虫复眼内部结构会因不同光照环境和昆虫不同出行方式而有所不同，并列型复眼主要存在于喜好白天出行的昆虫，重叠型复眼主要存在于喜好夜晚出行的昆虫，夜晚光线微弱，光照环境较差，但是夜行性昆虫在晚上活动也能正确把握方向，准确定位（Warrant & Dacke，2011）。不同明暗情况下，感杆束的变化和色素细胞的移动影响夜行性昆虫适应光的行为（程文杰等，2011）。Lazzari（1998）通过对昆虫的复眼和单眼分开遮蔽的研究发现，两者均不会影响昆虫的趋光性，说明昆虫的光趋性丧失与否取决于视觉器官的共同作用，复眼和单眼缺一不可，二者根据不同光波共同作用形成感受器电位，经过一系列传输过程到达中枢神经系统，引起相应的行为反应。

1.2 昆虫复眼对光的感受

在昆虫纲中，复眼在大多数的成虫和半变态若虫都是存在的。作为昆虫重要的感光器官，昆虫的复眼对较近物体的成像有较强的分辨能力，尤其是运动着的物体，另外，研究昆虫对光暗适应的调控机制是以昆虫复眼形态和结构为基础的，昆虫复眼对光的波长、强度和颜色等辨识度也是以昆虫复眼进行的（鞠倩，2009；Jiang *et al.*，2016）。昆虫复眼对人肉眼看不到的光也有比较强烈的辨识度，尤其对 330~400nm 的紫外光呈现明显趋性。

昆虫感受外界光刺激主要依靠复眼视网膜细胞进行，本质上是一个光子被光感受器中的视觉色素所拦截并发生改变。光信号被视觉色素接受后，通过 G 蛋白促使 PIP2 分解为 IP3 和 DAG 进而激活 TRP 和 TRPL 通道，这一过程使得钠离子和钙离子内流，受体细胞的膜去极化，从而完成光信号到电信号的转变（朱智慧和雷朝亮，2011）。Stark 等（1976）对三种消除特定类型果蝇光感受器的突变得到表征。每个面上的 8 个光感受器中，两个突变消除了外表面的 R1-R6 受体，第三种消除了 R7，R7 是两种中枢光感受器之一。双突变体只有在 R8 单独存在时方可构建表达。研究这些突变体的光谱敏感性、光色素和行为特性发现，R1-R6 有两个灵敏度峰值，接近 350nm 和 470nm，这些受体含有这些吸收峰的视紫红质，它与吸收 570nm 左右的间视紫红质相互转换，R7 是 UV 受体，含有吸收约 370nm 的视紫红质，并与一种吸收约 470nm 的间视紫红质进行转换，R8 是一种具有第三种视紫红质的非适应性蓝色受体。这些光的性质解释了不同光感受器对不同光灵敏度和光谱适应现象，这种行为的光谱分析为不同光感受器的输入提供证据。Insausti 等（2013）对锥蝽臭虫红眼突变体进行研究发现，不同的光暗处理对昆虫复眼感受光照灵敏度造成影响，暴露于紫外线下的昆虫显示出清楚的视网膜损伤迹象，且暴露于紫外线下的昆虫复眼中的筛选色素的量和密度显著增加。昆虫复眼感受外界光刺激并将光能量转化为神经冲动电位的起点是胞外电位 ERG，神经末梢动作电位的发放需要 ERG 电位达到一定的强度，且该电位越大所引发的神经动作电位频率越高，该电位越小则越低。

2 光环境对昆虫趋光行为的影响

光的本质是电磁波，因不同的波长显示出不同的性质。人肉眼可感受到 390~750nm 的波长，紫外光即为人肉眼不能感受到的短波部分，其中近紫外光是指 300~390nm 范围，也称为黑光，红外光指人肉眼不能感受到的长波部分，其中远红外光是指 750~1 000nm 范围。昆虫对波长的感受范围因昆虫种类不同而存在差异（鞠倩，2009）。250~750nm 昆虫可见光的范围，330~400nm 的紫外波段和紫光波段是大多数昆虫比较敏感的波段。

研究表明，趋光性是许多昆虫对光所具有的特性，且昆虫对光波的趋向性根据昆虫的种类不同而有不同的选择性。Peitsch 等（1992）使用快速光谱扫描的方法测量 43 种不同的膜翅目物种单个光感受器细胞的光谱灵敏度可知，最大灵敏度值在 340nm、430nm 和 535nm 处显示 3 个主峰，在 600nm 处显示 1 个小峰。刘小英等

（2009）利用 LED 诱虫灯对果蝇的趋光性进行试验，实验得知 560nm 的黄绿光是果蝇比较敏感的波段；闫海霞等（2007）研究中华通草蛉对不同光的感受性得知，该草蛉对 562nm、524nm 和 460nm 的光波比较敏感；Chen 等（2016）利用 15 种单色光研究丽蚜小蜂的光谱灵敏度，研究结果显示丽蚜小蜂在 414nm、340nm、450nm 和 504nm 处具有灵敏度峰值，说明丽蚜小蜂对短波长比对长波长光更敏感；江幸福等（2010）研究草地螟成虫对不同波长、光强的光环境的趋光行为，研究发现草地螟成虫比较敏感的单色光是 360nm 和 400nm；Mikkola 通过对 18 种鳞翅目昆虫进行趋光敏感性研究发现，黄绿光是昆虫最敏感的光源，耐受力最差的是紫外线，对黄橙波段有明显趋性的蚜虫躲避银灰色（林闽，2007）。我们可以看出，很多昆虫在 UV、蓝光和绿光波段比较敏感。另外，有很多种测定昆虫光谱敏感范围的实验方法，但是有些方法并不能说明昆虫在结果所测的光谱敏感范围内有诱集作用，常见的视网膜电图传感器技术（ERG）所测得的结果只能代表在某光谱区内昆虫的视觉器官表现出特定的生理反应，例如，闫海燕（2006）利用 ERG 技术测定龟纹瓢虫成虫的光谱敏感区，结果显示 562nm、524nm 和 460nm 处出现峰值，但生测实验所得的光谱敏感区域与 ERG 结果存在差异，说明对光谱敏感的昆虫不一定具有趋性，敏感光谱得到识别是昆虫具有趋光性的前提，却不是唯一因素。

Luo 和 Chen（2016）通过管氏肿腿蜂对 9 种单色光的趋光性及对 2 种趋光性最强的光的 5 种光照强度进行测试，研究结果表明肿腿蜂对光谱具有广泛的敏感性，尤其对蓝色（450nm）和绿色（549nm）最为敏感，对紫外线（340nm）光最不敏感，而低强度引起正向趋光响应，高强度显示出对光的明显趋性；Chen 等（2016）利用紫外光和紫光研究丽蚜小蜂对光照强度的反应，研究结果显示在 2 种光照中，丽蚜小蜂在低光强下增强趋光响应，而在高强度下表现出降低趋光反应，表明丽蚜小蜂的趋光性受光强度影响，但二者之间的关系与管氏肿腿蜂相反。上述研究表明光照强度可以对昆虫的感光性和种群的趋光行为造成影响，并且影响效果因昆虫不同而存在差异。张海强等（2007）研究不同光强度对大草蛉成虫的影响情况，结果发现在影响大草蛉成虫感光性和趋光行为中，光照强度起到重要作用，且随着光照强度不断增强其电位反应 ERG 值不断增大，表明光照强度越强大草蛉感光性越敏感，另外弱光情况下大草蛉无趋光行为，但随着光照强度不断增大大草蛉趋光行为越明显，大草蛉趋光反应率越大。这些结果显示，强光时 ERG 反应与趋光行为反应基本保持一致，弱光情况下并不相同，在光照较低时趋光行为基本没有。另外，同种昆虫对同一波长的趋光性与性别、日龄、试验时间以及试验地点等因素有关，所以，昆虫不同日龄趋光率有所不同，还因昆虫暴露时间不同存在差异（Tu *et al.*，2014）。昆虫趋光行为也会因光强的改变影响昆虫趋避光行为，如夜行性的厚角金龟科开始处于正向趋光，当光照强度达到一定值会转变成避光行为（McQuate & Jameson，2011）。

3 光环境对昆虫生长发育的影响

Wilde 等（1962）就表明光可以影响昆虫的生长发育。此外，光周期也已经被报道影响昆虫的生长发育（Ishida *et al.*，2003），Mori 等（2005）的研究结果也表明，光照时间、光波波长以及光照强度被指出对某些昆虫的捕食能力有严重的影响；也有研究指出，不同的波长、光强、光照时间条件影响昆虫卵、幼虫、蛹、成虫的生长发育（涂小云等，2013；Telles & Lind，2014）。

在自然环境条件中，光是对生物体影响最不可忽视的可变因素之一，人们已经逐渐关注光对昆虫生物学特性的影响研究，主要是对昆虫在生长发育、繁殖能力以及呼吸代谢等方面的影响（王甦等，2014）。

光对昆虫的生长发育存在影响，主要体现在对昆虫发育历期、阶段存活率及滞育率等方面。Ismail 等（2011）利用 5 种不同颜色的 LED 灯处理二斑叶螨，研究其在不同灯下发育历期的变化情况，结果显示实验处理中卵至若虫的发育历期差异不明显，若虫发育至成虫的发育历期存在差异，历期最长的是绿光，最短的是黄光。于海利（2011）研究绿光对桃小食心虫生物学特性的影响发现，绿光处理使得雌虫寿命与对照组存在显著差异，产卵前期和卵孵化率与对照组也具有显著性差异。另外，研究发现，光周期是诱导和解除昆虫滞育最主要的环境因子（Williams，1946；金银利，2016）。卓德干等（2011）研究光周期对绿盲蝽越冬卵解除滞育和发育历期的影响，结果显示随着光周期的延长，绿盲蝽越冬卵的滞育后发育历期缩短，长光照可以使发育历期缩短，并促进滞育解除。

光对昆虫繁殖能力造成影响，且与光波长、光照强度和光周期等因素不同而存在差异。Omakr（2006）对赤星瓢虫在 3 种光周期和 4 种波长下进行羽化和繁殖处理，研究发现，该瓢虫在长日照和白光（对照）灯下羽化前死亡率较低，在短日照和红光条件下，总幼虫期最长，且长日照和白光灯下繁殖能力明显高于其他光环境。较高的光照强度可以提高雌雄虫之间的交配欲望（Burks，2011）。段云等（2009）研究棉铃虫成虫在 3 种不同波长的 LED 灯下的交尾情况发现，在 590nm 处理下，棉铃虫成虫交尾率仅为 52.5%（对照组为 89.1%），且交尾次数明显减少，另外，在 505nm 和 590nm 这 2 种光环境中棉铃虫的产卵动态发生明显改变，二者的平均产卵期延长，且卵孵化率明显降低。

短波长可见光可使昆虫致死。紫外线（UV）光照射，特别是短波（UVB 和 UVC）对昆虫有毒害作用是已知的（陈德茂等，1987）。只了解更短的波长更致命，然而，受可见光照射对昆虫的影响并不清楚。通过 15 种波长的光对果蝇各个阶段进行处理发现，短波长可见光（蓝光）可以杀死果蝇的卵、幼虫、蛹和成虫（Hori *et al.*，2014）。Hori 和 Suzuki（2017）利用蓝光对田间作物害虫鞘翅目叶甲科害虫的致死效应进行研究，使用不同波长的蓝光 LED 灯对褐背小萤叶甲卵期和蛹期进行照射处理，研究得知 50%~70%在卵期未孵化前死亡，438nm 处理中 90%已孵化的试虫在未羽化前死亡；而在蛹期阶段 35%~55%在羽化前死亡，说明蓝光可以杀死一些田间作物害虫。波长对昆虫的毒害作用并不一定呈现正相关作用，波段短的光不一定对所有昆虫具有毒害作用，波段长些的可见光也不一定没有毒害作用。另外，值得一提的是，光中的紫外线成分会影响昆虫对光的趋向性，且紫外线成分或多或少都会吸引昆虫接近光照的行为，与发射的紫外线辐射量无关（Barghini & Medeiros，2012）。

参考文献

陈德茂，王必前，吴载宁 . 1987. 昆虫复眼紫外光敏感峰随光强度位移 [J]. 科学通报 (6)：463-466.

程文杰，郑霞林，王攀，等 . 2011. 昆虫趋光的性别差异及其影响因素 [J]. 应用生态学报，22 (12)：3351-3357.

段云，武予清，蒋月丽，等 . 2009. LED 光照对棉铃虫成虫明适应状态和交尾的影响 [J]. 生态学报，29 (9)：4727-4731.

江幸福，张总泽，罗礼智 . 2010. 草地螟成虫对不同光波和光强的趋光性 [J]. 植物保护，36 (6)：69-73.

金银利 . 2016. 温度、光周期和水分对绿盲蝽 (*Apolygus lucorum* Meyer-Dür) 滞育调控的影响 [D]. 福州：福建农林大学 .

鞠倩 . 2009. 昆虫趋光性及趋光防治研究概述 [C] //吴孔明 . 粮食安全与植保科技创新 . 北京：中国农业科学技术出版社 .

刘红霞，彩万志 . 2007. 昆虫单眼的结构和功能 [J]. 昆虫知识 (4)：603-607.

刘小英，焦学磊，郭世荣，等 . 2009. 基于 LED 诱虫灯的果蝇趋光性实验 [J]. 农业机械学报，40 (10)：178-180.

林闽，姚白云，张艳红 . 2007. 太阳能 LED 杀虫灯的研究 [J]. 可再生能源，25 (3)：79-80.

涂小云，曾令谦，董晓会，等 . 2013. 光周期对毛健夜蛾交配和产卵的影响 [J]. 应用昆虫学报，50 (5)：1238-1243.

王甦，郭晓军，张君明，等 . 2014. 异色瓢虫不同光环境下的交配行为 [J]. 生态学报，34 (24)：7428-7435.

闫海霞，魏国树，吴卫国，等 . 2007. 中华通草蛉复眼光感受性 [J]. 昆虫学报，50 (11)：1099-1104.

闫海燕 . 2006. 龟纹瓢虫 *Propylea japonica* (Thunberg) 感光、趋光机制的研究 [D]. 保定：河北农业大学 .

于海利 . 2011. 梨小食心虫 *Grapholita molesta* Busck 的趋光性及绿光对其生物学特性的影响 [D]. 杨凌：西北农林科技大学 .

张海强，闫海霞，刘顺，等 . 2007. 光强度对大草蛉成虫感光性和趋光性行为的影响 [J]. 昆虫学报，52 (4)：461- 464.

张金平 . 2016. 昆虫的眼睛 [J]. 农药市场信息 (23)：66-67.

朱智慧，雷朝亮 . 2011. 昆虫趋光性与光胁迫研究进展 [M] //中国害虫物理监测与控制技术研究 . 武汉：湖北科学技术出版社 .

卓德干，李照会，门兴元，等 . 2011. 低温和光周期对绿盲蝽越冬卵滞育解除和发育历期的影响 [J]. 昆虫学报，54 (2)：136-142.

Barghini A，Medeiros B A S D. 2012. UV Radiation as an Attractor for Insects [J]. Leukos，9 (1)：47-56.

Burks C，Brandl D，Higbee B. 2011. Effect of natural and artificial photoperiods and fluctuating temperature on age of first mating and mating frequency in the navel orangeworm [J]. Amyelois transitella. Journal of Insect Science，11：48.

Chapman R F. 1998. The Insects：Structure and Function. 4th ed [M]. Cambridge：Cambridge University

Press.

Chen Z, Xu R, Kuang R P, *et al.* 2016. Phototactic behaviour of the parasitoid *Encarsia formosa* (Hymenoptera: Aphelinidae) [J]. Biocontrol Science & Technology, 26 (2): 250-262.

Hori M, Shibuya K, Sato M, *et al.* 2014. Lethal effects of short-wavelength visible light on insects [J]. Scientific reports, 4 (4): 7383.

Hori M, Suzuki A. 2017. Lethal effect of blue light on strawberry leaf beetle, *Galerucella grisescens* (Coleoptera: Chrysomelidae) [J]. Scientific Reports, 7 (1): 2694.

Insausti T C, Le G M, Lazzari C R. 2013. Oxidative stress, photodamage and the role of screening pigments in insect eyes [J]. Journal of Experimental Biology, 216 (17): 3200-3207.

Ishida H, Murai T, Sonoda S, *et al.* 2003. Effects of temperature and photoperiod on development and oviposition of *Frankliniella occidentalis* (Pergande) (Thysanoptera: Thripidae) [J]. Applied Entomology & Zoology, 38 (1): 65-68.

Ismail M S M, AboGhalia A H, Soliman M F M, *et al.* 2011. Certain effects of different spectral colors on some biological parameters of the two-spotted spider mite [J]. Tetranychus urticae. Egyptian Journal of Biological Pest Control, 3 (1): 27-39.

Jiang Y, Duan Y, Li T, *et al.* 2016. Progress in research of compound eyes morphological structure and photosensitive mechanism in insects [J]. Journal of Environmental Entomology, 38 (5): 1038-1043.

Lazzari R C, Reiseman C E, Insausti T C. 1998. The role of the ocelli in the phototactic behaviour of the haematophagous bug *Triatoma* infestans [J]. Insect Physiol, 44: 1159-1162.

Luo C W, Chen Y. 2016. Phototactic Behavior of *Scleroderma guani* (Hymenoptera: Bethylidae) - Parasitoid of *Pissodes punctatus* (Coleoptera: Curculionidae) [J]. Journal of Insect Behavior, 29 (6): 1-10.

McQuate G T, Jameson M L. 2011. Control of Chinese rose beetle through the use of solar-powered nighttime illumination [J]. Entomologia Experimentalis Et Applicata, 141 (3): 187-196.

Mori K, Nozawa M, Arai K, *et al.* 2005. Life-history traits of the acarophagous lady beetle, Stethorus japonicus, at three constant temperatures [J]. Biocontrol, 50 (1): 35-51.

Omakr S P. 2006. Effects of different photoperiods and wavelengths of light on the life-history traits of an aphidophagous ladybird, *Coelophora saucia* (Mulsant) [J]. Journal of Applied Entomology, 130 (1): 45-50.

Peitsch D, Fietz A, Hertel H, *et al.* 1992. The spectral input systems of hymenopteran insects and their receptor-based colour vision [J]. Journal of Comparative Physiology A, 170 (1): 23-40.

Shimoda M, Honda K I. 2013. Insect reactions to light and its applications to pest management [J]. Applied Entomology & Zoology, 48 (4): 413-421.

Stark W S, Walker J A, Harris W A. 1976. Genetic dissection of the photoreceptor system in the compound eye of *Drosophila melanogaster* [J]. Journal of Physiology, 256 (2): 415.

Telles F J, Lind O, Henze M J, *et al.* 2014. Out of the blue: the spectral sensitivity of hummingbird hawkmoths [J]. Journal of Comparative Physiology A, 200 (6): 537-46.

Tu X Y, Chen Y S, Zhi Y. 2014. Effects of light-emitting diode illumination on insect behavior and biological characters [J]. Plant Protection, 40 (2): 11-15.

Warrant E, Dacke M. 2011. Vision and visual navigation in nocturnal insects [J]. Annu. Rev. Entomol, 56: 239-254.

Wilde J D. 1962. Photoperiodism in Insects and Mites [J]. Entomology, 7 (7): 1-26.

Williams C N. 1946. Physiology of insect diapause; the role of the brain in the production and termination of pupal dormancy in the giant silkworm [J]. Platysamia cecropia. Biological Bulletin, 90 (3): 234.

红脂大小蠹生物学特性及防治策略研究进展*

陈　鲁**，金　彪[2]，谷志容***
(1. 植物病虫害生物学与防治湖南省重点实验室，湖南农业大学，长沙　410128；
2. 湖南八大公山国家级自然保护区管理处，桑植　427100)

摘　要：红脂大小蠹作为我国近年来为害较为严重的入侵型害虫之一，主要为害油松、樟子松、白皮松、华山松、华北落叶松和白杄等松科植物，自山西省发现首批红脂大小蠹以来，目前已扩散至周围省份，更有向全国扩散的趋势，这已经对我国的林业经济发展造成了严重的影响。本文将着重从红脂大小蠹的识别特征、生物学特性、分布与扩散规律和防治策略这4个方面来综合评估红脂大小蠹的为害以及讨论有效的防治策略，从而对红脂大小蠹进行针对性的防控。

关键词：红脂大小蠹；识别特征；分布和扩散；生物学特性；防治策略

Advances in Research on Biological Characteristics and Control Strategies of *Dendroctonus valens*

Chen Lu[1]**, Jin Biao[2], Gu Zhirong[2]***
(1. *College of Plant Protection, Hunan Agricultural University/Hunan Provincial Key Laboratory for Biology and Control of Plant Diseases and Insect Pests, Changsha* 410128, China;
2. *Badagongshan National Nature Reserve, Sangzhi* 427100, China)

Abstract: As one of the most serious invasive pests in recent years in China, *Dendroctonus valens* mainly damage *Pinus tabulaeformis*, *P. sylvestris*, *P. bungeana*, *P. armandii*, *Larix principis-rupprechtii*, *Pteromalea rugosa*, and other pine plants. Since *D. valens* was firstly discovered in Shanxi Province , it has spread to the surrounding provinces and even to the whole country. This has caused a serious impact on Chinese forestry economic development. This article will focus on the four aspects of the identification, biological characteristics, distribution and expansion, and control straegy of *Dendroctonus valens* , and prevention and control strategies to comprehensively assess the hazards of *Dendroctonus valens* , and to discuss effective strategies for prevention and control. Therefore, targeted prevention and control of *Dendroctonus valens*.

Key words: *Dendroctonus valens*; Distribution and expansion; Biology characteristics; Control strategy

红脂大小蠹 *Dendroctonus valens* Le Conte 又名强大小蠹，属昆虫纲 Insecta 鞘翅目 Co-

* 基金项目：湖南农业大学与八大公山国家级自然保护区合作研究项目
** 第一作者：陈鲁，硕士研究生，主要从事昆虫生物学相关研究；E-mail：709063556@qq.com
*** 通信作者：谷志容，高级工程师，主要从事生态学相关研究；E-mail：472903383@qq.com

leoptera 小蠹科 Scolytidae 海小蠹亚科 Hylesininae，是一种蛀干、蛀根性的聚集型害虫。红脂大小蠹是北美地区规模最大，分布最广的小蠹虫，在原产地属次要害虫，传入我国后对油松、樟子松、白皮松、华山松、华北落叶松和白杄等松科植物造成毁灭性为害，目前已经为害了 50 多万 hm^2 的油松和其他物种的森林，导致了 600 多万棵树的死亡（Li *et al.*，2001；Miao *et al.*，2001；Wang *et al.*，2007），这给我国林业经济的发展造成了严重的损失。为了研究红脂大小蠹的为害和预防其扩散为害，作者通过联机检索，查阅文献和相关资料，对红脂大小蠹的识别特征、分布与扩散规律、生物学特性和防治策略等方面研究概况进行简要综述如下。

1 识别特征

卵：乳白色，圆柱形，具有光泽，长约 1mm。

幼虫：体白色，头部褐色，蛴螬形，无足；随着生长，淡褐色结节侧线逐渐明显；老熟幼虫长 10~12mm。

蛹：初为乳白色，后渐变为浅黄色、暗红色，平均体长约 7.8mm（张朋飞，2017）。

成虫：红棕色，圆柱形，长 5.90~9.60mm。额部不规则凸起，具粗刻点，向头部两侧渐狭；前胸背板宽；鞘翅长为宽的 1.5 倍，为前胸背板长度的 2 倍，两侧直伸，基部平行，后部阔圆形，基缘弓形（李奕萍，2014）。雌虫与雄虫相似，雌虫略大于雄虫，不同点是雌虫额中部在复眼上缘高度处有一缓坡，圆形隆起，前胸背板上刻窝较大，鞘翅坡面上的粒突和鞘翅中部的锯齿状突起比较大（韩国忠等，2003）。

2 入侵扩散途径和地理分布

红脂大小蠹成虫飞行能力很强，可自然扩散蔓延，但远距离主要随寄主木材及包装材料进行传播，其原产于北美和中美的墨西哥、危地马拉和洪都拉斯的森林中，在美国的阿拉斯加及加拿大都有分布（Sun *et al.*，2013），并不造成明显为害。但于 20 世纪 80 年代随国际木材贸易传入我国后，对油松产生了毁灭性的取食（宋玉双等，2000；苗振旺等，2004）。

红脂大小蠹 1996 年传入我国，1998 年在山西发现后，疫情很快扩散至周边多省区（苗振旺等，2002）。1999 年年底，该虫在河北、河南、山西发生面积 52.6 万 hm^2，其中严重为害面积 13 万 hm^2，个别地区油松死亡率高达 30%，已导致 600 多万株的松树枯死。该虫造成山西省近 1/6 的油松林死亡，严重威胁山西省造林绿化成果（贾玉玲，2015；杨爽，2017；杨忠岐，2018），目前该虫国内其他分布的区域有陕西、北京、内蒙古、辽宁等（韩玉光，2017）。

结合气候和寄主植物可预测红脂大小蠹在我国的潜在分布区主要在东北三省、宁夏、华北、四川、云南、贵州大部分地区，以及江苏、安徽、湖北北部地区，贵州西部地区，广西西北部地区，青海北部地区，甘肃南部地区以及新疆北部地区（徐洪儒，2006；焦淑萍等，2012）。

3 生物学特性

3.1 习性和为害

红脂大小蠹生物学特性主要体现在越冬习性、成虫出孔转移习性、幼虫期习性和化蛹习性（王平等，2005）。红脂大小蠹主要以成、幼虫在树干基部或根部越冬，极个别的以蛹越冬，在根部越冬成活率高于干部，因此根部是其主要越冬场所（李东霞，2009）。越冬后气温适宜时，成虫在受害木（桩）的基部树皮上蛀一圆形羽化孔钻出，孔径约0.4cm，孔口常有少量新鲜的黄褐色树皮碎屑，成虫出孔后优先选择侵入新鲜伐桩，其次是活立木。幼虫孵化后，排列成弧形或一字形沿坑道两侧或下端取食形成层和韧皮部，停食时有群集习性。幼虫老熟后在坑道末端一侧蛀食形成层、韧皮部、木质部和皮层，形成椭圆形蛹室。

红脂大小蠹雌成虫首先寻找寄主蛀孔侵入，在蛀入树皮阶段释放信息素引诱雄虫进入，在雄虫抵达形成层后，形成交配室进行交配，交配时间1~4min，此时树皮上流出大量松脂，形成漏斗状的凝脂块，凝脂大小一般为2~6cm，凝脂颜色由于氧化作用，随着时间的延长，由红棕色渐变为浅棕色直到灰白色，在漏斗状的凝脂中央保留有明显的侵入孔（郭建荣，2007；Zhao *et al.*，2008）。当它们交尾、产卵后，用虫粪及碎屑覆盖卵块，然后从侵入孔排出碎屑和虫粪，当大量幼虫产生的虫粪和成虫虫粪太多时，就会咬通排粪孔，由成虫将虫粪推出坑道，成虫伴随幼虫生活，或者钻出坑道（在室内树段饲养中多见），或者死在坑道中（张龙娃等，2007）。

红脂大小蠹经常攻击长势不好的松树，也可侵害伐桩，在我国红脂大小蠹是一种攻击性的害虫，在小蠹虫侵害树木的同时，有害真菌也被传到了寄主树上，之后该有害菌与小蠹虫一起对松树造成为害（Livingston *et al.*，1983），受侵害的油松当年没有明显的变化，2~3年后就会出现针叶变黄、枯萎，树木逐渐衰弱死亡（许佳林等，2002）。

3.2 发生规律和原因

红脂大小蠹1年发生1代或2年发生3代，翌年4月下旬开始活动，越冬幼虫继续在根部蛀道取食为害，5月中旬至7月上旬老熟幼虫开始化蛹，羽化期为5月下旬至8月上旬，8月中旬新一代成虫开始扬飞，红脂大小蠹世代重叠严重，生殖繁殖迅速，整个活动期可同时见到各虫态，5—10月均可见成虫飞扬扩散蔓延（苗振旺等，2001；郭建荣，2007；张文龙等，2014；韩玉光，2017；杨爽，2017）。

在整个生活史中，红脂大小蠹的入侵规律表现为扬飞规律，除在坑道内生活外其余时间均处于扬飞期，一般扬飞开始于4月中旬，5月中旬最盛，6月中下旬基本结束，期间其扬飞数量会有一定程度的波动，9月以后成虫和幼虫进入越冬阶段，新一代成虫出现扬飞（宋玉双等，2000；张海风，2011）。红脂大小蠹的空间分布和扩散均为聚集型，且红脂大小蠹在林中的分布受到寄主胸径、海拔、坡向、坡位、林分郁闭度和林分种类等各种因素的综合影响（李鹏飞等，2005；潘杰等，2011）。

红脂大小蠹的一般发生规律主要体现为：阳坡受害比阴坡早，立地条件坏的较立地条件好的先受害，弱木较健康木易受害，缘木比林内木受害重，油松纯林比混交林受害较重（郭怀林，2005；刘俊强，2005）。因此，其他病虫为害及森林火灾造成的树势衰弱、林地卫生条件差、风倒、风折和过熟濒死树等未及时清除的情况，为该虫的繁殖创造了良好条件（潘杰等，2011）。

红脂大小蠹在1998年突然发生的原因与前1年春季的气候干旱、降水偏少以及林间湿度相关。正是由于这样的气候条件造成寄主树木表皮干燥，害虫成功侵入的几率增加并大量产卵，使幼虫种群数量增加，造成第2年油松大量死亡（王鸿斌等，2007）。适宜的自然环境（海拔500~2 000m，年均气温9~13℃，降水520~620mm）是红脂大小蠹生存的基本条件，20世纪80年代后期至90年代前中期，山西省持续升温、光照充足、湿度增大以及风力减小使得红脂大小蠹长期潜伏（张海军等，2005；秦春英等，2011）。

4 防治策略

影响红脂大小蠹发生的主要生态因子有很多，不仅高温干旱气候有利于红脂大小蠹的发生为害，而且寄主生理状况和立地条件也是影响寄主林木遭受为害严重程度的重要因子。当然，天敌的种群数量也是决定红脂大小蠹为害程度的重要因子，而且是生物防治红脂大小蠹为害的关键（贺虹，2005）。

应根据红脂大小蠹的为害特点、生物学特性和发生规律，坚持“预防为主、科学防控、依法治理、促进健康”的防治方针。

（1）加强营林措施。及时清理过火木和感病木，保护好森林内的环境，根据郁闭度大而虫害轻的生物特点，变纯树林为混树林，改水平郁闭为垂直郁闭，改疏林为密林最终形成结构合理的森林植被环境，从而降低红脂大小蠹的侵入概率（刘满光等，2004；李有忠，2006；雷重起等，2013）。

（2）利用植物引诱剂防治。利用红脂大小蠹有聚集的特性，选择使用引诱剂在成虫的扬飞期对其进行诱杀（马雨亭，2002；苗振旺等，2002；王茹琳等，2011）。

（3）砍伐清理受害的枯死木和濒死木。在该虫休眠和成虫羽化前，对受害的枯死木进行处理，减少红脂大小蠹的寄主，减少红脂大小蠹虫害的扩散（马雨亭，2002）。

（4）饵木法防治。根据红脂大小蠹喜食新鲜伐桩的特性，在发生区，尤其是轻灾区，每1.2~2.0hm^{2}林地砍伐1~2株健康的油松树，砍伐时伐根高度在20~30 cm，引诱红脂大小蠹侵害时集中消灭，还可在砍伐受害树时留下1~2株枯死树，引招啄木鸟等天敌（马雨亭，2002；王培新等，2005）。

（5）化学防治。大多数情况下选择熏蒸剂处理灌木和树干，或配合化学药剂防治虫害。对入侵孔较多的寄主树木，在侵入孔以上10~15cm处的树干四周涂抹10cm宽、1~2cm厚的泥环，树干裂缝要用泥塞实；地面环绕树干挖10cm深的小沟，沟距离树干40cm以上；将塑料布裁剪成圆锥体状的密闭空间（能将树干泥环处到地面小沟处围住），其内地面散放3~4片（3.2g/片）磷化铝片剂，塑料布连接处用胶带封严，泥环处用麻绳或胶带捆严，地面小沟处用土埋严踩实，形成密闭的锥形帐幕，熏杀蛀入为害的成虫和幼虫。树干喷药防治主要应用在红脂大小蠹发生严重的林地及其周边林地，在成虫扬飞期前用绿色威雷30倍液，对寄主树干1.5m以下进行封闭喷洒，每隔40~45天重喷1次，直到成虫期结束（王培新等，2005；郭建荣，2007）。

(6) 利用天敌控制。①大唼蜡甲成虫、幼虫均能捕食红脂大小蠹的卵、幼虫和蛹，繁殖力强，在自然界一年可繁殖 3~4 代，其成虫具有较强的飞翔扩散能力。大唼蜡甲采取接种式释放法，在中等为害程度的林分，在红脂大小蠹达到 2~3 龄幼虫期时，每公顷林地中选择一株受害的寄主树，释放 75 对大唼蜡甲成虫；也可释放大唼蜡甲幼虫，同样取得很好的控制效果。大唼蜡甲在一个地区引入和释放后，在生态条件适宜和寄主大量存在条件下，能迅速扩大种群数量，可达到长期持续控制红脂大小蠹发生和为害的效果。在山西、河南、河北和陕西省多个受红脂大小蠹为害的林区进行释放的效果调查结果显示，红脂大小蠹已得到了完全控制（Zhao *et al.*，2009；赵建兴，2010；杨怀文，2015；杨忠岐，2018；杨忠岐等，2018）。②切头郭公甲虫，捕食时切掉害虫头部，待其死亡后食用（李奕萍，2014）。③环斑猛猎蝽，捕食时将口器刺入害虫体内，吸取其体液，致虫体干瘪死亡（赵建兴，2010）。④线虫类，如拟双角斯氏线虫。⑤真菌类，如白僵菌和绿僵菌（姚剑，2008）。

5 结论与讨论

从红脂大小蠹入侵我国以来，对我国的油松、华山松和白皮松为害严重，尤其是山西的油松，这已经对我国的林业发展造成了重大影响，对红脂大小蠹的研究已经变得越来越重要，本文主要从红脂大小蠹的生物学特性、发生原因及其防治策略等方面来综述近年来红脂大小蠹的研究进展。从以上叙述内容可知，创造适宜的环境条件是防止红脂大小蠹为害扩散的有效途径之一，红脂大小蠹主要在油松根部为害，通过雌虫在根部散发的信息素，吸引雄虫聚集为害，成虫将木屑排出，行成坑道，交尾、产卵均在坑道中进行（刘随存，2003）。由于山西省的天气条件和自然环境与红脂大小蠹原产地北美的天气条件和自然环境类似，因此红脂大小蠹才会在中国大量繁殖和为害，红脂大小蠹造成的为害相当严重，并有扩散的趋势，因此对红脂大小蠹生物学习性的研究已迫在眉睫，国内大多数文献都提到了红脂大小蠹的蛀食坑道为害（苗振旺等，2004；贺虹，2005；韩玉光，2017），以及红脂大小蠹各虫态的越冬习性（吕淑杰等，2002；贺虹，2005；张强等，2014；韩玉光，2017）。所以对红脂大小蠹的防治已经成为重中之重，需要针对性的防治红脂大小蠹对我国林业经济发展造成的为害。

控制外来入侵生物的为害与蔓延是外来有害生物治理的目标（姚剑，2008）。目前，我国在红脂大小蠹为害区的防治策略主要是生物防治和化学防治，生物防治主要是利用红脂大小蠹的天敌捕食，来达到降低红脂大小蠹种群密度的效果。一种害虫在原产地一般不缺乏有效天敌，当侵入新的领地后因缺乏天敌而成为难以控制的恶性害虫，在其新领地若天敌的控制作用有效，侵入的初期可能造成较大的为害，但随天敌的跟随效应，其结果就是害虫定居后的种群数量只能维持在一定的水平，甚至不形成为害的水平上（贺虹，2007；王培新等，2007）。Chen 等（2013）开发了一个巢式 PCR 鉴定系统，该系统可以检测 COI 基因的构建，这是一种灵敏、特异和有前途的检测红脂大小蠹的方法。Liu 等（2013）研究发现成虫在准备离开树后变暗至典型的红棕色；甲虫在第 10 天开始“褪色”并持续 20 天，最高峰在 21 日进行。这种基本信息对于制定在中国对付这种入侵性树皮甲虫的管理策略非常重要。Xu 等（2016）研究结果表明，松树防御性单萜α-蒎烯对红脂大小蠹及其肠道细菌群落结构的影响。红脂大小蠹肠道细菌群落的恢复力可能有助于红脂大小蠹分解代谢松防化学品。Liu 等（2017）研究表明，红脂大小蠹可利用声音来调节反聚集信息素的产生，这可能为这种入侵物种的害虫管理提供新的方法。Liu 等（2018）研究表明，我们从 RTB 殖民化模式得出结论，RTB 倾向于攻击山谷中的大型树木，这在制定有害生物管理策略时可能有用。Zhang 等（2011）研究对 12 株来自红脂大小蠹的球孢白僵菌菌株进行了生物学特性和毒力的检测，以评估它们作为生物防治剂的潜力 RTB，其中分离物 Bb1801 具有很好的潜在的可持续的 RTB 在森林中的控制，可作为 RTB 控制的一种有前景的策略之一。因此，应根据国内外对红脂大小蠹各个方面的研究进展，科学评估各防治策略的优弊，综合治理红脂大小蠹虫害。

参考文献

郭怀林. 2005. 红脂大小蠹为害与林分生境关系的研究［D］. 杨凌：西北农林科技大学.

郭建荣. 2007. 芦芽山保护区红脂大小蠹生物学特性及防治研究［J］. 山西林业科技（1）：22-25.

韩国忠，曹建军，杨爱玲. 2003. 红脂大小蠹生物学特性及防治方法［J］. 山西水土保持科技（4）：47-48.

韩玉光. 2017. 晋城市红脂大小蠹生物学特性与危害规律研究［J］. 山西农业科学，45（11）：1837-1840.

贺虹，李孟楼，郭新荣，等. 2005. 红脂大小蠹生物学特性研究［J］. 西北林学院学报，20（1）：140-142.

贾玉玲，付晓兵，朱建罡，等. 2015. 桥山林区油松常见害虫发生规律与防治［J］. 陕西林业科技（4）：73-75.

焦淑萍，张静文，张新平，等. 2012. 红脂大小蠹入侵新疆的风险分析［J］. 防护林科技（4）：83-84.

李东霞. 2009. 泽州县红脂大小蠹生物学特性研究［J］. 山西林业科技，38（1）：23-25.

李明，高宝嘉，李淑丽，等. 2003. 红脂大小蠹成虫生物学特性研究［J］. 河北农业大学学报，26（3）：86-88.

李鹏飞，张跃宁，孙永康，等. 2005. 红脂大小蠹的种群动态及预测预报［J］. 西北林学院学报，20（3）：116-119.

李奕萍. 2014. 太原地区红脂大小蠹防治技术［J］. 山西林业（4）：41-42.

李有忠，王福海，王培新，等. 2006. 营林技术措施对红脂大小蠹控制效果研究［J］. 西北林学院学报，21（2）：113-116.

刘俊强. 2005. 浅谈红脂大小蠹的防治［J］. 山西林业（2）：31-31.

刘满光，温秀军，王振亮，等. 2004. 红脂大小蠹综合防治技术［J］. 河北林业科技（4）：36-37.

刘随存. 2003. 红脂大小蠹研究文献综述［J］. 山西林业科技（1）：24-27.

吕淑杰，谢寿安，张军灵，等. 2002. 红脂大小蠹、华山松大小蠹和云杉大小蠹形态学比较［J］. 西北林学院学报，17（2）：58-59.

马雨亭. 2002. 红脂大小蠹的综合防治［J］. 太原科技（3）：21-22.

苗振旺，张钟宁，王培新，等 . 2004. 外来入侵害虫红脂大小蠹对寄主挥发物的反应 [J]. 昆虫学报，47（3）：360-364.

苗振旺，赵明梅，芦学林 . 2002. 大小蠹植物引诱剂对红脂大小蠹诱引效果试验 [J]. 山东林业科技（1）：23-25.

苗振旺，周维民，范俊秀，等 . 2001. 强大小蠹生物学特性研究 [J]. 山西林业科技（1）：34-37.

苗振旺，周维民，范俊秀，等 . 2002. 红脂大小蠹卵和蛹的发育及预测研究 [J]. 林业科技通讯（2）：11-13.

潘杰，王涛，温俊宝，等 . 2011. 红脂大小蠹传入中国为害特性的变化 [J]. 生态学报，31（7）：1970-1975.

潘杰，王涛，宗世祥，等 . 2011. 红脂大小蠹种群空间格局地统计学分析及抽样技术 [J]. 生态学报，31（1）：195-202.

秦春英，赵桂香，李峥，等 . 2011. 气候变化对红脂大小蠹生存的影响分析 [C] //山西省气象学会 2011 年年会 .

宋玉双，杨安龙，何嫩江，等 . 2000. 森林有害生物红脂大小蠹的危险性分析 [J]. 中国森林病虫，19（6）：34-37.

王鸿斌，张真，孔祥波，等 . 2007. 入侵害虫红脂大小蠹的适生区和适生寄主分析 [J]. 林业科学，43（10）：71-76.

王培新，贺虹，李健康，等 . 2007. 陕西红脂大小蠹天敌种类调查 [J]. 昆虫知识，44（2）：249-251.

王培新，李有忠，贺虹，等 . 2005. 红脂大小蠹化学防治技术研究 [J]. 西北林学院学报，20（1）：143-147.

王平，李书吉，姚印随，等 . 2005. 红脂大小蠹生活史及生物学特性观察 [J]. 河南林业科技，25（2）：14-15.

王茹琳，杨佐忠，陈小平，等 . 2011. 应用信息化合物防治小蠹虫的研究进展 [J]. 四川林业科技，32（1）：52-58.

许佳林，王建军，李红平，等 . 2002. 红脂大小蠹越冬场所及成虫出土观察 [J]. 山西林业科技（4）：26-28.

杨怀文 . 2015. 我国农业害虫天敌昆虫利用三十年回顾（下篇） [J]. 中国生物防治学报，31（5）：613-619.

杨爽 . 2017. 红脂大小蠹新传入地区监测和防控技术 [J]. 河北林业科技（2）：53-54.

杨忠岐 . 2018. 我国重大林木害虫生物防治研究进展（一）[J]. 林业科技通讯（4）：40-43.

姚剑，张龙娃，余晓峰 . 2008. 入侵害虫红脂大小蠹的研究进展 [J]. 安徽农业大学学报，35（3）：416-420.

张海风 . 2011. 红脂大小蠹发生规律与可持续控制研究 [D]. 杨凌：西北农林科技大学 .

张海军，寇巧玲，王爱萍 . 2005. 红脂大小蠹发生规律与习性调查 [J]. 山西林业科技（3）：33-34.

张历燕，陈庆昌，张小波 . 2002. 红脂大小蠹形态学特征及生物学特性研究 [J]. 林业科学，38（4）：95-99.

张龙娃，鲁敏，刘柱东，等 . 2007. 红脂大小蠹入侵机制与化学生态学研究 [J]. 昆虫知识，，44（2）：171-178.

张朋飞 . 2017. 兴隆县红脂大小蠹的特征特性及防治方法 [J]. 现代农业科技（23）：104，108.

张强，陈安良，郝双红，等. 2004. 我国红脂大小蠹生物学与防治研究概况［J］. 西北林学院学报，19（4）：109-112.

张文龙，刘高潮 . 2014. 马栏林场红脂大小蠹为害与防治［J］. 陕西林业科技（3）：103-108.

赵建兴，杨忠岐，郭建荣，等 . 2010. 释放大唼蜡甲控制红脂大小蠹技术效果评价［J］. 现代农业科技（3）：161-163.

赵建兴，杨忠岐，任晓红，等 . 2008. 红脂大小蠹的生物学特性及在我国的发生规律［J］. 林业科学，44（2）：99-105.

Chen F，Luo Y Q，Li J G，*et al.* 2013. Rapid Detection of Red Turpentine Beetle（*Dendroctonus valens* Leconte）Using Nested PCR［J］. Entomologica Americana，119（1 & 2）：7-13.

Liu Z，Xin Y，Xu B，*et al.* 2017. Sound-Triggered Production ofAntiaggregation Pheromone Limits Overcrowding of *Dendroctonus valens* Attacking Pine Trees［J］. Chemical Senses，42（1）：59-67.

Liu Z，Xu B，Sun J. 2014. Instar Numbers，Development，Flight Period，and Fecundity of *Dendroctonus valens*（Coleoptera：Curculionidae：Scolytinae）in China［J］. Annals of the Entomological Society of America，107（1）：152-157.

Liu Z D，Zhang L W，Shi Z H，*et al.* 2008. Colonization patterns of the red turpentine beetle，*Dendroctonus valens*（Coleoptera：Curculionidae），in the Luliang Mountains，China［J］. Insect Science，15（4）：349-354.

Livingston W H，Mangini A C，Kinzer H G，*et al.* 1983. Association of root diseases and bark beetles（Coleoptera：Scolytidae）with *Pinus ponderosa* in New Mexico［J］. Plant Disease，67（6）：674-676.

Sun J，Gillette N E，Miao Z，*et al.* 2003. Verbenone interrupts attraction to host volatiles and reduces attack on *Pinus tabuliformis*（Pinaceae）by Dendroctonus valens（Coleoptera：Scolytidae）in the People's Republic of China［J］. Canadian Entomologist，135（5）：721-732.

Sun J H，Lu M，Nancy E，*et al.* 2013. Red turpentine beetle：innocuous native becomes invasive tree killer in China［J］. Annual Review of Entomology，58：293-311.

Xu L，Shi Z，Wang B，*et al.* 2016. Pine Defensive Monoterpene α-Pinene Influences the Feeding Behavior of *Dendroctonus valens* and Its Gut Bacterial Community Structure［J］. International Journal of Molecular Sciences，17（11）：1734.

Zhao J X，Yang Z Q，Gregoire J C. 2009. The cold-hardiness of *Dendroctonus valens*（coleoptera：scolytidae）and rhizophagus grandis（coleoptera：rhizophagidae）［J］. Journal of Environmental Entomology.

Zhao J，Yang Z Q，Ren X H. 2008. Biological characteristics and occurring law of *Dendroctonus valens* in China［J］. Scientia Silvae Sinicae，44（2）：99-105.

Furniss R L，Carolin V M. 1977. Western forest insects［J］. Serv misc publ（26）：145-146.

美国白蛾的扩散与防治政策*

陈梦悦[1**]，李　欣[2]，廖明玮[1]，邱　林[1]，庄浩楠[1]，康祖杰[2***]
（1. 湖南农业大学植物保护学院/植物病虫害生物学与防控湖南省重点实验室，长沙　410128；2. 湖南省壶瓶山国家级自然保护区管理局，石门　415300）

摘　要：美国白蛾是一种重要的国际性的检疫性害虫，可为害多种林木、果树、花卉及农作物，造成较大的经济损失。我国自辽宁省发现首批美国白蛾以来，目前已经扩散至周围省市，更有向全国扩散的趋势。多年以来，对于美国白蛾的监测及其防控一直是研究的热点领域。本文综述了近年来有关美国白蛾的鉴别特征、扩散传播及其防控措施的相关研究，旨在为美国白蛾的识别、拦截、监测及防控等提供一定的参考。

关键词：美国白蛾；分布；防治；扩散

Diffusion and Prevention Policy of *Hyphantria cunea*（Drury）

Chen Mengyue[1**]，Li Xin[2]，Liao Mengwei[1]，Qiu Lin[1]，Zhuang Haonan[1]，Kang Zujie[2***]
（1. *College of Plant Protection*，*hunan Agricultural University*，*Changsha* 410128，China；
2. *Hunan Hupingshan Nature reserve administration*，*Shimen* 415300，China）

Abstract：Since the discovery of the first batch of *Hyphantria cuneain* Liaoning Province，China has spread to the surrounding provinces and cities，and it has a tendency to spread to the whole country. In order to understand the status quo of the *Hyphantria cunea* more clearly，the research status of the *Hyphantria cunea* from the identification characteristics，occurrence and distribution，biological characteristics and comprehensive control were comprehensively expounded. Combining the advanced research results at home and abroad，we can fully understand the changing background of the *Hyphantria cunea* and provide a reliable theoretical basis for comprehensive prevention and control technology to effectively control the spread and harm of the *Hyphantria cunea*.

Key words：*Hyphantria cunea*；Distribution；Prevention；Spread

美国白蛾［*Hyphantria cunea*（Drury，1773）］又名美国灯蛾、秋幕毛虫、秋幕蛾，隶属于昆虫纲（Insecta）鳞翅目（Lepidoptera），是林木、果树、花卉及农作物的重要食叶害虫（闫家河等，2015）。美国白蛾原产于北美洲，广泛活跃于美国北部、加拿大南部和墨西哥，20 世纪 40 年代末，通过人类活动和运载工具传播到欧洲和亚洲

---

* 基金项目：湖南农业大学与壶瓶山国家级自然保护区合作研究项目
** 第一作者：陈梦悦，硕士研究生，主要从事昆虫生物学相关研究；E-mail：1125570748@ qq. com
*** 通信作者：康祖杰，高级工程师，主要从事保护区管理和野生动植物保护研究；E-mail：hpskzj@ 126. com

（Umeya，1977；Warren *et al.*，1970；肖进才等，2001）。1979 年我国辽宁省丹东地区首次发现美国白蛾，后又传播到陕西、北京、天津、上海、河北、山东、山西和青岛等地（张俊杰等，2013）。美国白蛾体型小，但食量大，且持续取食为害（张美胜，2017）。目前，这种侵入性的害虫已经成为我国农、林业的重要害虫之一（Yang *et al.*，2008）。仅 2004 年在我国发生面积就高达 11.7 万 km^2，年经济损失 50 多亿元人民币，减少树木生长量1 700万 m^3（赵铁珍，2005）。至 2015 年年底时已为害近 70 万 km^2 林地，并有继续扩散为害的趋势（杨明琪，2013；林晓等，2016）。

1　美国白蛾的为害与识别

1.1　美国白蛾的为害

美国白蛾以幼虫群集寄主叶片吐丝结网幕，在网幕内取食叶肉（王立东等，2011），其网幕通常包围树枝的梢端（Wagner，2010）。受害叶片仅留叶脉呈白膜状，严重时树叶被吃光，树势衰弱，易遭受其他病虫害的侵袭，削弱了树木的抗寒抗逆能力，连续为害直至死亡，造成了巨大的经济损失。

美国白蛾喜食阔叶树，在寄主树木缺乏或吃光树叶时，可取食邻近农作物和野生植物、杂草等，造成一定为害，在不同的地域，美国白蛾的寄主偏向性不相同（韩义生，1992；肖进才等，2001；李强等，2002；季荣等，2003；冯洁等，2003）。美国白蛾对宿主植物的选择取决于植物的日照程度、经历的环境压力、韧性和营养品质等因素（Xin *et al.*，2017；Jang *et al.*，2015）。例如，对于需要能量进行分散或滞育等过程的昆虫，消耗提供大量碳水化合物的植物可能是有益的，对于雌性昆虫来说，能提供大量蛋白质的植物有益于它产卵（Jang *et al.*，2015）。

1.2　美国白蛾的识别

卵块多产在叶片背面，卵近球形，直径约 0.5mm，初产的卵淡绿色或黄绿色，后逐渐加深变成灰绿色，近孵化时呈灰褐色，顶部呈黑褐色，具光泽，上面有规则刻点，单层有序排列（刘春隔等，2017），表面覆盖有雌蛾腹部脱落的毛和鳞片，呈白色。

幼虫体细长，圆筒形。1~3 龄体黄绿色，4 龄以后为橘黄或黑褐色。老熟幼虫体长 28~35mm，分为“黑头型”和“红头型”（李闰枚，2009）。“黑头型”头为黑色，有光泽，从侧线到背方具 1 条灰褐色的宽纵带，背线、气门上线、气门下线均为浅黄色，背部毛瘤为黑色，体侧多为橙黄色，毛瘤上生有气门白色，椭圆形，镶黑边，胸足黑色，腹足、臀足外侧黑色，趾钩为单序异形中带。“红头型”头柿红色，体色从上到下由淡色至深色，底色乳黄色，具暗斑，几条纵线呈乳白色。至今，美国白蛾“红头型”幼虫仅在北美洲有分布；发生在日本、朝鲜、韩国和欧洲等地的均为“黑头型”，传入我国的亦属“黑头型”（张星耀等，2003；赖凡等，1999）。

茧为椭圆形，灰白色，薄、松、丝质混以幼虫体毛。蛹是长纺锤形，长 8~15mm，宽 3~5mm（李元，2017），初淡黄色，后渐变为暗红褐色（陈景芸，2013）。

成虫体白色，体长 9.5~15mm，翅展 33~44mm，雌虫一般较雄虫大。雄蛾触角双栉齿状，黑褐色；雌蛾触角锯齿状，褐色（李元，2017）。喙不发达，短而细，下唇须小，侧面和端部黑褐色（赵晓光等，2014）。雌虫前翅纯白色，雄虫前翅上有褐色斑点。后翅通常纯白色无斑点。前足和中足被橘黄色鳞片，腹部浅绿色，交尾后腹部逐渐变大，浅绿色逐渐加深（陈景芸，2013）。

2 美国白蛾的扩散

2.1 扩散方式

美国白蛾的近距离扩散主要是靠自身迁飞和老熟幼虫爬行，远距离传播是各虫态附着于寄主上，通过交通工具运输传至远方（刘昌兰等，2005）。蛹期抗逆能力强，可经受低温，由于越冬代化蛹场所复杂、隐蔽，蛹期长，因此越冬蛹是远距离传播的主要虫态（孔峰，2008）。很多情况下，两种途径共同作用，互相促进，互为补充，造成了美国白蛾快速传播扩散和蔓延。

美国白蛾的幼虫为了取食可以爬行距离达 500m 左右，同时可以随水流漂流 2h（Yamazaki *et al.*，2004）。幼虫的扩散，主要包括吃光食料后的中高龄幼虫自然爬行，老熟幼虫在地面四散爬行寻找合适越冬场所等方式（李素霞等，2013）。其具有爬行距离远，隐蔽性强的特征。其成虫飞翔力不强但飞行高度可达 70m，年飞行距离可达 20 000~40 000m（Yamazaki *et al.*，2004）。但有研究者认为，大风及气流是成虫远距离被动扩散的因素之一，但尚需试验证实（闫家河等，2015）。

人为扩散主要通过人们日常生活和生产活动携带其幼虫和蛹进行传播，包括近距离或远距离，多系船舶、车辆、国际列车、飞机等工具，因贸易交流甚至战争等因素而传播扩散（闫家河等，2015）。近些年，由于国内外人流、物流活动极其频繁和贸易量的极大增加，可以一年四季远距离扩散传播，是快速扩散蔓延的主要因素，这也更加凸显检疫措施的重要性和艰巨性。如国家环保总局公布的中国第一批外国入侵物种名单中称美国白蛾是由于渔民自辽宁捎带木材而被带入山东荣成于 1982 年发现（赵方桂，1983）。

2.2 国外的分布情况

美国白蛾原产于北美洲，主要分布于美国和加拿大南部，其生态分布范围在 19°~55°N 之间（徐晓蕊等，2012）。1922 年首次在加拿大发现美国白蛾，随后相继在美国 40 个州发生虫灾，墨西哥也有 1 个州发生（李雪等，2008）。

20 世纪 40 年代末，美国白蛾通过人类活动和运载工具传到了欧洲和亚洲，并成为一种严重为害树木的检疫性害虫（席路军，2012）。1940 年首先在匈牙利发现，后逐渐蔓延扩散至除北欧以外的其他国家，包括斯洛文尼亚（1948）、波斯尼亚和黑塞哥维纳（1948）、塞尔维亚（1948）、克罗地亚（1948）、捷克（1948）、斯洛伐克（1948）、罗马尼亚（1949）、奥地利（1951）、俄罗斯（1952）、摩尔多瓦（1952）、乌克兰（1952）、立陶宛（19520）、波兰（1961）、保加利亚（1962）以及法国、意大利、土耳其、西班牙、瑞士、丹麦、德国等。

在亚洲最先发现美国白蛾于日本东京（1945），后在韩国发现（1958），1961 年进入朝鲜（李素霞等，2013）。伊朗也有分布（郑雅楠等，2012），大洋洲的新西兰亦有美国白蛾种群分布（苏茂文等，2008）；1990 年在中亚的土库曼斯坦发现，随后沿乌兹别克斯坦、吉尔吉斯斯坦扩散至哈萨克斯坦东南部（徐晓蕊，2013）。截至目前，美国白蛾已经逐渐蔓延扩散至几乎整个欧洲、亚洲和大洋洲。

2.3 国内的分布情况

我国于1979年6月在辽宁丹东地区首次发现美国白蛾（张俊杰等，2013），依靠成虫飞翔能力从朝鲜的新义州传入辽宁。此后，陆续传播蔓延到山东（1982）、安徽、陕西（1984）、河北（1989）、上海（1994）、天津（1995）、北京（2003）、湖南、湖北、黑龙江、吉林、辽宁、内蒙古等地。目前美国白蛾现已在11省（市、自治区）573县（区）发生（黄秀花等，2018），较2017年又有所扩展。

3 美国白蛾的防控策略

3.1 天敌资源

美国白蛾的天敌资源可以分为病原微生物、捕食性天敌、寄生性天敌。

美国白蛾病原微生物主要包括细菌、真菌、病毒、微孢子虫、线虫5大类。细菌中研究和应用最多的是苏云金芽孢杆菌 *Bacillus thuringiensis*（Bt）（张星耀等，2003），主要对美国白蛾1~3龄幼虫作用显著，中高龄幼虫需提高浓度，且受环境条件影响不稳定。真菌中研究和应用最多的是白僵菌 *Beauveria bassiana*、绿僵菌 *Metarhizium anisopliae* 等（张星耀等，2003），自然界中也发现幼虫或蛹感染绿僵菌 *Metarhizium flavoviride*（曲花荣等，2006）。病毒目前已知有3类4种，包括1种核型多角体病毒（HcNPV）、1种质型多角体病毒（HcCPV）、2种颗粒体病毒（HcGV），均对美国白蛾幼虫有很强的专一性和致病力。病毒制剂适用于阴天条件下在美国白蛾幼龄幼虫期喷施（王艳士等，2010）。

国际上对美国白蛾捕食性天敌和寄生性天敌的研究主要集中在种类和区系调查上（闫家河等，2015）。多个国家就对美国白蛾有防治作用的天敌类群进行了研究得出自然界中的捕食性天敌以蜘蛛目的种类、数量和控制能力最强，优势种包括韩国的 *Thereuonema* sp.，日本红螯蛛 *Chiracanthium japonicum*、日本的三突花蛛 *Misumenops tricuspidatus*；其他捕食性天敌昆虫的优势种还包括乌克兰的柞蚕马蜂 *Polistes gallicus*、姬蝽科1种 *Nabidae* sp. 等（张星耀等，2003；季荣等，2003）。通过在我国美国白蛾各发生地调查，共发现了36种美国白蛾天敌昆虫（杨忠岐，1989；杨忠岐等，2001，2002，2003a，2003b；Yang *et al.*，2004，2008，2015）。如欧亚蠋蝽（赵清，2013；王文亮，2012）、广大腿小蜂、黑瘤姬蜂、翠缘齿腿长尾小蜂、棒络新妇蛛、条纹追寄蝇等在林间可截杀大量成虫。其中我国应用最多的优势种是白蛾周氏啮小蜂 *Chouioia cunea* Yang，且已经实现工厂化生产（屈年华等，2007；郑雅楠等，2012）。

3.2 防控技术与策略

美国白蛾是国际上重要的检疫性害虫，从已知发生地引进木材或货物时应该注意加强对它的检验检疫，仔细查看木材或者包装上是否携带其蛹或卵，防止出现美国白蛾进入我国未发生地区的现象，这是防止美国白蛾对我国造成为害的一种重要解决措施。另外，可以通过历史气象条件预测分析得出我国适合美国白蛾生长的地区（杨明琪，2013），从而采取科学有效的预防手段。

3.2.1 农业防治

种植抗虫植物是预防美国白蛾的手段之一。杨丽艳等人通过转基因的杨树叶片饲养美国白蛾的研究发现，美国白蛾对转基因杨树叶片具有一定的拒食性，并且美国白蛾经转基因杨树叶片喂饲后，幼虫无法下地化蛹，也不能成长为正常的成虫，其出现生长速度缓慢，死亡率提高等现象（李素霞等，2013）。金叶榆对美国白蛾有较大的抗性，且抗性比家榆好，也可以用于美国白蛾的防治（齐慧霞等，2011）。

（1）剪除网幕：美国白蛾能够在许多不同类型的寄主植物上快速结成形状不一的网幕，然后啃食网幕中的叶子（Chengbo *et al.*，2016；Lu H *et al.*，2017）。在网幕盛期，每隔 2~3 天到地里检查，发现网幕，及时剪除幼虫网幕，剪网时要全部把网幕剪除，以免有幼虫漏出或漏网。剪下的网幕及散落在地上的幼虫要及时集中烧毁或深埋（伊宏岩等，2014）。

（2）围草诱蛹：该方法主要适用于防治困难的高大树木。在老熟幼虫化蛹前，在树干离地面 1~1.5m 处，用谷草、麦秆、稻草等秸秆，绑树干 1 圈，诱集幼虫化蛹。化蛹期间每隔 7~9 天换 1 次草把，将换下的草把集中用火烧毁。

（3）人工挖蛹：春季节在树洞、树皮缝、枯枝落叶、树周围建筑物缝隙、砖石瓦块及屋檐下挖越冬蛹；在越夏期间，在其化蛹的场所组织人员挖蛹，待天敌羽化后再集中销毁（王立东等，2011）。

3.2.2 物理防治

利用美国白蛾专用性信息素诱集监测美国白蛾成虫发生规律，运用性诱剂或者环保型的昆虫趋性诱杀器在成虫期进行捕捉，将诱芯置入诱捕器中，然后将其挂在树林之中，主要对成虫进行捕杀（Kiyota *et al.*，2011）。此种方式能够有效防止成虫交尾，从而降低美国白蛾的繁殖率。

利用美国白蛾的趋光性诱杀成蛾，在上一年发生美国白蛾比较严重、四周空旷的地区，用频振式杀虫灯、诱捕电击灭蛾灯、黑光灯等在成虫发生期诱杀成蛾（王立献，2014），但只在相对较小的和孤立的区域有效（Yamanaka *et al.*，2009）。

3.2.3 生物防治

据研究，美国白蛾的天敌有 180 余种，其中昆虫类天敌 130 多种，目前我国已发现有 10 多种重要寄生昆虫天敌，其中白蛾周氏啮小蜂的寄生率高达 68.2%~83.2%（韦有东，2011）。放置蜂巢的时间应当控制在美国白蛾每一代化蛹期之间，选择气温超过 20℃的天气，一般在上午 10：00 和下午 17：00 进行放蜂，每一代幼虫期放蜂 2 次（王虎诚等，2016）。除此之外，还可以选择美国白蛾核多角体病毒和苏云金杆菌复配，以此对美国白蛾进行防治（孙玉江等，2012）。

3.2.4 化学防治

美国白蛾刚传入我国时，为快速消灭此害虫，通常会采用触杀性强的化学药剂，但这些药剂通常有剧毒、残留期长且残留量高，对环境造成严重污染（邹德玉等，2016）。当今，随着人们的环境保护意识不断加强，低毒、新型无公害、环境保护型的植物源农药和人工合成制剂不断被研发与应用，主要有阿维菌素、甲维盐、苦参碱、烟碱、虫酰肼、灭幼脲、除虫脲、甲维盐等仿生生物药剂，对发生疫情的林木及时进行喷洒，可以起到不错的防治效果（张发光等，2014）。

4 讨论

美国白蛾在我国发生 1~4 个世代，但不同地区也有所不同，如在温度较低的辽宁、陕西等地一年只发生 2 代，而在山东一年可发生 3 代，这也就意味着各个地区的最佳防治时间存在差异，当因地制宜。除了防控工作，更为重要的是人的主观能动性，应当加强社会舆论宣传引导，充分利用广播、电视、报刊、网络等舆论向全社会进行宣传，让广大群众从认识美国白蛾到主动防控美国白蛾，以减少检疫性害虫传播扩散的情况。

自 1979 年在我国辽宁首次发现美国白蛾以来，国内多数的研究集中在美国白蛾的发生与防治技术上，以及生物学、检疫、性信息素、生物防治研究等，但在其幼虫各龄期的具体研究还未见报道。近年来，生物源农药方面是研究的热门领域如性信息素、昆虫天敌、病原细菌等，而美国白蛾的颗粒病毒及不育技术在我国鲜有报道。虽然美国白蛾的防控工作一直在持续，但是如今美国白蛾已经在我国辽宁、陕西、北京、湖北、黑龙江、吉林等地均有分布，且还呈现不断扩张的趋势。

近年来我国推行专业化统防统治，坚持“预防为主、综合防治”的植保方针，树立“科学植保、公共植保、绿色植保”理念，实现病虫综合治理、农药减量控害，促进农业绿色可持续发展。由专业人员来操作，这不仅解决了农民乱用药，不会用药，不知何时防治等问题，更有利于我国农业发展，无论从转变农业发展方式或是解决农民防病治虫难的现实需要来看，专业化统防统治都将是农业植保发展的方向。

参考文献

白鹏华，刘宝生，贾爱军，等 . 2017. 我国美国白蛾生物防治研究进展［J］. 中国果树（6）：65-69.

陈景芸，蔡平，詹国辉，等 . 2012. 美国白蛾发生规律与防治技术研究进展［J］. 江苏农业科学，40（12）：149-151.

陈景芸 . 2013. 苏州外来有害生物美国白蛾检疫监测与防控技术的研究［D］. 苏州：苏州大学 .

陈清霖 . 2017. 美国白蛾在美国的生物生态学及其治理研究进展［J］. 辽宁林业科技（5）：48-52.

陈素伟，陈汝敏，陈庆道，等 . 2010. 不同杨树品种对美国白蛾生长发育和存活的影响［J］. 中国森林病虫，29（6）：14-16.

陈颖，但汉斌，魏雪生，等 . 2003. Bt-15A3 防治美国白蛾的试验［J］. 天津农学院学报，10（1）：24-26.

冯洁，于兴国，敬永红 . 2003. 美国白蛾在天津市的发生调查［J］. 植物检疫，17（3）：146-147.

韩义生 . 1992. 美国白蛾在河北的发生及防治对策的探讨［J］. 河北林业科技（3）：29-30.

黄秀花，王永忠 . 2018. 徐州经济技术开发区美国白蛾的发生特点及防控对策［J］. 现代农业科技（3）：140-140.

孔锋 . 2008. 美国白蛾越冬蛹抗寒性研究［D］. 泰安：山东农业大学 .

季荣，谢宝瑜，李欣海，等 . 2003. 外来入侵种——美国白蛾的研究进展［J］. 应用昆虫学报，40（1）：13-18.

金瑞华，魏淑秋，梁忆冰 . 1991. 黑头型美国白蛾在我国适生地初探［J］. 植物检疫（4）：241-246.

赖凡，李启新 . 1996. 综合防治美国白蛾 20 周年浅议［J］. 植物检疫（6）：360-362.

李开丰 . 2013. 美国白蛾的发生与防治［J］. 落叶果树（3）：29.

李强，王涛，孙东兴 . 2002. 美国白蛾在威海地区的发生与治理对策［J］. 山东林业科技（5）：44-45.

李素霞，张杰，张斌，等 . 2013. 美国白蛾（*Hyphandria cunea*）分布、危害及防治研究进展［J］. 世界农药，35（3）：41-46.

李雪，王海鸿 . 2008. 外来入侵美国白蛾种群遗传多样性［C］//吴孔明 . 中国植物保护学会 2008 年学术年会论文集 . 北京：中国农业科学技术出版社 .

李闫枚 . 2009. 美国白蛾的识别与防治研究［J］. 农技服务，26（8）：91-93.

李元 . 2017. 美国白蛾的识别和为害特点及控制措施［J］. 现代园艺（19）：152-153.

李志 . 2014. 浅谈美国白蛾的识别及综合防治方法［J］. 农家科技旬刊（2）：81，242.

林晓，邱立新，曲涛，等 . 2016. 美国白蛾发生现状及治理策略探讨［J］. 中国森林病虫，35（5）：41-42.

刘昌兰，乔仁发，宋华利 . 2005. 美国白蛾生物学特性观察研究［J］. 山东林业科技（2）：26-27.

刘春隔，张喜强 . 2017. 美国白蛾的识别与防治［J］. 现代农村科技（6）：31-32.

刘慧慧 . 2012. 山东地区美国白蛾的滞育特性研究［D］. 泰安：山东农业大学 .

刘元明，郭子平，方国斌，等 . 2017. 湖北省美国白蛾疫情监测与防控［J］. 湖北植保（5）：43-45.

马茁，姜春燕，秦萌，等 . 2018. 全国农业植物检疫性昆虫的分布与扩散［J］. 应用昆虫学报（1）：1-11.

齐慧霞，余金咏，赵春明，等 . 2011. 美国白蛾取食金叶榆及家榆对其生长发育的影响［J］. 河北科技师范学院学报，25（3）：47-51.

祁建华，李建新，李玉鹏，等 . 2016. 菏泽市美国白蛾防控现状与对策展望［J］. 内蒙古林业科技，42（4）：58-61.

屈年华，郑洪军，房连杰 . 2007. 白蛾周氏啮小蜂繁殖技术及其在防治美国白蛾中的应用［J］. 中国林副特产（6）：40-42.

曲花荣，逄焕臣，邵凌松，等 . 2006. 烟台地区几种鳞翅目食叶害虫天敌的研究［J］. 山东林业科技（2）：44-45.

施宗伟，姚文国 . 2004. 从口岸截获疫情浅析外来昆虫入侵特点和防范对策［J］. 应用昆虫学报，41（4）：371-374.

宋婷婷，李大军 . 2014. 美国白蛾幼虫对 15 种农药的药敏试验［J］. 吉林林业科技（3）：28-33.

苏茂文，方宇凌，陶万强，等 . 2008. 入侵害虫美国白蛾性信息素组分的鉴定和野外活性评估［J］. 科学通报，53（2）：191-196.

孙玉江，李会，修玉义 . 2012. 苏云金杆菌油悬浮剂和美国白蛾核型多角体病毒飞机防治美国白蛾试验初探［J］. 山东林业科技，42（5）：59-61.

陶万强，薛洋，陈凤旺，等 . 2008. 北京地区美国白蛾生物学特性研究初报［J］. 中国森林病虫，27（2）：9-11.

滕玉梅 . 2017. 美国白蛾的生物学特征及防控措施［J］. 现代农业科技（13）：130.

万方浩，郑小波，郭建英 . 2005. 重要农林外来入侵物种的生物学与控制［M］. 北京：科学出版社.
王昶远，马喜英.2000. 应用烟·参碱乳油防治美国白蛾试验初报 [J]. 辽宁林业科技（5）：22-23.
王翠娟，刘艳庄，李少春.2008. 美国白蛾的识别与防治 [J]. 河北果树（3）：36.
王虎诚，杜伟，宋明辉，等.2016. 释放白蛾周氏啮小蜂生物防治美国白蛾试验 [J]. 江苏林业科技，43（2）：24-27.
王立东，李殿锋，刘伟杰，等.2011. 美国白蛾生物学特性及防治技术 [J]. 北京农业（36）：68.
王立献.2014. 杨树腐烂病的特点及防治 [J]. 中国科技博览（25）：31.
王艳士，耿以龙，赵海燕，等.2010. 应用纯病毒制剂防治美国白蛾试验初探 [J]. 山东林业科技，40（6）：58-59.
韦有东.2011. 美国白蛾的发生特点及防治措施 [J]. 现代农业科技（20）：181-182.
席路军.2012. 美国白蛾防治技术 [J]. 国土绿化（11）：42-43.
肖进才，袁淑琴，王健生，等.2001. 美国白蛾生物学特性及防治 [J]. 山东林业科技（S1）：54-55.
徐晓蕊，孙守慧.2012. 中国东北美国白蛾越冬蛹耐寒性研究 [C] //中国林业青年学术论坛.
徐晓蕊.2013. 东北地区美国白蛾耐寒生理特性的研究 [D]. 沈阳：沈阳农业大学.
闫家河，刘芹，王文亮，等.2015. 美国白蛾发生与防治研究综述 [J]. 山东林业科技，45（2）：93-106.
杨明琪.2013. 不同气候情景下美国白蛾在我国的适生区预测 [D]. 北京：中国林业科学研究院.
杨忠岐，王秉海，魏建荣.2001. 寄生于美国白蛾的啮小蜂一新种（膜翅目：姬小蜂科）[J]. 昆虫学报，44（1）：98-102.
杨忠岐，王传珍，刘玉明.2003a. 寄生美国白蛾的长尾啮小蜂一新种（膜翅目：姬小蜂科）[J]. 林业科学，39（6）：87-90.
杨忠岐，魏建荣.2003b. 寄生于美国白蛾的黑棒啮小蜂中国二新种（膜翅目：姬小蜂科）[J]. 林业科学，39（5）：67-73.
杨忠岐，游兰韶.2002. 寄生于美国白蛾幼虫的茧蜂二新种（膜翅目：茧蜂科）[J]. Zoological Systematics，27（3）：608-615.
杨忠岐.1989. 中国寄生于美国白蛾的啮小蜂—新属—新种（膜翅目，姬小蜂科，啮小蜂亚科）[J]. 昆虫分类学报（1）：117-130.
伊宏岩，王晓虎.2014. 石家庄市美国白蛾发生规律及综合防治技术 [J]. 河北林业科技（3）：94-95.
佚名.2017. 国家林业局公布 2017 年美国白蛾疫区 [J]. 林业科技通讯（5）：45-45.
余金咏，吉志新，温晓蕾，等.2010. 13 种农药对美国白蛾三龄幼虫触杀作用研究 [J]. 中国农学通报，26（9）：289-293.
袁自更.2017. 美国白蛾绿色防控技术 [J]. 果农之友（3）：33-34.
张发光，汤先锋，傅长征，等.2014. 邳州市美国白蛾发生危害特点及防治效果 [J]. 江苏林业科技，41（2）：35-37.
张俊杰，董琴，赵涵博，等.2013. 中国大陆美国白蛾的侵入分布、危害与防治概述 [J]. 吉林林业科技，42（3）：27-30.
张庆贺，初冬，马喜英，等.1995. 美国白蛾性信息素研究进展 [J]. 中国森林病虫（3）：

42-47.

张晓东，王福民，张晨光，等．2012. 美国白蛾在葡萄上的发生规律及综合防治技术［J］. 北方果树（2）：23-24.

张志兰，张莉．2000. 5%卡死克乳油防治美国白蛾药效试验［J］. 天津农林科技（3）：19-21.

赵方桂．1983. 我省荣城县发现美国白蛾［J］. 山东林业科技（1）.

赵清．2013. 中国益蝽亚科修订及蠋蝽属、辉蝽属和二星蝽属的 DNA 分类学研究（半翅目：蝽科）［D］. 天津：南开大学．

赵铁珍．2005. 美国白蛾入侵对我国的为害分析与损失评估研究［D］. 北京：北京林业大学．

赵晓光，王芳芳，王晨．2014. 美国白蛾生物学特性及防治技术［J］. 现代农村科技（10）：23.

郑雅楠，祁金玉，孙守慧，等．2012. 白蛾周氏啮小蜂［*Chouioia cunea*（Yang）］的研究和生物防治应用进展［J］. 中国生物防治学报，28（2）：275-281.

周绍哲，刘炳南，张莹，等．2018. 美国白蛾防治方法［J］. 吉林农业（1）：78.

邹德玉，徐维红，刘佰明，等．2016. 天敌昆虫蠋蝽的研究进展与展望［J］. 环境昆虫学报，38（4）：857-865.

张美胜．2017. 浅谈美国白蛾的防治技术［J］. 农家科技旬刊（5）：243-281.

Cheng B, Wang, Y Y, *et al*. 2016. Empowering fall webworm surveillance with mobile phone-based community monitoring: a case study in northern China［J］. 林业研究（英文版），27（6）：1407-1414.

Gomi T. 1997. Seasonal adaptation of a colonizing insect, the fall webworm, *Hyphantria cunea* Drury in Japan［J］. Insectarium, 34: 320-325.

Jang T, Rho M S, Koh S, *et al*. 2015. Host-plant quality alters herbivore responses to temperature: a case study using the generalist *Hyphantria cunea*［J］. Entomologia Experimentalis Et Applicata, 154（2）: 120-130.

Kiyota R, Arakawa M, Yamakawa R, *et al*. 2011. Biosynthetic pathways of the sex pheromone components and substrate selectivity of the oxidation enzymes working in pheromone glands of the fall webworm, *Hyphantria cunea*［J］. Insect Biochemistry & Molecular Biology, 41（6）: 362-369.

Lu H, Song H, Zhu H. 2017. A Series of Population Models for *Hyphantria Cunea* with Delay and Seasonality［J］. Mathematical Biosciences, 292: 57-66.

Robertson J L. 2005. Owlet Caterpillars of Eastern North America［M］. Caterpillars of Eastern North America: Princeton University Press.

Tang R, Zhang F, Zhang Z N. 2016. Electrophysiological Responses and Reproductive Behavior of Fall Webworm Moths（*Hyphantria cunea* Drury）are Influenced by Volatile Compounds from Its Mulberry Host（*Morus alba* L.）［J］. Insects, 7（2）: 19.

Umeya K. 1977. Invasion and Establishment of a New Insect Pest in Japan［J］. Adaptation & Speciation in the Fall Webworm, 1（1）: 1-12.

Wagner D L. 2010. Caterpillars of Eastern North America: A Guide to Identification and Natural History［M］. Princeton University Press, 81（1）: 12479-12496.

Warren L O, Tadic M. 1970. fall webworm, *Hyphantria cunea*（Durry）［J］. Ark Agr Exp Sta Bull, 759: 160.

Xin B, Liu P, Xu X, *et al*. 2017. Identification of Venom Proteins of the Indigenous Endoparasitoid *Chouioia cunea*（Hymenoptera: Eulophidae）［J］. Journal of Economic Entomology, 110（5）: 2022-2030.

Yamanaka T, Liebhold A M. 2009. Spatially implicit approaches to understand the manipulation of mating success for insect invasion management [J]. Population Ecology, 51 (3): 427-444.

Yamazaki K, Sugiura S. 2004. Gall-feeding habits in Lepidoptera of Japan. IV: Tortricid moths reared from two cecidomyiid fruit-galls collected in late autumn [J]. 蝶と蛾/transactions of the lepidopterological society of japan, 55 (4): 280-284.

Yang L Y, Sun Y, Xie L Q. 2008. Bioassays of resistance of transgenic poplar with novel binary insect-resistant genes to *Anoplophora glabripennis* (Coleoptera: Cerambycidae) and *Hyphantria cunea* (Lepidoptera: Arctiidae) [J]. Acta Entomologica Sinica, 51: 844-848.

Yang Z Q, Baur H. 2004. A new species of *Conomorium masi* (Hymenoptera: Pteromalidae), parasitizing the Fall Webworm *Hyphantria cunea* (Drury) (Lepidoptera: Arctiidae) in China [J]. Mitteilungen Der Schweizerischen Entomologischen Gesellschaft, 77 (3-4): 213-221.

Yang Z Q, Cao L M, Wang C Z, *et al*. 2015. *Trichospilus albiflagellatus* (Hymenoptera: Eulophidae), a new species parasitizing pupa of *Hyphantria cunea* (Lepidoptera: Arctiidae) in China [J]. Annals of the Entomological Society of America, 108 (4): 641.

Yang Z Q, Wang X Y, Wei J R, *et al*. 2008. Survey of the native insect natural enemies of *Hyphantria cunea* (Drury) (Lepidoptera: Arctiidae) in China [J]. Bull Entomol Res, 98 (3): 293-302.

Zhang Q H, Schlyter F, Chu D, *et al*. 1998. Diurnal and seasonal flight activity of males and population dynamics of fall webworm moth, *Hyphantria cunea*, (Drury) (Lep. Arctiidae) monitored by pheromone traps [J]. Journal of Applied Entomology, 122 (1-5): 523-532.

Zhang Q H, Schlyter F. 1996. High recaptures and long sampling range of pheromone traps for fall web worm moth *Hyphantria cunea* (Lepidoptera: Arctiidae) males [J]. Journal of Chemical Ecology, 22 (10): 1783-1796.

郴州地区优质烟蚜茧蜂筛选及其规模繁育

董伟华[1*]，李宏光[2]，匡传富[2]，李　岩[2**]
(1. 湖南农业大学植物保护学院，长沙　410128；
2. 湖南省郴州市烟草公司，郴州　423000)

摘　要：郴州是全国浓香型烟叶最大产区，年产烟叶100万担左右。烟蚜是我国各烟区烟草上的主要害虫之一，其传播病毒及分泌蜜露可污染叶片，造成烟草产量和品质的严重下降。由于长期对农药的大量使用以及滥用，导致烟蚜极易产生抗药性。烟蚜茧蜂不仅可以很好地控制烟蚜的为害，而且还可以节约成本，提高烟叶的品质，保护生态环境。本文综述了筛选优质的烟蚜及烟蚜茧蜂品系的方法以及利用烟蚜茧蜂防治烟蚜的现状，以期为烟蚜茧蜂的规模生产及推广提供帮助。

关键词：烟蚜；烟蚜茧蜂；生物防治；规模繁育

烟蚜茧蜂 *Aphidius gifuensis* Ashmead 是膜翅目 Hymenoptera 蚜茧蜂科 Aphidiidae 内寄生蜂（陈家骅，1990），在我国南北均有分布，是烟蚜的优势寄生蜂，有广泛的应用前景。烟蚜茧蜂可以很好地控制烟蚜种群的数量，以“以虫治虫”的生物防治手段保护环境。四川、贵州等地采用烟蚜茧蜂防治烟蚜技术已日趋成熟，并在烟草上得到大规模应用（程爱云，2015）。

1　郴州烟区现状概述

郴州位于湖南省东南部，烟草为第一产业。郴州烟区已形成了以桂阳为龙头，安仁、永兴、嘉禾、宜章“四朵金花”齐头并进的“1+4”生产格局（王路莎，2014）。2017年郴州市落实烟叶合同种植面积38.15万亩，实际种植42.3万亩，比2016年增加0.3万亩（卢黎清，2017）。郴州市年平均温度17.2～18.1℃，≥10℃的活动积温为4 800～5 000℃，稳定通过11℃的活动积温大于3 500℃，无霜期224～330天。烟蚜概述成熟期6—7月的日平均气温在22～29℃，即温度条件完全能满足烟草生长所需，且季节温度变化规律与烤烟生长的温度特性相一致；各（市）年平均降水量1 404.1～1 471.7mm，其中4—6月是郴州市的雨季，降雨量占年降水量的40.2%～39.3%，基本满足烤烟的生长发育需求（容开定，2013）。

* 第一作者：董伟华，硕士研究生；E-mail：631895056@qq.com
** 通信作者：李岩；E-mail：352773959@qq.com

2 烟蚜概述

2.1 烟蚜的分类地位及其形态

烟蚜 *Myzus persicae* 是半翅目 Hemiptera 蚜科 Aphididae 昆虫，又叫桃蚜（洪晓月，2007）。烟蚜在形态上有卵、干母、干雌、性母蚜、有性雄蚜、有性雌蚜、有翅孤雌蚜和无翅孤雌蚜之分（赵冲，2014）。

有翅胎生雌蚜体长 2.2mm，宽 0.94mm。头、胸部黑色，额瘤明显，向内倾斜。触角 6 节，较体短，除第 3 节基部淡黄色外，均为黑色，仅第 3 节有小圆次生感觉圈 9~11 个，在外缘排列成 1 行。翅透明，翅脉微黄。腹部淡绿色，第 1 节背面有 1 横行零星狭小横斑，第 2 节有 1 背中窄横带，第 3~6 节各横带融合为 1 背中大斑，第 7、第 8 节各有 1 背中横带，各节间斑明显。腹管长为尾片的 2.3 倍，圆筒形，向端部渐细，有瓦纹，端部有缘突。尾片圆锥形，具 3 对侧毛。

无翅胎生雌蚜体长 2.2mm，宽 0.94mm，卵圆形。体呈绿、黄绿、橘黄或赭赤色，有光泽。额瘤明显，内倾。触角 6 节，较体短，无次生感觉圈。腹管、尾片与有翅蚜相似；无翅有性雌蚜体长 1.5~2mm。体肉色或橘红色，头部额瘤显著，外倾。触角 6 节，较短。足跗节黑色，后足胫节较宽大。腹管圆筒形，稍弯曲。

有翅雄蚜与秋季有翅胎生雌蚜迁移型相似，但腹管黑斑较大（洪晓月，2007）。

2.2 优质烟蚜品系筛选依据

优质的烟蚜品系包括两方面特点：一是烟蚜对烟草的为害；二是烟蚜自身的生物学特性。烟蚜吸食烟草汁液以及分泌蜜露会对烟草造成为害，引发煤污病，同时传播烟草黄瓜花叶病毒（CMV），马铃薯 Y 病毒（PVY）和烟草丛矮病毒（TBSV）等各种病毒病（魏崇荣，1983；杜进平，1991；王智发，1986；秦焕菊，1996；吴云峰，1996）。赵冲（2014）参照孟玲等前人（孟玲等，1998；刘健等，2003；方燕等，2006）的研究方法对我国 15 个省的烟蚜进行了形态特征测量，得出烟蚜表面积 Q 值可以用于烟蚜体型大小的比较；张岩（2007）对以 5 种蚜虫为食物的异色瓢虫生长发育进行研究，选取了发育历期、平均产卵历期、雌、雄虫平均体重、内禀增长能力 5 个指标进行综合评价，得出菜缢管蚜和桃粉蚜是扩繁异色瓢虫较为理想的食料；李凤琴等（2013）对烟蚜在 3 种寄主上的种群动态情况进行了研究，利用发育历期、日平均最高产蚜量、生命表参数进行综合评价，选出烟蚜最喜欢的食料。

2.3 烟蚜的规模繁育

烟蚜是孤雌生殖昆虫，繁殖速度相当快，烟蚜种群数量呈单峰型（邓建华，2000）。传统的烟蚜繁育有两种方式：成株繁蚜和小苗繁蚜。成株繁蚜普遍采取盆栽烟株和地栽烟株两种形式。盆栽烟株繁蚜在烟株有效叶 6~8 片时，采用挑接法或放接法每株接 20~30 头，自然繁育 15 天左右即可达到2 000头/株；地栽烟株繁蚜待烟株有效叶 10 片时开始接蚜。小苗繁蚜主要采用漂浮育苗技术，以 162 穴的浮盘培育 81 株左右的烟苗，要注意烟苗密度，不间补苗（程爱云，2015）。

2.4 烟蚜的抗药性概述

化学防治一直是控制烟蚜的主要手段。由于长期对农药的大量使用以及滥用，导致烟蚜极易产生抗药性。20 世纪 50 年代，Anthon（1955）首次提出烟蚜对有机磷产生抗药性，我国在 20 世纪 90 年代报道了有关烟蚜对有机磷类、氨基甲酸酯类和拟除虫菊酯类的抗药性，抗药性最高可达 1 468倍（高希武，1992；1993）。研究结果表明，烟蚜抗药性主要与解毒酶活力增强、靶标敏感度下降和表皮穿透力降低等有关，且烟蚜自身为此付出了抗性适合度代（李勇，2016）。

3　烟蚜茧蜂概述

3.1　烟蚜茧蜂地位及形态特征

烟蚜被烟蚜茧蜂寄生后，出现干枯、膨大等症状，几天后就可以钻出一只蜂，成蜂体长 2.2mm，头黑色与胸等宽，单眼复眼黑红色，触角与体等长，柄节梗节黄色，鞭节黑褐色，胸部黄色，背面黑色或黄褐色，腰部黑褐色，腿部黄褐色，前翅翅痣透明，长三角形，前缘脉，中脉黑色，基脉较宽黑色，盘脉肘脉淡色，前后翅都有短毛。雌蜂触角 18 节，腹部较细长，腹末有黑色产卵器，体色较淡。雄蜂触角 21 节，腰部较粗短，腹末较钝，体色较深（王太忠，1979）。

3.2　烟蚜茧蜂的生态学特性概述

烟蚜茧蜂从卵到羽化的最适温度是 25℃，雌蜂的寿命、性比、生殖力及僵蚜的体重和羽化率均在 20℃时达到最佳（吴兴富，2000；张红梅，2015）；最适湿度是 75%~85%，此时烟蚜茧蜂成蜂的羽化率最高、寿命最长（闫玉芳，2012）；雌虫在白天产卵量显著高于夜间（何琬，1982）。

3.3　优质烟蚜茧蜂品系筛选依据

优质烟蚜茧蜂的总体要求是，对烟蚜的寄生率高以及雌性比高。根据毕章宝（1994）的研究，烟蚜茧蜂多寄生Ⅲ龄烟蚜，且存在过寄生现象；陈家骅等（1996）研究指出，烟蚜茧蜂对烟蚜的自然寄生率为 20%~60%，烟蚜茧蜂对烟蚜呈典型的 Holling-Ⅱ型功能反应，当烟蚜虫龄大于 2 龄时，蚜虫的生殖力和种群内禀增长率 r_m 随着被寄生蚜虫龄期的增大而上升；毕章宝（2014）指出，未交配过的雌虫只生殖雄性后代，当温度在 22℃左右时，雌蜂的比例约占总量的 60%；毕章宝（1996）在温度（22±2）℃，相对湿度 70%~90%，每日光照 14h（14L：10D）的条件下测定了寄生于烟蚜 2~3 龄若虫的烟蚜茧蜂的繁殖力和寿命，得出在 22℃下，在寄主密度分别为 5 天，10 天，25 天，100 天或 200 头/天蚜虫时，寄生蜂平均寿命为 3.6~6.8 天；张洁等（2014）对烟蚜茧蜂的体型大小测定时，采用后足胫节的长度代表体型大小。

3.4　烟蚜茧蜂繁育概述

烟蚜茧蜂的规模繁育方式有两种：成株繁蜂和小苗繁蜂，雌蜂和蚜虫的比分别为 1：（50~100）和 1：10（程爱云，2015，王树会，2006）。放蜂技术有 3 种方式：挂僵蚜叶片散放法、成蜂散放法和小蜂棚散放法。预防性释放按蜂蚜比 1：100 比例使用，防治早期按蜂蚜比 1：80 使用，预防后期按蜂蚜比 1：50 使用，使用时以半径 25m 范围挂 1 袋，一般使用 2~3 次；挂放方式：纸袋挂在作物上，纸袋具孔，烟蚜茧蜂羽化后自然飞出；挂置环境：遮阳通风处（詹莜国，2013）。利用简易薄膜温室饲养蚜虫茧蜂，田间寄生率最高达 95.1%，室内防治效果为 75.1%（赵万源，1980），田间小棚繁殖烟蚜茧蜂僵蚜率可达90%以上（忻亦芬，2001）；当僵蚜率超过80%时，可进行放蜂（高崇，2017）。临沂市利用烟蚜茧蜂防治烟蚜，相对防效达到80%以上，累计节省防治烟蚜成本160余万元，带来综合经济效益500余万元，减少化学农药使用量约10t（高强，2017）。

3.5　天敌

蚜虫宽缘金小蜂 *Pachyneuron aphidis* Bouche、宽肩阿莎金小蜂 *Asaphes suspensus* Nees、蚜虫跳小蜂 *Aphidencyrtus aphidivorus* Mayr、细脊细蜂 *Dendrocerus laticeps* Hedicke、粗脊细蜂 *D. laevis* Ratzeburg、合沟细蜂 *D. carpenteri* Curtis、1种光背瘿蜂 *Alloxysta* sp.、1种长背瘿蜂 *Phaenoglyphis* sp. 是烟蚜茧蜂的天敌寄生蜂（任广伟，2005）。

4　展望

生物防治是病虫害综合防治中的重要方法，在病虫害防治策略中具有非常重要的地位。目前，放置僵蚜是田间大量释放烟蚜茧蜂的一种主要技术方法，在烟区得到了广泛应用（苏赞，2013）。宋修超等（2012）通过对僵蚜变温贮藏，得到更有利于烟蚜茧蜂的生存和实践应用；陈文龙等（2012）对烟蚜茧蜂采用不同温度、不同冷冻时间，观察羽化以及寿命变化，得到了较适合烟蚜茧蜂低温冷藏条件；当烟蚜茧蜂处于蛹期，可以较好的贮藏与运输（李学荣，1999）。除此之外，还应该注重田间配套措施，形成以烟蚜茧蜂为核心的综合治理措施，结合其他病虫害的管理措施，注意烟蚜茧蜂与化学防治的协调，注重与烟田栽培管理等措施的配合，重视烟田天敌的保护与助增，考虑影响天敌自然种群的因素，由烟蚜茧蜂单一天敌品种向多种天敌共存的田间组合应用技术的方向发展（邹钺，2012）。

参考文献

毕章宝，季正瑞. 1994. 烟蚜茧蜂 *Aphidius gifuensis* Ashmaed 生物学研究Ⅱ. 成虫生物学及越冬[J]. 河北农业大学学报，17（2）：38-44.

毕章宝，季正瑞. 1996. 烟蚜茧蜂生物学研究Ⅳ. ——繁殖力、内禀增长力、功能反应及对桃蚜的抑制作用［J］. 河北农业大学学报，19（3）：1-6.

陈家骅，张玉珍，张章华，等. 1990. 烟草病虫害及其天敌［M］. 福州：福建科学技术出版社.

陈文龙，闫玉芳. 2012. 冷藏处理对烟蚜茧蜂羽化率及寿命的影响［J］. 西南大学学报（自然科学版），24（8）：1-5.

程爱云，刘瑞峰，黄刚，等. 2015. 烟蚜茧蜂防治烟蚜技术研究概述［J］. 南方农业（9）：8-11.

邓建华，李天飞，吴兴富，等. 2000. 烟蚜的年龄结构及其天敌的数量动态［J］. 云南大学学报，15（2）：109-112.

杜进平，王兰珍. 1991. 烟草病毒介体昆虫的现状与展望［J］. 中国烟草（2）：17-21.

方燕，乔格侠，张广学. 2006. 竹类植物叶片上八种蚜虫的形态变异分析［J］. 昆虫学报，49（6）：991-1001.

高崇，高歌农，张贵峰，等. 2017. 吉林省烟蚜茧蜂防治烟蚜技术操作流程［J］. 黑龙江农业科学（1）：51-53.

高强，刘勇，宗浩. 2017. 临沂市烟蚜茧蜂防治烟蚜技术应用效果研究［J］. 农业开发与装备

(4)：54.
高希武，郑炳宗，曹本钧．1992. 烟蚜对有机磷和氨基甲酸酯抗性机制研究［J］. 植物保护学报，19（4）：365-371.
高希武，郑炳宗，曹本钧．1993. 北京及河北廊坊地区烟蚜对拟除虫菊醋类杀虫剂抗性研究［J］. 农药，32（2）：8-14.
何琬，李学芬．1982. 环境因子对阿尔蚜茧蜂（*Aphidius ervi* Haliday）生殖的影响［J］. 动物学研究（1）：89-94.
洪晓月，丁锦华．2007. 农业昆虫学［M］. 北京：中国农业出版社．
李凤琴，曹治珊，蒋金炜．2013. 不同寄主植物上烟蚜 *Myzus persicae*（Sulzer）的种群动态研究［J］. 河南农业大学学报，47（2）：173-176.
李学荣，胡萃，忻亦芬．1999. 烟蚜茧蜂 *Aphidius gifuensis* 滞育诱导研究［J］. 浙江大学学报，25（4）：435-438.
李勇，何林．2016. 烟蚜抗药性机制的研究进展［J］. 贵州农业科学，44（7）：44-48.
刘健，吴孔明，赵奎军，等．2003. 不同气候带棉蚜种群生长发育的形态指标［J］. 棉花学报，15（1）：13-16.
卢黎清．2017. 湖南郴州市召开 2017 年烟叶收购工作会议［N］. 东方烟草网．
孟玲，李保平，董应才．1998. 新疆棉蚜食物专化型的形态测量分析［J］. 昆虫知识，35（6）：326-330.
秦焕菊，王桂芬．1996. 我国烟田蚜虫与病毒病害［J］. 中国烟草学报，3（3）：75-78.
任广伟，秦焕菊，史万华，等．2000. 我国烟蚜茧蜂的研究进展［J］. 中国烟草科学，7（1）：27-30.
容开定．2013. 郴州市气候资源与气象服务在烤烟生产上的分析［J］. 耕作与栽培（6）：59-60
宋修超，崔宁宁，郑方强，等．2012. 变温贮藏僵蚜对烟蚜茧蜂耐寒能力的影响［J］. 应用生态学报，23（9）：2515-2520.
苏赞．2013. 以生物防治为主的烟草虫害防治效果的研究［D］. 长沙：湖南农业大学．
王路莎．2014. 郴州烟草工作要继续走在全国前列［N］. 郴州日报．
王树会，魏佳宁．2006. 烟蚜茧蜂规模化繁殖和释放技术研究［J］. 云南大学学报（自然科学版），28（S1）：377-382.
王太忠，董玉新．1979. 烟蚜的优势天敌“烟蚜茧蜂”［J］. 烟草科技通讯（4）：59-62.
王智发．1986. 山东省烟草病毒类型鉴定［J］. 山东农业大学学报（3）：75-82.
魏崇荣．1983. 云南省烟草病毒病研究简报［J］. 中国烟草（3）：19-21.
吴兴富，李天飞，魏佳宁，等．2000. 温度对烟蚜茧蜂发育、生殖的影响［J］. 动物学研究，21（3）：192-198.
吴云峰，杜菊花，魏宁生．1996. 三种非持久性病毒蚜虫生化特性研究［J］. 西北农业学报，5（1）：39-42.
忻亦芬，李学荣，王洪平，等．2001. 用萝卜苗作烟蚜植物寄主繁殖烟蚜茧蜂［J］. 中国生物防治，17（2）：49-52.
闫玉芳，陈文龙．2012. 湿度对蚜茧蜂羽化率及成蜂寿命的影响［J］. 贵州农业科学，40（30）：121-123.
詹莜国，王夸平．2013. 烟蚜茧蜂商品化生产及其存在的问题与对策［J］. 贵州农业科学，41（6）：123-126.
张红梅，徐兴才，王燕，等．2015. 温度对蚜茧蜂羽化率、寿命及性比的影响［J］. 西南农业学报，28（4）：1666-1669.

张洁，张礼生，陈红印.2014. 大规模扩繁烟蚜茧蜂的蚜类寄主筛选研究［J］，中国生物防治学报，30（1）：32-37.

张岩.2007. 异色瓢虫的生物学特性及抗吡虫啉品系的筛选［D］. 保定：河北农业大学.

赵冲.2014. 我国烟蚜种群分化的研究［D］. 北京：中国农业科学院.

赵万源，丁垂平，董大志，等.1980. 烟蚜茧蜂生物学及其应用研究［J］. 动物学研究，1（3）：405-415.

邹钺，朱艰，李晓强，等.2012. 烟蚜茧蜂防治烟蚜的应用前景分析［J］. 云南大学学报（自然科学版），34（S1）：122-128.

Anthon E W. 1995. Evidence for green peach aphid resistance to organo-phosphorous insecticides［J］. Journal of Econometrics，48：56-57.

杀虫剂影响昆虫免疫及排泄系统的研究进展

黄秀芳*，廖文宇，杨中侠**
(植物病虫害生物学与防控湖南省重点实验室，
湖南农业大学，长沙 410128)

摘 要：在昆虫正常的生命活动中，免疫系统负责抵御外界病原物的侵染，排泄系统调节体内水盐平衡与新陈代谢。本文综述了杀虫剂对昆虫免疫及排泄系统的影响，包括昆虫部分生理生化指标的变化以及免疫和排泄功能的异常等方面，是农药生态毒理学研究的一个重要方面，为更好地进行有害生物综合治理提供参考。

关键词：杀虫剂；免疫；排泄

Research Progresses on Insecticide and Insect Immunity and Excretion Systems

Huang Xiufang，Liao Wenyu，Yang Zhongxia
(Hunan Agricultural University，Changsha 410128，China)

Abstract：In the normal life activities of insects，the immune system is responsible for resisting the infection of external pathogens，and the excretory system regulates water and salt balance and metabolism in the body. This paper reviews the effects of insecticides on insect immunity and excretory systems，including changes in physiological and biochemical indicators of insects and abnormalities in immune and excretory functions. It is an important aspect of pesticide ecological toxicology research and provides a reference for better integrated pest management.

Key words：Insecticide；Immunity；Excretion

昆虫依靠免疫系统抵抗病原微生物和寄生生物的入侵，通过排泄系统调节体内水盐平衡，排泄废物（王荫长，2001）。化学农药被认为是控制害虫最为经济有效的方法，在防治农业病虫害方面起到了巨大作用（Cooper & Dobson，2007）。我们需要了解杀虫剂对免疫及排泄系统的影响，以便研究如何改进方法，减少杀虫剂的使用量（Haynes，1988；James & Xu，2012），综合治理，减少污染，尽量降低昆虫抗药性或延缓昆虫抗药性的发展。

1 昆虫的免疫系统

在进化过程中，所有的动物都演化出高度有效的免疫机制来抵御入侵的病原体，保

* 第一作者：黄秀芳；E-mail：fiona_ huang96@ 163. com
** 通信作者：杨中侠；E-mail：zhongxiayang@ hunau. edu. cn

护它们免受传染性生物的侵害，昆虫也不例外（Hoffmann，1995）。昆虫的免疫系统主要包括体液免疫和细胞免疫两大类型，两者协同作用，共同应对外源异物的刺激。传统观点认为昆虫与高等动物不同，缺乏适应性免疫系统，不产生抗体和 T 型记忆细胞（Schmidt *et al.*，2008），但 Rodrigues 等（2010）在研究中发现，蚊子被疟原虫再次感染后，体内巨噬细胞的数量会成倍增加，说明昆虫的免疫系统也可能存在着记忆机制。

1.1 体液免疫

昆虫的体液免疫应答通过激活各种酶和非酶反应来识别外来物质并对其产生抗性，从而在免疫系统中发挥主要作用。体液免疫包括先天性免疫因子如 PO（phenoloxidase，酚氧化酶）、凝集素和体液夹膜等（周洪福和孟阳春，1992）。以及在应答反应中，通过模式识别蛋白识别侵入的异物，启动合成的各种抗菌肽（AMP，antimicrobial peptide）。如天蚕素（cecropins）、防御素（defensins）、攻击素（attacins）、双翅肽（dipteracins）等化合物（Bulet *et al.*，1999；James & Xu，2012），AMP 主要通过 Toll、Imd 和 Jak-STAT 这三种信号传导途径产生（Boderick *et al.*，2009）。体液免疫还包括调节黑化反应和血淋巴凝结的特异性蛋白酶级联反应，以应对微生物的侵袭（Hoffmann，1995）。

1.2 细胞免疫

细胞免疫反应主要通过不同类型血细胞的应激反应完成，是昆虫细胞免疫防御的关键组成部分。血细胞种类分为原血细胞、浆血细胞、珠血细胞和粒血细胞等（Ribeiro & Brehélin，2006；Lavine & Strand，2012），经由特定的功能分子检测侵入的病原体，进而产生一系列的吞噬、成瘤、包被反应（Strand，2008）。伴随入侵血腔的病原物数量及大小的变化，昆虫体内也随之作出不同的细胞免疫反应。

当少量单细胞病原物侵入血腔时，血细胞吸附于病原物表面，并通过受体识别病原物（王荫长，2004），经过一系列反应诱导吞噬体形成，通过融酶体与吞噬体结合（Stuart & Ezekowitz，2005），利用分泌的水解酶清除病原物（Strochein-Stevenson *et al.*，2006；James & Xu，2012）。

而当小型病原物大量侵入血腔时，浆血细胞无法全部吞噬入侵病原微生物。血细胞发生破裂并转变为黏附状态，同时分泌凝集素，使血细胞在病原物的表面聚集，诱导血液在异物四周凝结成块，使病原物逐步黑化成瘤，从而抵抗外源异物的侵入（王荫长，2004）。

当寄生物、线虫和原虫大型病原物等入侵血淋巴时，血细胞层叠形成“鞘状物”或者通过黑化反应形成包裹，固定病原物（王荫长，2004），导致病原物窒息而死，或者被血细胞分泌反应性氧自由基（ROS）和反应性氮自由基（RNS）杀死（Nappi & Ottaviani，2000；王荫长，2004）。

2 昆虫的排泄系统

昆虫排泄系统的主体是位于中肠和后肠交界处的马氏管。它与排泄器官和组织如体壁、气管系统、消化道、脂肪体和围心细胞等共同发挥作用，从血液中吸收和排泄有毒物质与代谢废物，调节体内水盐平衡，维持血液渗透压和化学成分的稳定性，保证昆虫正常的生命活动（Dean *et al.*，1998；王荫长，2004）。

在昆虫的排泄行为中，马氏管一般与后肠合作发挥作用。首先，马氏管收集血淋巴中的代谢产物，如①尿酸、水、钾盐、钠盐；②含氮、硫、磷的有机代谢物，一般以氮素代谢物为主；③在代谢过程中形成的色素或其他不能被分解和吸收的物质等形成原尿，直肠对已转移到后肠的原尿进行水盐重吸收，之后尿酸进一步沉积，与消化残渣混合形成粪便排出体外（王荫长，2004；邹勇，2012）。

马氏管的功能受到多种激素的调节控制，其中包括DH（diuretic hormones，利尿激素）和ADH（antidiuretic hormone，抗利尿激素），以及离子转运肽和氯转运激动激素（Spring，1990；王荫长，2004）。DH又称利尿肽，不但能刺激排尿速度，还能改变尿中的离子成分，其作用的持续时间与分泌激素的时间正相关；ADH作用于后肠，促进水的重吸收，为虫体保存水分，DH与ADH一起协调昆虫排尿（O'donnell & Spring，2000）。离子转运肽和氯转运激动激素都是心侧体分泌的神经肽，与离子重吸收有关，前者作用于回肠，后者作用于直肠（O'donnell & Spring，2000；王荫长，2004）。

3　杀虫剂对昆虫免疫及排泄系统的影响

3.1　杀虫剂对昆虫免疫系统的影响

3.1.1　影响多酚氧化酶的活性

杀虫剂的种类不同，对昆虫的多酚氧化酶的活性的影响也略有差别。

植物源农药一般会抑制PPO（polyphenol oxidase，多酚氧化酶）的活性，降低其免疫能力。如栎皮酮处理后，甜菜夜蛾的单酚氧化酶和二酚氧化酶活性受到严重抑制（罗万春等，2005）。紫茉莉提取物对斜纹夜蛾的研究表明，在亚致死浓度下，处理组PO（phenoloxidase，酚氧化酶）活性降低（Maulina *et al.*，2018）。东方黏虫幼虫经由浓度为97%的4-萜烯醇处理后，与对照组相比，试虫的PPO浓度受到强烈抑制（Feng *et al.*，2008）。

有机磷类杀虫剂中，使用三唑磷处理拟水狼蛛时，经过48h，试虫的PPO活性出现先增加后受到显著抑制的现象（王丹丹，2012）。而使用亚致死剂量的甲基嘧啶磷处理马铃薯象甲和大蜡螟时，试虫的PPO活性显著增加，LC_{50}时与对照组相比达到2.8倍率（Dubovskiy *et al.*，2013）。

使用昆虫生长调节剂，如保幼激素和保幼激素类似物处理家蝇后，试虫表皮中来源于上皮细胞的PPO活性显著增加（Ishaaya & Casida，1974），而处理黄粉虫时，试虫血淋巴中来源于脂肪体和血细胞的PPO活性降低（Rantala *et al.*，2003）。

生物农药如小菜蛾颗粒体病毒对试虫的感染过程中，处理组的PPO活力普遍高于对照组（孟海燕，2009）。而使用蝶蛹金小蜂毒液Pacifastin丝氨酸蛋白抑制剂分别处理菜粉蝶蛹、柑橘凤蝶蛹、家蚕、烟草天蛾后，菜粉蝶钙网蛋白表达量降低，菜粉蝶蛹、柑橘凤蝶蛹、家蚕的血淋巴中PPO活性无变化，但血淋巴中PPO活性激活受到了显著抑制，烟草天蛾的血淋巴中PPO活力得到增强（王磊，2012）。

3.1.2　影响血细胞的数量及种类变化

植物源农药可影响血细胞的数量，抑制其类型分化等功能的正常行使。青蒿提取物处理买麦扁盾蝽后，为识别病原物而黏附于其表面的血细胞数量减少，免疫功能受到抑制（Zibaee & Bani，2010）。紫茉莉提取物对斜纹夜蛾的体液免疫和细胞免疫均有一定影响，在亚致死浓度下，处理组的血细胞数量增加，但凝集素降低，吞噬细胞浓度显著降低（Maulina *et al.*，2018）。

有机磷杀虫剂如三唑磷处理拟水狼蛛时，血细胞总数出现先应激增加后受到抑制的现象（王丹丹，2012）。而亚致死剂量的甲基嘧啶磷处理马铃薯象甲和大蜡螟时，试虫的血细胞总数与处理组相比显著增加（Dubovskiy *et al.*，2013）。

亚致死浓度的拟除虫菊酯类杀虫剂处理黏虫幼虫后，血细胞数量快速增加，但其中原血细胞总数所占比例不足1/3（龚国玑和陈东，1995）。

新烟碱类杀虫剂不仅对昆虫的血细胞数量及种类有影响，还可抑制其抗菌肽的表达水平，影响体液免疫。亚致死浓度下，使用噻虫啉、吡虫啉、噻虫胺处理蜜蜂，试虫的血细胞含量明显降低，包囊反应明显减少，血淋巴的抗菌活性显著降低（Brandt *et al.*，2016），而噻虫嗪处理后，经荧光定量PCR检测，大幅度降低了西方蜜蜂免疫相关基因-Hymenoptaecin类抗菌肽（HYM）的表达水平（$P<0.01$）（施腾飞，2017），而半致死剂量的噻虫胺处理蜜蜂后，试虫再经由酵母菌感染，实验显示感染试虫的抗菌肽表达水平大幅度下降（Di Prisco *et al.*，2013），体液免疫受到显著抑制。

昆虫生长调节剂如蜕皮激素处理黑腹果蝇和黄粉虫后，果蝇l（2）mbn细胞对酵母的吞噬作用得到增强，说明细胞免疫的能力得到增强，而后者的包囊反应明显降低，细胞免疫的吞噬作用受抑制（Dimarcq *et al.*，1997；Rantala *et al.*，2003）。

孟海燕研究发现，随着小菜蛾颗粒体病毒这一生物农药的持续感染，小菜蛾的血细胞分化受抑制，部分血细胞裂解，部分细胞空泡化，感染组血细胞总数高于对照组（孟海燕，2009）。使用蝶蛹金小蜂毒液Pacifastin丝氨酸蛋白抑制剂分别处理菜粉蝶蛹、柑橘凤蝶蛹、家蚕、烟草天蛾后，菜粉蝶血细胞的延展和包囊受到抑制，菜粉蝶钙网蛋白表达量降低（王磊，2012）。

3.2 杀虫剂对排泄系统的影响

3.2.1 排出粪液

新烟碱类杀虫剂、有机磷类、氨基甲酸酯类杀虫剂通过破坏神经元胆碱能信号转导而作为烟碱乙酰胆碱受体激动剂的神经毒素，导致目标害虫失去活动能力而昏迷、死亡，也可导致昆虫的排泄异常（Matsuda *et al.*，2001；Tomizawa & Casida，2005；Elbert *et al.*，2008）。

低剂量吡虫啉处理黏虫幼虫后，试虫兴奋、痉挛，排出粪液，部分拉出直肠、昏迷，部分会复苏，死亡试虫体躯皱缩（马志卿，2002）。

使用呋喃丹、灭多威、丁硫克百威、辛硫磷、马拉松、久效磷分别处理黏虫幼虫和家蝇成虫，均可使试虫在中毒痉挛过程中排出粪液，部分试虫会完全伸出直肠或产卵器，昏迷而死，黏虫幼虫死亡时失去大量体液，体长缩减一半（马志卿，2002）。

有机氮类杀虫剂是章鱼胺受体的激动剂，属于神经毒剂，引起昆虫神经系统的突触后膜兴奋，干扰神经传导，致昆虫异常行为，最终昏迷死亡（马志卿，2002）。使用杀虫脒处理棉蚜无翅成蚜时，部分试虫在抽搐过程中体表失水，排泄蜜露，后兴奋痉挛昏迷后死亡，体表干缩，体色变为红褐色（马志卿，2002）。

3.2.2 呕吐

植物源类杀虫剂大部分为胃毒剂类，还可使昆虫产生拒食反应，对环境相对友好，研究表明对非靶标生物而言较安全。苦皮藤素 V 穿透消化道围食膜，与肠壁上的受体结合，抑制 V-ATPase 活性，影响蛋白质合成和体内 pH 值及渗透压的平衡，使昆虫上吐下泻，失去大量体液而亡（吴文君，2016）。

拟除虫菊酯类杀虫剂为轴突毒剂，作用于神经系统的钠通道，使钠离子大量流入，延缓钠通道关闭，使神经持续兴奋（Pichon *et al.*，1985），直至酪胺持续积累或突触的过分刺激，完全阻断神经传递导致完全麻痹，引起死亡（Narahashi，2012）。使用氯氰菊酯、氰戊菊酯、三氟氯氰菊酯分别处理黏虫幼虫和棉蚜无翅成蚜时，均出现痉挛期中试虫大量呕吐，足部体液剧增，体表半透明，部分黏虫幼虫排稀粪便，个别棉蚜试虫有排蜜露，体表干缩等情况（马志卿，2002）。

3.2.3 抑制排泄

马桑毒素 CL 是一类生物农药，属于神经毒素，作用于马氏管与肌肉毗连的神经，干扰试虫的 GABA（γ-氨基丁酸，γ-aminobutyric acid）神经递质代谢，使用马桑毒素处理黏虫幼虫和苹掌舟蛾时，试虫的排泄机能变弱，马氏管直径增大，由于排泄降低致排泄物积累，致肾部持续增大（宗娜，2001）。

昆虫生长调节剂如氟啶虫酰胺，靶标位于蚊子中的 Kir1 通道，其作用方式类似于选择性 Kir1 抑制剂，对成年雌蚊的肾功能产生抑制，如阻止排泄（Swale，2016；Raphemot *et al.*，2013）。

有研究表明新烟碱类杀虫剂如噻虫嗪处理蜜蜂后，中肠的消化和再生细胞显示出形态学和组织化学改变，如细胞质空泡化，中肠受到严重损伤（Oliveira *et al.*，2014），对其排泄功能有一定影响。

砂地柏提取物处理黏虫幼虫后，试虫中肠细胞层受到破坏甚至消融，释放出大量细胞内含物，马氏管管壁组织变薄，管腔变大（付昌斌和张兴，1998）。

用拟除虫菊酯类杀虫剂如溴氰菊酯处理骚扰锥蝽时，抗性种群排便次数减少，排便指数明显下降（Lobbia *et al.*，2018）。

4 结语

在农业生产中，杀虫剂的滥用造成了许多负面影响，不止是严重的环境污染，也威胁了其他生物的生存（Hallmann *et al.*，2014）。杀虫剂减少了其他生物的食物资源的多样性，还影响着它们的繁殖和生存（Sánchez-Bayo *et al.*，2016）。Goulson 研究称杀虫剂暴露可能损害解毒机制和免疫反应，使蜜蜂更易受寄生虫影响（Goulson *et al.*，2015）。因此，研究杀虫剂对昆虫的免疫及排泄系统的影响，有助于科学合理使用各类杀虫剂，优化协调农业防治、生物防治和化学防治，为更好地进行有害生物综合治理提供参考。

参考文献

付昌斌，张兴，1998. 砂地柏提取物对黏虫肠道组织的影响 [J]. 西北农林科技大学学报（3）:

6-10.
龚国玑，陈东 . 1995. 黏虫血淋巴对两类杀虫剂的生理反应 [J]. 江苏农业学报，11 (2)：40-43.
罗万春，高兴祥，于天丛，等 . 2005. 栎皮酮对甜菜夜蛾酚氧化酶的抑制作用 [J]. 昆虫学报，48 (1)：36-41.
马志卿 . 2002. 不同类杀虫药剂的致毒症状与作用机理关系研究 [D]. 杨凌：西北农林科技大学 .
孟海燕 . 2009. 颗粒体病毒对小菜蛾幼虫血淋巴蛋白、免疫系统、细胞微丝骨架及保护酶的影响 [D]. 武汉：华中师范大学 .
施腾飞，王宇飞，齐磊，等 . 2017. 亚致死浓度噻虫嗪对西方蜜蜂免疫相关基因表达的影响 [J]. 应用昆虫学报，54 (4)：576-582.
王丹丹 . 2012. 稻田几种常用杀虫剂对拟水狼蛛的亚致死效应 [D]. 扬州：扬州大学 .
王海荣，吴进才，杨帆，等 . 2009. 不同药剂亚致死剂量对褐飞虱不同种群生命表参数的影响 [J]. 生态学报，29 (9)：4753-4760.
王磊 . 2012. 蝶蛹金小蜂毒液蛋白质组与四个毒液蛋白生理功能的分析 [D]. 杭州：浙江大学 .
王荫长 . 2004. 昆虫生理学 [M] 北京：中国农业出版社 .
吴文君 . 2016. 植物杀虫剂苦皮藤素 V 作用靶标和作用机理研究进展 [J]. 农药，55 (8)：547-550.
周洪福，孟阳春 . 1992. 谈谈昆虫免疫 (上) [J]. 应用昆虫学报，29 (5)：297-301.
宗娜 . 2001. 马桑毒素对昆虫的生理及解剖结构的影响 [D]. 杨凌：西北农林科技大学 .
邹勇 . 2012. 家蚕马氏管蛋白组学及重要酶类的功能分析 [D]. 重庆：西南大学 .
Bulet P, Hetru C, Dimarcq J L, *et al.* 1999. Antimicrobial peptides in insects: structure and function [J]. Developmental & Comparative Immunology, 23 (4-5): 329-344.
Broderick N A, Welchman D P, Lemaitre B. 2009. Recognition and response to microbial infection in *Drosophila* [M]. New York, NY, USA: Oxford University Press.
Brandt A, Gorenflo A, Siede R, *et al.* 2016. The neonicotinoids thiacloprid, imidacloprid, and clothianidin affect the immunocompetence of honey bees (*Apis mellifera* L.) [J]. Journal of insect physiology, 86: 40-47.
Cooper J, Dobson H. 2007. The benefits of pesticides to mankind and the environment [J]. Crop Protection, 26, 1337-1348.
Dean R L, Locke M, Collins J V. 1985. Structure of the fat body [J]. Comparative insect physiology, biochemistry and pharmacology: 155-209.
DiPrisco G, Cavaliere V, Annoscia D, *et al.* 2013. Neonicotinoid clothianidin adversely affects insect immunity and promotes replication of a viral pathogen in honey bees [J]. Proceedings of the National Academy of Sciences, 110 (46): 18466-18471.
Dimarcq J L, Imler J L, Lanot R, *et al.* 1997. Treatment of l (2) mbn *Drosophila* tumorous blood cells with the steroid hormone ecdysone amplifies the inducibility of antimicrobial peptide gene expression [J]. Insect biochemistry and molecular biology, 27 (10): 877-886.
Dubovskiy I M, Yaroslavtseva O N, Kryukov V Y, *et al.* 2013. An increase in the immune system activity of the wax moth *Galleria mellonella* and of the Colorado potato beetle *Leptinotarsa decemlineata* under effect of organophosphorus insecticide [J]. Journal of Evolutionary Biochemistry and Physiology, 49 (6): 592-596.

Elbert A, Haas M, Springer B, *et al.* 2008. Applied aspects of neonicotinoid uses in crop protection [J]. Pest management science, 64 (11): 1099-1105.

Feng J T, Zhang X, Zhi-Qing M A, *et al.* 2008. Effects of Terpinen-4-ol on Four Metabolic Enzymes and Polyphenol Oxidase (PPO) in *Mythimna separta* Walker [J]. Agricultural Sciences in China, 7 (6): 726-730.

Goulson D, Nicholls E, Botías C, *et al.* 2015. Bee declines driven by combined stress from parasites, pesticides, and lack of flowers [J]. Science, 347 (6229): 1255957.

Hallmann C A, Foppen R P B, van Turnhout C A M, *et al.* 2014. Declines in insectivorous birds are associated with high neonicotinoid concentrations [J]. Nature, 511 (7509): 341.

Hoffmann J A. 1995. Innate immunity of insects [J]. Current opinion in immunology, 7 (1): 4-10.

Hoffmann, J A. 2003. The immune response of *Drosophila* [J]. Nature 426: 33-38.

Ishaaya I, Casida J E. 1974. Dietary TH 6040 alters composition and enzyme activity of housefly larval cuticle [J]. Pesticide Biochemistry and Physiology, 4 (4): 484-490.

James R R, Xu J. 2012. Mechanisms by which pesticides affect insect immunity [J]. Journal of invertebrate pathology, 109 (2): 175-182.

Lavine M D, Strand M R. 2002. Insect hemocytes and their role in immunity [J]. Insect biochemistry and molecular biology, 32 (10): 1295-1309.

Lobbia P, Calcagno J, Mougabure-Cueto G. 2018. Excretion/defecation patterns in *Triatoma infestans* populations that are, respectively, susceptible and resistant to deltamethrin [J]. Medical and veterinary entomology.

Matsuda K, Buckingham S D, Kleier D M, *et al.* 2001. Neonicotinoids: insecticides acting on insect nicotinic acetylcholine receptors [J]. Trends in pharmacological sciences, 22 (11): 573-580.

Maulina D, Sumitro S B, Amin M, *et al.* 2018. The effects of natural biopesticide from *Mirabilis jalapa* toward the immune system of *Spodoptera litura* [J].

Meister M, Lagueux M. 2003. *Drosophila* blood cells [J]. Cellular microbiology, 5 (9): 573-580.

Nappi A J, Ottaviani E. 2000. Cytotoxicity and cytotoxic molecules in invertebrates [J]. Bioessays, 22 (5): 469-480.

Narahashi, Toshio. 2012. Neurotoxicology of insecticides and pheromones [M]. Springer Science & Business Media.

O'donnell M J, Spring J H. 2000. Modes of control of insect Malpighian tubules: synergism, antagonism, cooperation and autonomous regulation [J]. Journal of Insect Physiology, 46 (2): 107-117.

Oliveira R A, Roat T C, Carvalho S M, *et al.* 2014. Side-effects of thiamethoxam on the brain andmidgut of the africanized honeybee *Apis mellifera* (Hymenopptera: Apidae) [J]. Environmental toxicology, 29 (10): 1122-1133.

Pichon Y, Guillet J C, Heilig U, *et al.* 1985. Recent studies on the effects of DDT and pyrethroid insecticides on nervous activity in cockroaches [J]. Pest Management Science, 16 (6): 627-640.

Rantala M J, Vainikka A, Kortet R. 2003. The role of juvenile hormone in immune function and pheromone production trade-offs: a test of the immunocompetence handicap principle [J]. Proceedings of the Royal Society of London B: Biological Sciences, 270 (1530): 2257-2261.

Raphemot R, Rouhier M F, Hopkins C R, *et al.* 2013 Eliciting renal failure in mosquitoes with a small-molecule inhibitor of inward-rectifying potassium channels [J]. PloS one, 8 (5): e64905.

Ratcliffe N A, Gagen S J. 1976. Cellular defense reactions of insect hemocytes in vivo, nodule formation and developmentin *Galleria mellonella* and *Pieris brassicae* larvae [J]. Journalof Invertebrate Pathology, 28, 373-382.

Ribeiro C, Brehélin M. 2006. Insect haemocytes: what type of cell is that? [J]. Journal of insect physiology, 52 (5): 417-429.

Rodrigues J, Brayner F A, Alves L C, *et al.* 2010. Hemocyte differentiation mediates innate immune memory in *Anopheles gambiae* mosquitoes [J]. Science, 329 (5997): 1353-1355.

Sánchez-Bayo F, Goulson D, Pennacchio F, *et al.* 2016. Are bee diseases linked to pesticides? —A brief review [J]. Environment international, 89: 7-11.

Schmidt O, Theopold U, Beckage N. 2008. Insect and vertebrate immunity: key similarities verses differences. In: Beckage, N. (Ed.), Insect Immunology [M]. Academic Press, San Diego, pp. 1-24.

SpringJ H. 1990. Endocrine regulation of diuresis in insects [J]. Journal of insect physiology, 36 (1): 13-22.

Strand M R. 2008. The insect cellular immune response [J]. Insect science, 15 (1): 1-14.

Strochein-Stevenson S L, Foey E O, Farrell P H, *et al.* 2006. Identification of *drosophila* gene products required for phagocytosisof *Candida albicans* [J]. PLoS Biology, 4: 87-89.

Stuart L M, Ezekowitz R A B. 2005. Phagocytosis: elegant complexity [J]. Immunity, 22 (5): 539-550.

Swale D R, Engers D W, Bollinger S R, *et al.* 2016. An insecticide resistance-breaking mosquitocide targeting inward rectifier potassium channels in vectors of Zika virus and malaria [J]. Scientific reports, 6: 36954.

Tomizawa M, Casida J E, 2005. Neonicotinoid insecticide toxicology: mechanisms of selective action [J]. Annu. Rev. Pharmacol. Toxicol., 45: 247-268.

Wang X H, Aliyari R, Li W X, *et al.* 2006. RNA Interference Directs Innate Immunity Against Viruses in Adult *Drosophila* [J]. Science, 312 (5772): 452-454.

Zibaee A, Bandani A R. 2010. Effects of *Artemisia annua* L. (Asteracea) on the digestive enzymatic profiles and the cellular immune reactions of the Sunn pest, *Eurygaster integriceps* (*Heteroptera*: *Scutellaridae*), against *Beauveria bassiana* [J]. Bulletin of Entomological Research, 100 (2): 185-196.

中国长角蛾科昆虫系统分类学研究概述*

刘圣勇**

(湖南农业大学植物保护学院，长沙 410128)

摘　要：长角蛾是一种原始小蛾子，以触角极其细长而得名，其雄性触角一般能达到翅长的3倍。本文概述了长角蛾分类研究历史，介绍了长角蛾的研究趋势，并做了初步的总结与展望。目前，全球长角蛾科分2个亚科（Adelinae，Nematopogoninae），5个属（*Adela*，*Cauchas*，*Nemophora*，*Ceromitia*，*Nematopogon*），约300个种。除南极洲和新西兰外，其余地区均有分布。近20多年以来，亚洲种研究较多，以*Nemophora*属为主。近10年以来，世界各地种均有研究，出现一些重大进展，如在南美洲首次发现长角蛾亚科。我国记录长角蛾32种，分属2亚科，3属。中国种的分布情况和亚洲种相似。

关键词：长角蛾科；系统分类学；形态特征

Systematic Taxonomy of Chinese longhorned Fairy Moths (Lepidoptera: Adelidae)*

Liu Shengyong**

(*College of Plant Protection*, *Hunan Agricultural University*, *Changsha* 410128, *China*)

Abstract: As a small primitive moth, Longhorned fairy moths, family Adelidae, comprise 295 species worldwide and was named after its very long tentacles. Its male tentacles usually reach to 3 times the length of the wings. This paper summarizes the research history of the long horned moth, introduces the research trend of the long horned moth, and makes a preliminary summary and prospect. At present, Adelidae is divided into 2 subfamilies (Adelinae, Nematopogoninae), 5 genera (*Adela*, *Cauchas*, *Nemophora*, *Ceromitia*, *Nematopogon*), about 300 species in the world wide. Except for Antarctica and New Zealand, the rest are distributed. Over the past 20 years, more Asian species have been studied, it focus on *Nemophora*. Over the past 10 years, there have been studies in various parts of the world. Some significant progress has emerged, such as the first discovery of Adelinae in South America. 32 species of long horned moth are recorded in China, belonging to 2 subfamilies and 3 genera. The distribution of Chinese species is similar to that in Asia.

Key words: Adelidae; Systematic taxonomy; Morphological characteristics

长角蛾科（Adelidae Bruand，1851）隶属于节肢动物门（Arthropoda）昆虫纲（Insecta）鳞翅目（Lepidoptera）有喙亚目 Glossata（Glossata）异角下目 Heteroneura（Heteroneura）长角蛾总科（Adeloidea），英文名为 Longhorned Fairy Moths。长角蛾是一种原

* 湖南农业大学与八大公山国家级自然保护区合作研究项目

** 第一作者兼通信作者：刘圣勇；E-mail：lsylsl@hunau.edu.cn

始小蛾类，翅展 10~23mm。除了南极洲和新西兰等少数地区外，其余地区均有分布（van Nieukerken *et al.*，2011）。

长角蛾以触角极细长而著称，至少比前翅长，同种间雄性比雌性长，雌蛾触角为前翅的 1.2~2 倍，雄蛾为 1.5~3 倍；复眼发达，雄蛾有时很大甚至 2 眼相接；喙发达，下唇须短，下颚须则很不一致，一般短于下唇须，有的则比它长且折屈；长角蛾脉序完全，前翅 R 分 5 支、M 分 3 支，后翅 A 有 3 条，M_1 与 M_2 常共柄，M_1 与 RS 分离或共柄，可用来分属（宋海天等，2012）。

1　长角蛾科昆虫分类研究历史

1.1　长角蛾科生物学和生活史的研究

长角蛾幼虫的隐蔽性和杂食性，相对于其他蛾类，其生物学特性鲜为人知。春末夏初，成虫将卵产于植物的组织里。其幼虫体弱，长 7~12mm，白色到深绿色（Heath & Pelham-Clinton，1976；Nielsen，1985），通常会以土壤颗粒和枯叶，构建一个椭圆形的囊（Kuroko，1961）。一龄幼虫常以胚珠和子房壁为食，某些幼虫还可潜食叶片（Common，1990）。低龄幼虫一般取食寄主植物的枯叶（Heath *et al.*，1976）。老熟幼虫在 10 月底化蛹，蛹长 5~7mm，顶部光滑；触角细长，从顶部延伸至腹部末端，在腹部末端缠绕数圈；腹部具背刺，第 3~7 节可移动（Common，1990）。幼虫直至第二年春天才完成发育，羽化成成虫。大多数雄性成虫（长角蛾属和 *Nemophora* 属），在寄主植物或产卵地附近婚飞，然后与雌性成虫交配产卵。

1.2　长角蛾科昆虫分类研究历史

因为具可刺穿植物的细长尖锐的产卵器，我们常称之为穿孔蛾总科（Incurvarioidea）。包括：长角蛾科、日蛾科（Heliozelidae）、穿孔蛾科（Incurvariidae）、微蛾科（Nepticulidae）、茎潜蛾科（Opostegidae）、丝兰蛾科（Prodoxidae）和冠潜蛾科（Tischeriidae）（Busck，1914；Common，1970；Dugdale，1974）。Bruand（1851）首次提及长角蛾，比 Spuler（1898）提及穿孔蛾要早，Common（1975）建议使用长角蛾总科替换穿孔蛾总科。

早期长角蛾的研究主要集中于欧洲，而其他地区研究相对较少（Kozlov，2004）；自 20 世纪 90 年代以来，亚洲长角蛾的研究增多，集中于该地区常见属 *Nemophora* 的研究；自 2010 年以来，世界各地均展开长角蛾研究，人们开始描述不同属在各地区的分布。

在分子系统发育研究中，最早应用 18S rDNA 序列并结合形态学特征进行了进化分析，结果表明 *Adela* 属和 *Chalceopla* 属具有单系性（Wiegmann *et al.*，2002）。Mutanen *et al.*（2010）研究了 8 个不同的基因，发现长角蛾总科和长角蛾科在分子系统发育上是单系的。Regier 等（2013，2015）发现长角蛾科内科分成两个组，第一组包括 *Adela*，*Cauchas*，*Nemophora* 三个属，而第二组仅包括 *Nematopogon* 属。关于长角蛾科的整体系统发育关系实际上与 Kristensen（1999）建的树一致，和 Nielsen 与 Davis（1985）的树也非常相似，只是树根的位置不一样，该问题 Regier 等（2015）进行了很好的讨论。同时，他们的研究也表明用数据处理的方法，长角蛾科的两个组也能够形成单系。分子学研究的这两个组，与形态学的两个亚科相吻合，说明分子学和形态学相结合具有优势。

2 长角蛾科的分类和区系研究

2.1 长角蛾科的分类

长角蛾的前翅长在3.5~12mm。头顶粗糙，密布纤毛状鳞片。额部一般粗糙，间或覆盖着平滑而宽大的鳞片。眼间距指数在0.5~1.7；小眼面之间具稀疏的细刚毛；复眼呈现二态型，长角蛾属（*Adela*）和 *Nemophora* 属的雄性复眼明显扩展，并在头顶上方相互接近，复眼上部2/3的小眼面通常较为扩大。触角通常比翅长，其中雄性的触角可达翅长的3倍，而 *Cauchas* 属的触角较短，一般为翅长的0.5~1.2倍；柄节有时略显膨大，通常具栉状凸起，*Cauchas* 属缺如；鞭节丝状，通常密布鳞片，腹面较为稀疏；部分长角蛾属和全部的 *Nemophora* 属的雄虫在触角基部具有不同数量的背中突（Nielsen，1980）。上颚退化，喙管延长，一般是下唇须的1.5~2.5倍，基部1/4~1/3部分有鳞片。下颚须2~5节。下唇须3节，一般伸向上方；其中2~3节通常粗糙并被毛。前翅细长，一般具微毛，部分属明显减少；R脉分5支，R_2 与 R_3 分离、愈合或共柄；M脉基部弱化，中室很少分支；雄虫翅缰为一根粗大的刚毛，雌虫翅缰具3~4根较小的刚毛。足的胫节距模式为0-2-4。雄外生殖器：爪形突简化，通常为二裂式；背兜中等至狭小；阳茎基环纤细，箭头形；阳茎为细长的管状物，通常具阳茎针，端部有时还具大刺。雌外生殖器：产卵器具有长而尖锐的端部，腹面通常具锯齿（Kristensen，1999）。

在世界范围内，长角蛾分2个亚科，5个属，约300个种（van Nieukerken *et al.*，2011）。根据下唇须节数和雄性抱器是否具刺，将长角蛾分为：长角蛾亚科（Adelinae）和Nematopogoninae亚科（Küppers，1980；Kristensen，1999）。

长角蛾亚科：下唇须2~3节，雄性抱器不具刺。此亚科包含3个属：长角蛾属 *Adela* Latreille，1796，*Cauchas* Zeller，1839和 *Nemophora* Hoffmannsegg，1798。*Cauchas* 属触角较短，仅为翅长的0.5~1.2倍（其余种均达到3倍），柄节不具栉状凸起；*Adela* 属下唇须短，向下，复眼小而圆，距头顶较远。*Nemophora* 属下唇须长，向上，复眼大，延伸接近头顶。

Nematopogoninae亚科：下唇须4~5节，雄性抱器具刺。此亚科包含2个属：*Ceromitia* Zeller，1852和 *Nematopogon* Zeller，1839。*Ceromitia* 属仅分布于非洲热带、澳大利亚和新热带地区（Nielsen，1980）。其喙管较短，仅与下唇须长度相当（其余种均达到1.5~2.5倍）。*Nematopogon* 属雄性抱器至少具一对梳齿。

2.2 长角蛾的区系研究

自20世纪90年代以来，亚洲成为长角蛾研究的热点地区，而在长角蛾已描述的近300个种中，*Nemophora* 属约占一半，这使得 *Nemophora* 属成为了主要研究对象。Hirowatari和Kozlov修订了东南亚 *Nemophora* 属的4个种群。该属在东南亚地区具有最高的多样性（Kozlov，2016）。Hirowatari（1996，1997）和Kozlov（1995，1996，1997）对东南亚地区 *Nemophora* 属连续进行3次修订，分别将该属的3个种群 *askoldella*，*hoeneella*，*divina* 进行了详细的形态学鉴定。近年来，Kozlov（2016）描述了来自于印度尼西亚和巴布亚新几内亚的 6 个新种，同时对其中的 *kalshoveni* 种群进行了修订。

在亚洲的其他地区，日本已记录 35 种长角蛾（Hirowatari *et al.*，2013），韩国已记录 17 种，俄罗斯远东地区已记录 39 种（Kozlov，1997）（Eunmi *et al.*，2018）。Hirowatari（1995）描述了日本和俄罗斯远东地区 *Nemophora* 属的 2 个新的复合种群，此外还对日本的 *Adela latreille* 种进行修订并描述了 3 个来自日本的新种（Hirowatari，1997）。在 2005 年又发现了来自日本琉球 *Nemophora* 属的 2 个新种和 2 个新记录（Hirowatari，2005）。最近于 2017 年对日本的 *Adela* 属的种进行了修订（Hirowatari，2017）。Eunmi 等（2018）在记录韩国地区的长角蛾科种类的同时，发现了 7 个韩国新记录，分属于两亚科 3 属（*Adela*，*Namophora*，*Nematopogon*），这些种是韩国与临近地区（日本，中国北部和俄罗斯远东地区）的种。

自 2010 年以来，人们在世界各地均开展了对长角蛾的研究。比如 Parra 和 Heath（2011）在南美洲智利发现 *Ceromitia* 属的 1 个新种。Kozlov（2013）于 2013 年在玻利维亚发现 *Adela* 属 1 个新种：*Adela boliviella* Kozlov，2013，这是长角蛾亚科在南美洲的首次报道，填补了该地区长角蛾亚科的空白。至于非洲热带区有关 *Nemophora* 属的研究非常有限，该属在此地区的生活史信息尚无记载，而 David 等（2015）描述了肯尼亚 *Nemophora* 属的 1 个新种，则填补了该地区的空白。Kozlov（2016）对澳大利亚长角蛾科 *Nemophora* 属的进行了较为系统的修订，从而厘清了澳洲长角蛾 *Nemophora* 属的系统分类。

3 中国长角蛾的研究

中国已记录长角蛾 32 种（Hua，2005；Hirowatari *et al.*，2012；Yu，2015）。中国长角蛾系统研究较少，大部分成果记录在各地的昆虫名录、地方志或其他图书里。其中《中国昆虫名录》（华立中 2005）一书中就记载了大部分的中国长角蛾种类，包含了 2 亚科 3 属共 23 种，其中长角蛾属 6 种，*Nemophora* 属 16 种，*Nematopogon* 属 1 种，但并未记录 *Cauchus* 属和 *Ceromitia* 属。广渡俊哉（Hirowatari）和黄国华（2011）在广东南岭国家级自然保护区发现 *Nemophora* 属的 4 个种，其中包括了一个中国新记录种——田中黄长角蛾 *Nemophora tanakai* Hirowatari，2005。Hirowatari（2012）在中国四川和云南的高海拔地区发现了 4 个中国 *Nemophora* 属新种。其他书籍包含长角蛾记录的如：《长江三峡库区昆虫》《中国蛾类图鉴》等。

4 小结和展望

长角蛾科是一种原始小蛾子，体型小，幼虫做囊，藏于囊中，取食枯叶，隐蔽性强，难于发现和捕捉，使我们对其生物学和生活史知之甚少。一方面研究难度大，很难达到预期的研究目的。另一方面研究价值高，对它的每一步研究发现，都可能会揭开一个全新的领域。

由于全球经济发展，人类对大自然过度开发，自然生境迅速遭受破坏，长角蛾栖息地快速减少，长角蛾的研究将更加困难，长角蛾的研究和环境保护将相辅相成，息息相关。

世界经济发展不平衡，亚洲、非洲和拉丁美洲诸多贫穷地区的研究非常欠缺，长角蛾仍存在大量隐存种（一半以上），唯有促进欠发达地区的研究，才能加快全球长角蛾体系研究，取得重大进展。

参考文献

广渡俊哉，黄国华 . 2011. 广东南岭国家级自然保护区蛾类［M］. Goecke & Evers：6.

宋海天，孙长海，胡春林 . 2012. 江苏发现长角蛾科和举肢蛾科昆虫新记录种［J］. 江苏农业科学，40（2）：266-267.

Agassiz D J，Kozlov M V. 2015. Description of *Nemophora acaciae* sp. nov.（Lepidoptera：Adelidae）from Kenya［J］. Zootaxa，4058（2）：287-292.

Bruand T. 1851. Catalogue systématique et synonymique des Lépidoptères du département du Doubs（suite）［J］. Mémoires de la Société libre d´émulation du Doubs，3（5 & 6）：23-58.

Busck A. 1914. On the classification of the Microlepidoptera［J］. Proceedings of the Entomological Society of Washington，16（2）：46-54.

Common I F B. 1975. Evolution and classification of the Lepidoptera［J］. Annu. Rev. Entomol.，20：183-203.

Common I F B. 1990. Moths of Australia［M］. Melbourne University Press.

Common I F B. 1970. Lepidoptera（Moths and Butterflies）［M］. The Insects of Australia：765-866.

Dugdale J S. 1974. Female genital configuration in the classification of Lepidoptera［J］. New Zealand Journal of Zoology，1（2）：127-146.

Heath J，Pelham-Clinton E C. 1976. The moths and butterflies of Great Britain and Ireland［J］. Incurvariidae（1）：277-300.

Heppner J B. 2004. Longhorned fairy moths（Lepidoptera：Adelidae）［M］. In：Encyclopedia of Entomology. Springer，Dordrecht. https：//doi. org/10. 1007/0-306-48380-7

Hirowatari T. 1995. Taxonomic notes on *Nemophora bifasciatella* Issiki，with descriptions of its two new allied species from Japan and the Russian far east（lepidoptera，adelidae）［J］. European Journal of Biochemistry，267（16）：1743-1753.

Hirowatari T. 1997. A taxonomic revision of the genus *Adela* Latreille（Lepidoptera，Adelidae）from Japan［J］. The Lepidopterological Society of Japan，48（4）：271-290.

Hirowatari T. 2005. The genus Nemophora Hoffmannsegg，1798（Lepidoptera，Adelidae）from the Ryukyus［J］. 蝶と蛾/transactions of the lepidopterological society of Japan，56（4）：311-329.

Hirowatari T，Nasu Y，Sakamaki Y，*et al*. 2013. The standard of moths in Japan Ⅲ［M］. Tokyo：Gakken Education Publishing.

Hirowatari T. 2017. A taxonomic revision of the genus *Adela* Latreille（Lepidoptera，Adelidae）from japan［J］. Transactions of the Lepidopterological Society of Japan，48：271-290.

Hirowatari T，Kanazawa I，Liang X. 2012. Four new species of the genus *Nemophora* Hoffmannsegg（Lepidoptera，Adelidae）from China［J］. Esakia，52：99-106.

Ji E，Lee S，Park K T，*et al*. 2018. Seven species of adelidae（Lepidoptera）new to korea［J］. Journal of Asia-Pacific Entomology（1）：896-902.

Kozlov M V，Hirowatari T. 1997. A taxonomic revision of the hoeneella species-group of the genus *Nemophora* Hoffmannsegg（Lepidoptera：Adelidae）［J］. Insect Systematics and Evolution，28（1）：

87-96.

Kozlov M V. 1997. A taxonomic revision of the divina species-group of the genus *Nemophora* Hoffmannsegg (Lepidoptera, Adelidae) [J]. Deutsche Entomologische Zeitschrift, 44 (2): 459-472.

Kozlov M V. 2013. A new species of the genus adela (Lepidoptera: Adelidae) from south America [J]. Neotropical Entomology, 42 (5): 505-507.

Kozlov M V. 2016. A taxonomic revision of the kalshoveni species-group of the genus Nemophora hoffmannsegg (Lepidoptera, Adelidae) [J]. with descriptions of six new species from indonesia and papua new guinea. Zootaxa, 4189 (3): zootaxa. 4189. 3. 6.

Kozlov M V. 2016. Taxonomic revision of australian long-horn moths of the genus nemophora (Lepidoptera: Adelidae) [J]. Zootaxa, 4097 (1): 84.

Kozlov M V. 2004 Annotated checklist of the European species of *Nemophora* (Adelidae) [J]. Nota lepidopterologica, 26: 115-126.

Kristensen N P. 1999. Lepidoptera, moths and butterflies [M]. Walter De Gruyter.

Küppers P V. 1980 Untersuchungen zur Taxonomie und Phylogenie der Westpaläaktischen Adelinae (Lepidoptera: Adelidae) [J]. Wissenschaft. Beitr. Karlsruhe, 7: 1-497.

Kuroko H. 1961: The life history of Nemophora raddei Rebel (Lepidoptera, Adelidae) [J]. Sci. Bull. Fac. Agri. Kyushu Univ., 18 (4): 323-334.

Mutanen M K, Wahlberg L, Kaila. 2010. Comprehensive gene and taxon coverage elucidates radiation patterns in moths and butterflies [J]. Proceedings of the Royal Society B, 277: 2839-2849.

Nielsen. 1985. Taxonomy and geographical relationships of Australian ethmiid moths (Lpidoptera: Gelechioidea) [J]. Aust. J. Zool., Suppl. Ser., 112: 1-58.

Nielsen. 1980. Evolution of larval food preferences in microlepidoptera [J]. A. Rev. Ent., 25: 133-159.

Nielsen E B. 1980. A cladistic analysis of the Holarctic genera of adelid moths (Lepidoptera: Incurvaroidea) [J]. Entomologica Scadinavica, 2: 161-178.

Nielsen E S, Davis D R. 1985. The first southern hemisphere prodoxid and the phylogeny of the Incurvarioidea (Lepidoptera) [J]. Systematic Entomology, 10: 307-322.

Parra, Ogden L E, Heath T. 2011. A new case constructing adelid moth from chile (lepidoptera) [J]. Revista Brasileira De Entomologia, 55 (4): 560-564.

Regier J C, Mitter C, Zwick A, *et al.* 2013. A large-scale, higher-level, molecular phylogenetic study of the insect order Lepidoptera (moths and butterflies) [J]. Plos One, 8 (3): e58568.

van Nieukerken E J, Lauri Kaila, Ian J, *et al.* 2011. Order Lepidoptera Linnaeus, 1758 (Zootaxa 3138: 212-221.) [M]. In: Zhang Z Q. (Ed.) Animal biodiversity: An outline of higher-level classification and survey of taxonomic richness. Magnolia Press.

Viette P. 1977. Le catalogue des Lépidoptères du Doubs de Théophile Bruand [J]. Bulletin mensuel de la Société Linnéenne de Lyon, 46 (8): 283-288.

Wiegmann B M, Regier J C, Mitter C. 2002. Combined molecular and morphological evidence on phylogeny of the earliest lepidopteran lineages [J]. Zoologica Scripta, 31: 67-81.

Yu G Y. 2015. Moths in Beijing [M]. Beijing: Science Press.

昆虫自动识别研究进展*

吴基楠**，何大东，龚子慧，陈　功***
(湖南农业大学植物保护学院/植物病虫害生物学与防控湖南省重点实验室，长沙　410128)

摘　要：昆虫自动识别的研究是将昆虫分类学和计算机技术相结合的新兴研究领域。近年来有关昆虫自动识别的研究十分火热，越来越多的学者开始探索昆虫自动识别的技术理论和方法，并取得了一定的成果。面对如此多的研究成果，总结该领域的研究进展就显得尤为重要。本文综述了昆虫自动识别中最关键两部分的研究进展，即图像特征的提取和识别模型的构建。详细介绍了有关轮廓特征提取、整体形态特征数字化提取、翅脉特征数字化提取、颜色特征数字化提取的特点和方法。以及识别模型构建的主要方法：模板匹配法、主成分分析法、核判别法、机器学习法中的人工神经网络和支持向量机法，并分析了这些方法的优缺点。综合讨论了目前昆虫自动识别所存在的问题，提出了未来的研究应该更倾向于以多种技术相结合的方式开发新的昆虫自动识别技术，以探求更有效率、准确度更高的方法。

关键词：昆虫自动识别；图像特征提取；识别模型构建；研究进展

Advances in Automatic Identification of Insects

Wu Jinan**, He Dadong, Gong Zihui, Chen Gong***
(*College of Plant Protection, Hunan Agricultural University/Hunan Provincial Key Laboratory for Biology and Control of Plant Diseases and Insect Pests, Changsha* 410128, *China*)

Abstract: Automatic insect recognition is a new research field that combines entomological taxonomy with computer technology. In recent years, the research about Automatic insect recognition is very hot. More and more scholars have begun to explore the technology theory and methods of Automatic insect recognition and have achieved some degree of success. In the face of so many research results, it is particularly important to summarize the research progress in this field. This paper summarizes the research progress of the two most important parts of Automatic insect recognition. that is, the extraction of image features and the construction of recognition models. The characteristics and methods of contour feature extraction, digital extraction of whole morphological features, digitized extraction of vein features and digital extraction of color features are introduced in detail. And the main methods of identifying model construction: template matching

---

* 基金项目：湖南省大学生研究性学习和创新性实验（XCX18053）
** 第一作者：吴基楠，本科生，主要从事昆虫生物学相关研究；E-mail：990248760@qq.com
*** 通信作者：陈功，讲师，主要从事作物—害虫—天敌互作机制研究；E-mail：gongchen105@163.com

method, principal component analysis method, nuclear discriminant method, artificial neural network in machine learning method and support vector machine method. The advantages and disadvantages of these methods are analyzed. The current problems of Automatic insect recognition are discussed. It is suggested that future research should be more inclined to develop new automatic insect recognition technology in a combination of multiple technologies to explore more efficient and accurate methods.

Key words: Automatic insect recognition; Image feature extraction; Identification model construction; Research progress

昆虫是地球上物种数最丰盛的生物类群，21 世纪初，人类已知的昆虫就有 100 多万种。其多样化导致昆虫物种鉴定过程复杂，任务繁重。研究者们普遍认为，快速可靠的昆虫物种识别鉴定是害虫预测预报、动植物检验检疫以及资源昆虫的保护和利用的重要基础（杨红珍等，2011）。但是相较于庞大复杂的昆虫分类学任务，其相关专家和研究人员数量较少，人力和物力资源明显不足，导致对昆虫多样性和进化的研究形成了明显的阻碍。所以探求更先进高效的昆虫识别鉴定方法势在必行。当今，计算机技术发展日新月异，其应用范围也越来越广泛，人们逐渐意识到将计算机技术与昆虫分类学相结合，对于昆虫分类学的研究将产生巨大的促进和改变。经过数十年的努力，研究人员开发出了昆虫自动识别这一革命性的技术。这一技术能为专业学者大幅度地减轻鉴定任务，同时极大地缩短了分类鉴定的周期，对于昆虫生物多样性调查和研究有重要的帮助。

近年来，随着昆虫自动识别技术研究的不断更新换代，其实用价值和性能不断提升，在理论层面和技术层面取得了重要进展，但一直以来对于昆虫自动识别技术的系统性总结都较少。本文对昆虫自动识别技术中的关键步骤昆虫图像特征的提取与识别模型的构建进行了深入的探讨和总结，对目前存在的问题进行了归纳，并对将来的研究方向进行了展望，以期望人们对该技术有更清晰的认识和更深入的了解。

1 昆虫图像特征的提取

1.1 轮廓局部特征的提取

在利用计算机技术进行昆虫分类研究的早期，由于拍摄照片的尺度、视角等因素的不同，使得昆虫图像特征的提取难度大大升高。因此，国外科学家开始从昆虫图像细节的角度出发，以轮廓局部特征提取算法，较为理想地解决了该问题。例如，Lamdan 等（1988）通过利用曲率极值或图像边缘凹凸特征来提取昆虫图像特征。Harris 等（1988）通过利用类角结构来提取昆虫图像特征。Lindeberg（1998）、Mikolajczyk 等（2001）和 Kadir 等（2001）又分别提出了不同的并且尺度不变的局部算子的极值表示对象。Lowe（2004）还开发出一个对缩放比例、旋转、亮度等因素变化不敏感的局部特征描述符。Tuytelaar 等（2000，2004）、Mikolajczyk 等（2002）和 Matas 等（2004）分别提出了利用不同的仿射不变量局部算子来表示对象。总之，人们基于轮廓局部的昆虫特征提取算法，具有简单、快速等优点。但此类特征均来自昆虫兴趣点，对于图像信息的利用程度较低，且要求对图像进行去噪、细化等处理，也使得工作复杂且繁重。所以基于昆虫轮廓局部特征进行信息提取的方法还需要进一步优化。

1.2 形态特征数字化的提取

对于整体形态特征的提取主要是进行轮廓数字化特征的描述，它主要包括轮廓的定位，如多边形逼近、小波变换、链码、傅里叶描述子、椭圆傅里叶描述符等（Zienkiewicz *et al.*，1999）。除轮廓外，整体特征还用到昆虫头胸腹的比率、前部体长比、体形参数、宽度比、体面积比、体偏心率、前体面积比等（Wang *et al.*，2012）。赵汗青等（2002）就通过利用 Bug Visux 系统，提取了半翅目、鳞翅目和鞘翅目等昆虫的整体图像面积、周长、形状参数、叶状性、球状性、似圆度等 11 项数学形态特征参数，对利用昆虫数字形态特征进行昆虫自动识别的可行性进行了探究。除了对整体形态特征数字化的提取外，国内外研究学者还对昆虫的局部特征数字化的提取做了大量的研究。

1.2.1 国外研究进展

在昆虫分类学中，利用翅脉特征对昆虫进行分类，是昆虫的数字化特征中最为准确的分类依据，因此分类学家们也利用这一特征开展了大量的工作和研究。1982 年，Daly 等人利用计算机对蜜蜂 25 个翅的特征进行自动识别，成功区分了欧洲蜜蜂和非洲蜜蜂，并在鳞翅目、双翅目和膜翅目昆虫的鉴定过程中也成功运用了数字形态学的处理技术（Tiago *et al.*，2006）。1996 年日本学者刘景东发明了昆虫数字化特征提取有关的 3 项关键性技术：二中心法、模型对位法、类似度排序法。再结合昆虫成虫的形态图，生殖器的解剖图以及形态和生活习性等文字描述，确保了鉴定结果的正确性，开发出卷蛾亚科昆虫的专业鉴定系统（Liu.，1996a，1996b）。1997 年 Albrecht 和 Kaila（1997）通过使用标准化翅脉图坐标原点的方法，成功获得小潜蛾科每个翅脉的交点坐标值，鉴定了小潜蛾科中的 10 个种。同年 Weeks（1997）通过类似的翅脉特征实现了对五种相近的姬蜂科的鉴别。Houle 等在 2003 年设计出了一套以 Findwing 为核心程序的图片自动分析系统，即 Wingmachine。它可轻易的获取活体昆虫翅膀的图像信息并进行自动分析，能够在一分钟之内完成翅脉的处理、成像、分析和数据编辑等操作。2004 年 Tofiski 也开发出了 DrawWing 软件，它能对翅形轮廓及翅脉交叉点组成的轮廓图像进行自动数值化描述。但因为是自动描述，所以对昆虫标本图像要求较高，对于某些不能获取清晰规整的原始图像的类群，研究人员开发了 Tpsdig 软件。该软件能够对图像进行全标点和半标点的半自动数值化描述，再通过人为补充遗失的坐标点达到鉴别昆虫的目的（Adam *et al.*，2004）。MacLeod 于 2007 年出版了《分类学中自动分类鉴定的理论方法和应用》，书中对 ABIS 和 DAISY 等软件做了详细的描述。ABIS（Automated Bee Identification System）是蜜蜂自动识别的工具，它采用图像处理和统计技术，对蜜蜂的翅膀图像进行识别；DAISY（Digital Automated Identification System）是一种数字自动识别系统，可以提取姬蜂的翅形结构特征。

1.2.2 国内研究进展

在我国，中国农业大学的 Ipmist 实验室对于昆虫自动识别系统研究最为出色。该实验室的沈佐锐教授于 1998 年结合昆虫形态学和数学形态学，提出了昆虫数学形态学的概念。其科研团队对多种昆虫的特征提取进行了系统的研究，通过多年对昆虫翅膀轮廓与不同的算法的探究，开发出了害虫鉴定辅助系统 PQ-Infor MIS、昆虫数字特征提取软件 Bug Shape、昆虫图像处理与鉴定软件 Bug Visux1.0 和昆虫种类远程鉴定软件 Remote Bug，以及基于蝴蝶翅脉形态特征和色彩特征的蝴蝶自动识别软件等（王之岭，1996；张建伟，2006；于新文，1999）。

刘芳等（2008）通过利用数学形态学中的彩色图像边缘检测算法进行昆虫分类鉴定（刘芳等，2008）。潘鹏亮等（2008a，2008b）利用 Draw Wing 和 TPSDig 翅脉特征点提取软件，对翅脉的数学形态特征在蝴蝶分类鉴定中的应用进行了分析。2011 年陈渊等利用改进支持向量机的方法，以前翅 9 个翅脉交叉距离为初始特征，对种科阶元 26 个、24 个随机初始测试样本进行分析，均获得了 100%的准确鉴别。该方法发现翅脉交点 6~7 之间的距离变化在鉴别中最为重要。新方法在昆虫自动识别等分类领域有广泛应用前景。2014 年吴宏华等通过使用 DrawWing 进行翅脉点之间距离的自动测量，再利用支持向量机构建了有效的昆虫数值化模型。2014 年董学超等人运用 BugShape 软件对夜蛾科的数学形态特征进行了分析，并通过实例测试进一步验证了数字形态特征在夜蛾科昆虫分类鉴定中的实用性。而在 2016 年李阳利用了几何形态测量学的方法，只需要夜蛾的翅脉保持完整即可，甚至当翅脉受到破损时，只需要一部分的翅脉完整就可以对夜蛾翅提取地标点数据，完成分类鉴定。

1.3 颜色特征数字化提取

在昆虫数字化特征提取的过程中，除了进行形态特征的数字化提取，还可以利用颜色特征数字化提取进行昆虫的分类。常见的颜色模型包括 HSV（Hue，Saturation，Value）、RGB（Red，Green，Blue）、CMYK（Cyan，Magenta，Yellow，Key Plate）以及 Lab（亮度 Luminance，a 表示从洋红色到绿色的范围，b 表示从黄色到蓝色的范围）。目前颜色特征提取方法主要有：颜色直方图、颜色矩、颜色集、颜色聚合向量以及颜色相关图等颜色特征的表示方法（黄铉，2006）。昆虫翅上覆盖有鳞片导致翅脉不清晰，提取翅脉特征时往往需要去鳞处理，这就提高了使用者的要求，但是各物种间的颜色差异比较大，研究人员就尝试着能否通过颜色的区别进行物种间的自动鉴定。学者通过将虫体图像进行一定像素的网格分割，依据每个网格中的 HSB（Hue，Saturate，Bright）空间的颜色特征，实现了对昆虫活体的鉴定识别（Mayo *et al.*，2007）。为了给生产中的一般技术人员提供一种更方便的识别方法，研究人员开发了一种新的方法，通过分析彩色直方图和 GLCM（灰度共生矩阵）对昆虫进行分类（Zhu *et al.*，2010）。Yilmaz Kaya 基于蝴蝶翅面图像的灰度共生矩阵特征、人工神经网络分类器与 RGB 颜色特征相结合的办法，成功对土耳其地区眼蝶科的 14 种蝴蝶进行自动识别，最终识别率高达 92.85%（Yilmaz *et al.*，2013；Lokman *et al.*，2014）。Yilmaz Kaya 又于 2014 年对以上的方式进行了改进，运用多项逻辑和斯蒂回归灰度共生矩阵结合的方法，使得 19 种蝴蝶自动识别率达到 96.3%（Lokman *et al.*，2014）。Michael 采集 774 头飞蛾照片，分析了黑白图像特征和彩色图像特征，其中包括亮度、饱和度、色相，通过这些特征对 35 种飞蛾进行识别，再通过比较多种机器学习的分类算法和不同的特征组合，最后发现将所有特征都组合在一起后，并使用支持向量机对飞蛾进行自动识别，准确度高达 85%，比直接运用 DAISY 软件进行分析的效果要更好。

2015 年杨和平等将蝶角蛉作为研究样本，研发出了一个昆虫自动鉴定系统的构建平台，使分类学工作者能够依据形状和颜色这两大类特征，通过简便的操作，构建特定昆虫类群的物种自动识别系统。这个系统能够根据昆虫的形状或颜色特征图像，自动输出昆虫物种的鉴定结果，以及识别准确，并能够由分类学工作者对系统进行修订、补充和完善。并且开发一个网络版的昆虫图文检索查询系统。更有研究人员提取不同昆虫的不同颜色、形态、纹理的数字化特征，利用昆虫多特征综合的方法进行自动识别，并且准确度比单一特征高（齐丽英，2009）。多特征综合的方法也为今后的昆虫特征的数字化提取提供了很好的思路，完善了单一特征无法充分利用昆虫图像信息的缺陷，提高了昆虫自动识别的准确性。

2 识别模型的构建

识别模型的构建步骤包括图像预处理、特征的提取、数据的筛选、分类器的训练以及结果的检测，这种模型构建的方式被广泛地运用在昆虫自动识别的过程中，且在识别标本图像时的准确度高，操作较为简单。主要的识别模型的构建方法有模板匹配法、主成分分析法、核判断法、人工神经网络和支持向量机。

2.1 模板匹配法

模板匹配法就是将未知昆虫与已知昆虫的特征进行比对，找到相似度最高的种类。早期刘景东（1996a）就通过手绘图实现了模板匹配法，以手绘图为模板，自动鉴别昆虫。而中国农业大学的沈佐锐等（1998）早期提出的提取数字形态学特征，再通过特征逐个对比也属于模板匹配法。高伟（2016）提出了通过模板匹配的方式对昆虫形状进行识别，实验表明该方法对昆虫识别具有很好的鲁棒性。

2.2 主成分分析和核判别分析法

模板匹配法是比较经典的一种分类方法，针对于不同种类之间的鉴定，区分准确度不高且工作数据量大，在之后提出的主成分分析法和核判别分析法中对于提取出来的数据进行分类筛选出一些指标数据，通过分析。可以过滤一些无关的信息，减少噪声的干扰。减低模型的计算量，达到简易，精确的目的。主成分分析法是一种线性的统计学分析法。Weeks 等提出了一种基于图像的昆虫标本识别的新方法，利用主成分自动联想记忆的能力，形成可训练的分类器，可用于识别未知图像，通过实现对寄生蜂的翅脉特征的识别实验证明主成分分析法已经应用于寄生蜂的物种鉴定（Weeks *et al.*，1999）。但是主成分分析法对于图像的要求较高且如果数据量增加则会导致精确度的下降。核判别分析法是一种非线性的统计学分析法，可实现非线性的样本识别，对于边缘类别具有较好的区分能力，但是对于小类别之间差异的区分不够精确（Weeks *et al.*，2000）。

2.3 机器学习法

在构建识别模型的过程中，机器学习方法也是一种应用较为广泛的方法。该方法通过对已有的数据进行学习和类比，计算机能够得出隐形的表达式，使得自动识别的性能更加完善和稳定。其代表主要有人工神经网络和支持向量机法。

2.3.1 人工神经网络

人工神经网络（Artificial Neural Networks）是一种模仿动物神经网络行为特征，进行分布式并行信息处理的算法数学模型，具有自学习功能，联想存储功能以及高速寻找优解的优点。在20世纪80年代，J. Hopfield揭示了人工神经网络所具有的自动识别的潜能，在之后几年的时间里有了突破性的成就，从而形成了人工神经网络识别方法，主要包括前馈网络、竞争网络以及递归联想存储网络。李振宇（2005）建立人工神经网络对蚊虫的种类进行了识别。杨红珍等（2008）基于颜色特征使用人工神经网络开发出的蝴蝶自动鉴定系统在对43种蝴蝶的鉴定上准确度达到95.2%。Wang等（2012）运用人工神经网络——径向基神经网络算法对提取的蝴蝶翅膀颜色特征进行识别，实现了对43种蝴蝶的自动识别，且准确率高达95.2%。周爱明等（2017）在实验后得到了深度学习的蝴蝶识别模型比传统模式具有更好的泛化能力。

专家学者也将人工神经网络运用到害虫的识别当中，2010年实现了人工神经网络在储粮害虫中的分类识别（Zhang *et al.*，2010）。通过应用深层卷积神经网络（DCNN）的学习，提出了一种用于农业害虫的定位和分类的方法，在稻田的测试中，这种体系结构达到了95.1%的平均精度，比以前的方法有了显著的改进（Liu *et al.*，2016）。

人工神经网络在总科的角度对昆虫进行分类也达到了理想的效果。杜瑞卿等（2007）对鳞翅目和鞘翅目的23种虫体的图像进行分析，提取出了似圆度、球状性和周长等11项数字形态特征，运用粗糙神经网络分析法分析，结果表明该识别分类方法与赵汗青等的分析结果大多数一致，与传统分类结果完全一致。运用粗糙集神经网络较统计学方法更有优势，进行昆虫的数字形态特征分类的可行度高。

为了让识别具有更好的准确性，研究人员将多种分类方法相结合构建新的分类方法。蔡小娜等（2013）为了探讨人工神经网络可以在昆虫分类中实现。提出将数学建模和主成分分析法相结合改进人工神经网络。使用夜蛾科的6种昆虫进行验证。首先使用Bugshape提取出6种蛾类昆虫，一共180个右前翅的13项具有数字形态学特征的数据。在将得到的数据利用主成分分析法重新筛选组合出新的指标数据，最后在BP神经网络分类器上结合主成分分析。结果表明使用这种方法有着很好的分类和鉴别作用。但是神经网络具有一些缺点，容易出现一些过学习的现象，并且它的高度复杂性使它不可能精准的分析每一项，这让它的使用具有局限性。

2.3.2 支持向量机

支持向量机（Support Vector Machine）是以统计学理论为基础发展起来的一种非线性的机器学习方法（Vapnik，1995）。该方法针对小样本数据，它的非经验风险最小，能够很好地解决过学习的问题，并且具有良好的鲁棒性和推广能力优异等特点，深受广大学者的喜爱。

张红梅（2005）通过提取仓储物害虫图像的特征，使用支持向量机进行分类识别。结果表明识别准确度高，为仓储害虫的快速识别提供了新的思路。廉飞宇等（2006）基于小波对储粮害虫图像进行特征提取，提出了一种基于向量机组的淘汰法，算法具有很好的鲁棒性。郝中华（2010）通过实验得到采用二叉树和支持向量机相结合的方法进行分类，验证了这一方法的可行性。南京农业大学的谢堂胜等（2016）利用野外自制的采集器采集到白背飞虱的131张图像，每个图像提取出88个特征值，并建立起了支持向量机的识别模型，可以达到白背飞虱的自动识别。支持向量机虽然拥有众多优点，但是缺点也很明显。首先它难以实施大规模的训练样本，并且经典的支持向量机算法只给出了二分类的算法，不能解决多分类的问题。

3 目前存在的问题与展望

当前，昆虫自动识别技术相对于人脸识别和指纹识别等技术还不够完善，许多的方法还停留在借鉴或者完全复制其他识别技术的程度。本文所叙述的这些方法均处在探索的阶段，并非最适合于昆虫自动识别系统的构建。从过往的研究来看，仅从单一特征提取和通过一种算法还无法精确的鉴定昆虫种类。但结合多种方法的识别技术在鉴定准确度上有着更高的准确度和更大的优势，多方法结合仍是未来主要的研究方向。综合分析过这些方法后，我们还总结了在今后研究过程中可能会遇到的问题以及对未来研究方向的展望。

首先，在野外的昆虫图像中去噪处理技术不完善，还无法直接通过程序处理好光照、阴影、树叶等其他物体的干扰，不能自动提取出昆虫图像或者对于识别有价值的数据，这是今后实现昆虫全自动识别的一大难题。

其次，对于昆虫的数字化特征的提取仅针对二维的特征如颜色、翅脉交点等，对于三维特征的提取和分析目前还没有学者进行研究，而三维特征的提取对于昆虫在野外拍摄得到的各种图像如前后左右，或者昆虫飞翔及停留在树枝上的姿态，收翅和展翅时的形态等进行的自动识别将有着突破性的进展，能够提取三维特征对于全自动识别昆虫有着很大的帮助。

再次，目前研究人员开发的算法具有局限性，仅适用于研究的一种或者几种昆虫，而并非绝大多数昆虫，且需要足够多的标本数才能起到模板作用，机器的学习能力仍需加强。单纯的增加多种昆虫的算法则会加大了计算机的数据处理，对于分类模型的构建造成了困难，数据处理时间过长，应该考虑如何调整权值实现昆虫自动识别。

最后，昆虫自动识别目前仍处于半自动识别阶段，并非全自动。研究者将图像中提取好的数据进行筛选得到指标数据，再通过分类算法进行模型的构建，以及模型的检验，最后才能使用。对于使用者来说，需要自己进行图像的采集以及数据的提取，这无疑提高了使用者的基础。由于鉴定算法的普遍适用度低，今后应加强编写各步骤之间自动执行的程序，实现全自动识别昆虫。

参考文献

蔡小娜，黄大庄，高灵旺．2013. 用于昆虫分类鉴定的人工神经网络方法研究：主成分分析与数学建模［J］. 生物数学学报，1：23-33.

陈渊，丰锋，袁哲明．2011. 改进支持向量分类用于蝶类自动鉴别［J］. 昆虫学报，54（5）：609-614.

董学超．2014. 数字形态特征在夜蛾科昆虫分类鉴定上的应用研究［D］. 保定：河北农业大学．

杜瑞卿，褚学英，王庆林，等．2007. 粗糙集神经网络在昆虫总科阶元分类学上的应用［J］. 中国农业大学学报，12（1）：33-38.

高伟，周龙．2016. 基于昆虫形状识别的分析与研究［J］. 科研，19：318.

郝中华．2010. 基于图像模式识别技术的实蝇昆虫分类识别研究［D］. 昆明：昆明理工大学．

黄铉．2006. 小波变换在多媒体图像检索中的应用研究［D］. 成都：西南交通大学．

李阳 . 2016. 几何形态测量学与数字形态特征学在夜蛾科昆虫分类上的研究 [D]. 保定：河北农业大学 .

李振宇，周祖基，沈佐锐，等 . 2005. 人工神经网络在蚊虫自动鉴定中的应用 [J]. 四川农业大学学报，23（4）：411-416.

廉飞宇，张元 . 2006. 基于小波变换压缩和支持向量机组的储粮害虫图像识别 [J]. 河南工业大学学报，27（1）：21-24.

刘芳，沈佐锐，张建伟，等 . 2008. 基于颜色特征的昆虫自动鉴定方法 [J]. 昆虫知识，45（1）：150-153.

潘鹏亮，沈佐锐，杨红珍，等 . 2008a. 三种绢蝶翅脉数字化特征的提取及初步分析 [J]. 动物分类学报，33（3）：566-571.

潘鹏亮，杨红珍，沈佐锐，等 . 2008b. 翅脉的数学形态特征在蝴蝶分类鉴定中的应用研究 [J]. 昆虫分类报，30（2）：151-160.

齐丽英 . 2009. 基于多特征综合的昆虫识别研究 [J]. 安徽农业科学，37（3）：1380-1387.

沈佐锐，于新文 . 1998. 昆虫数学形态学研究及其应用展望 [J]. 昆虫学报（41）：140-148.

王之岭 . 1996. 植检害虫图文信息及鉴定辅导系统 PQ-INFORMIS 的研制与应用 [D]. 北京：中国农业大学 .

吴宏华，张红燕，陈渊 . 2014. 基于支持向量机的昆虫数值化鉴定 [J]. 中国农学通报，30（7）：286-291.

谢堂胜，刘德营，陈京，等 . 2016. 白背飞虱智能识别技术研究 [J]. 南京农业大学学报，39（3）：519-526.

杨和平 . 2015. 昆虫自动识别系统及网络版昆虫图文检索查询系统的研究 [D]. 北京：中国农业大学 .

杨红珍，沈佐锐，李湘涛 . 2011. 昆虫自动鉴定技术研究与展望 [J]. 四川动物，30（5）：834-838.

杨红珍，张建伟，李湘潭，等 . 2008. 基于图像的昆虫远程自动识别系统的研究 [J]. 农业工程学报，24（1）：188-192.

于新文 . 1999. 昆虫图像数字技术的研究开发 [D]. 北京：中国农业大学 .

张红梅 . 2005. 基于支持向量机的仓储物害虫分类识别研究 [J]. 计算机工程与应用，41（9）：216-218.

张建伟 . 2006. 基于计算机视觉技术的蝴蝶自动识别研究 [D]. 北京：中国农业大学 .

赵汗青，沈佐锐，于新文 . 2002. 数学形态特征应用于昆虫自动鉴别的研究 [J]. 中国农业大学学报，7（3）：38-42.

周爱明，马鹏鹏，席天宇，等 . 2017. 基于深度学习的蝴蝶科级标本图像自动识别 [J]. 昆虫学报，60（11）：1339-1348.

Adam T J. 2004. Draw Wing, a Program for Numerical Description of Insect Wings [J]. Journal of Insect Science, 4 (1): 17.

Albrecht A, Kaila L. 1997. Variation of Wing Venation in Elachistidae (Lepidoptera: Gelechioidea): Methodologyand Implications to Systematics [J]. Systematic Entomology, 22: 185-198.

Baudat G, Anouar F. 2000. Generalized discriminant analysis using a kernel approach [J]. Neural computation, 12 (10): 2385-2404.

Daly H V, Homelmer K, Norman P, *et al.* 1982. Computer assisted measurement and identification of honey bees [J]. Annals of the Entomological Society America, 75 (6): 591-594.

Zhang H, Hu Y. 2010. Extension Theory for Classification of Stored-Grain Insects [C] //International Conference on Machine Vision & Human: 758-760.

Harris C, Stephens M. 1988. A combined corner and edge detector [C] //Alvey vision conference, 3: 147-151.

Houle D, Mezey J, Galpern P, *et al.* 2003. Automated measurement of Drosophila wings [J]. BMC Evolutionary Biology, 3 (1): 25.

Kadir T, Brady M, Saliency. 2001. Scale and image description [J]. International Journal of Computer Vision, 45 (2): 83-105.

Lamdan Y, Schwartz J T, Wolfson H J. 1988. Object Recognition by Affine Invariant Matching [C] // IEEE Conference on Computer Vision and Pattern Recognition, 335-344.

Lindeberg T. 1998. Feature Detection with Automatic Scale Selection [J]. International Journal of Computer Vision, 30 (2): 79-116.

Liu J D. 1996a. How to Construct the Expert System for Species Identification Using Venation of Tortricinae (Lepidoptera) [J]. Insect Science, 3 (2): 133-137.

Liu J D. 1996b. The Expert System for Identification of Tortricinae (Lepidoptera) Using Image Analysis of Venation [J]. Insect Science, 3 (1): 1-8.

Lokman K, Yilmaz K. 2014. Application of artificial neural network for automatic detection of butterfly species using color and texture features [J]. The Visual Computer, 30 (1): 71-79.

Lokman K, Yilmaz K. 2014. A vision system for automatic identidication of butterfly species using a grey-level co-occurrence matrix and multinomial logistic regression [J]. Zoology in the Middle East, 60 (1): 57-64.

Lowe D G. 2004. Istinctive image features from scale-invariant keypoints [J]. International journal of computer vision, 60 (2): 91-110.

MacLeod N. 2007. Automated Taxon Identification in Systematics: Theory, Approaches and Applications [M]. London: CRC Press: 69-88.

Matas J, Chum O, Urban M, *et al.* 2004. Robust wide baseline stereo from maximally stable extremal regions [J]. Image & Vision Computing, 22 (10): 761-767.

Mayo M, Watson A T. 2007. Automatic species identification of live moths [J]. Knowledge-Based Systems, 20 (2): 195-202.

Mikolajczyk K, Schmid C. 2011. Indexing based on Scale Invariant Interest Points [C]. Eigth International Conference on Computer Vision: 525-531.

Mikolajczyk K, Schmid C. 2002. An Affine Invariant Interest Point Detector [C]. in Seventh European Conference on Computer Vision: 128-142.

Tiago Mauricio F, Pedro Roberto Rodrigues P, Lionel Segui G, *et al.* 2006. Morphometric differences in a single wing cell can discriminate *Apis mellifera* racial types [J]. Inra/Dib-Agib/Edp Sciences, 37: 91-97.

Tuytelaars T, Gool van L J. 2000. Wide Baseline Stereo Matching Based on Local, Affinely Invariant Regions [C] //British Machine Vision Conference: 61-85.

Tuytelaars T, Gool van L J. 2004. Matching Widely Separated Views based on Affinely Invariant Nighbourhoods [J]. International Journal of Computer Vision, 59 (1): 61-85.

Vapnik V N. 1995. The nature of statistical learning theory [M]. New York: Springer Verlag Press: 87-189.

Wang J, Lin C, Ji L, *et al.* 2012. A new automatic identification system of insect images at the order level [J]. Knowledge-Based Systems, 33: 102-110.

Wang J, Ji L, Liang A, *et al.* 2012. The identification of butterfly families using content-based image retrieval [J]. Biosystems Engineering, 111 (1): 24-32.

Weeks P J D, Oneill M A, Gaston K J, *et al.* 1999. Species-identification of wasps using principal component associative memories [J]. Image and Vision Computing, 17 (12): 861-866.

Weeks P J D, Gauld I D, Gaston K J, *et al.* 1997. Automating the identification of insects: a new solution to an old problem [J]. Bulletin of Entomological Research, 87 (2): 203-211.

Yilmaz K, Lokman K, Ramazan T. 2013. A Computer Vision System for the Automatic Identification of Butterfly Species via Gabor-Filter-Based Texture Features and Estreme Learning Machine: GF+ELM [J]. Tem Journal, 2 (1): 13-20.

Liu Z, Gao J, Yang G, *et al.* 2016. Localization and Classification of Paddy Field Pests using a Saliency Map and Deep Convolutional Neural Network [J]. Sci Rep, 6: 20410.

Zhu L Q, Zhang Z. 2010. Auto-classification of insect images based on color histogram and GLCM [C] //International Conference on Fuzzy Systems and Knowledge Discovery, 6: 2589-2593.

Zienkiewicz O Z, Chan A H, Pastor M, *et al.* 1999. Computational geomechanics [J]. Wiley & Sons, 2: 80A.

苹果蠹蛾的分布及防控*

吴永美[1**]，金　彪[2]，谷志容[2***]
（1. 湖南农业大学植物保护学院/植物病虫害生物学与防控湖南省重点实验室，长沙　410128；2. 湖南八大公山国家级自然保护区管理处，桑植　427100）

摘　要：苹果蠹蛾是我国一种重要的检疫性害虫，可为害多种经济果树，造成较大的经济损失。在我国主要分布于新疆、甘肃等北部地区，一直呈现扩散趋势。多年以来，对于苹果蠹蛾的监测及其防控一直是研究的热点领域。本文综述了近年来有关苹果蠹蛾鉴别特征、扩散传播及其防控措施的相关研究，旨在为苹果蠹蛾的识别、拦截、监测及防控等提供一定的参考。

关键词：苹果蠹蛾；鉴别；分布；综合防控

The Distribution and Control of *Cydia pomonella*（L.）

Wu Yongmei[1**]，Jin Biao[2]，Gu Zhirong[2***]
（1. *College of Plant Protection*，*Hunan Agricultural University/Hunan Provincial Key Laboratory for Biology and Control of Plant Diseases and Insect Pests*，*Changsha* 410128，China；
2. *Badagongshan National Nature Reserve*，*Sangzhi* 427100，China）

Abstract：*Cydia pomonella*（L.） is an important quarantine pest in China，which can harm a variety of economic fruit trees and cause greater economic losses. In China，it is mainly distributed in northern areas such as Xinjiang and Gansu，and it has been expanding and spreading. For many years，the monitoring and control methods of the codling moth have been a hot field of research. This paper reviews the identification characteristics，diffusion methods，propagation processes and prevention and control measures of the codling moth，and provides some reference for the identification，interception，monitoring and prevention of the codling moth.

Key words：*Cydia pomonella*（L.）；Identification；Distribution；Control

苹果蠹蛾 *Cydia pomonella*（L.）俗称苹果小卷蛾，隶属于鳞翅目 Lepidoptera 卷蛾科 Tortricidae 小卷蛾属 *Cydia*。苹果蠹蛾是一种钻蛀害虫，食性杂，有很强的适应性、抗逆性和繁殖能力，是世界上最重要的毁灭性果树害虫之一（张学祖，1957）。苹果蠹蛾主要以其幼虫为害苹果、梨、桃、杏、沙果和核桃等经济果树的果实（尚素琴等，

---

* 基金项目：湖南农业大学与八大公山国家级自然保护区合作研究项目
** 第一作者：吴永美，硕士研究生，主要从事昆虫生物学相关研究；E-mail：1254557674@ qq. com
*** 通信作者：谷志容，高级工程师，主要从事生态学相关研究；E-mail：472903383@ qq. com

2018；张艳玲等，2018）。其中对苹果与梨的蛀果率普遍在50%以上，严重时高达70%~100%。除南极洲外，其他各大洲均有其分布，覆盖了绝大部分的苹果与梨种植区（房阳，2017）。自20世纪50年代首次在我国发现苹果蠹蛾以来，疫情便呈现不断扩张的趋势，至今，已经在新疆、甘肃等7大省（自治区）监测到了苹果蠹蛾疫情（赵彤等，2017）。

由于苹果蠹蛾为害具有一定的隐蔽性，化学农药的使用量一直难以控制，苹果蠹蛾的抗药性不断增加，引发了一系列的环境污染及食品安全等问题（杨雪清等，2014）。因此近年来研究的苹果蠹蛾防治技术大多是环境友好型的，如昆虫病原线虫、昆虫不育技术、苹果蠹蛾颗粒体病毒（CpGV）、性信息素等，更有研究表明在果园内每20天在叶面施用微剂量蔗糖可以部分防止苹果蠹蛾在叶片上产卵（Odendaal D *et al.*，2016；Waal J Y D *et al.*，2017；Arnault I *et al.*，2017）。作者通过查阅文献和相关资料等从以下几个主要方面对苹果蠹蛾进行综述，以期为苹果蠹蛾的识别、拦截、监测及防控等提供一定的参考。

1　苹果蠹蛾的鉴别特征

苹果蠹蛾的鉴别是进行监测、拦截和防控的前提，自1957年来张学祖等（张学祖，1957；赵星民等，2011；李腾等，2013；邓珊珊等，2015）都有对苹果蠹蛾的各个虫态特征进行了记录。

卵呈椭圆形，较透明，长1.1~1.2mm，宽0.9~1mm，与李小、梨小、白小和桃小食心虫的卵相比较，此虫的卵最大，中央部分略微凸起，无明显纹路，是其主体组成部分。随着卵的发育，中央部分呈现出黄色，并显现出一圈不连续的红色斑点，慢慢连成完整的一圈，称此阶段为红圈期。

幼虫共分5龄，刚孵化的幼虫通体呈淡黄白色，发育后逐渐转为淡红色，老熟幼虫体长14~18mm，各龄期幼虫头部皆为黄褐色。苹果蠹蛾前胸盾片为淡黄色，并有较规则的褐色斑点，侧毛组有3根刚毛。腹部末端无臀节是其与桃小食心虫、梨大食心虫、桃蛀螟等的幼虫形态的主要区别。

蛹长7~10mm，黄褐体色，在羽化前期会转变为黑色；复眼黑色，触角雄性较雌性较长，到达中足末端，雌虫未到达，第2~7腹节背面的前后都具有1排整齐的刺，第8~10腹节仅有1排刺，肛门两侧和腹部最后面都长有钩毛，分别为2根、6根，共10根。

成虫体长约8mm，翅展15~20mm，体呈灰褐色并略带紫色光泽，雄性颜色较深，雌性较浅。头部具有发达的灰白色鳞片丛，触角丝状，长度不到前翅前缘的一半，下唇须向上弯曲，达于深棕褐色复眼的前缘毛，单眼周缘为黑色。背面鳞片平复，腹面粗糙，外侧淡灰褐色，内侧黄白色。翅基部淡褐色，此褐色部分之外缘突出略呈三角形，在此区内有较深的斜行波状纹。雄虫前翅腹面沿中室后缘有一长条黑褐色鳞片，雌虫无。前翅臀角处有深色大圆斑，有3条青铜色条纹在其内，其间显出5条褐色横纹。

2 苹果蠹蛾的分布

苹果蠹蛾的扩散方式主要有两种：一为自然扩散，即羽化后自身迁飞，风力和气流对它的远距离传播也有一定的促进作用，但苹果蠹蛾在田间最大飞行距离只有500m左右，自身扩散能力较差；二是人为传播，也是目前苹果蠹蛾扩散传播的主要途径，以其幼虫或蛹伴随进口果实或旅客私自携带的果品等远距离传播侵入非疫区（罗进仓等，2015；赵琴娃等，2015；吉林省植物检疫站，2016）。

2.1 原产地与世界分布

苹果蠹蛾原产于欧亚大陆中南部，原先是与其寄生的野生大苹果共同生存在有限的范围之内，与野生大苹果协同进化，随后野生大苹果被人类所移栽驯化后便在世界范围内广泛种植，苹果蠹蛾亦随之肆虐（林伟等，1996）。目前，苹果蠹蛾主要分布在30°N和30°S之间，如欧洲绝大部分，南美洲西部和南部，北美洲的加拿大南部和美国南部与墨西哥北部，非洲北部，澳洲的澳大利亚，亚洲的哈萨克斯坦、巴基斯坦、伊朗、以色列、叙利亚和中国北部等地区（徐婧等，2015；Chen *et al.*，2017）。

2.2 苹果蠹蛾在我国的扩散

我国于1957年首次对该虫进行了报道，当时我国仅在新疆地区有分布，但首次传入我国的时间、途径和方式不详（张学祖，1957）。发现该虫之后，新疆地区采用了DDT乳剂喷洒和DDT油剂浸制药带后束于树干上，以及收拾落果等方式来防治苹果蠹蛾，将苹果蠹蛾控制在了新疆（张学祖等，1958）。1987年，随着改革开放不断深入，国民经济迅速腾飞，地区间经济贸易频繁，旅游的人也越来越多，苹果蠹蛾也乘此经旅客携带的果品传入了甘肃省敦煌市，在新疆地区控制了30多年之久的苹果蠹蛾首次扩散至外省（秦晓辉等，2006）。至今，已经在新疆、甘肃、内蒙古、黑龙江、宁夏、吉林、辽宁7大省（自治区）发现了苹果蠹蛾疫情（张学祖，1957；秦晓辉等，2006；李峰等，2011；张润志，2011；杨雪清等，2014；可欣等，2016）。

3 苹果蠹蛾的防控

苹果蠹蛾对果实为害甚重，其幼虫会进入果内蛀食，且还有转果为害的特性，在苹果蠹蛾发生严重的果园，虫果率可高达100%（张煜等，2017）。由于其主要在果内为害，故外界的环境变化对其影响非常有限，各种杀虫剂也难以达到理想的防治效果，多次施药不仅使其产生了非常高的抗性水平，也导致较高的化学残留（周进华等，2014；Chen *et al.*，2017）。根据评估蠹蛾的为害特点，综合相关研究，苹果蠹蛾的综合防控技术主要包括植物检疫、农业防治、诱杀、物理和生防几个方面。

3.1 严格植物检疫

严格植物检疫是苹果蠹蛾防控工作中至关重要的一步，防患于未然，阻断其传播扩散。苹果蠹蛾会将卵产在果实、叶片等处，且果实中还可能携带未脱果的苹果蠹蛾幼虫（杜磊等，2012a；杜磊等，2012b）。因此必须严格果木，果品调运的检疫以及旅客随身携带的各种果品，以防止该虫随果品、寄主植物传播扩散，凡是苹果蠹蛾寄主植物及果实调运前应严格按照有关规定进行检疫，将苹果蠹蛾拦截在疫区（张艳玲等，

2018）。

3.2 农业防治

果园管理主要适用于中、小型果园。果园管理的主要措施有：①清理果园：果树上的虫果及地上的落果中含有未脱果的苹果蠹蛾幼虫，及时将虫果和落果清除，防止其转果为害（杜磊等，2012b）。同时应对果园中的草丛、纸箱、废弃的木材、化肥袋等一切可能为苹果蠹蛾越冬提供场所的地方进行清理，降低来年虫口基数（高春茹等，2012；蔡明，2016）。②清除老树翘皮：苹果蠹蛾主要以老熟幼虫在老翘树皮下及树洞中越冬，在冬季果园休眠期清除果树上的老树翘皮，清除虫体（张艳玲，2018；王福祥等，2012）。③果实套袋：在苹果蠹蛾越冬代成虫的产卵盛期前，实行果实套袋，阻止该虫蛀果为害（周进华等，2014；刘延杰等，2015）。④束草、布环诱集幼虫：为苹果蠹蛾老熟幼虫提供舒适的越冬场所，诱其结茧越冬，然后再取下集中烧毁（乌尔列吾别克·吾阿力汗，2015）。

3.3 物理防治

利用昆虫的趋光性和趋化性等对苹果蠹蛾进行诱杀，主要有黑光灯诱杀和信息素诱杀。

黑光灯诱杀：架设杀虫灯诱杀成虫，黑光灯设置密度为每 1.67hm^2 果园设置 1 盏，呈棋盘式或闭环式分布，安放高度以高出树冠为宜（刘志宏，2015；郭文超等，2015；雷彩霞等，2016）。

利用性信息素和诱捕器相结合的方式诱杀苹果蠹蛾雄性成虫是现在常见的防治手段，现今使用的诱捕器主要有水盆式诱捕器、三角式诱捕器、喇叭式诱捕器，其中喇叭式诱捕器较其他两种诱捕效果更好，可有效克服气候的影响，且制作简单，安装方便、成本不高（李岩峰等，2017）。诱捕器的设置密度一般为2~4个/亩，发生较重的地方，可增加设置诱捕器的数量（马宇含等，2017）。现在的性信息素释放技术还有待改进，有研究证明：减少信息素浓度、分配操作时间和分配器的频率可达到与平时一样的防治效果，相比于常规操作更经济（Mcghee *et al.*，2016）。利用信息素诱捕一般是针对雄性，防治效果有一定的限制性。如今虽然已研究出了能够同时引诱雌雄两性的苹果蠹蛾的激素诱饵，但还需与其他措施配合使用效果才会更好，如诱剂与杀虫剂的结合对苹果蠹蛾吸引和杀灭同时进行（Stará *et al.*，2007；Jaffe *et al.*，2018）。

3.4 化学防治

目前，世界上很多国家防治苹果蠹蛾常用的杀虫剂包括有机磷类如甲基毒死蜱；拟除虫菊酯类如高效氯氟氰菊酯；氨基甲酸酯类如西维因；阿维菌素类；氯代烟碱类如噻虫啉；昆虫生长调节剂如氟虫脲等（杨雪清等，2014）。具体如在老熟幼虫脱果始期，在树干上抹48%乐斯本消灭越夏越冬幼虫（赵星民等，2011）。在苹果蠹蛾幼虫发生期，用2.5%敌杀死乳油或者用3%的高渗苯氧威进行全园喷雾，每15~20天喷1次，虫果率可控制在3%以下，从而达到有效控灾的目的（秦占毅等，2007；闫玉兰，2008）。应注意不同地区，防治时期有所差异，不同药剂类型和不同作用机理的农药轮换使用。

3.5 生物防治

利用天敌来防治害虫越来越广泛，已经报道的苹果蠹蛾寄生性天敌昆虫主要有光点瘤姬蜂、蠹蛾玛姬蜂、广赤眼蜂、红足微茧蜂、凹腹双短翅金小蜂、全北群瘤姬蜂、四齿革茧蜂等（房阳，2017）。其中利用赤眼蜂来防治苹果蠹蛾卵是我国常用的生物防治方法，因其对苹果蠹蛾卵有寄生性，在苹果蠹蛾成虫产卵初期统一释放赤眼蜂卡，置于果树上部叶片背面，使赤眼蜂寄生在苹果蠹蛾卵内，降低苹果蠹蛾幼虫的孵化率，降低幼虫基数，从而有效防治苹果蠹蛾（可欣等，2016）。用寄生蜂对苹果蠹蛾防治，有许多限制因子，所以目前并没有大面积使用寄生蜂防治苹果蠹蛾（吴正伟等，2015）。在使用寄生蜂防治苹果蠹蛾方面还需多加研究，筛选出寄生率更高且适合工厂化生产的寄生蜂种群。

昆虫不育技术是一种环境友好可作为大面积害虫综合治理的防治技术，是以压倒性比例释放不育昆虫来减少田间同种害虫繁殖量的害虫治理方法。自 1992 年起加拿大不列颠哥伦比亚开始实施昆虫不育技术防治苹果蠹蛾，截至 2003 年有 97.2%的果园能够将为害控制在 0.5%以下（Bloem *et al.*，2010）。使用昆虫不育技术的前提是需要事先大规模饲养苹果蠹蛾，但是大规模饲养苹果蠹蛾技术在我国还尚未成熟，利用苹果蠹蛾不育技术控制其种群数量还有待进一步的深入研究。

昆虫病原线虫可携带共生菌主动搜索寄主，通过昆虫口、肛门、气孔、节间膜及伤口进入体腔，其大量繁殖造成宿主组织损伤最终死亡（Liu *et al.*，2000）。昆虫病原线虫具有选择性，对非靶标生物无害，流动性低，对周围环境无不利影响，且能够在隐蔽处定位害虫，亦不会产生抗药性问题（Waal *et al.*，2017）。但在昆虫病原线虫的实际应用中，最主要的限制性因素在于侵染期线虫侵入寄主时的低温与干燥环境，极端环境下极容易引起线虫失活，应尽量避免暴露在紫外线辐射和高温下的时间，空气中还需保持一定的湿度，应用的主要时间是凌晨或傍晚（Odendaal *et al.*，2015）。

迷向防治技术已经成为一种切实可行并广泛应用的害虫管理技术，具有高效无毒、不伤天敌、环境友好等优点。迷向防治技术，又称阻断交配防治技术，利用迷向散发器释放高浓度的人工合成昆虫性信息素使雄虫无法定位雌虫，降低雌雄交尾比率，减少雌虫产下有效卵，从而达到防治苹果蠹蛾的效果（夏尚有，2017）。但是这种技术在小于 $16hm^2$ 的果园时防治效果不明显，并且初始种群密度要较低，如果蛀果率较高，在进行迷向防治时，必须在苹果蠹蛾发生前期辅以化学防治，才能取得较好效果的影响，还会受到受气候、果园面积、果园形状等多种因素的影响（Witzgall *et al.*，2008；Mcghee *et al.*，2016；赵彤，2017）。

4 总结与讨论

我国的苹果、香梨等都是极其重要的经济水果，现在因检疫问题对我国果品出口诸多限制，而一些也有检疫性害虫的国家则会要求我国放低进口要求，但放低要求将对我国的产业构成严重的威胁（全国苹果蠹蛾研究协作组，1994；秦晓辉等，2006）。不仅是苹果蠹蛾在为害着我国的水果产业，美国白蛾、李小食心虫、梨小食心虫等都会对果实造成巨大的为害，必须加大对其的控制力度，同时也应对尚未入侵我国的国外检疫性生物保持警惕。

苹果蠹蛾在我国发生 1~4 个世代，但不同地区也有所不同，如在温度较低的辽宁、黑龙江等地一年只发生 2 代，而在新疆某些地区一年可发生 4 代，这也就意味着各个地区的最佳防治时间存在差异，当因地制宜。除了防控工作，更为重要的是人的主观能动性，应当加强社会舆论宣传引导，充分利用广播、电视、报刊、网络等舆论向全社会进行宣传，让广大群众从认识苹果蠹蛾到主动防控苹果蠹蛾才能杜绝出现由于旅客私自携带果品等而导致检疫性害虫传播扩散的情况（王春林等，2009；蒋丙军，2014）。

自 1957 年首次报道苹果蠹蛾的发生以来，国内多数的研究集中在苹果蠹蛾的发生与防治技术上，以及生物学、检疫、性信息素、田间生态研究等，但在其幼虫的各个龄期上的具体研究和在我国的潜在分布还未见报道。近年来，生物源农药方面是研究的热门领域如性信息素、CpGV、昆虫病原线虫、病原细菌等，而苹果蠹蛾的颗粒病毒及不育技术在我国鲜有报道。虽然苹果蠹蛾的防控工作一直在持续，但是如今苹果蠹蛾已经在我国新疆、甘肃、内蒙古、宁夏、黑龙江、吉林、辽宁 7 大省（自治区）均有分布，且还呈现不断扩张的趋势。

近年来我国推行专业化统防统治，坚持“预防为主、综合防治”的植保方针，树立“科学植保、公共植保、绿色植保”理念，实现病虫综合治理、农药减量控害，促进农业绿色可持续发展。由专业人员来操作，这不仅解决了农民乱用药、不会用药、不知何时防治等问题，更有利于我国农业发展，无论从转变农业发展方式或是解决农民防病治虫难的现实需要来看，专业化统防统治都将是农业植保发展的方向。

参考文献

蔡明 . 2016. 苹果蠹蛾的发生与防控［J］. 新农业（20）：32-33.

邓姗姗 . 2015. 寒地苹果蠹蛾防治技术［J］. 农民致富之友（1）：69.

杜磊，柴绍忠，郭静敏，等 . 2012a. 苹果蠹蛾成虫产卵特性［J］. 应用昆虫学报，49（1）：70-79.

杜磊，刘伟，柴绍忠，等 . 2012b. 苹果蠹蛾的蛀果与脱果特性［J］. 应用昆虫学报，49（1）：61-69.

房阳 . 2017. 辽宁省苹果蠹蛾发生特点、抗药性及综合防控技术研究［D］. 沈阳：沈阳农业大学 .

高春茹，石洁泉，刘永宏 . 2012. 苹果蠹蛾的为害症状及综合防治技术［J］. 现代农业科技（17）：138-138.

郭文超，吐尔逊 · 艾合买提，付开赟，等 . 2015. 新疆荒漠绿洲生态区苹果蠹蛾生物学、生态学和防治技术研究与应用进展［J］. 生物安全学报，24（4）：274-280.

蒋丙军 . 2014. 秦安县苹果蠹蛾疫情防控对策及建议［J］. 农业科技与信息（10）：52-52.

吉林省植物检疫站 . 2016. 检疫性有害生物——苹果蠹蛾［J］. 吉林农业（17）：46-46.

可欣，刘建斌，李新，等 . 2016. 彰武县苹果蠹蛾发生特点与综合防控措施［J］. 现代农业科技（9）：146-147.

雷彩霞 . 2016. 甘肃张掖梨树主要病虫害无公害防治技术［J］. 果树实用技术与信息（4）：32-33.

李锋，雷银山，陈西宁，等 . 2011. 苹果蠹蛾入侵宁夏的态势分析与监测建议［J］. 植物检疫，

25 (2): 89-90.
李腾，蔡波，宋文，等. 2013. 苹果蠹蛾幼虫的形态与分子鉴定 [J]. 植物检疫，27 (4): 58-61.
李岩峰. 2017. 常用苹果蠹蛾诱捕器与自制喇叭口式诱捕器诱捕效果的对比试验 [J]. 林业科技通讯 (8): 31-32.
林伟，林长军，宠金. 1996. 生态因子在苹果蠹蛾地理分布中的作用 [J]. 植物检疫 (1): 1-7.
刘延杰，林明极，卜海东，等. 2015. 黑龙江省苹果蠹蛾的发生与防治 [J]. 生物安全学报，24 (4): 346-348.
刘志宏. 2015. 检疫性有害生物苹果蠹蛾的发生规律及防控技术 [J]. 中国农业信息 (24): 87-88.
罗进仓，周昭旭，刘月英，等. 2015. 甘肃苹果蠹蛾的发生现状与研究进展 [J]. 生物安全学报，24 (4): 281-286.
马宇含，王小宇，热依汗古丽·斯地克. 2017. 应用生态调控技术防治苹果蠹蛾初探 [J]. 新疆农业科技 (4): 45.
秦晓辉，马德成，张煜，等. 2006. 苹果蠹蛾在我国西北发生为害情况 [J]. 植物检疫 (2): 95-96.
秦占毅，刘生虎，岳彩霞，等. 2007. 苹果蠹蛾在甘肃的生物学特性及综合防治技术 [J]. 植物检疫 (3): 170-171.
全国苹果蠹蛾研究协作组. 1994. 查清我国东部地区无苹果蠹蛾发生 [J]. 植物保护学报，21 (2): 169-175.
尚素琴，柳永花，刘宁，等. 2018. 甲氰菊酯亚致死剂量对苹果蠹蛾 *Cydia pomonella* 解毒酶系的影响 [J]. 果树学报，35 (3): 326-333.
王福祥，刘慧，杨桦，等. 2012. 苹果非疫区建设中的苹果蠹蛾监测与防控 [J]. 应用昆虫学报，49 (1): 275-280.
王春林，王福祥. 2009. 苹果蠹蛾疫情防控阻截动态及思考 [J]. 植物保护，35 (2): 102-104.
乌尔列吾别克·吾阿力汗. 2015. 苹果蠹蛾在阿勒泰地区发生为害的初步研究及防控措施 [J]. 现代园艺 (24): 78.
吴正伟，杨雪清，张雅林，等. 2015. 生物源农药在苹果蠹蛾防治中的应用 [J]. 生物安全学报，24 (4): 299-305.
夏尚有. 2017. 苹果蠹蛾性信息素迷向防治技术效果研究 [J]. 农业科技与信息 (12): 62-63.
徐婧，刘伟，刘慧，等. 2015. 苹果蠹蛾在中国的扩散与为害 [J]. 生物安全学报，24 (4): 327-336.
闫玉兰. 2008. 苹果蠹蛾的生活习性与防治技术 [J]. 中国农技推广，24 (3): 49-50.
杨雪清. 2014. 苹果蠹蛾解毒酶基因的克隆及功能研究 [D]. 杨凌：西北农林科技大学.
张润志，徐婧，杜磊，等. 2011. 苹果蠹蛾在中国的扩散与为害 [C] //. 吴孔明. 植保科技创新与病虫防控专业化——中国植物保护学会 2011 年学术年会论文集. 北京：中国农业科学技术出版社.
张学祖，周绍来，王庸俭. 1958. 苹果蠹蛾的初步研究 [J]. 昆虫学报，8 (2): 136-151.
张学祖. 1957. 苹果蠹蛾 (*Carpocapsa pomonella* L.) 在我国的新发现 [J]. 昆虫学报 (4): 467-472.
张艳玲，孔令军. 2018. 伊犁河谷苹果蠹蛾综合防控技术 [J]. 农业开发与装备 (3): 180-181.
张煜，马诗科，李晶. 2017. 库尔勒香梨上苹果蠹蛾发生规律及其性信息素迷向防控效果 [J].

生物安全学报，26（1）：47-51.

赵琴娃，陈臻，蒲崇建，等 . 2015. 苹果蠹蛾在我国的传播及其防控对策［J］. 甘肃农业科技（11）：73-76.

赵彤，王得毓，刘卫红，等 . 2017. 迷向防治技术对苹果蠹蛾的田间防治效果［J］. 植物保护，43（6）：207-212.

赵星民 . 2011. 北方寒地苹果蠹蛾发生规律及综合防治研究［J］. 植物检疫，25（1）：87-88.

周进华，林明极 . 2014. 东宁苹果蠹蛾发生规律及防治技术［J］. 中国林副特产（2）：63-64.

Arnault I，Lombarkia N，JoyiOndet S. *et al.* 2016. Foliar application of microdoses of sucrose to reduce codling moth *Cydia pomonella* L.（Lepidoptera：Tortricidae）damage to apple trees［J］. Pest Management Science，72（10）：1901-1909.

Bloem S，Carpenter J E，Blomefield T L. *et al.* 2010. Compatibility of codling moths *Cydia pomonella*（Linnaeus）（Lepidoptera：Tortricidae）from South Africa with codling moths shipped from Canada［J］. Journal of Applied Entomology，134（3）：201-206.

Chen M，Duan X，Li Y，*et al.* 2017. Codling Moth *Cydia pomonella*（L.）［M］. Germany：Springer Netherlands：285-298.

Jaffe BD，Guédot C，Landolt P J. 2018. Mass-Trapping Codling Moth，*Cydia pomonella*（Lepidopteran：Torticidae），Using a Kairomone Lure Reduces Fruit Damage in Commercial Apple Orchards［J］. Journal of Economic Entomology，33（4）：413-420.

Liu J，Poinar G O J，Berry R E. 2000. Control of insect pests with entomopathogenic nematodes：the impact of molecular biology and phylogenetic reconstruction［J］. Annual Review of Entomology，45（45）：287-306.

Mcghee P S，Miller J R，Thomson D R，*et al.* 2016. Optimizing Aerosol Dispensers for Mating Disruption of Codling Moth，*Cydia pomonella* L［J］. Journal of Chemical Ecology，42（7）：612-616.

Odendaal D，Addison M F，Malan A P. 2015. Entomopathogenic nematodes for the control of the codling moth（*Cydia pomonella* L.）in field and laboratory trials［J］. Journal of Helminthology，90（5）：615-623.

Stará J，Kocourek F，Falta V. 2008. Kontrolle des Apfelwicklers（*Cydia pomonella* L. Lepidoptera：Tortricidae）mittels der Attract-and-Kill-Strategie，［J］. Journal of Plant Diseases and Protection，115（2）：75-79.

Waal J Y D，Addison M F，Malan A P. 2017. Potential of *Heterorhabditis zealandica*（Rhabditida：Heterorhabditidae）for the control of codling moth，*Cydia pomonella*（Lepidoptera：Tortricidae）in semi-field trials under South African conditions［J］. International Journal of Pest Management. doi：10.1080/09670874.2017.1342149.

Witzgall P，Stelinski L，Gut L，*et al.* 2008. Codling Moth Management and Chemical Ecology［J］. Annual Review of Entomology，53（1）：503-522.

美国白蛾的为害与防治现状*

史红安[1**]，王志勇[2]，胡　娴[1]，何　珊[1]，侯蕾蕾[3***]，王　永[1]，张志林[1]
(1. 湖北工程学院生命科学技术学院，特色果蔬质量安全控制湖北省重点实验室，孝感　432000；2. 湖北省孝感市林业科技推广中心，孝感　432000；3. 河南普莱柯生物工程股份有限公司，洛阳　471026)

摘　要：美国白蛾对园林树木、经济林、农田防护林等造成严重为害，本文综述了美国白蛾的为害、分布以及防治治理，以期为我国的美国白蛾的综合防治提供理论依据。

关键词：美国白蛾；为害；分布；综合防治

美国白蛾 *Hyphantria cunea* Drury，属鳞翅目 Lepidoptera 灯蛾科 Arctiidae，又被称为美国灯蛾、秋幕毛虫、秋幕蛾。属世界性检疫害虫之一，主要为害果树和观赏树木，尤其以阔叶树为重。对园林树木、经济林、农田防护林等造成严重的为害，原产于北美，1979 年传入我国，现主要分布于北京、辽宁、河北、江苏等省，已被列入中国首批外来入侵物种之一。美国白蛾具有食性杂、食量大、繁殖量大、适应性强和传播途径多等特点，成为我国各地的暴发成灾的典型生物入侵事件。

1　美国白蛾的为害及分布

美国白蛾寄主广泛，世界范围内已知的寄主达 600 多种，其中美国报道寄主种类为 120 多种，日本 300 余种，欧洲 200 余种（魏丹峰等，2017），在我国寄主种类达 300 余种，其寄主包括：果树、观赏树木和农作物等，主要有桑、杨树、臭椿、山楂等（迟宗钦，2018）。美国白蛾幼虫共 7 龄，以幼虫取食叶片为害，1~3 龄吐丝结成网幕，4 龄后幼虫将分散，但仍在网幕中取食；5~6 龄幼虫单独行动，不在网幕内活动取食。老熟幼虫化蛹期间常进入居民家中，严重干扰居民生活（付应林等，2018）。同时，其趋异味性较强，卫生条件差、味道较重的地方发生率高于其他地方。

2018 年国家林业局第 3 号公告公布，美国白蛾在我国主要分布区包括：北京市、天津市、河北省、辽宁省、内蒙古自治区、江苏省、吉林省、安徽省、山东省、河南省、湖北省。同时，2017 年新发生县级行政区达 15 个，其中湖北省主要包括襄阳市、孝感市、随州市和潜江市。美国白蛾在我国的传播线路为：自东向西，以及向南北扩散。生物入侵方式主要包括自然扩散和人为扩散。美国白蛾成虫飞行高度能达 70m，飞行距离可达到 20~40km/年，大龄幼虫的耐饥性很强，可耐饥饿 15 天，这有利于美国

* 基金项目：孝感市林业有害生物普查风险评估专项调查（2017H001）
** 作者简介：史红安，E-mail：shihongan1991@163.com
*** 通信作者：侯蕾蕾，E-mail：houleilei321@163.com

白蛾的传播扩散。1940 年首先在欧洲的匈牙利被发现后，扩散德国、法国、意大利、俄罗斯、西班牙、奥地利、希腊、罗马尼亚、波兰等国家；1945 年美国白蛾传入日本，1979 年由朝鲜传入我国辽宁丹东（祁建华等，2016）。

2 主要防治措施

2.1 防控措施

2.1.1 普查监测

陈义周等（2015）通过几年的连续调查监测，摸索出了一套适用于平原地区美国白蛾疫情监测的方法。首先，通过对美国白蛾防控知识的积累。利用网络、考察和培训等途径了解疫情调查、监测的方法，新发生区要在重点区域进行重点监测，采取人工普查与性诱剂相结合，同时密切关注周边区域疫情动态。其次，疫情普查由精干力量组成技术小组，专业调查与乡镇林业站人员调查相结合进行普查。

2.1.2 检疫封锁

检疫封锁是防止美国白蛾传播的最为有效途径之一。早在 1982 年胶东半岛，利用检疫、封锁和扑灭运动有效地防止美国白蛾的扩展，为短期内、压缩疫区美国白蛾传播提供了良好的经验（李元良，1986）。为有效防止疫情地扩散，疫区内所有树木应禁止移植，需采伐的，经审批后将就地使用或集中销毁。外地调入的森林植物及其产品，应严格实行报检和检疫要求书制度，调入后应及时进行复检（戴勇和曹蕊，2016）。

2.2 物理防治

2.2.1 人工挖虫蛹

美国白蛾越冬虫量对来年发生流行情况具有很大影响，在美国白蛾越冬期间，组织人工挖蛹。潘平武（2014）和胡猛等（2017）分别就美国白蛾在河北大名县和山东梁山县对越冬蛹的存活情况进行研究，总结出美国白蛾蛹越冬的规律，为美国白蛾的防治提供理论基础。

2.2.2 人工捕蛾

成虫羽化期为黄昏或清晨，羽化后的成虫栖息于树干、墙壁等处，可组织人员于羽化高峰期对成虫进行捕捉。5 月中旬至下旬、7 月中旬至 8 月上旬，美国白蛾产卵盛期，卵块多分布于树冠中下部外围的叶片背面，可组织人员摘除卵块并进行集中销毁。同时，幼虫 1~3 龄时，可剪除网幕，除去幼虫。

2.2.3 诱虫灯

美国白蛾趋光性强，可采用频振杀虫灯、电击灭蛾灯、紫外杀虫灯对成虫进行诱杀。山东省果树研究所研究发现，利用废弃果袋制成诱虫带绑扎在树干、树枝上等处也可对成虫进行诱杀（孙瑞红等，2011）。闫志利等（2000）灯诱试验表明，选取 4 块基本相似的林地，选用1 000W 诱捕电击灭蛾灯、250W 昆虫诱捕器、30W 佳多频振式杀虫灯进行诱杀美国白蛾成虫的试验，结果表明，诱捕电击灭蛾灯诱杀率可达 81.7%，佳多频振式杀虫灯次之，诱杀率为 70.6%。

2.3 化学防治

苏云金杆菌和菊酯类药剂对美国白蛾的防治效果显著，致死率为 100%；但对活体生物类农药的研究发现，阿维菌素对美国白蛾的防治效果不佳，48h 后 5 000倍液致死率仅为 45%；苦参碱是具有较好的开发利用前途，对成虫的致死率 100%，但幼虫活性较差，作用时间长（周宏川等，2013）。40%毒死蜱乳油 1 500倍液，8%残杀威可湿性粉剂 1 500倍液，40%灭多威乳油 2 500倍液，60%敌敌畏·马拉硫磷乳油（格桑花）1 500倍液，处理 1~7 天后对美国白蛾成虫的防治效果显著，致死率为 100%（董辉等，2013）。研究表明处理 48h 后，25%吡虫啉粉剂和 4.5%高效氯氰菊酯乳油对美国白蛾 2 龄幼虫的 LC_{50}值分别为 10.93mg/L、6.02mg/L；当 20%灭幼脲 III 乳油、1.8%阿维菌素乳油和 3%高渗苯氧威乳油有效含量分别为 400mg/L、3.64mg/L 时，处理 96 h 后对 3 龄美国白蛾校正死亡率分别达到 20.0%、30.0% 和 10.0%；化蛹率可降低至 43.0%、57.0%、50.5%（刘子欢等，2015）。

2.4 生物防治

2.4.1 天敌捕杀

白蛾周氏啮小蜂为最先被发现能寄生于美国白蛾蛹内的内寄生蜂，可在老熟幼虫体上刺螯并产卵于蛹中，也可在蛹期直接在蛹体上产卵寄生（于胜伟，2016）。李路文等（2016）研究表明利用连续 4 代释放周氏啮小蜂的蜂防治区，能有效控制美国白蛾的为害，有虫株率降为为 1.89%~3.91%，显著低于对照区；放蜂区天敌昆虫寄生率 82.12%~95.15%，远高于对照区。王虎诚等（2016）研究表明结合美国白蛾发生规律，按照 60 枚/hm^2释放孕蜂蛹，排出天气的影响，其防治效果可达 52.5%。周氏啮小蜂对美国白蛾的寄生率最大为 68%，放蜂 20~25 天后直径为 100m，其寄生率可达 20%以上，对美国白蛾具有良好的控制效果（李继娟和郑芹，2014）。

2.4.2 病原微生物防治虫害

利用病原微生物防治美国白蛾主要包括苏云金杆菌（Bt）、美国白蛾病毒、白僵菌等。

（1）苏云金杆菌（Bt）。仲凯等（2017）研究表明苏云金杆菌悬浮剂 500 倍、800 倍稀释液对美国白蛾具有较好的防治效果，同时不同浓度的药剂对不同虫龄幼虫防治效果存在较大的差异，对低龄幼虫防效明显，对老龄幼虫防效较差。Bt 300~1 000倍液对美国白蛾 1-2 龄幼虫活性最强，达 100%~99.83%，但 3-4 龄幼虫防效为 99.85%~95.99%，而 5~7 龄幼虫防效最差（徐艳梅，2013）。

（2）美国白蛾病毒。现已研究发现的美国白蛾病毒有 3 种，属于核型多角体病毒、颗粒体病毒和质型多角体病毒，以核型多角体病毒居多。李红静等（2013）应用美国白蛾核型多角体病毒对幼虫进药效试验，在对 3 龄幼虫施药后第 10 天，随着浓度的增加死亡率在不断上升，而且防效均达到 85%以上。靳爱荣等（2012）在正定县在林间病毒试验获良好的效果，为进一步的生产应用打下良好的基础和提供了理论依据。

（3）白僵菌。白僵菌是当前美国白蛾防治研究和应用最多的寄生性真菌，具有持续、长久控制害虫的特点。刘永清等（2013）在受侵染的美国白蛾蛹体内中分离出了 4 株白僵菌，在室内对 5 龄美国白蛾幼虫活性试验，结果表明白僵菌菌株 Bb11 活性较好，并在应用试验中取得较好的防效，浓度为 2×10^9孢子/mL 的白僵菌防效可达到 96.00%以上。

参考文献

陈义周，袁绪玲，姜秀芹，等 . 2015. 平原地区美国白蛾普查监测技术初探［J］. 安徽林业科技，4：55-57.

迟宗钦 . 2018. 美国白蛾无公害综合防治技术研究［J］. 绿色科技，5：115-116，128.

戴勇，曹蕊 . 2016. 梅河口市美国白蛾疫情防控对策初报［J］. 吉林林业科技，45（5）：43-44.

董辉，仝德侠，张岩，等 . 2013. 40% 毒死蜱乳油等桑园专用农药对美国白蛾的防治效果初报［J］. 中国蚕业，34（4）：23-25.

付应林，肖华，张志林，等 . 2018. 鄂东北地区美国白蛾发生规律的初步研究［J］. 38（3）：30-32.

胡猛，蔡宪文，张正猛，等 . 2017. 济宁地区美国白蛾越冬代成虫的监测与防治试验［J］. 现代农业科技，13：103-104.

靳爱荣，王敏，张迎然，等 . 2012. 昆虫病毒杀虫剂防治美国白蛾初报［J］. 北方果树，5：17.

李红静，王西南，武海卫，等 . 2013. 应用美国白蛾核型多角体病毒防治美国白蛾效果评价［J］. 山东林业科技，43（2）：80-81.

李继娟，郑芹 . 2014. 周氏啮小蜂防治美国白蛾桑园林间释放技术研究［J］. 现代农业科技，24：127-127.

李路文，吴冉，何长流，等 . 2016. 利用白蛾周氏啮小蜂防治美国白蛾试验研究［J］. 中国园艺文摘，32（7）：43-45.

李元良 . 1986. 美国白蛾在胶东的发生与检疫初报［J］. 落叶果树，2：35-37.

刘永清，毕拥国，牛亚燕，等 . 2013. 美国白蛾高致病性白僵菌的筛选及田间应用［J］. 河北林果研究，28（2）：157-160.

刘子欢，陆秀君，李瑞军，等 . 2015. 几种农药对美国白蛾幼虫活性比较及生物学效应［J］. 农药，54（11）：837-839.

潘平武，张勇 . 2014. 美国白蛾越冬蛹存活情况调查研究［J］. 现代农业科技，3：142.

祁建华，李建新，李玉鹏，等 . 2016. 菏泽市美国白蛾防控现状与对策展望［J］. 内蒙古林业科技，42（4）：58-61.

孙瑞红，李爱华，武海斌 . 2011. 利用废弃果袋（套）做诱虫带诱防害虫［J］. 落叶果树，1：50.

王虎诚，杜伟，宋明辉，等 . 2016. 释放白蛾周氏啮小蜂生物防治美国白蛾试验［J］. 江苏林业科技，43（2）：24-27.

魏丹峰，王秀吉，杨锦，等 . 2017. 取食不同食料的美国白蛾幼虫肠道细菌多样性及差异性研究［J］. 环境昆虫学报，39（3）：515-524.

徐艳梅 . 2013. 鞍山地区美国白蛾生物防治技术研究［J］. 辽宁林业科技，3：29-31.

闫志利，赵成民，吴焕增，等 . 2000. 3 种诱虫灯对美国白蛾成虫诱杀力的比较［J］. 河北林业科技，5：15-16.

于胜伟 . 2016. 周氏啮小蜂繁殖及释放技术探讨［J］. 现代农村科技，3：25.

张永忠，薛中官，王圳，等 . 2014. 美国白蛾防治试验［J］. 江苏林业科技，41（6）：24-27.

仲凯，杨晓燕，邵凌松，等 . 2017. 不同浓度苏云金杆菌（Bt）悬浮剂防治美国白蛾室内药效［J］. 安徽农业科学，45（25）：151-152.

周宏川，袁强，高星宇，等 . 2013. 美国白蛾的为害及化学防治药剂的筛选［J］. 河北林果研究，3：269-273.

囊泡病毒凋亡抑制蛋白研究进展*

杨复香**，欧阳依依，何 磊，于 欢***
(湖南农业大学植物保护学院，长沙 410128)

摘 要：囊泡病毒是一类依赖寄生蜂传播的以鳞翅目幼虫为宿主的双链环状 DNA 昆虫病毒。囊泡病毒具有特殊的致病历程，即宿主幼虫在感染囊泡病毒后会拥有一个 2~4 倍延长的幼虫期，这预示着囊泡病毒或许能通过干扰宿主细胞的凋亡为自身的复制和包装争取足够的时间和空间。目前，共有 4 种囊泡病毒被报道，其基因组序列均已被完整测定，包括草地贪夜蛾囊泡病毒、烟芽夜蛾囊泡病毒以及粉纹夜蛾囊泡病毒在内的 3 种囊泡病毒均被预测到能够编码凋亡抑制蛋白（inhibitor of apoptosis protein，IAP）。IAP 作为一种重要的参与调控细胞凋亡的蛋白之一，在多种病毒中被表达且具有明显的抑制细胞凋亡的作用。为了进一步明确囊泡病毒可能存在的抗凋亡机制，本文对囊泡病毒编码的 IAP 结构及其功能进行了统计，并综述了几种常见的杆状病毒 IAP 的功能，以期为后续深入地研究囊泡病毒的抗宿主凋亡机制奠定理论基础。

关键词：囊泡病毒；凋亡抑制蛋白；IAP；细胞凋亡

Review of Progresses in Inhibitor of Apoptosis Protein Encoded by Ascovirus

Yang Fuxiang**, Ouyang Yiyi, He Lei, Yu Huan***
(*College of Plant Protection*, *Hunan Agricultural University*, *Changsha* 410128, China)

Abstract: Ascoviruses are double-stranded DNA insect viruses that transmit by parasitic wasp and mainly infect lepidopteran larvae. Ascovirus has a special pathogenicity, which would prolong the host larval life span for a 2-4 folds'extention after infection. These phenomenons indicated that the ascovirus could gain enough time and space for its own replication and assembly through interfering the apoptosis of host cells. Currently, 4 species of ascoviruses have been reported, three of them were predicted to encode inhibitor of apoptosis protein (IAP), including *Spodoptera frugiperda ascovirus*, *Heliothis virescens ascovirus* and *Trichoplusia ni ascovirus*. As a regulator participated in the host apoptosis, it can be encoded by many different kinds of viruses and was reported to inhibit the apoptosis in the host cells. The IAP function and structure encoded by ascovirus were described and the functions of IAP encoded by several common baculovirus were reviewed. The results illustrated in this study can clarify and lay a theoretical foundation for further study of the mechanism of the anti-apoptosis of ascoviruses.

Key words: Ascovirus; Inhibitor of apoptosis protein; IAP; Apoptosis

---

* 基金项目：湖南省大学生研究性学习和创新性实验（SCX1709）

** 第一作者：杨复香，本科生，主要从事囊泡病毒分子生物学相关研究；E-mail：1072229297@qq.com
*** 通信作者：于欢，讲师，主要从事昆虫病毒的分子生物学相关研究；E-mail：huanyu@hunau.edu.cn

囊泡病毒是囊泡病毒科（Ascoviridae）所有毒株的统称，是一类含有110~200 kb大小的环状双链DNA基因组的昆虫病毒，其病毒粒子形态呈棒杆状、尿囊状或卵圆形（Federici *et al.*，1990；Bigot *et al.*，1997b；Cheng *et al.*，1999；Federici，1983；Huang *et al.*，2012b；Wei *et al.*，2014）。根据国际病毒学会第5次会议的报道，囊泡病毒可被分为4个种，分别是：草地贪夜蛾囊泡病毒 *Spodoptera frugiperda* ascovirus 1a（SfAV-1a）、粉纹夜蛾囊泡病毒 *Trichoplusia ni* ascovirus 2a（TnAV-2a）、烟芽夜蛾囊泡病毒 *Heliothis virescens* ascovirus 3a（HvAV-3a）和美双缘姬蜂囊泡病毒 *Diadromus puchellus* ascovirus 4a（DpAV-4a）（Asgari *et al.*，2017）。囊泡病毒口服感染率极低，在野外主要依靠寄生蜂的产卵行为传播。鳞翅目幼虫是囊泡病毒的主要袭击对象，被感染后的宿主幼虫表现为行动迟缓、生长缓慢乃至停滞、血淋巴呈乳白色浑浊状等典型症状（Huang *et al.*，2012a；Li *et al.*，2013；Hu *et al.*，2016）。囊泡病毒在细胞水平上的致病历程被描述为一种类似细胞凋亡（Apotopsis-like）的过程——即被囊泡病毒感染的细胞在初期细胞及细胞核会肿大，随后细胞核裂解，细胞膜内陷，继而包装成为一个一个的囊泡并释放于宿主幼虫的血腔内（Carner & Hudson，1983；Li *et al.*，2016；Smede *et al.*，2009；Tillman *et al.*，2004）。

细胞凋亡（Apoptosis）是机体为了维持自身稳定发展而主动产生的一种调节过程。引起细胞凋亡的因素有很多，例如高温、细胞毒素、辐射、化学物质以及微生物感染等（尚金燕等，2003；赵明才等，2001）。大量的数据表明，宿主细胞利用凋亡来抑制病毒的感染，缺乏抑制细胞凋亡相关基因的病毒则需要更高的剂量来完成对宿主细胞的侵染（崔蕾，2014）。IAP家族（Inhibitor of Apoptosis family of proteins，IAPs）作为一种最广泛的抑制细胞凋亡的蛋白家族之一，能够被许多DNA病毒编码，例如腺病毒、疱疹病毒、杆状病毒和囊泡病毒等（Lacasse *et al.*，1998；Robles *et al.*，2002；尚金燕和崔为正，2003）。

相较杆状病毒，囊泡病毒具有更长的致病历期，这也提示着囊泡病毒可能拥有更特殊的抗宿主细胞凋亡的机制。因此，本文通过预测和分析囊泡病毒编码的凋亡抑制蛋白的结构和分布，对其功能进行综述，为后期更深入的研究囊泡病毒抗凋亡机制奠定基础。

1 囊泡病毒IAP的分布统计

自20世纪70年代首次从美洲棉铃虫 *Helicoverpa zea*（Boddie）幼虫体内分离出囊泡病毒以来（Adams *et al.*，1979），对囊泡病毒的研究已有40余年。截至目前，NCBI上共收录了4个种的8个毒株的囊泡病毒全基因组序列，它们被预测共可编码33个IAP（表1）。

表1 NCBI收录的囊泡病毒IAP的分布统计

病毒种类	基因组序列号	蛋白编号	蛋白序列号	位置	氨基酸残基数目	编码的蛋白大小（ku）
HvAV-3e	NC_009233. 1	IAP1	YP_ 001110875. 1	27 944—28285	113	13. 71
		IAP2	YP_ 001110880. 1	34 683—35423	246	28. 74
		IAP3	YP_ 001110903. 1	54 036—54851	271	30. 23
		IAP4	YP_ 001110915. 1	69 060—69752	230	25. 90
		IAP5	YP_ 001110941. 1	96 268—97044	258	28. 54
HvAV-3f	KJ755191. 1	IAP1	AJP08987. 1	27 628—27936	102	11. 33
		IAP2	AJP08992. 1	34 335—35075	246	27. 57
		IAP3	AJP09015. 1	53 045—53860	271	30. 12
		IAP4	AJP09028. 1	68 158—68856	232	26. 34
		IAP5	AJP09059. 1	98 039—98767	242	26. 68
HvAV-3g	JX491653. 1	IAP1	AFV50275. 1	27 975—28337	120	13. 36
		IAP2	AFV50280. 1	34 735—35475	246	27. 73
		IAP3	AFV50307. 1	56 249—57064	271	30. 22
		IAP4	AFV50321. 1	73 262—73954	230	25. 87
		IAP5	AFV50349. 1	102 221—103111	296	33. 05
HvAV-3h	KU170628. 1	IAP1	APM84121. 1	27 150—27458	102	11. 36
		IAP2	APM84126. 1	33 838—34578	246	27. 73
		IAP3	APM84148. 1	53 416—54231	271	30. 22
		IAP4	APM84161. 1	68 502—69194	230	26. 07
		IAP5	APM84191. 1	96 020—96838	272	30. 29
HvAV-3j	LC332918. 1	IAP1	BBB16492. 1	28 493—28855	120	13. 35
		IAP2	BBB16497. 1	35 235—35975	246	27. 71
		IAP3	BBB16520. 1	54 315—55130	271	30. 29
		IAP4	BBB16534. 1	69 910—70602	230	26. 07
		IAP5	BBB16560. 1	95 024—95839	271	30. 31
SfAV-1a	NC_008361. 1	IAP1	YP_ 762370. 1	21 542—23245	567	64. 23
		IAP2	YP_ 762371. 1	23 363—23695	110	12. 58
		IAP3	YP_ 762380. 1	30 100—30792	230	25. 67
		IAP4	YP_ 762429. 1	95 472—96224	250	27. 51

（续表）

病毒种类	基因组序列号	蛋白编号	蛋白序列号	位置	氨基酸残基数目	编码的蛋白大小（ku）
TnAV-6b	KY434117. 1	IAP1	AUS94102. 1	5 823—6116	97	11. 29
		IAP2	AUS94108. 1	14 008—14769	253	29. 01
		IAP3	AUS94135. 1	36 026—37495	489	52. 09
		IAP4	AUS94160. 1	64 556—65005	149	17. 11
DpAV-4a	NC_ 011335. 1	—	—	—	—	—

在表 1 中，HvAV-3e、HvAV-3f、HvAV-3g、HvAV-3h、HvAV-3j 毒株可编码 5 个 IAP 蛋白，SfAV-1a 和 TnAV-6b 仅编码 4 个 IAP 蛋白。这些 IAP 蛋白由 97～567 个氨基酸残基组成，大小为 11～65ku。其中，HvAV 的 5 个毒株编码的 IAP2 与 IAP3 所包含的氨基酸残基数目相同，分别为 246aa 和 271aa。而美双缘姬蜂囊泡病毒（DpAV-4a）未预测到 IAP 编码基因。由此可见，即使同属于囊泡病毒属，不同毒株之间编码的 IAP 从数量到蛋白大小均存在较大的差异。

2　囊泡病毒 IAP 的结构

IAP 家族在结构上具有以下两种特点：N 端具有杆状病毒 IAP 重复区域（baculovirus iap repeats，BIRs）；C 端具有环指结构（RINGs）。BIRs 是一种锌指折叠结构，是由大约 70 个氨基酸残基所组成的区域，该区域折叠形成 α 螺旋以及 β 折叠，其中 α 螺旋环绕着 β 片层结构。每个 BIR 都包含 3 个保守的半胱氨酸残基和一个保守的组氨酸残基来结合锌离子，一个精氨酸以及在紧密转角处的一个甘氨酸（Luque *et al.*，2002）；环指结构通常有一个由保守的半胱氨酸和组氨酸组成的 C3HC4 基元结构，某些含有 RING 模序的蛋白还有着 E3 泛素化连接酶的活性，能参与蛋白质降解，起到泛素化作用（Verhagen *et al.*，2001；Yang *et al.*，2000；Tyers *et al.*，1999）。

我们利用 Motif-scan（https：//myhits. isb-sib. ch/cgi-bin/motif_ scan）对 33 个已报道的囊泡病毒编码的 IAP 结构进行了预测，如图 1 所示。通过预测我们发现：①除 HvAV-3f 的 IAP5 外，其他 32 个囊泡病毒的 IAP 均具有典型的锌指结构。②同种的囊泡病毒 IAP 结构相似，其中 HvAV-3e、HvAV-3f、HvAV-3g、HvAV-3h 和 HvAV-3j 编码的 IAP1 包含的均为 C3HC4 型锌指结构域；IAP2 和 IAP3 的锌指结构相同且位置固定（201aa-235aa 处与 225aa-260aa 处）；而 IAP4 中包含的锌指结构特征及位置有差异。③有 6 个囊泡病毒的 IAP 存在氨基酸富集区，HvAV-3h 和 HvAV-3j 编码的 IAP5 存在一个天冬氨酸富集区（Aspartic acid-rich region）；SfAV-1a 编码的 IAP4 含有一个半胱氨酸富集区（Cysteine-rich region）；HvAV-3e、HvAV-3g 编码的 IAP5 与 TnAV-6b 编码的 IAP3 有一个丝氨酸富集区（Serine-rich region），后者还含有一个精氨酸富集区（Arginine-rich region）。

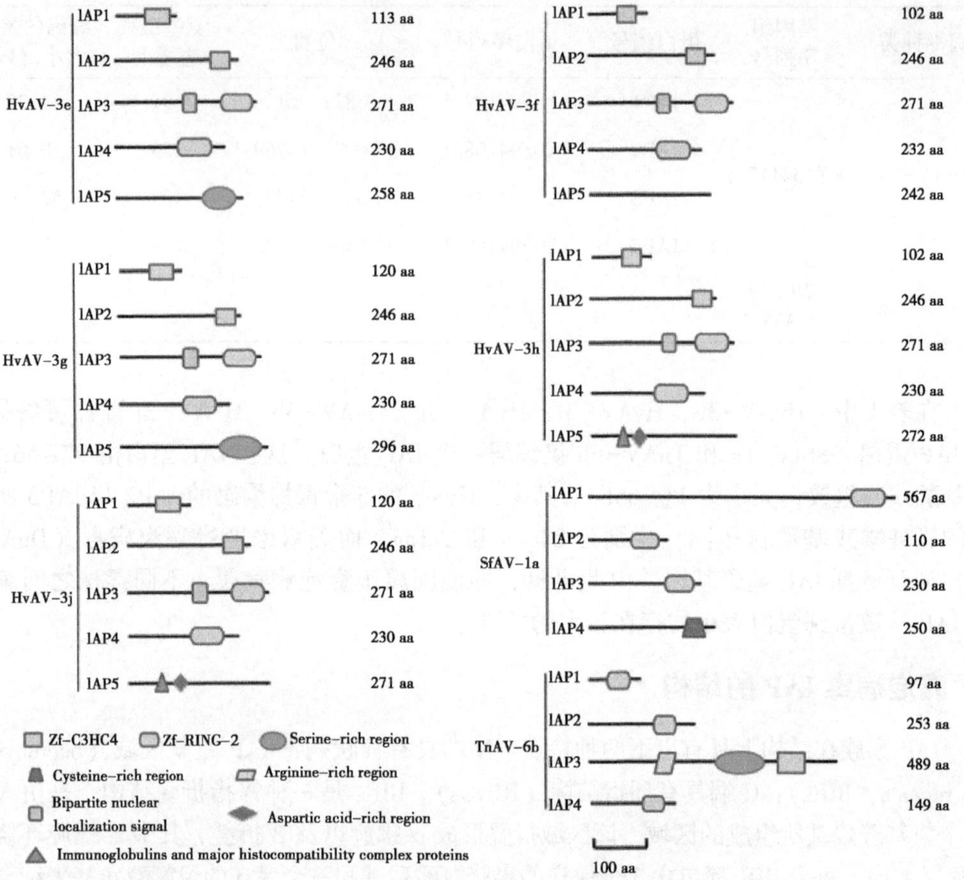

图1　囊泡病毒 IAP 二级结构预测

3　囊泡病毒 IAP 的功能研究概况

大量研究表明，IAP 主要通过抑制 caspase 的加工过程和活性来参与细胞的凋亡(Robles *et al.*，2002；Choi，2008；张耐新，2017；廖文韬等，2002)。而囊泡病毒作为一种能极度延缓宿主幼虫生长的昆虫病毒，其对宿主细胞的抗凋亡能力一直备受科学家们的关注。在已报道的囊泡病毒中，Bideshi 和 Hussain 等人相继研究了 SfAV-1a 毒株的 *caspase-like* 基因（Bideshi *et al.*，2005）和 HvAV-3e 的类似抑制细胞凋亡基因 *orf* 28(Hussain *et al.*，2008)。在研究中发现，SfAV 的 caspase 直接参与细胞凋亡的启动和细胞裂解；而 HvAV 的 caspase 不诱导宿主细胞的凋亡。当 *caspase* 基因在体外表达时，可以观察到 HvAV 编码 caspase-like 蛋白虽然不引起细胞凋亡，但通过 RNA 干扰实验表明该基因对于病毒的复制是必不可少的（Asgari，2007)。随后 Hussain 和 Smede 等分别对感染 HvAV-3e 毒株后 16h 左右产生的抑制化学诱导的细胞凋亡的假定凋亡抑制基因(*orf* 28）和感染 HvAV-3e 毒株 8h 后表达的 *iap* 基因（*orf* 19）进行了研究，结果表明：瞬时表达的 *orf* 28 不抑制化学诱导的细胞凋亡，也没有检测到任何来自 *orf* 19 的酶活性，但两个基因可能对于病毒病理和复制很必要（Hussain *et al.*，2008；Smede *et al.*，2009）。

在1999年对TnAV的研究中发现Tn-IAP1能阻断缺失*p*35基因的苜蓿银纹夜蛾核型多角体病毒（AcMNPV）、放线菌素D以及果蝇细胞死亡诱导物HID和GRIM诱导的细胞死亡（Seshagiri *et al.*，1999）；在对SfAV-1a的另一研究中说明凋亡抑制因子表达首先使病毒复制继续进行，之后合成SfAV-1a caspase，导致病毒囊泡的合成和后代病毒粒子的大量产生（Zaghloul *et al.*，2017）。

4 其他昆虫病毒IAP的功能简介

根据国际病毒分类委员会第七次报告的统计，已报道的昆虫病毒有1 600多种，这些病毒分属于13个不同的病毒科，2个病毒亚科和21个病毒属，其中杆状病毒科、多分病毒科、囊泡病毒科和虹彩病毒科均为双链DNA病毒（李辉等，2007；胡远扬，2004）。在此，我们统计了几种常见且主要的杆状病毒IAP的功能（表2）。

从表2中可知，小菜蛾颗粒体病毒（*Plutella xylostella* granulovirus，PlxyGV）和斜纹夜蛾核型多角体病毒（*Spodoptera littoralis* nucleopolyhedrovirus，SpliNPV）只编码1个凋亡抑制蛋白，而其他病毒可编码2~4个凋亡抑制蛋白。这些IAP的功能不一，并不是所有的IAP都有抑制凋亡的功能。此外，有报道指出，IAP极有可能还参与细胞分裂、细胞周期调节，病毒自身的复制与包装等生物过程。在棉铃虫核型多角体病毒（*Helicoverpa armigera* nucleopolyhedrovirus，HearNPV）等8种病毒中，某些*iap*基因的功能尚不明确。

表2 其他昆虫病毒IAP的功能

病毒名称	缩写	登录号	*iap*基因数目	功能			参考文献
				抗凋亡	促凋亡	未知	
Autographa californica multiple nucleopolyhedrovirus	AucaMNPV	L22858	2	*iap*2	*iap*1	—	（Fu *et al.*，2017）
Helicoverpa armigera nucleopolyhedrovirus	HearNPV	AF303045	2	*iap*3	—	*iap*2	（Liang *et al.*，2012）
Lymantria dispar multinucleocapsid nucleopolyhedrovirus	LydiMNPV	AF081810	2	—	—	*iap*2 *iap*3	（Yamada *et al.*，2011）
Bombyx mori nuclear polyhedrosis virus	BomoNPV	L33180	2	*iap*2	—	*iap*1	（Ito，2014）；（陈滨，2015）
Cydia pomonella granulovirus	CpGV	NC-002816	3	*iap*3 *iap*5 *Cp*94	—	—	（Vilaplana *et al.*，2003）（Miller *et al.*，2002）
Plutella xylostella granulovirus	PlxyGV	NC-002593	1	*Px-iap*	—	—	（王颖，2011）

（续表）

病毒名称	缩写	登录号	iap 基因数目	功能			参考文献
				抗凋亡	促凋亡	未知	
Epiphyas postvittana nucleopolyhedrovirus	EppoMNPV	AY043265	4	*iap*1 *iap*2	—	*iap*3 *iap*4	(Maguire *et al.*, 2000)
Anticarsia gemmatalis multiple nucleopolyhedrovirus	AgMNPV	DQ813662	3	*iap*3	—	*iap*1 *iap*2	(Carpes *et al.*, 2005)
Spodoptera littoralis nucleopolyhedrovirus	SpliNPV	JX454574. 1	1	—	—	*Sliap*	(Liu *et al.*, 2003)
Epiphyas postvittana nucleopolyhedrovirus	AnpeNPV	NC_008035. 3	2	*iap*1	—	*iap*2	(Yan *et al.*, 2010)
Leucania separata nuclear polyhedrosis virus	LsNPV	AY394490	2	*iap*3 *p*49	—	—	(Xiao *et al.*, 2007)
Hyphantria cunea nucleopolyhedrovirus	HycuNPV	AP009046	3	*iap*3	—	*iap*1 *iap*2	(Ikeda *et al.*, 2004)

注："—"表示该项不存在对应基因

5 展望

编码凋亡抑制蛋白 IAP 是病毒参与细胞死亡调控的一种重要手段，对其结构和功能的深入研究，一方面有助于探明病毒的抗凋亡的过程，另一方面还能为进一步了解病毒和宿主的互作过程奠定基础。在囊泡病毒中，已有数篇对其编码的凋亡相关蛋白的研究报道，但囊泡病毒的抗凋亡作用、在宿主细胞中的复制以及是否存在其他与宿主幼虫更复杂的相互作用还并不明确。但近些年，随着基因组学和蛋白组学研究的迅猛发展，以囊泡病毒 IAP 的功能为基础的囊泡病毒抗凋亡的作用机制进一步被阐释，从而能够为囊泡病毒在害虫生物防治及绿色生态农业等方面的应用奠定基础。

参考文献

陈滨，余海鹏，张媛媛，等 . 2015. 家蚕核型多角体病毒凋亡抑制基因 *iap* 的功能分析 [J]. 蚕业科学，41 (5)：887-894.

崔蕾 . 2014. 病毒衣壳相关蛋白抑制宿主细胞凋亡与 RNA 沉默的分子机制研究 [D]. 武汉：武汉大学 .

胡远扬 . 2004. 昆虫病毒研究的回顾与展望 [J]. Virologica Sinica，19 (3)：303-308.

李辉，汤历，陈其津 . 2007. 昆虫病毒的研究进展 [J]. 安徽农学通报，13 (13)：150-152.

廖文韬，杨扬，吴祥甫 . 2002. Tn 细胞凋亡抑制蛋白 (TnIAP) 在粉纹夜蛾细胞中的表达和活性研究 [J]. 生物化学与生物物理进展，29 (5)：741-744.

尚金燕，崔为正 . 2003. 昆虫杆状病毒细胞凋亡相关基因的研究进展 [J]. 中国蚕业，24 (2)：8-10.

王颖 . 2011. 小菜蛾颗粒体病毒抗凋亡基因 *iap* 的功能研究 [D]. 武汉：华中师范大学 .

赵明才，唐恩洁，朱道银 . 2001. 与病毒感染相关的细胞凋亡分子 [J]. 国际病毒学杂志，8 (1)：25-29.

张耐新 . 2017. 凋亡抑制蛋白家族在莱菔硫烷抑制腺样囊性癌 ACC-M 裸鼠移植瘤中作用的实验研究［D］. 石家庄：河北医科大学 .

张瑞，姚青，彭建新，等 . 2006. 杆状病毒 IAP 基因的结构、功能及其进化［J］. 微生物学通报，33（1）：128-132.

Adams J，Stadelbacher E，Tompkins G. 1979. A new virus - like particle isolated from the cotton bollworm，*Heliothis zea*［C］//Proceedings of the 37th Annual Proceedings of the Electron Microscopy Society of America：52-53.

Asgari S，Bideshi D K，Bigot Y，*et al.* 2017. ICTV Virus Taxonomy Profile：Ascoviridae［J］. Journal of General Virology，98（1）：4.

Asgari S，Davis J，Wood D，*et al.* 2007. Sequence and organization of the *Heliothis virescens* ascovirus genome［J］. Journal of General Virology，88（4）：1120-1132.

Bideshi D K，Tan Y，Bigot Y，*et al.* 2005. A viral caspase contributes to modified apoptosis for virus transmission［J］. Genes & Development，19（12）：1416-1421.

Bigot Y，Rabouille A，Sizaret P Y，*et al.* 1997. Particle and genomic characteristics of a new member of the Ascoviridae：*Diadromus pulchellus* ascovirus［J］. Journal of General Virology，78（5）：1139-1147.

Carner G R，Hudson J S. 1983. Histopathology of virus-like particles in *Heliothis*，spp［J］. Journal of Invertebrate Pathology，41（2）：238-249.

Carpes M P，Castro M E B D，Soares E F，*et al.* 2005. The inhibitor of apoptosis gene（iap-3）of *Anticarsia gemmatalis*，multicapsid nucleopolyhedrovirus（AgMNPV）encodes a functional IAP［J］. Archives of Virology，150（8）：1549.

Cheng X W，Carner G R，Brown T M. 1999. Circular configuration of the genome of ascoviruses［J］. Journal of General Virology，80（6）：1537.

Choi Y E. 2008. Regulation of effector caspases by inhibitor of apoptosis（IAP）proteins［J］. Dissertations & Theses-Gradworks.

Federici B A，Govindarajan R. 1990. Comparative histopathology of three ascovirus isolates in larval noctuids［J］. Journal of Invertebrate Pathology，56（3）：300.

Federici B A. 1983. Enveloped double-stranded DNA insect virus with novel structure and cytopathology［J］. Proceedings of the National Academy of Sciences of the United States of America，80：7664-7668.

Fu Y，Cao L，Wu S，*et al.* 2017. Function analysis and application of IAP1/2 of *Autographa californica* multiple nucleopolyhedrovirus［J］. RSC Advances，7（36）：22424-22432.

Hu J，Wang X，Zhang Y，*et al.* 2016. Characterization and growing fevelopment of *Spodoptera exigua*（Lepidoptera：Noctuidae）larvae infected by *Heliothis virescens* ascovirus 3h（HvAV-3h）［J］. Journal of Economic Entomology，109（5）：2020-2026.

Huang G H，Garretson T A，Cheng X H，*et al.* 2012. Phylogenetic Position and Replication Kinetics of *Heliothis virescens* Ascovirus 3h（HvAV-3h）Isolated from *Spodoptera exigua*［J］. PLoS ONE，7（7）：e40225.

Huang G H，Wang Y S，Wang X，*et al.* 2012. Genomic Sequence of *Heliothis virescens* Ascovirus 3g Isolated from *Spodoptera exigua*［J］. Journal of Virology，86（22）：12467.

Hussain M，Asgari S. 2008. Inhibition of apoptosis by *Heliothis virescens* ascovirus（HvAV-3e）：characterization of *orf*28 with structural similarity to inhibitor of apoptosis proteins［J］. Apoptosis，13：

1417-1426.

Ikeda M, Yanagimoto K, Kobayashi M. 2004. Identification and functional analysis of *Hyphantria cunea* nucleopolyhedrovirus iap genes [J]. Virology, 321 (2): 359-71.

Ito H, Bando H, Shimada T, *et al.* 2014. The BIR and BIR-like domains of *Bombyx mori* nucleopolyhedrovirus IAP2 protein are required for efficient viral propagation [J]. Biochemical & Biophysical Research Communications, 454 (4): 581-587.

Lacasse E C, Baird S, Korneluk R G, *et al.* 1998. The inhibitors of apoptosis (IAPs) and their emerging role in cancer [J]. Oncogene, 17 (25): 3247-59.

Li S J, Hopkins R J, ZhaoY P, *et al.* 2016. Imperfection works: survival, transmission and persistence in the system of *Heliothis virescens* ascovirus 3h (HvAV-3h), *Microplitissimilis* and *Spodoptera exigua* [J]. Scientific Reports, 6: 21296.

Li S J, Wang X, Zhou Z S, *et al.* 2013. A Comparison of Growth and Development of Three Major Agricultural InsectPests Infected with *Heliothis virescens* ascovirus 3h (HvAV-3h) [J]. PLoS ONE, 8 (12): e85704.

Liang C, De L J, Chen X, *et al.* 2012. Functional analysis of two inhibitor of apoptosis (iap) orthologs from *Helicoverpa armigera* nucleopolyhedrovirus [J]. Virus Research, 165 (1): 107-111.

Liu Q, Qi Y, Chejanovsky N. 2003. Identification and classification of the *Spodoptera littoralis*, nucleopolyhedrovirus inhibitor of apoptosis gene [J]. Virus Genes, 26 (2): 143-149.

Luque L E, And K P G, Junker M. 2002. A Highly Conserved Arginine Is Critical for the Functional Folding of Inhibitor of Apoptosis (IAP) BIR Domains [J]. Biochemistry,, 41 (46): 13663-13671.

Maguire T, Harrison P, Hyink O, *et al.* 2000. The inhibitors of apoptosis of *Epiphyas postvittana* nucleopolyhedrovirus [J]. Journal of General Virology, 81 (Pt 11): 2803.

Miller D P, Luque T, Crook N E, *et al.* 2002. Expression of the *Cydia pomonella* granulovirus iap3 gene [J]. Archives of Virology, 147 (6): 1221-1236.

Robles M S, Leonardo E, Criado L M, *et al.* 2002. Inhibitor of apoptosis protein from *Orgyia pseudotsugata* nuclear polyhedrosis virus provides a costimulatory signal required for optimal proliferation of developing thymocytes [J]. Journal of Immunology, 168 (4): 1770-1779.

Seshagiri S, Vucic D, Lee J, *et al.* 1999. Baculovirus-based genetic screen for antiapoptotic genes identifies a novel IAP [J]. Journal of Biological Chemistry, 274 (51): 36769-36773.

Smede M, Hussain M, Asgari S. 2009. A lipase-like gene from *Heliothis virescens* ascovirus (HvAV-3e) is essential for virus replication and cell cleavage [J]. Virus Genes, 39: 409-417.

Tillman P G, Styer E L, Hamm J J. 2004. Transmission of Ascovirus from *Heliothis virescens* (Lepidoptera: Noctuidae) by Three Parasitoids and Effects of Virus on Survival of Parasitoid Cardiochiles nigriceps (Hymenoptera: Braconidae) [J]. Environmental Entomology, 33 (3): 633-643.

Tyers M, Willems A R. 1999. One Ring to Rule a Superfamily of E3 Ubiquitin Ligases [J]. Science, 284 (5414): 601-604.

Verhagen A M, Coulson E J, Vaux D L. 2001. Inhibitor of apoptosis proteins and their relatives: IAPs and other BIRPs [J]. Genome Biology, 2 (7): 1-10.

Vilaplana L, O'Reilly D R. 2003. Functional interaction between *Cydia pomonella* granulovirus IAP proteins [J]. Virus Research, 92 (1): 107-111.

Wei Y L, Hu J, Li S J, *et al.* 2014. Genome sequence and organization analysis of *Heliothis virescens* ascovirus 3f isolated from a *Helicoverpa zea* larva [J]. Journal of Invertebrate Pathology, 122: 40-43.

Xiao H, Qi Y. 2007. Genome sequence of *Leucania seperata* nucleopolyhedrovirus [J]. Virus Genes, 35 (3): 845-856.

Yamada H, Shibuya M, Kobayashi M, *et al.* 2011. Notes: Identification of a Novel Apoptosis Suppressor Gene from the Baculovirus *Lymantria dispar* Multicapsid Nucleopolyhedrovirus [J]. Journal of Virology, 85 (10): 5237-42.

Yan F, Deng X B, Yan J P, *et al.* 2010. Functional analysis of the inhibitor of apoptosis genes in *Antheraea pernyi* nucleopolyhedrovirus [J]. Journal of Microbiology, 48 (2): 199-205.

Yang Y, Fang S, Jensen J P, *et al.* 2000. Ubiquitin Protein Ligase Activity of IAPs and Their Degradation in Proteasomes in Response to Apoptotic Stimuli [J]. Science, 288 (5467): 874-877.

Zaghloul H, Hice R, Arensburger P, *et al.* 2017. Transcriptome analysis of the *Spodoptera frugiperda* ascovirus in vivo provides insights into how its apoptosis inhibitors and caspase promote increased synthesis of viral vesicles and virion progeny [J]. Journal of Virology, 874: 17.

研究论文

肚倍蚜寄主植物引诱活性物质的生物测定*

查玉平[1**]，李　黎[2]，李俊凯[2]，吴　波[3]，张子一[1]，乐建根[3]，陈京元[1***]
（1. 湖北省林业科学研究院，武汉　430075；
2. 长江大学农学院，荆州　434025；
3. 竹山县林业局，竹山　442200）

摘　要：肚倍是一种重要的工业原材料，由肚倍蚜寄生在青麸杨复叶上形成的虫瘿。本文测试了夏寄主青麸杨挥发物及浸提物和冬寄主美灰藓挥发物及浸提物对肚倍迁飞蚜的引诱效果。结果显示：青麸杨挥发物及浸提物对肚倍春迁蚜具有不同程度的引诱效果，而美灰藓挥发物及浸提物对肚倍春迁蚜具有不同程度的趋避效果。但是，两种寄主的挥发物及浸提物对肚倍夏迁蚜都表现出不同程度的引诱作用。

关键词：肚倍蚜；定向行为

Bio-assay of Host Plant Attractants to *Kaburagia rhusicola* Takagi

Zha Yuping[1 **], Li Li[2], Li Junkai[2], Wu Bo[3], Zhang Ziyi[1],
Yue Jiangen[3], Chen Jingyuan[1 ***]
(1. *Hubei Academy of Forestry*, *Wuhan* 430075, China;
2. *College of Agriculture*, *Yangtze University*, *Jingzhou* 434025, China;
3. *Zhushan County Forestry Bureau*, *Zhushan* 442200, China)

Abstract: The bellied gallnut is an important raw material of industrial, which is the gall made by *Kaburagia rhusicola* parasite in leaves of *Rhus potaninii*. In this paper, a bioassay of volatiles and extractions of hosts was conducted. The results showed that the volatiles and extractions of summer host *R. potaninii* that we prepared in spring and summer can attracting spring migrant aphids with different degree, while the volatiles and extractions of winter host *E. leptothallum* that we prepared in spring and summer can repelling spring migrant aphids with different degree. However whether it is summer host tree *R. potaninii* or winter host moss *E. leptothallum*, two hosts related samples both have attraction effect for summer migrant aphids with different degree.

Key words: *Kaburagia rhusicola* Takagi; Orientation behavior

肚倍是由肚倍蚜 *Kaburagia rhusicola* Takagi 寄生在青麸杨 *Rhus potaninii* Maxim 叶片上形成的虫瘿，富含单宁，是我国传统的林特产品（杨子祥，2011）。肚倍蚜是转主寄

---

* 基金项目：“十三五”国家重点研发计划项目课题（2018YFD0600403）；中央财政林业科技推广示范资金项目（鄂〔2016〕TG04）

** 第一作者：查玉平，副研究员，主要研究方向为资源昆虫研究与利用；E-mail：zhayuping@163.com

*** 通信作者：陈京元，研究员，主要研究方向为森林保护；E-mail：jingyuanchen@hotmail.com

生昆虫，夏季迁飞至美灰藓（*Eurohypnum leptothallum*）上越冬，次年春天迁飞至青麸杨（赖永祺等，1992）。有研究表明（周琼和梁广文，2003），植物挥发性物质是昆虫远距离寄主植物定位的主要信息，特别在寄主转移过程中，嗅觉起着非常重要的作用。肚倍蚜虫具有极强的寄主专一性，但其寄主植物的引诱活性物质对蚜虫定位作用如何以及不同季节变化对蚜虫定位作用的影响，尚未见相关报道。

为了解寄主植物引诱活性物质样品制备方法的有效性和不同季节寄主植物引诱活性物质对肚倍蚜行为的影响。试验得到春季蚜虫上树期、夏季肚倍生长期和夏季蚜虫上藓期3个时期的寄主植物挥发物和浸提物，取样品以样品溶剂为对照进行“Y”型管试验，测定各样品对肚倍蚜春迁蚜和夏迁蚜选择行为的影响。

1　材料与方法

1.1　供试材料及仪器试剂

1.1.1　供试虫源及植物

虫源：肚倍蚜。春迁蚜采自冬寄主美灰藓，夏迁蚜采自夏寄主青麸杨树上所结虫瘿。

寄主植物：青麸杨、美灰藓。

1.1.2　供试材料

二氯甲烷（色谱纯）；玻璃棉；碳棒（两端开口的玻璃管，内装20g颗粒状活性炭，两端用玻璃棉塞住）；采样袋为尼龙树脂材料的烤箱袋（Reynolds Oven bag）；吸附剂 Porapak Q（100~120目）；吸附管（滴管型玻璃管，填充200mg吸附剂）；样品瓶；棕色广口瓶；有机相针式滤器；“Y”型管（基部管长20cm，两臂长均为18cm，内径4cm，两臂夹角75°）；移液枪；滤纸。

1.1.3　供试仪器

玻璃转子流量计；大气采样仪 QC-1S 型。

1.2　试验方法

1.2.1　植物挥发物样品的收集

植物挥发物的收集在肚倍蚜迁飞至寄主植物上的高峰期，收集寄主植物挥发物的方法参照刘先福（2015）方法。选取长势良好的夏寄主青麸杨枝条，用采样袋将上述条件的枝条套住，采样袋中装尽可能多的枝条，且每个处理的枝条都大致一样多。选取长势良好的冬寄主美灰藓，在采样袋中放入大致一样多的苔藓。在采样袋顶端放入碳棒，保证碳棒一端在采样袋里面，一端在采样袋外面，将采样袋与碳棒连接处绑紧，不能漏气。在采样袋底端开1个小口插入吸附管一端，将采样袋和吸附管连接处绑紧。用 PVC 管连接吸附管在外面的一端和大气采样仪进气口。大气采样仪流速设定为0.5 L/min，采样时间为6 h。收集完成后，立即用2mL HPLC级二氯甲烷解吸附，将得到样品装入样品瓶中，密封放入4 ℃冰箱保存备用。收集时间分别为2015年3月11—16日，2015年6月1—8日，2015年7月17—22日，2016年2月20—25日，每天10：00—16：00。

1.2.2　植物浸提物样品的制备

青麸杨叶片和美灰藓分别清洗晾干后剪碎，称取5g植物材料，装入棕色广口瓶中，分别加入100mL HPLC级二氯甲烷。浸提24h后，用注射器取2mL浸提液过有机相针式滤器，将得到1.5mL样品装入2mL样品瓶中，密封放入4℃冰箱保存备用。

1.2.3 生物测定

以挥发物和浸提物样品为气味源，安装如图1所示实验装置。“Y”型管两臂分别通过PVC管与碳棒相连，以净化空气。每臂的气流通过气体流量计控制在200mL/min，大气采样仪抽气口通过PVC管连接在“Y”型管基部管口，气流由直管口抽出。测定时，用移液枪取样品或溶剂10μL滴在滤纸条上，分别放入“Y”型管两臂，迅速塞紧磨口塞。在“Y”型管基部管口放入收集的肚倍蚜，塞紧磨口塞后开始抽气并计时，每次观察15min。当试虫越过“Y”形分叉处并到达两臂1/2以后，就记该虫对该臂气味源做出选择，引入15min后仍停留在释放臂或未到达两臂1/2以后的试虫，记为不反应。每个处理每次测定50头，重复3次。每测定一次，调换气味源方向，以减少其他因素的影响。每做完一个处理后，用95%乙醇擦拭晾干，以减少管中残留气味对测定结果可能产生的影响。生测时间安排在10：00—16：00进行。

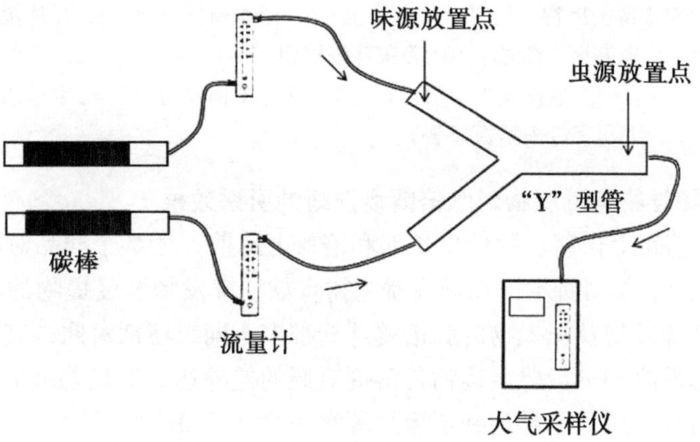

图1 “Y”型管试验装置

1.3 数据统计分析

肚倍蚜对不同样品的选择（平均值，$n=3$）采用Duncan新复极差多重比较检测差异显著性（$P<0.05$）。采用Excel 2010软件和统计软件DPS进行分析。

2 结果与分析

2.1 寄主植物挥发物与浸提物对春迁蚜引诱效果

3个时期（倍蚜上树期、肚倍生长期和倍蚜上藓期）的10个样品对肚倍春迁蚜选择行为的影响见图2。如图所示，青麸杨挥发物及浸提物引诱的肚倍春迁蚜多于同组溶剂对照，且差异达到了极显著水平（$P<0.01$）；但是美灰藓挥发物及浸提物引诱的肚倍春迁蚜少于同组溶剂对照，且差异达到了极显著水平（$P<0.01$）。

结果表明，所有时期提取的青麸杨挥发物及浸提物对肚倍春迁蚜都具有显著的引诱效果，而提取的美灰藓挥发物及浸提物对肚倍春迁蚜则具有显著的趋避效果。

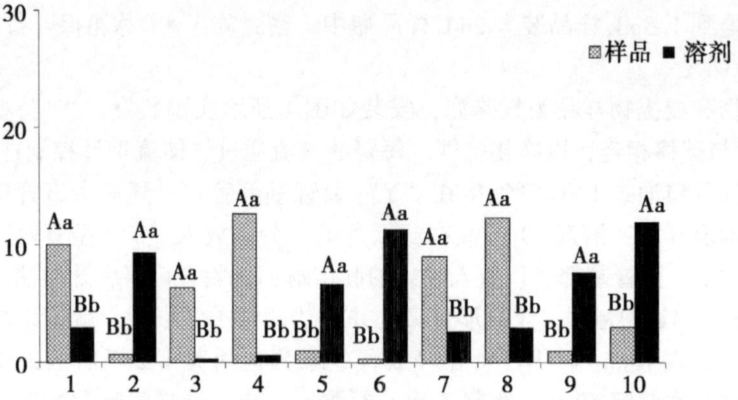

图 2 春迁蚜对植物样品的选择行为

倍蚜上树期样品：1. 青麸杨挥发物；2. 美灰藓挥发物；肚倍生长期样品；3. 青麸杨挥发物；4. 叶片浸提物；5. 美灰藓挥发物；6. 美灰藓浸提物；倍蚜上藓期样品；7. 青麸杨挥发物；8. 叶片浸提物；9. 美灰藓挥发物；10. 美灰藓浸提物。

注：图上数据是平均值（$n=3$）。柱上不同字母（小写字母表示显著，大写字母表示极显著）。

2.2 寄主植物挥发物与浸提物对肚倍蚜夏迁蚜的引诱效果

3 个时期（倍蚜上树期、肚倍生长期和倍蚜上藓期）的 7 个样品对肚倍夏迁蚜选择行为的影响见图 3。如图所示，选择夏寄主树青麸杨挥发物及浸提物的肚倍夏迁蚜和选择冬寄主美灰藓挥发物及浸提物的肚倍夏迁蚜都多于同组溶剂对照，其中在肚倍生长期提取的青麸杨挥发物和美灰藓浸提物与溶剂对照的差异达到了显著水平（$P<0.05$），其他 5 个样品与溶剂对照的差异达到了极显著水平（$P<0.01$）。

结果表明，3 个时期制备的夏寄主树青麸杨挥发物及浸提物和冬寄主美灰藓挥发物及浸提物对肚倍夏迁蚜都具有不同程度的引诱效果。

3 结论与讨论

本文主要通过在倍蚜上树期、肚倍生长期和倍蚜上藓期 3 个时期收集植物挥发物和制备植物浸提物，用“Y”型管试验，测定各样品对肚倍蚜春迁蚜和夏迁蚜引诱效果。试验结果表明，3 个时期的青麸杨挥发物及浸提物对肚倍春迁蚜具有显著的引诱效果；3 个时期的美灰藓挥发物及浸提物对肚倍春迁蚜具有显著的趋避效果；但无论是青麸杨还是美灰藓，不同时期的样品对肚倍夏迁蚜都表现出不同程度的引诱作用。也就是说春迁蚜对两种寄主的样品有不同的选择反应，而夏迁蚜表现出同样的反应，导致这种差异的原因，可能是由于两种时期的肚倍蚜嗅觉存在功能差异，或触角感受器发生了改变，真正原因需要进一步研究。同一寄主不同时期的样品对肚倍蚜的影响没有明显差异，原因可能是影响肚倍蚜行为的挥发性物质组成及含量的变化不足以改变对肚倍蚜行为的影响。

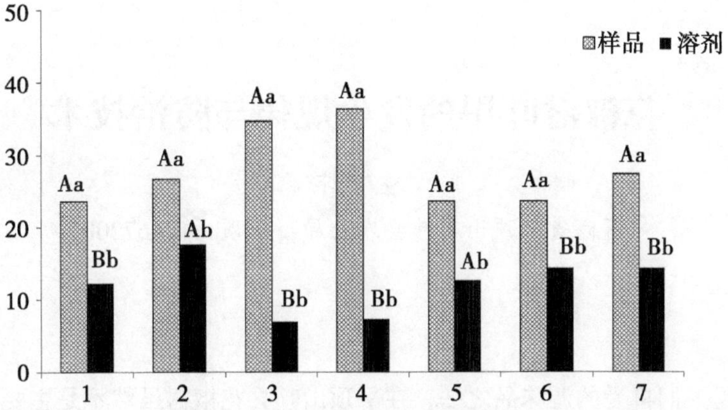

图 3　夏迁蚜对植物样品的选择行为

倍蚜上树期样品：1. 青麸杨挥发物；肚倍生长期样品；2. 青麸杨挥发物；3. 叶片浸提物；4. 美灰藓挥发物；5. 美灰藓浸提物；倍蚜上藓期样品；6. 青麸杨挥发物；7. 美灰藓挥发物。

注：图上数据是平均值（$n=3$）。柱上不同字母（小写字母表示显著，大写字母表示极显著）。

参考文献

杨子祥 . 2011. 五倍子高产培育技术［M］. 北京：中国林业出版社：3-5.

赖永祺，张燕平，方英，等 . 1992. 肚倍蚜生物学研究 I. 生活史［J］. 林业科学研究，5（5）：554-558.

周琼，梁广文 . 2003. 植物挥发性次生物质对昆虫的行为调控及其机制［J］. 湘潭师范学院学报，25（4）：55-60.

刘先福 . 2015. 小黄鳃金龟寄主植物的挥发物鉴定及其电生理活性研究［D］. 荆州：长江大学 .

花椒潜叶甲的发生规律与防治技术

王广宇
(河南省平顶山市叶县农业局，平顶山 467200)

花椒，是人们喜爱的调味品之一，在平顶山叶县花椒树虽然不是主要栽培植物，但零零星星种植的也不少。最近4~5年来，花椒潜叶甲在叶县的为害呈逐年上升趋势，严重影响了花椒的产量与品质，已经达到了必须进行防治的程度。

1 花椒潜叶甲的分类属性与识别

花椒潜叶甲，又称花椒跳甲、花椒桔啮跳甲，属鞘翅目叶甲科。

成虫：卵圆形，背部中央突起，橘红色至暗红色，体长3~4mm，体宽1.5~2.5mm，善于跳跃，能飞翔（图1）。

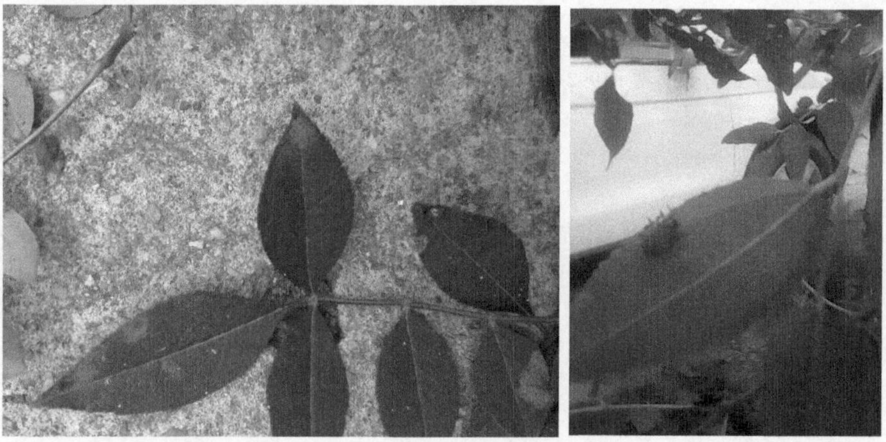

图1 花椒潜叶甲成虫

幼虫：体型类似于蛆虫，无足，体长4~6mm，分泌物呈黑色丝线状（图2）。

蛹：浅褐色至黄色，长3~3.5mm（图3）。

卵块：黑色，半球形，每块8~15粒卵（图4）。

2 花椒潜叶甲的为害症状

花椒潜叶甲的成虫和幼虫均可以为害。成虫主要取食叶片，造成叶片缺刻，但因其体型较小，食量不大，因而对花椒的为害相对较小。幼虫则蛀入叶片内部取食叶肉，造

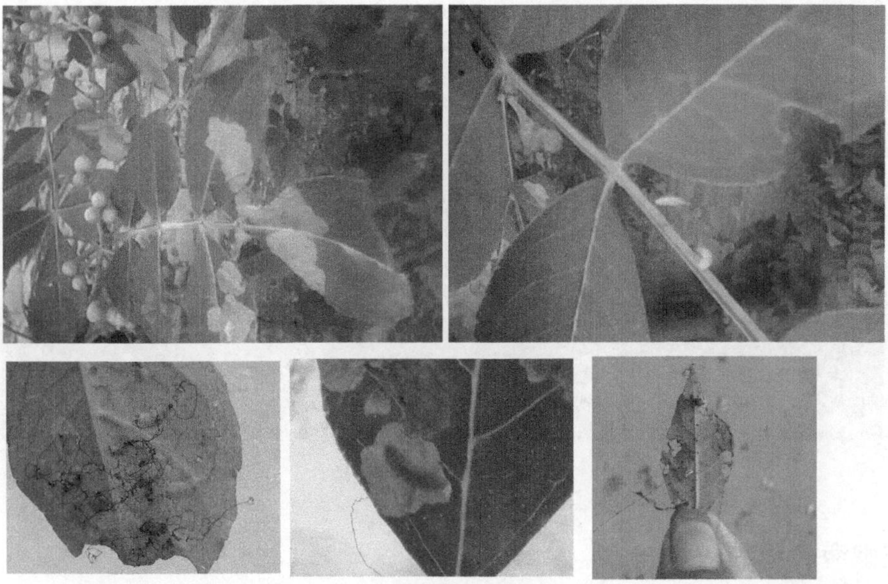

图 2　花椒潜叶甲幼虫

图 3　花椒潜叶甲蛹

成叶片失去光合作用，叶片大量脱落，对花椒的产量和品质影响较大。

3　花椒潜叶甲的发生规律

花椒潜叶甲在叶县每年发生 2 代，第一代发生期在 4 月上中旬至 5 月，第 2 代发生期在 6 月下旬至 8 月初。以成虫在杂草、秸秆、土石缝下越冬。翌年 4 月上旬成虫开始出土活动。成虫将卵块散产在花椒叶片背面，10～15 天后幼虫孵化，钻入叶片内部取食叶肉，幼虫老熟后可以直接在叶片内化蛹，也可以从叶内咬空而出，入土化蛹，成虫 5 月下旬羽化后进入越夏。于 6 月底 7 月初开始第二代为害，一直为害到 8 月上旬。

图4　花椒潜叶甲卵块

4　花椒潜叶甲的防治技术

成虫防治：可采用2.5%高效氯氟氰菊酯2 000倍液、48%毒死蜱1 000倍液、90%敌百虫或敌敌畏800~1 000倍液喷雾防治。

幼虫防治：因为幼虫在花椒叶片内，普通药剂效果不好，可采用48%毒死蜱、1.8%阿维菌素药剂防治1~2次即可。

基于 Maxent 的入侵害虫菊方翅网蝽在中国的适生区预测*

王志华[1**]，于静亚[1]，沈　锦[1]，梁玉婷[1]，章晓琴[1]，
张　涵[2]，余红芳[1]，董立坤[1***]
（1. 武汉市园林科学研究院，武汉　430081；
2. 湖北凡华市政园林景观工程有限公司，武汉　430040）

摘　要：菊方翅网蝽 *Corythucha marmorata*（Uhler，1878）是我国近年来新发现的一种入侵害虫，根据野外调查和文献记录，本文系统整理了菊方翅网蝽在世界各地的分布点信息以及 24 个环境变量数据，首次采用 Maxent 模型结合地理信息系统对菊方翅网蝽在中国的适生区进行了预测，以期为防控菊方翅网蝽的入侵和扩散蔓延提供早期预警。结果表明：Maxent 模型预测菊方翅网蝽适生区分布结果准确性非常高（AUC = 0.998、0.896）。7 月最高温、降水量季度变化、昼夜温差与年温差比值、9 月平均温度、11 月平均温度、6 月降水量对菊方翅网蝽的潜在分布影响较大。菊方翅网蝽在我国的适生区域较为广泛，主要位于 100°～125°E，20°～40°N 的亚热带、暖温带之间，集中在华中、华东、华北部分地区。地理分布趋势基本呈现以高适生区为中心向四周扩散，同时适生性逐步降低的特点。高适生区主要集中在 110°～122°E，25°～32°N 区域，沿长江中下游分布，包括浙江大部分地区、上海、安徽南部、湖北东南部、江西西部、湖南东部、江苏沿海地区、山东中部部分地区，河南南部局部地区。上述地区应警惕菊方翅网蝽的入侵，同时侵入地及时采取应对措施防止其进一步扩散。

关键词：菊方翅网蝽；Maxent 模型；地理信息系统；适生分布区

Prediction of Potential Distribution of the Invasive Chrysanthemum Lace Bug, *Corythucha marmorata* in China Based on Maxent*

Wang Zhihua[1**], Yu Jingya[1], Shen Jin[1], Liang Yuting[1],
Zhang Xiaoqin[1], Zhang Han[2], Yu Hongfang, Dong Likun[***]
(1. *Wuhan Institute of Landscape Architecture*, *Wuhan* 430081, *China*;
2. *Hubei Fanghua Municipal Landscape Engineering Co. LTD*, *Wuhan* 430040, *China*)

Abstract: *Corythucha marmorata* is a newly discovered invasive pest in recent years in China. Based on a large number of presence points of *C. marmorata* systematically identified by our long-term field survey and from the GBIF, along with 24 environmental variables, we used maxi-

* 基金项目：武汉市园林和林业局园林科研项目（武园-2016-64 号）入侵害虫菊方翅网蝽的为害和防控技术研究

** 作者简介：王志华，女，硕士，工程师，主要从事园林植物病虫害防治及入侵生物学相关研究；E-mail：wzhlingling@163.com

*** 通信作者：董立坤；E-mail：dlikun@sohu.com

mum-entropy (Maxent) model combined with geographic information system (ArcGIS) to obtain the first prediction of the potential distribution of *C. marmorata* in China. It represented a new and valid method for obtaining early warmings serving to prevent the danger of biological invasion. The results indicated that Maxent model gave a high accuracy in distribution prediction for *C. marmorata* (AUC = 0. 998, 0. 896). The potential distribution areas were greatly influenced by temperature and precipitation factors including max temperature of July, precipitation seasonality, isothermality, mean temperature of September, November, precipitation of June. *C. marmorata* had a wide potential range in China, which mainly lying at latitude 25°-40° N and longitude 100°-125° E in the subtropical and warm temperate zone. It was concentrated in few areas of Central, East and North China. The geographical distribution trend was spread to the surrounding areas from the high suitable distribution, and the suitable value was gradually reduced. The high suitable distribution was mainly lying at latitude 25°-32° N and longitude 110°-122° E along with the Lower Yangtze Region, including most of Zhejiang, Shanghai, east of Anhui, southeast of Hubei, west of Jiangxi, east of Hunan, coasts of Jiangsu, central of Shandong, south of Henan. Attention should be given to the invasion and special efforts need to be taken to prevent its further spread in its distribution.

Key words: *Corythucha marmorata*; Maxent model; Geographic information system ArcGIS; Potential distribution

菊方翅网蝽 *Corythucha marmorata*（Uhler，1878）隶属于半翅目 Hemiptera 网蝽科 Tingidae 方翅网蝽属 *Corythucha*（Stål，1873），是我国近年来新发现的一种入侵害虫。该虫原产于美国及加拿大南部，为害多种菊科植物，后传播到欧洲和亚洲地区。2000 年入侵日本，最早在西宫市兵库县发现，随后定殖并迅速扩散。2004 年向南扩展至纪伊半岛南端，2007 年扩散到整个四国岛，严重为害菊科植物和甘薯等植物（Kato & Ohbayashi，2009）。2011 年入侵到了韩国，分别于 2011 年在庆尚北道的浦项市和 2012 年在庆尚南道的昌原市被发现（Lee & Lee，2012），2013 年已扩散至韩国全境，并发现它能严重为害向日葵（Yoon *et al.*，2013；Kim & Kil，2014）。该虫于 2010 年左右被发现于中国上海（党凯等，2012），2013 年又被发现于浙江慈溪、台湾等地（虞国跃，2014）。2014 年在武汉地区也观测到该虫，目前在国内上海、浙江、台湾、武汉、信阳等地均有分布记录（董立坤等，2015），并有继续扩散蔓延的趋势。

在我国，菊方翅网蝽主要以成虫和若虫群集在寄主植物叶片背面刺吸取食，导致部分叶肉组织枯死，同时可排泄粪便，导致叶背面出现大量铁锈样斑点。叶片上表皮在刺吸部位显露出黄白色斑点以及焦枯斑，为害严重的可影响到整个叶片的光合作用，造成叶片逐渐变黄枯萎，最终影响植株的长势与观赏效果。该虫在日本的寄主记述有北美一枝黄花（*Solidago altissima*）、魁蒿（*Artemisia princeps*）、豚草（*Ambrosia artemisiaefolia*）、加拿大苍耳（*Xanthium canadense*）、鬼针草（*Bidens pilosa*）、苏门白酒菊（*Conyza sumatrensis*）、甘薯（*Ipomoea batatas*）等（Kato & Ohbayashi，2009）。该虫在中国的寄主记述有菊科的野塘蒿（*Erigeron linifolius*）、女菀（*Turczaninowia fastifiata*）、小蓬草（*Conyza canadensis*）、紫菀（*Aster* sp.）、向日葵（*Helianthus* sp.）、一枝黄花（*Solidago* sp.）、勋章菊（*Gazania rigens*）等（党凯，2012）。除以上记述寄主外，笔者发现菊方翅网蝽在百日草（*Zinnia elegans*）、香丝草（*Conyza bonariensis*）、加拿大一枝黄花（*Solidago canadensis*）、醴肠（*Eclipta prostrata*）、一年蓬（*Erigeron annuus*）以及蒿属类等植物上均可发生为害（未发表）。

随着经济全球化的加速发展，生物入侵已成为一个影响深远的全球性问题，一些外来有害生物入侵后，迅速蔓延扩展，对侵入地生物多样性、环境、生态、社会经济和人类健康都造成了严重的为害，生物入侵在世界范围内已引起公众、各国政府和科学家们的广泛关注（Mack *et al.*，2000；徐汝梅和叶万辉，2003；桑卫国等，2006；张亚平等，2009）。外来生物一旦入侵成功，便很难将其从生态系统中清除出去，因此早期预防要比后期治理更经济有效（Kolar & Lodge，2001）。预测入侵性生物的潜在入侵区域是早期预警的重要手段（Austin，2002；Lockwood *et al.*，2013）。Thuiller 等（2005）证实可以通过生态位模型预测物种潜在分布的方法来构建外来种的早期预警系统。

目前最常用的预测物种潜在分布的生态位模型有 GARP（the genetic algorithm for ruleset prediction）、ENFA（ecological niche factor analysis）、Bioclim（the bioclimatic predictionsystem）、Domain（the domain model）、Maxent（themaximum entropy model），而 Maxent 较其他 4 种预测的结果精确度更高。Maxent（maximum entropy，Maxent）模型是一种基于最大熵原理的预测模型，是应用最广泛的生态位模型之一（Phillips *et al.*，2006）。该理论认为在已知条件下熵最大的事物最接近它的真实状态。模型可以通过物种分布数据和环境数据，利用数学模型归纳或模拟其生态位需求，找出物种分布规律的最大熵，从而对物种的潜在分布进行预测，已广泛应用于生物地理学、生物入侵以及生态位研究等领域（Evangelista，2008；Adhikari，2012）。王运生等（2007）应用常见 5 种生态位模型分析相似穿孔线虫（*Radopholus similis*）在中国的适生区，结果发现 Maxent 模型的预测效果最好。张海娟等（2011）在分析入侵种薇甘菊（*Mikania micrantha*）在中国的适生区时，也发现 Maxent 模型的预测结果要优于 GARP 模型。刘欣（2012）在分析空心莲子草（*Alternanthera philoxeroides*）在中国的入侵风险时也认为，Maxent 模型在预测分布细节上优于 GARP 模型。赵力等（2015）应用 Maxent 生态位模型较为准确地预测了西部喙缘蝽和红肩美姬缘蝽在中国的潜在分布，祝梓杰等（2017）利用 Maxent 模型预测了两种捕食性盲蝽潜在分布区及其适生性分析。此外，近年来 Maxent 模型还被应用于葡萄根瘤蚜、松材线虫、稻水象甲、苹果绵蚜、地中海实蝇、橘小实蝇、西藏飞蝗、椰粉虱等外来入侵害虫潜在分布区的预测，预测结果均能较好地吻合物种的实际分布（齐国君等，2012；韩阳阳等，2015；赵晶晶等，2015；孙佩珊等，2017；秦誉嘉，2017；王茹琳等，2017；王茹琳等，2018）。

菊方翅网蝽属于新近外来入侵物种，目前，我国尚未有基于相关生态位模型对菊方翅网蝽的潜在分布进行系统性研究，因此，本研究通过查阅数据库和文献中其分布资料，结合野外调查数据，采用 Maxent 生态位模型结合地理信息系统 ArcGIS 对菊方翅网蝽在我国的适生区进行预测，以期为我国开展菊方翅网蝽的预警、风险评估和检疫防控提供科学依据。

1 材料与方法

1.1 地理分布数据的采集与处理

菊方翅网蝽的分布点数据的获取主要从两个途径搜集：一是查询“全球物种多样性信息库（GBIF，http：//www.gbif.org/）”（邢丁亮和郝占庆，2011），同时检索国内外公开发表的相关研究文献及报道，通过 Google earth 确定各分布点地理坐标；二是通过野外采样调查记录，分布点经纬度数据通过手持 GPS 采集，定位精度约 5m，最终共获得分布点 305 个。数据使用前首先进行筛选并去除经纬度重复、分布信息缺失及无法获得准确经纬度的数据（Verbruggen *et al.*，2013；Zhu *et al.*，2012），最终得到菊方翅网蝽准确分布点数据 78 个，利用 ArcGIS 软件绘制菊方翅网蝽在世界的分布点（图1）。并按照 Maxent 模型要求，将物种名、经纬度坐标输入 Excel，保存为 *.CSV 格式文件。

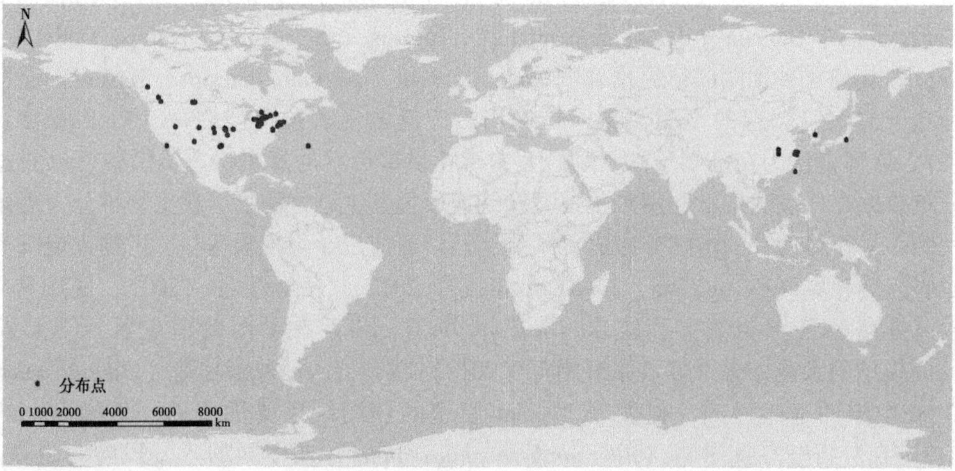

图 1 菊方翅网蝽在世界的分布点

1.2 环境变量数据

环境变量数据来源于 WorldClim 世界气候数据库（http：//www.worldclim.org/），包括 19 个生物气候变量（Bio1-Bio19）、气候变量（tmin、tmax、tmean、prec），海拔变量（alt）从 USGS's Hydro-1K 数据库获得，共 24 个环境气候数据。上述数据均为 1950—2000 年各环境变量的平均值，空间分辨率为 2.5arcminutes（5km×5km），下载格式为栅格图层格式。首先在 Maxent 模型中通过刀切法（jackknife）判断各环境变量对菊方翅网蝽分布的重要性，即依次省略每一个环境变量，用其余变量建立模型，然后分析省略的环境变量与遗漏误差（omission error）之间的相关性（Pearson<0.9），如果一个环境变量的缺失导致遗漏误差显著提高，表明该环境变量对模型的预测结果影响显著，在最终的模拟中将被采用，反之则被排除（王运生，2007）。通过 SDMToolbox 去除重要性较低和相关性高的环境变量，最终从 24 个环境变量中选取 10 个环境变量，即 7 月最高温、降雨量季度变化方差、昼夜温差与年温差比值、9 月平均温度、11 月平均

温度、6 月降水量、年温差、最冷季度降水量、1 月最低温、海拔（表 1）。

表 1　Maxent 模型中所使用的环境变量

变量 Variables	描述 Description
tmax7	7 月最高温 Max temperature of July
bio15	降水量季度变化方差 Precipitation Seasonality
bio3	昼夜温差与年温差比值 Isothermality
tmean9	9 月平均温度 Mean temperature of September
tmean11	11 月平均温度 Mean temperature of November
prec6	6 月降水量 Precipitation of June
bio7	年温差 Temperature annual range（Bio5-Bio6）
bio19	最冷季度降水量 Precipitation of Coldest Quarter
tmin1	1 月最低温 Min temperature of January
alt	海拔 Altitude

1.3　基础地理数据

地理底图选用国家测绘地理信息局（http：//www. sbsm. gov. cn/）的 1∶400 万中国矢量地图。

1.4　研究方法

1.4.1　Maxent 模型预测

选用 Maxent3. 4. 1 模型软件来预测菊方翅网蝽在中国的潜在适生区。分别输入菊方翅网蝽分布点数据和环境变量数据，随机选取 25%的菊方翅网蝽分布点作为测试集（test data），剩余 75%作为训练集（training data），重复数设置为 10，重复运行类别选择交叉验证（cross - validate），模型训练方法设定为 auto features，选择刀切法（jackknife）测定各变量权重，输出模式采用指数（logistic）形式，其余参数设置为软件默认值，运行输出格式为 . asc（赵晶晶等，2015；崔绍朋等，2018）。

利用 ArcGIS10. 2 中 ArcToolbox 窗口下的格式转换工具（conversion tools）将 Maxent 的运行结果 . asc 格式转化为 Raster 格式，即可在 ArcGIS 中显示结果图。Maxent 输出结果为菊方翅网蝽在世界范围内的分布情况，利用 ArcGIS 中 Spatial Analysis Tools 的“提取分析”功能将范围限于中国范围之内。通过 ArcGIS 中分析工具的再分类对其进行适生等级划分，用自然分割法（natural breaks）划分为 4 个适生等级，其结果最接近真实的菊方翅网蝽分布情况，将菊方翅网蝽的适生等级分为非适生区（0~0. 05），低适生区（0. 05~0. 33），适生区（0. 33~0. 66），高适生区（0. 66~1），最终获得菊方翅网蝽在中国的适生等级分布图。

1.4.2　模型精度评估

Maxent 模型采用 ROC（Receiver operating characteristic）曲线分析法对适生性分析结果进行精度评估（Li *et al.*，2009）。ROC 曲线以假阳性率为横坐标，真阳性率为纵坐标，ROC 曲线与横坐标所围成的面积值为 AUC（area under curve）值，AUC 值反映预测结果的精度，理论上 AUC 指标取值范围为 0.5~1，AUC 值越大，表示环境变量与预测物种地理分布模型之间相关性越大，即模型预测结果精度越高。AUC 值为 0.50~0.60（失败），0.60~0.70（较差），0.70~0.80（一般），0.80~0.90（好），0.90~1.0（极好）。

2 结果与分析

2.1 菊方翅网蝽在中国的潜在适生区分析

利用 Maxent 软件构建的菊方翅网蝽在中国的适生区分布见图 2。由图 2 可知，菊方翅网蝽在我国的适生区域广泛，主要位于 100°~125°E，20°~40°N 的亚热带、暖温带之间，集中分布在华中、华东、华北部分地区。按照菊方翅网蝽适生等级的大小将其潜在地理分布区域划分为 4 级：高适生区、适生区、低适生区、非适生区。地理分布趋势基本呈现以高适生区为中心向四周扩散，同时适生性逐步降低的特点。

其中高适生区主要集中在 110°~122°E，25°~32°N 区域，沿长江中下游分布，包括浙江大部分地区、上海市、安徽南部、湖北东南部（武汉市及周边临近市县）、江西西部、湖南东部、江苏连云港沿海地区、山东中部（济宁、临沂潍坊少部分地区），河南（信阳局部地区）；适生区主要位于高适生区的外缘，包括浙江江苏交界、安徽南部、湖北中部、江西、湖南局部，以及福建、河南、山东、陕西、山西、贵州、广西、台湾少部分；低适生区主要集中在中国东部，有山东、河南、江苏、安徽、湖北（除恩施土家族苗族自治州、神农架林区外）、陕西、重庆、四川大部分地区，贵州东北部、湖南、江西东北部、云南南部少部分地区，此外辽宁南部沿海、海南、台湾、新疆维吾尔自治区（喀什、阿勒泰地区）也有零星分布，除以上区域的其余地区为非适生区。

2.2 Maxent 模型精度评估检验

本研究采用 ROC 曲线分析法对 Maxent 模型预测的菊方翅网蝽适生区分布结果进行精度检验，结果见图 3。由图 3 可知，训练集和测试集的 AUC 值分别为 0.998 和 0.896，非常接近 1，均显著高于随机模型的 AUC 值 0.5，依据表 2 AUC 值评价标准，构建模型的预测准确性达到“好”的标准，即 Maxent 模型预测分布区与物种实际分布区拟合度高，说明本研究结果有较高的可信度，可用于菊方翅网蝽适生区的研究。

2.3 影响菊方翅网蝽潜在分布的主要环境变量

本研究通过刀切法来检验影响菊方翅网蝽潜在分布的主要环境变量。根据参与模型建立的环境变量对最大熵模型的贡献率可以判断影响物种分布的主要环境变量，结果如表 2 所示。由表 2 可以看出，共有 6 个环境变量对模拟结果的贡献率大于 10%，由高到低依次为 7 月最高温（18.7%）、降水量季度变化方差（16%）、昼夜温差与年温差比值（14.9%）、9 月平均温度（12.6%）、11 月平均温度（11.4%）、6 月降水量（10.3%），累积贡献率达到 83.9%，总体而言，温度和降水量是影响菊方翅网蝽潜分布的主要环境变量，海拔变量贡献相对较小。

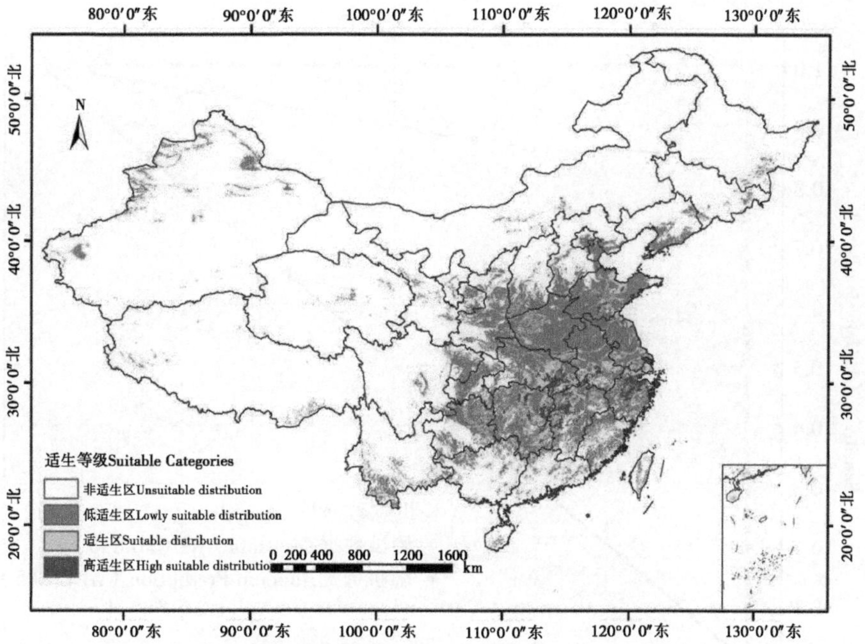

图 2 菊方翅网蝽在中国的潜在适生区（示意图）

表 2 Maxent 模型中各环境变量的贡献率

变量 Variable	描述 Description	贡献率 Percent contribution（%）
tmax7	7 月最高温 Max temperature of July	18. 7
bio15	降水量季度变化方差 Precipitation Seasonality	16
bio3	昼夜温差与年温差比值 Isothermality	14. 9
tmean9	9 月平均温度 Mean temperature of September	12. 6
tmean11	11 月平均温度 Mean temperature of November	11. 4
prec6	6 月降水量 Precipitation of June	10. 3
bio7	年温差 Temperature annual range（Bio5−Bio6）	5. 7
bio19	最冷季度降水量 Precipitation of Coldest Quarter	4. 5
alt	海拔 Altitude	3. 6
tmin1	1 月最低温 Min temperature of January	2. 3

3 讨论

生态位模型是利用物种已知分布点所关联的环境变量去推算物种的生态需求，模拟物种的分布。大量研究结果表明，Maxent 生态位模型在物种分布数据不足的情况下仍

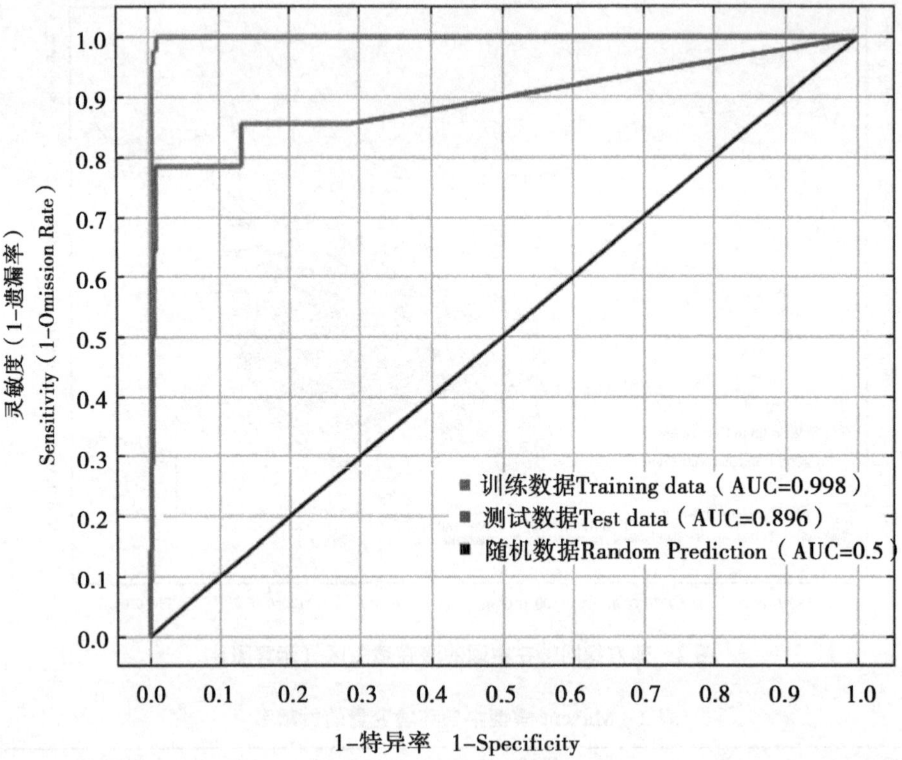

图 3 Maxent 模型的 ROC 曲线

能得到较为满意的结果，Maxent 的预测结果要优于同类的 GARP、Domain、Bioclim 等模型（Phillips *et al.*，2006）。因此，本研究选用 Maxent 生态位模型与地理信息系统相结合，综合分析影响菊方翅网蝽的地理分布数据及环境因子，非常直观且定量地获得了菊方翅网蝽在我国的潜在发生区。Maxent 的计算结果经 ROC 曲线分析法验证，Maxent 模型的训练集和测试集的 AUC 值分别为 0.998 和 0.896（非常接近 1），表明模型与实际拟合度较好。研究结果可为菊方翅网蝽的预警、风险评估提供科学依据。对于重点预防区的侵入和为害起着预警和应急的作用；对于可能发生的地区，应该引起当地主管部门的高度重视，采取适当的检疫检验措施防止菊方翅网蝽的入侵。

本研究的预测结果表明，菊方翅网蝽在中国的适生区集中于 20°~40°N，与原产地北美已知分布点纬度基本一致，主要位于中国长江流域及其以南各省，推测其可能从北美逐步向东扩散，横跨美国大陆，随后入侵到欧洲和亚洲，随着人类交流的频繁及交通运输业的发展，其传播速度非常快，相继在日本、韩国建立种群后，进一步通过包装物或寄主植物等的携带，人为传播进入中国。预测结果显示长江三角洲地区是菊方翅网蝽高适生区，尤其以杭州湾为中心，这表明该地区可能是菊方翅网蝽在我国的入侵口岸，而我国也最早在上海、浙江慈溪发现菊方翅网蝽，该地区与韩国、日本以及北美国家的贸易往来比较频繁，这为菊方翅网蝽的入侵创造了条件。而最早入侵韩国的两个城市也均为港口城市。因此，上海、宁波、连云港等地的出入境检验检疫部门应作为重点检疫关口。与疫区有货物运输往来的车站、码头、机场、旅游点、公路、铁路及沿途村庄应作为重点监测区。

根据 Maxent 模型的分析结果，影响菊方翅网蝽潜在分布的主要环境变量有 7 月最高温、降水量季度变化、昼夜温差与年温差比值、9 月平均温度、11 月平均温度、6 月降水量。其中，温度和降水是影响菊方翅网蝽适生区分布的 2 个主要因素，海拔在 Maxent 模型中的贡献值并不高。相关研究也显示，在大尺度下，物种分布主要受气象因子的影响（朱耿平，2014）。通过对武汉地区菊方翅网蝽的生活史研究发现，其越冬成虫通常在 3 月底、4 月初开始活动，6—7 月为第二、三代发生盛期，6 月降水量、7 月最高温直接影响虫口数量的升降，11 月成虫陆续越冬，11 月温度直接影响翌年虫口基数。而在内蒙古、黑龙江和新疆地区冬季温度偏低，西藏地区昼夜温差较大，而华南沿海地区由于夏季温度过高且降水量较大，这些环境因素均可对菊方翅网蝽种群的存活造成严重影响，因此，菊方翅网蝽在以上地区适生性很低。

此外，菊方翅网蝽可为害多种菊科栽培及野生植物，并且许多寄主植物在中国分布范围较广，尤其寄主加拿大一枝黄花、小飞蓬、春飞蓬、豚草等均为外来入侵性杂草，几乎遍布全国。如加拿大一枝黄花在我国的适生范围主要分布在华东和华中地区，地理位置大致位于 25°~35°N，104°~122°E。包括上海、江苏、浙江、安徽、山东、河南、湖北、湖南、江西、福建、重庆、贵州、四川东部、广东和广西北部、云南东北部、山西和陕西南部地区（雷军成和徐海根，2010；李丽鹤等，2017）。小飞蓬在我国广泛分布于黑龙江、吉林、辽宁、内蒙古、陕西、四川、贵州、云南、山西、河北、山东、河南、安徽、江苏、湖北、江西、浙江、湖南等省（自治区），尤其以长三角地区最为广泛。春飞蓬在我国主要适生区包括上海、江苏、浙江、安徽、河南、湖北、湖南、江西等地区（张颖，2011）。从预测结果来看，在以上地区均有菊方翅网蝽的潜在适生区，因此，寄主植物的广泛分布同样为菊方翅网蝽的入侵和快速扩散创造了有利条件。

应用生态位模型预测物种分布的前提是假设物种的生态位需求是保守的，但由于入侵物种的生态位有时会发生漂移，应用原产地的分布数据预测发生生态位漂移后的入侵物种的潜在分布可能会带来偏差，难以准确地预测出物种的适生分布区（朱耿平，2014）。本研究选用的分布点数据既包括了世界范围内菊方翅网蝽的原产地和入侵地，也包括了中国已知的菊方翅网蝽分布地点，弥补了用原产地生态环境模拟潜在适生区生态环境的误差，提高了预测的可靠性。在环境变量选取方面，由于其寄主分布的数据采集难度较大，另外，供试数据仅仅考虑了常用的地理分布、气候等环境因素，而没有考虑土壤类型、天敌以及气候变暖等因素对菊方翅网蝽适生分布的影响，如果能综合分析所有影响因素，则预测结果将会更加准确。

参考文献

曹向锋，钱国良，胡白石，等 . 2010. 采用生态位模型预测黄顶菊在中国的潜在适生区［J］. 应用生态学报，21（12）：3063-3069.

崔绍朋，罗晓，李春旺，等 . 2018. 基于 Maxent 模型预测白唇鹿的潜在分布区［J］. 生物多样性，

26（2）：171-176.

党凯，高磊，朱槿 . 2012. 菊方翅网蝽在中国首次记述（半翅目，网蝽科）[J]. 动物分类学报，37（4）：894-898.

董立坤，王志华，张涵，等 . 2015. 菊方翅网蝽在武汉的分布与为害 [J]. 湖北农业科学，54（21）：5299-5302.

韩阳阳，王焱，项杨，等 . 2005. 基于 Maxent 生态位模型的松材线虫在中国的适生区预测分析 [J]. 南京林业大学学报（自然科学版），39（1）：6-10.

何佳遥，赵继羽，赵紫华，等 . 2017. 基于最大熵模型的沙棘绕实蝇适生性研究 [J]. 植物检疫，31（2）：22-29.

雷军成，徐海根 . 2010. 基于 MaxEnt 的加拿大一枝黄花在中国的潜在分布区预测 [J]. 生态与农村环境学报，26（2）：137-141.

李丽鹤，刘会玉，林振山，等 . 2017. 基于 MAXENT 和 ZONATION 的加拿大一枝黄花入侵重点监控区确定 [J]. 生态学报，37（9）：3124-3132.

齐国君，高燕，黄德超，等 . 2012. 基于 MAXENT 的稻水象甲在中国的入侵扩散动态及适生性分析 [J]. 植物保护学报，39（2）：129-136.

秦誉嘉 . 2017. 橘小实蝇在全球的种群结构、定殖风险及潜在分布研究 [D]. 北京：中国农业大学 .

桑卫国，朱丽，马克平 . 2006. 外来种入侵现象、问题及研究重点 [J]. 地球科学进展，21：305-312.

孙佩珊，姜帆，张祥林，等 . 2017. 地中海实蝇入侵中国的风险评估 [J]. 植物保护学报，44（3）：436-444.

王梦琳，范靖宇，李敏，等 . 2017. 入侵害虫蔗扁蛾在我国的潜在分布区 [J]. 生物安全学报，26（2）：129-133.

王茹琳，李庆，封传红，等 . 2017. 基于 MaxEnt 的西藏飞蝗在中国的适生区预测 [J]. 生态学报，37（24）：8556-8566.

王茹琳，高晓清，石朝鹏 . 2018. 危险性入侵昆虫桤粉虱对中国的风险分析 [J]. 中国农学通报，34（1）：129-133.

王运生，谢丙炎，万方浩，等 . 2007. ROC 曲线分析在评价入侵物种分布模型中的应用 [J]. 生物多样性，15：365-372.

邢丁亮，郝占庆 . 2011. 最大熵原理及其在生态学研究中的应用 [J]. 生物多样性，19（3）：295-302.

徐汝梅，叶万辉 . 2003. 生物入侵：理论与实践 [M]. 北京：科学出版社 .

虞国跃 . 2014. 菊方翅网蝽 [J]. 植物保护，40（5）：7.

张海娟，陈勇，黄烈健，等 . 2011. 基于生态位模型的薇甘菊在中国适生区的预测 [J]. 农业工程学报，27：413-418.

张颖 . 2011. 基于的生态位模型预测源自北美的菊科入侵物种的潜在适生区 [D]. 南京：南京农业大学 .

张亚平，蒋有绪，张润志，等 . 2009. 我国生物入侵现状与对策 [J]. 中国科学院院刊，24：411-413.

赵晶晶，高丹，冯纪年 . 2015. 基于 Maxent 模型的葡萄根瘤蚜在中国的适生性分析 [J]. 西北农林科技大学学报（自然科学版），43（11）：99-104，112.

赵力，朱耿平，李敏，等 . 2015. 入侵害虫西部喙缘蝽和红肩美姬缘蝽在中国的潜在分布 [J].

天津师范大学学报（自然科学版），35（1）：75-78.

朱耿平，刘国卿，卜文俊，等 . 2013. 生态位模型的基本原理及其在生物多样性保护中的应用［J］. 生物多样性，21：90-98.

朱耿平，刘强，高玉葆 . 2014. 提高生态位模型转移能力来模拟入侵物种的潜在分布［J］. 生物多样性，22：223-230.

祝梓杰，王桂瑶，乔飞，等 . 2017. 基于 Maxent 模型的两种捕食性盲蝽潜在分布区及其适生性分析［J］. 昆虫学报，60（3）：335-346.

Adhikari D，Barik S K，Upadhaya K. 2012. Habitat distribution modelling for reintroduction of Ilex khasiana Purk，a critilly endangered tree species of northeastern India［J］. Ecological Engineering，40：37-43.

Austin M P. 2002. Spatial prediction of species distribution，an interface between ecological theory and statistical modelling［J］. Ecological Modelling，157：101-118.

Evangelista P H，Kumar S，Stohlgren T J，*et al.* 2008. Modelling invasion for a habitat generalist and a specialist plant species［J］. Diversity and Distributions，14（5）：808-817.

Kato A，Ohbayashi N. 2009. Habitat expansion of an exotic lace bug，*Corythucha marmorata*（Uhler）（Hemiptera，Tingidae），on the Kii Peninsula and Shikoku Island in western Japan［J］. Entomological Science，12：130-134.

Kim D E，Kil J. 2014. Geographical distribution and host plants of *Corythucha marmorata*（Uhler）（Hemiptera，Tingidae）in Korea［J］. Korean Society of Applied Entomology，53：185-191.

Kolar C S，Lodge DM. 2001. Progress in invasion biology，predicting invaders［J］. Trends in Ecology and Evolution，16：199-204.

Lee G S，Lee S M. 2012. A new exotic tingid species，*Corythucha marmorata*（Uhler）（Hemiptera，Tingidae）in Korea［J］. Korean Society of Applied Entomology，10：159.

Li B N，Wei W，Ma J，*et al.* 2009. Maximum entropy niche-based modeling（Maxent）of potential geographical distributions of fruit flies *Dacus bivittatus*，*D. ciliatus* and *D. vertebrates*（Diptera：Tephritidae）［J］. Acta Entomologica Sinica，52（10）：1122-1131.

Lockwood J，Hoopes M，Marchetti M. 2013. Invasion Ecolog［M］. Oxford：Wiley-Blackwell.

Mack R N，Simberloff D，Lonsdale W M，*et al.* 2000. Biotic invasions，causes，epidemiology，global consequences，and control［J］. Ecological Applications，10：689-710.

Phillips S J，Anderson R P，Schapire R E. 2006. Maximum entropy modeling of species geographic distributions［J］. Ecological Modelling，190：231-259.

Thuiller W，Richardson D M，Pysek P，*et al.* 2005. Niche-based modelling as a tool for predicting the risk of alien plant invasions at a global scale［J］. Global Change Biology，11：2234-2250.

Verbruggen H，Tyberghein L，Belton G S，*et al.* 2013. Improving transferability of introducedspecies' distribution models，new tools to forecast the spreadof a highly invasive seaweed［J］. PLo S ONE，8（6）：e683337.

Yoon C S，Kim H G，Choi WY. 2013. First record on the exotic lace bug of Asteraceae，*Corythucha marmorata*（Uhler）（Hemiptera，Tingidae）in Korea［J］. Journal of Environmental Science International，22：1611-1614.

Zhu G P，Bu WJ，Gao Y B，*et al.* 2012. Potential geographic distribution of brown marmorated stink bug invasion（*Halyomorpha halys*）［J］. PLo S ONE，7（2）：e31246.

昆虫病原线虫斯氏线虫和异小杆线虫对黑翅土白蚁室内侵染力的研究*

于静亚[1**]，王志华[1]，沈　锦[1]，梁玉婷[1]，张　涵[2]，余红芳[1]，董立坤[1***]
（1. 武汉市园林科学研究院，武汉　430081；
2. 湖北凡华市政园林景观工程有限公司，武汉　430040）

摘　要：为明确昆虫病原线虫斯氏线虫属（*Steinrnema*）和异小杆线虫属（*Heterorhabditids*）的6个品系对黑翅土白蚁（*Odontotermes formosanus* Skiroki）的侵染能力，在室内条件下研究了100条/mL、200条/mL、500条/mL三个不同剂量的线虫对黑翅土白蚁的侵染性。研究结果表明，斯氏线虫属的CBZB和SG-NC品系对黑翅土白蚁表现出较高的侵染能力，而斯氏线虫属的HB310品系则表现出较低的侵染能力。且随着线虫剂量的增大，侵染所需时间也较短。另外，异小杆线虫的3个品系表现出的侵染能力则较弱。因此，斯氏线虫属的CBZB和SG-NC品系具有较大的应用开发潜力。

关键词：斯氏线虫属；异小杆线虫属；黑翅土白蚁；侵染能力

昆虫病原线虫是指以昆虫为寄主的致病性线虫。目前世界上已记载的与昆虫有关的线虫有8目22科5 000多种，包括直接寄生昆虫或以昆虫为介体寄生动物的线虫（吴文丹等，2014）。常用于防治害虫的线虫主要属于斯氏线虫科斯氏线虫属（*Steinrnema*）和异小杆线虫科异小杆线虫属（*Heterorhabditids*）（陈学新，2012）。此两个属的线虫可主动侵染昆虫寄主。侵染期线虫体内携带着共生细菌，线虫感染宿主后将共生细菌带入昆虫体内，使昆虫在短时间内因患败血症而死亡。斯氏线虫和异小杆线虫属线虫具有毒力高、宿主范围广且易于人工培养的优点，在昆虫病原线虫的生物防治中起着重要的作用（Richou Han，1994）。本文通过开展线虫对黑翅土白蚁在室内的侵染性试验，筛选出对园林白蚁有控制作用的昆虫病原线虫，并希望在后期的综合防控技术体系中推广应用。

1　材料与方法

1.1　供试虫源

供试黑翅土白蚁在青山公园内樟树林地内采集，所采白蚁均为工蚁和兵蚁，取回后在室内黑暗条件下（25℃，空气相对湿度85%）饲养备用。供试线虫由河北省农作物病虫害生物防治工程技术中心提供，线虫的具体品系及分属见表1。

---

* 基金项目：武汉市园林和林业局项目（武园发〔2015〕9号）

** 作者简介：于静亚，工程师，从事园林植物病虫害防治研究；E-mail：15072462863@163.com
*** 通信作者：董立坤，高级工程师，从事园林植物病虫害及生物防治研究；E-mail：dlikun@sohu.com

表 1　供试线虫种类

属名	品系		
斯氏线虫属（*Steinrnema*）	HB310	CBZB	SG-NC
异小杆线虫属（*Heterorhabditis*）	Hb-mono	202	HB89

1.2　试验方法

测定方法参照朱建华（2002）的试验方法。每种品系的线虫为一个处理，并以清水为对照。将直径 9cm 定性滤纸用灭菌水使浸润后，平铺于无菌培养皿中。将上述每种品系线虫制成剂量为 100 条/mL、200 条/mL、500 条/mL 的悬浮剂，并滴在滤纸上，滴加量为 3mL。然后每皿接入 60 头生长正常且状况一致的黑翅土白蚁工蚁，每处理设 3 个重复。将上述处理过的培养皿放入温度为 25℃，湿度为 85%的无光培养箱中。用寄生死亡率评价线虫对黑翅土白蚁的侵染能力。每天进行观察与记载白蚁被线虫寄生的情况与死亡率，同时向培养皿中滴加清水。在处理 7 天后，统计各处理试验结果，并用 Excel 和 IBM SPSS Statistics 20 对数据进行统计分析。

2　结果分析

2.1　不同品系昆虫病原线虫对黑翅土白蚁的侵染力分析

将 6 个品系的线虫分别用剂量为 100 条/mL、200 条/mL、500 条/mL 的悬浮剂处理后，均对黑翅土白蚁产生了一定的寄生作用。从图 1 至图 3 可以看出，斯氏线虫属的 HB310 品系在三种剂量下对黑翅土白蚁均表现出较低的侵染力。而斯氏线虫属的 CBZB 品系和 SG-NC 品系则对黑翅土白蚁表现较高的侵染力。另外从图 1 至图 2 中可以看出当剂量为 100 条/mL、200 条/mL 时，昆虫病原线虫均从第 2 天开始出现较高的侵染力。而当剂量为 500 条/mL 时，从第 1 天即表现出较高的侵染力。由此可以看出，斯氏线虫属的 CBZB 品系和 SG-NC 品系可作为防治黑翅土白蚁的潜在病原线虫。此外，若期望线虫作用效果快时需提高线虫悬浮剂的剂量。

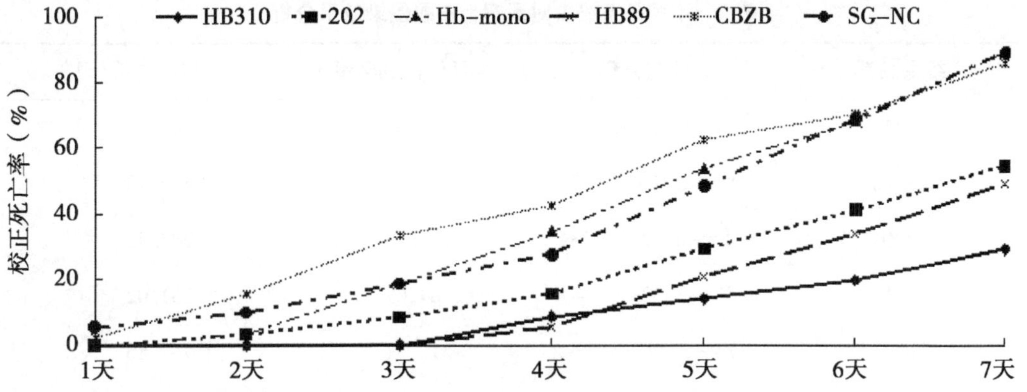

图 1　线虫剂量为 100 条/mL 时对黑翅土白蚁的侵染效果分析

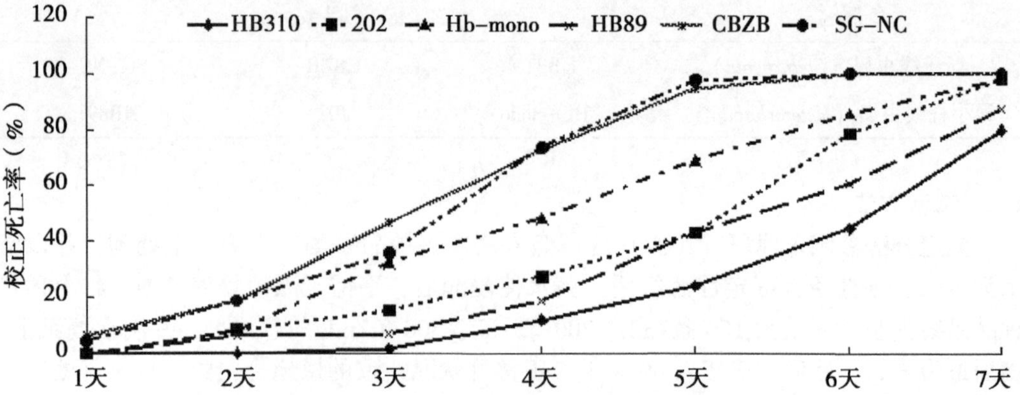

图 2　线虫剂量为 200 条/mL 时对黑翅土白蚁的侵染效果分析

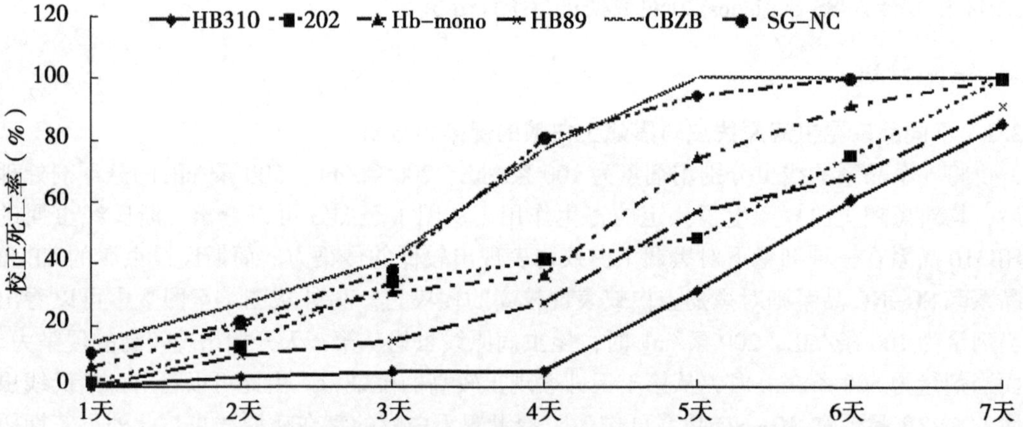

图 3　线虫剂量为 500 条/mL 时对黑翅土白蚁的侵染效果分析

表 2　不同品系线虫对黑翅土白蚁侵染效果分析

线虫品系	回归方程	LC_{50}（条/mL）	LC_{95}（条/mL）
202	$Y=-1.734+0.657X$	43.6	137 666.41
Hb-mono	$Y=-1.371+0.777X$	58.22	7 636.43
CBZB	$Y=-8.122+4.23X$	83.25	203.83
SG-NC	$Y=-5.32+2.764X$	84.09	331.02
HB89	$Y=-3.241+1.299X$	312.51	5 767.86
HB310	$Y=-2.392+0.737X$	1 755.11	298 427.12

斯氏线虫属和异小杆线虫属的 6 个品系，对黑翅土白蚁在不同时间内表现出不同的侵染力。根据不同品系不同剂量的昆虫病原线虫，在第 5 天对黑翅土白蚁的致死效果做毒力回归方程分析，结果如表 2 所示。从表中可以看出斯氏线虫的 HB310 品系侵染效果较差，结合 LC_{95} 和 LC_{50} 可以看出斯氏线虫的 CBZB 和 SG-NC 侵染力较强。

2.2 6 个品系病原线虫半数致死时间（LT_{50}）分析

根据昆虫病原线虫在 7 天内对黑翅土白蚁的致死效果，分析相同品系相同剂量下对黑翅土白蚁的半数致死天数，结果如表 3 所示。从表中可以看出，每种品系线虫对黑翅土白蚁的 LT_{50} 均随着剂量的增大而缩短，说明随着剂量的增大，对黑翅土白蚁的侵染时间也越短，但当线虫剂量为 200 条/mL 和 500 条/mL 时，两者的 LT_{50} 相差并不大。因此，在生产实践中，若要实现昆虫病原线虫高速有效的侵染黑翅土白蚁，则可将剂量控制在 200~500 条/mL 范围内。

表 3 昆虫病原线虫对黑翅土白蚁的半数致死时间（LT_{50}）分析

线虫品系	数量（条/mL）	回归方程	LT_{50}（天）	LT_{95}（天）
HB310	100	$Y=-4.157+4.301X$	9.260	22.329
	200	$Y=-6.068+7.879X$	5.891	9.528
	500	$Y=-4.984+6.704X$	5.539	9.744
202	100	$Y=-3.211+3.850X$	6.822	18.244
	200	$Y=-3.671+5.589X$	4.537	8.935
	500	$Y=-2.478+4.104X$	4.015	10.102
Hb-mono	100	$Y=-3.495+5.253X$	4.629	9.519
	200	$Y=-3.163+5.461X$	3.795	7.594
	500	$Y=-2.165+4.018X$	3.458	8.875
HB89	100	$Y=-5.643+6.718X$	6.919	12.158
	200	$Y=-3.806+5.340X$	5.161	10.490
	500	$Y=-3.196+4.831X$	4.588	10.048
CBZB	100	$Y=-2.121+3.493X$	4.049	11.974
	200	$Y=-2.144+4.833X$	2.778	6.082
	500	$Y=-1.523+3.733X$	2.558	7.056
SG-NC	100	$Y=-2.352+3.540X$	4.617	13.460
	200	$Y=-2.521+5.452X$	2.900	5.809
	500	$Y=-1.883+4.414X$	2.670	6.298

3 结论与讨论

黑翅土白蚁为土栖性白蚁，食性较杂，为害范围较广，可为害包括樟树、杉树、广玉兰、枫杨等在内的100多种植物（黄求应等，2005）。此种白蚁造成的为害隐蔽，不易被察觉，一旦发现，往往已经造成重大损失（徐志德等，2007）。因此，许多科研工作者积极研究和探索各种预防和防治白蚁的方法。夏金保（1995）利用白蚁分群孔追挖蚁巢，从而达到消除白蚁群体及隐患的方法。余豪等（2018）通过研究大蒜精油、肉桂油、丁香油和印楝素油四种植物精油对黑翅土白蚁的触杀效果和趋避作用后发现，大蒜精油、肉桂油和丁香油对黑翅土白蚁具有较强的触杀作用。王少明等（2017）采用以松锯末、杉锯末、栎类锯末、甘蔗渣、玉米粉、糯米粉、增效剂、防腐剂等为主要成分的诱饵诱杀白蚁，结果显示投放1次饵剂，诱杀效果在女贞、檫木、枫香与香樟、马尾松、杉木、槲栎间存在显著差异。

除采用以上对环境友好型的白蚁防治方法以外，线虫已作为一种重要的白蚁生物杀虫剂，在世界上多家公司生产。有学者认为，利用病原线虫对为害森林和作物的白蚁进行生物防治已取得成功（Wilson-Rich *et al.*，2007）。朱建华等（2002）用斯氏线虫属的4个品系和异小杆属的1个品系对桉树林地的黑翅土白蚁进行室内外毒力、致死速度、剂量等方面进行了研究，发现斯氏线虫 BJ_2品系在室内外对林木白蚁均有较高的侵染力。本文为研究斯氏线虫属3个品系和异小杆线虫3个品系对黑翅土白蚁的侵染能力，在室内开展试验对其进行研究分析。结果表明，斯氏线虫属的CBZB和SG-NC品系对黑翅土白蚁表现出较高的侵染能力，而斯氏线虫属的HB310品系则表现出较低的侵染能力。并且斯氏线虫属的3个品系对黑翅土白蚁的侵染能力总体高于异小杆线虫属。另外，随着线虫剂量的加大，线虫对黑翅土白蚁侵染所需时间也逐渐缩短，但当线虫剂量为200~500条/mL时，LT_{50}差异并不大。因此，在生产实践中，线虫的使用浓度可控制在200~500条/mL范围内。

参考文献

黄求应，雷朝亮，薛东.2005. 黑翅土白蚁的食物选择性研究［J］. 林业科学，41（5）：91-95.

任顺祥，陈学新.2011. 生物防治［M］. 北京：中国农业出版社.

王少明，喻卫国，崔振强，等.2017. 新饵剂林间诱杀黑翅土白蚁应用技术研究［J］. 中国森林病虫，36（1）：1-9.

吴文丹，尹娇，曹雅忠，等.2014. 我国病原线虫的研究与应用现状［J］. 中国生物防治学报，30（6）：817-822.

夏金宝.1995. 用查找分群孔方法清除水库大坝的土栖白蚁巢穴［J］. 昆虫知识，32（2）：108-109.

徐志德，李德运，周贵清，等.2007. 黑翅土白蚁的生物学特性及综合防治技术［J］. 昆虫知识，44（5）：763-769.

余豪，莫建初，黄求应，等.2018. 四种植物精油对黑翅土白蚁触杀和趋避作用［J］. 广西植物，38（4）：420-427.

朱建华.2002. 应用昆虫病原线虫防治桉树白蚁的研究［J］. 福建林学院学报，22（4）：

366-370.

Richou Han. 1994. Advances in the research of entomopathogenic nematodes *Steinernema* and *Heterorhabditis* in china [J]. Entomologia sinica, 1 (4): 346-364.

Wilson-Rich N, Stuart R J, Rosengaus R B, 2007. Susceptibility and behavioral responses of the dampwood termite *Zootermopsis angusticollis* to the entomopathogenic nematode *Steinernema carpocapsae* [J]. J. Invertebr. Pathol., 95: 17-25.

宜昌市夷陵区房屋白蚁为害现状及分析

刘超华*，刘治云，屈汉林，周　鹏
（宜昌市夷陵区白蚁防治所，宜昌　443100）

摘　要：为全面了解掌握夷陵区房屋白蚁为害现状，于2016—2018年通过实地走访调查结合近两年来宜昌市夷陵区白蚁防治项目管理系统登记情况，对夷陵区白蚁为害情况进行了摸底调查。结果表明：在12个乡镇（街道）中，100%的乡镇房屋受到白蚁为害；白蚁为害种类主要为黑胸散白蚁、黄胸散白蚁和台湾乳白蚁；夷陵区房屋白蚁为害最严重的地区为三峡坝区及小溪塔街道。结合近年来工作实践，对夷陵区房屋白蚁为害原因进行了分析，对白蚁为害的综合治理提出了建议。

关键词：房屋；白蚁；种类；分布；综合治理

Analysis of the Termite Damage Status to Houses in Yiling District of Yichang City

Liu Chaohua, Liu Zhiyun, Qu Hanlin, Zhou Peng
(*Institute of Yichang Yiling Termite Control*, *Yichang* 443100, *China*)

Abstract: In order to understand the termite damage status in Yiling distrct of Yichang City more comprehensive, we had investigated by field visiting during 2016 to 2018 and using the data from termite management project System for the past 2 years. The results showed that, 100% of the houses damaged by termites during all 12 townships; the main species of termite were *Reticulitermes chinensis*, *Coptotermes formosanus* and *Reticulitermes speratus*; the most serious area of termite damage were Three Gorges Reservoir area and Xiaoxita street. We also analysis with the reason of termite damage and give suggestions with termite integrated management combined with the practice in recent years.

Key words: Houses; Termite; Species; Distribution; Integrated management

夷陵区隶属于湖北省宜昌市，地处亚热带，雨水充足，气候温暖湿润，非常适合白蚁生长繁殖，是湖北省白蚁为害较为严重的县级行政区之一。夷陵区是举世瞩目的长江三峡工程坝址所在地，也是宜昌市面积最大、人口最多的市辖行政区。夷陵区下辖9个镇，2个乡，1个街道（含开发区、试验区），区内地势西北高，东南低，西、北、东三面群山环抱，东南一面临向平原，呈西北向东南梯级倾斜下降，高度相差悬殊。

近年来，对夷陵区白蚁为害情况的调查研究均在三峡库区周边。如对湖北省三峡库区及荆州、荆门等平原地区白蚁种类进行调查，发现共有白蚁22种，分属3科7属（李凯等，2002）；三峡库区夷陵区农村住房白蚁为害率为59%，主要白蚁种类为1科2

* 作者简介：刘超华，男，农艺师，主要从事白蚁防治及研究工作

属7种（李为众等，2011）；对三峡库区（夷陵区）三镇30个村进行走访调查，发现有24个村严重受到白蚁为害，6个村白蚁为害轻微（刘超华等，2017），同时库区的旅游景区也不同程度受到白蚁为害，如三峡人家风景区和黄陵庙古建筑（周鹏等，2016；2017）。为更加全面地掌握夷陵区房屋白蚁为害情况，通过对各乡镇白蚁为害情况进行大面积走访调查结合夷陵区白蚁防治项目管理系统登记情况，摸清白蚁为害种类和为害程度，分析夷陵区房屋白蚁为害原因，以期为夷陵区的白蚁综合治理提供依据。

1　材料与方法

1.1　材料

离心管、镊子、标本盒、起子、放大镜、锄头、铲子、数码相机、无水酒精、手持GPS定位仪等。

1.2　方法

走访调查：于2016—2018年，在白蚁防治工作的同时，多次组织技术人员对樟村坪镇、雾渡河镇、太平溪镇、乐天溪镇、三斗坪镇、分乡镇、龙泉镇、鸦鹊岭镇、黄花镇9个镇，下堡坪乡、邓村乡2个乡以及小溪塔街道（含开发区、试验区）进行走访调查，采取询问村组干部与实地调查相结合的方式，对房屋、构件、附属设施和房屋周边自然环境白蚁为害情况进行检查，详细记录为害房屋的白蚁活动及取食情况，确定蚁害范围及程度，采集标本鉴定。

信息系统：宜昌市夷陵区白蚁防治项目管理系统（宏达电脑服务中心），该系统有业务登记、统计报表、信息分析、综合查询等功能，可实时分类查询白蚁防治业务信息并汇总。

2　结果与分析

2.1　白蚁种类

经对采集到的白蚁标本进行鉴定，夷陵区为害房屋的白蚁主要有4种，分属2科3属，分别是台湾乳白蚁 *Coptotermes formosanus*、黄胸散白蚁 *Reticulitermes speratus*、黑胸散白蚁 *Reticulitermes chinensis* 和黑翅土白蚁 *Odontotermes formosanus*。其中黄胸散白蚁和黑胸散白蚁是夷陵区房屋建筑白蚁为害优势种。台湾乳白蚁在小溪塔街道和龙泉镇偶有发现，黑翅土白蚁一般为园林植被为害优势种，但在部分农村，存在黑翅土白蚁通过取食房屋墙边堆积的木柴进而蔓延至为害房屋构件的现象。

2.2　为害现状

通过调查，如表1所示，在夷陵区12个乡镇（街道）中，所有乡镇（街道）房屋均有白蚁为害发生。“坝区三镇”三斗坪镇、乐天溪镇、太平溪镇各村白蚁为害率达到100%；小溪塔街道除发展大道新区部分小区房屋暂未发现白蚁为害外，老城区白蚁为害严重，综合各小区白蚁为害率也达到80%以上；夷陵区中部乡镇黄花镇、分乡镇和东南部乡镇龙泉镇、鸦鹊岭镇白蚁为害也较为严重，为害率分别达到60%、71.43%、57.14%和50%；相对偏远的西北部山区乡镇樟村坪镇、雾渡河镇、下堡坪乡和邓村乡白蚁为害较轻，白蚁为害率分别为25%、40%、33.33%和33.33%。

从白蚁为害发生报备登记情况来看，由于地理位置原因，小溪塔街道（含开发区、试验区）报备登记户数远远超过其他所有乡镇，达到531户；其他乡镇报备登记户数最多的为黄花镇，最少的为邓村乡，各乡镇报备登记数与白蚁为害率并无直接关系。

通过实地调查结合多年的防治经验，以每个乡镇为单位，总结出该乡镇白蚁为害严重的代表村（社区）。如表2所示，小溪塔街道以小溪塔老城区为为害重点，周边如文仙洞村、廖家林村、下坪村、官庄村和发展大道新区等零星为害；其他各乡镇白蚁为害程度不一，夷陵区白蚁为害最严重的当属“坝区三镇”三斗坪镇、乐天溪镇和太平溪镇，而乐天溪镇八户店村和三斗坪镇南沱村又是“坝区三镇”白蚁为害最严重的两个村。

表1　夷陵区各乡镇（街道）房屋白蚁为害调查统计结果

乡、镇、街道	调查村（小区）数量（个）	发现蚁害村数量（个）	白蚁为害率（%）	报备登记数（户）
小溪塔街道	30	26	86.67	531
樟村坪镇	4	1	25.00	16
雾渡河镇	5	2	40.00	19
太平溪镇	10	10	100.00	17
乐天溪镇	7	7	100.00	13
三斗坪镇	13	13	100.00	44
分乡镇	7	5	71.43	29
龙泉镇	7	4	57.14	31
鸦鹊岭镇	6	3	50.00	47
黄花镇	10	6	60.00	51
下堡坪乡	3	1	33.33	12
邓村乡	3	1	33.33	8

注：小溪塔街道调查范围以小区为单位，其他乡镇以行政村、社区为单位；报备登记数统计时间为2017年4月1日至2018年7月10日

表2　夷陵区各乡镇（街道）房屋白蚁严重为害代表村（社区）

乡、镇、街道	代表性村（社区）			
小溪塔街道	长江市场	丁家坝社区	中核二二公司	谭家榜社区
樟村坪镇	殷家坪村	砦沟村		
雾渡河镇	小庙村	龚家河村	交战垭村	
太平溪镇	落佛村	太平溪村	伍相庙村	林家溪村
乐天溪镇	八户店村	乐天溪村	路溪坪村	孙家河村
三斗坪镇	南沱村	黄陵庙村	天桥村	东岳庙村

（续表）

乡、镇、街道	代表性村（社区）			
分乡镇	分乡场村	插旗村	金竹村	
龙泉镇	香烟村	龙泉集镇	宋家嘴村	柏家坪村
鸦鹊岭镇	集镇	海云村	田畈村	
黄花镇	黄花场社区	军田坝村	张家口村	中岭村
下堡坪乡	九山村	磨坪村	蛟龙寺村	
邓村乡	邓村坪	江坪村	红桂香村	

注：表中所列为该乡镇（街道）中相对白蚁为害最严重的村（社区）

3 讨论

3.1 蚁害成因分析

在夷陵区房屋蚁害调查的基础上，结合各乡镇的地势地貌等特点，综合分析夷陵区白蚁为害发生的原因。一是地理位置因素，整体来看夷陵区处于亚热带，雨水充足，气候温暖湿润，适合白蚁滋生繁殖，多年以来一直是白蚁为害较为严重的地区；二是环境因素，夷陵区各乡镇大多水源、植被丰富，如小溪塔街道老城区沿黄柏河两岸而建，“坝区三镇”更是面朝长江、背靠青山，为白蚁为害提供了优良的“大环境”，甚至三峡大坝建成蓄水后，坝区生态环境的变化极有可能导致白蚁进一步的蔓延泛滥（李为众等，2011）；三是人为因素，根据调查，各地村民和乡镇干部对白蚁为害了解不多，重视程度不够，原来存在蚁害的在房屋新建、翻修时未进行任何预防处理，在农村房屋墙边堆积大量的柴火成为白蚁丰富的食物来源和入侵房屋的“中转站”。

3.2 蚁害治理策略

根据调查，夷陵区房屋白蚁为害形势严峻，且有继续蔓延的趋势，如发展大道新区某新建小区投入使用大约 5 年，现已出现大面积白蚁为害现象。在调查中部分住房虽然目前相对来说白蚁为害较轻，但根据白蚁活动规律，若不及时采取防治措施，为害范围将进一步扩大。

针对当前夷陵区房屋白蚁为害现状以及在蚁害治理上存在的不足，本研究提出如下建议：一是调动各方力量。农村白蚁为害严重且无相关政策，镇村应联合白蚁防治单位利用“精准扶贫”“异地搬迁”等政策积极向相关部门申报项目，争取资金，引入社会力量积极开展白蚁防治；二是加强宣传，提升意识。白蚁为害隐蔽性极强，一旦发现已经造成严重损坏，因此镇村应组织专业技术人员编写白蚁知识及灭治宣传册，白蚁为害严重的村（社区）应主动开展培训，每个村至少培训 1~2 名技术骨干，在已有蚁害的情况下翻修、重建房屋时一定要采取白蚁预防处理，同时禁止长期堆放木质杂物；三是防治结合，建立长效机制。在当前行政事业性白蚁防治费取消的背景下，白蚁防治单位应继续做好城区白蚁预防，在白蚁灭治上，应结合使用药剂喷洒、粉剂、诱杀、监测控制装置等各种方法，镇村应明确负责人，发现连片白蚁为害应及时上报，以免为害蔓延扩大。

参考文献

李凯，姜勇，周兴苗 . 2002. 湖北省三峡库区和平原白蚁种类调查［C］. 中国昆虫学会 2002 年学术年会论文集 . 73-74.

李为众，熊强，童严严，等 . 2011. 农村住房白蚁综合治理技术研究［J］. 湖北植保（2）：23-24.

李为众，熊强，童严严，等 . 2011. 三峡大坝截流后库区农村住房白蚁为害调查分析［J］. 湖北植保（3）：26-28.

周鹏，刘超华，屈汉林，等 . 2016. 黄陵庙古建筑白蚁为害情况调查［J］. 湖北植保（6）：54-55.

周鹏，刘超华，屈汉林，等 . 2017. 三峡人家风景区白蚁为害情况调查［J］. 湖北植保（2）：23-24.

刘超华，屈汉林，刘治云，等 . 2017. 三峡库区（夷陵区）白蚁为害现状及防治对策［C］//原国辉，王高平，李为争 . 华中昆虫研究（第十三卷），北京：中国农业科学技术出版社 .

刘超华，周鹏，魏民，等 . 2018. 黄陵庙古建筑白蚁综合治理概况［J］. 湖北植保（1）：56-58.

烟夜蛾对黄花烟草和普通烟草趋向行为的方法研究*

苗昌见**，王鑫辉，董少奇，汪晓龙，郭线茹***
（河南农业大学植物保护学院，郑州 450002）

摘 要：为探究烟夜蛾对普通烟草和黄花烟草趋向选择行为的研究方法，在室内条件下使用“Y”型嗅觉仪，测试了烟夜蛾对不同生育期黄花烟草和普通烟草的嗅觉选择性。结果显示：在试验重复30次时，烟夜蛾交配雌蛾对开花期普通烟草的选择频次显著高于黄花烟草‘旱小烟’，处女雌蛾对开花期普通烟草的选择频次显著高于黄花烟草‘咸丰小兰花’；但当试验重复50次时，烟夜蛾处女雌蛾和交配雌蛾对不同生育期普通烟草和黄花烟草的选择性均无显著差异。以上研究结果表明，使用“Y”型嗅觉仪不能作为烟夜蛾对寄主植物行为选择的研究方法。

关键词：烟夜蛾；普通烟草；黄花烟草；“Y”型嗅觉仪

Method Study on the Approach Behavior of *Helicoverpa assulta* to *Nicotiana tabacum* and *Nicotiana rustica* *

Miao Changjian ** Wang Xinhui, Dong Shaoqi, Wang Xiaolong, Guo Xianru ***
(*College of Plant Protection*, *Henan Agricultural University*, *Zhengzhou* 450002, China)

Abstract: In order to determine the method of olfactory selection behavior of *Helicoverpa assulta* to *Nicotiana tabacum* and *Nicotiana rustica*, we tested the selection response of *H. assulta* to the two tobacco species at different growth stages using "Y" -tube olfactometer. The results showed that when the experiment was repeated 30 times, the selection rate of *H. assulta* mated female to *N. tabacum* during the flowering period was significantly higher than that of "Hanxiaoyan", and selection rate of *H. assulta* virgin female moth to *N. tabacum* during the flowering period was also significantly higher than that of "Xianfengxiaolanhua". However, when there were 50 replications, there was no significant difference for the selection rate of *H. assulta* between *N. tabacum* and *N. rustica*. The above results showed that "Y" type olfactory instrument used is not suitable for the research of behavioral selection of *H. assulta* to host plant.

Key words: *Helicoverpa assulta*; *Nicotiana tabacum*; *Nicotiana rustica*; "Y" type olfactory instrument

烟夜蛾 *Helicoverpa assulta*（Guenée），又名烟青虫，属鳞翅目 Lepidoptera 夜蛾科 Noctuidae，为寡食性昆虫，主要为害烟草、辣椒等经济作物，在我国除西藏以外的各

* 课题来源：国家自然科学基金项目（31572331）

** 第一作者：苗昌见，硕士研究生，主要从事昆虫化学生态学研究；E-mail：miaochangjian1992@126.com

*** 通信作者：郭线茹，教授，硕士生导师，主要从事昆虫生态学和害虫综合治理研究；E-mail：guoxianru@126.com

个省、自治州等地都有发生。此前研究发现，在近缘种烟草普通烟草（*Nicotiana tabacum L.*）和黄花烟草（*Nicotiana rustica* L.）混合种植的烟田，烟夜蛾在黄花烟草上的落卵量是普通烟草上的6~20倍，进一步研究发现，黄花烟草叶片粗提物对烟夜蛾成虫具有显著的产卵引诱作用（罗梅浩等，2006）。从这些研究结果可以看出，黄花烟草对烟夜蛾具有显著的引诱作用。烟草的挥发性物质种类很多（薛伟伟等，2009），在自然界中昆虫生境中植物气味分子之间的互作极为复杂（Hunter，2002），为明确究竟是黄花烟草中的哪些物质对烟夜蛾具有引诱活性，需要进一步利用室内生测试验进行鉴定。

目前研究鳞翅目成虫寄主选择行为的方法很多，比较常用的有风洞选择测试、“Y”型嗅觉仪测试等方法，风洞需要较大空间，直接观察昆虫的寄主选择行为比较困难，且一次试验需要较长时间，相对而言“Y”型嗅觉仪则显得更为简便。Carroll 等（2002）利用“Y”型嗅觉仪测试防风草织蛾（*Depressaria pastinacella*）对寄主植物挥发性物质的标准化合物、整体植株、花芽、雄花、雌花和半熟果实的行为选择性，发现防风草织蛾对乙酸辛酯和寄主植物组织均未表现出选择偏好性；用“Y”型嗅觉仪测试菜心野螟（*Hellula undalis*）对寄主植物的选择偏好性发现，寄主植物的气味引诱雌虫但不引诱雄虫（Mewis，*et al.*，2002）；Tingle 等（1990）利用“Y”型嗅觉仪研究大棉铃虫（*Heliothis subflexa*）和烟蚜夜蛾（*Heliothis virescens*）发现，大棉铃虫交配雌蛾对已知唯一寄主酸浆草的粗提物气味表现出显著偏好，而多食性烟芽夜蛾对感虫烟草、棉花、南美山蚂蝗（*Desmodium tortuosum*）这3种寄主植物提取物表现出正趋性反应，对非寄主植物毛苦職（*Physalis alkekengi*）提取物也表现出正趋性反应。这些研究结果说明利用“Y”型嗅觉仪并不能完全检测出昆虫的寄主选择特性。本研究以黄花烟草和普通烟草为材料，利用“Y”型嗅觉仪测定了烟夜蛾对两种烟草的选择行为，以明确“Y”型嗅觉是否能够用于测定烟夜蛾的寄主选择行为或对寄主植物气味的偏好性，为同类研究提供方法借鉴。

1 材料与方法

1.1 供试昆虫

烟夜蛾幼虫采自河南农业大学许昌校区烟草田，带回实验室后用人工饲料饲养，室内饲养温度为（27±1）℃、相对湿度为75%±10%，光周期为15L∶9D。幼虫进入蛹期后鉴定雌雄并隔离放置，羽化后的成虫饲以10%蜂蜜水。

1.2 供试烟草

供试黄花烟草品种为‘旱小烟’和‘咸丰小兰花’，由中国农业科学院烟草研究所提供；普通烟草品种为‘K326’，由河南农业大学烟草学院提供。两种烟草在人工温室内育苗，生长至5~6片真叶时移至大田，并用纱网将烟草罩住，保持烟草叶片完整，防止病虫害破坏烟草植株。

1.3 试验方法

本试验所用“Y”型嗅觉仪主臂长20cm，支臂长14.5cm，主臂和支臂内径均为4.5cm。

分别测试烟夜蛾处女雌蛾和交配雌蛾对黄花烟草和普通烟草旺长期和开花期植株的行为选择反应。测试前，将生育期相同的黄花烟草和普通烟草植株用蒸馏水冲洗干净叶片上的尘土及其他杂质，之后用干净滤纸吸干植物表面水珠。将不同种类的烟草植株分别装入玻璃缸中，玻璃缸连接"Y"型嗅觉仪支臂，通入洁净空气（1L/min），使气流经过"Y"型嗅觉仪支臂流向主臂。测试时间在 20:00—23:00。测试前，先通气 5min 再进行测试。整个测试在红色光源下进行。

测试时，将羽化 3 天龄的试虫放在"Y"型嗅觉仪主臂，当试虫停留在超过嗅觉仪支臂的一半长度 5s 时记为一次有效选择，记录数据。每测试 5 头试虫后调换黄花烟草和普通烟草的位置。

1.4 数据处理

针对"Y"型嗅觉仪测试反应数据，采用 Yate 修正的 χ^2 测验判断选择普通烟草和黄花烟草植株的试虫数量（即选择频次）之间的差异显著性。

2 结果与分析

2.1 烟夜蛾对普通烟草和"旱小烟"的行为选择反应

烟夜蛾对普通烟草和黄花烟草'旱小烟'的选择测试结果显示，在 30 次重复时，交配雌蛾对开花期普通烟草的选择频次显著高于'旱小烟'（$\chi^2_{交配雌蛾} = 5.63$），而对旺长期两种烟草的选择频次没有显著性差异；处女雌蛾对旺长期或者开花期 2 种烟草的选择频次均无显著性差异（图 1）。在试验重复 50 次时，无论是对于何种生育期的烟草，烟夜蛾处女雌蛾和交配雌蛾的对二者的选择性均无显著性差异（图 2）。

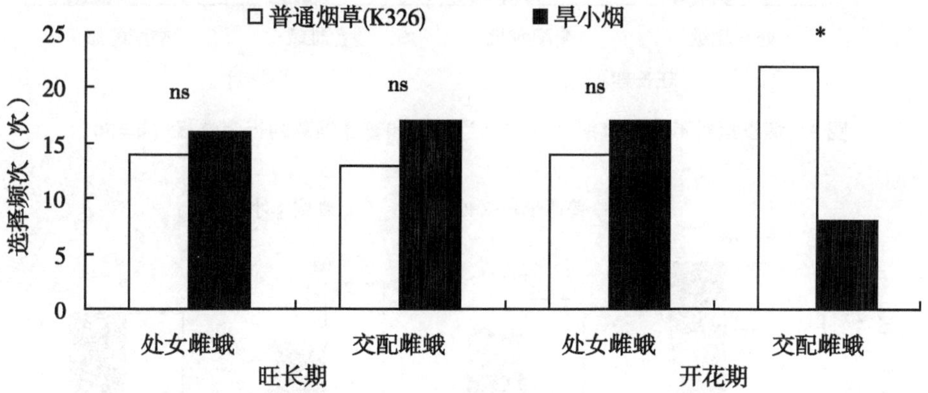

图 1 烟夜蛾对不同生育期"旱小烟"和普通烟草的行为选择反应（n=30）

2.2 烟夜蛾对普通烟草和"咸丰小兰花"的行为选择反应

烟夜蛾对普通烟草和黄花烟草"咸丰小兰花"的选择测试结果表明，在 30 次重复时，烟夜蛾处女雌蛾对开花期普通烟草的选择频次显著高于开花期'咸丰小兰花'（$\chi^2_{处女雌蛾} = 4.03$），而处女雌蛾对开花期的两种烟草选择频次和交配雌蛾对 2 种烟草在旺长期或开花期的选择频次均无显著性差异（图 3）；在 50 次重复时，烟夜蛾处女雌蛾和交配雌蛾在旺长期及开花期普通烟草与'咸丰小兰花'之间的选择频次均无显著性差异（图4）。

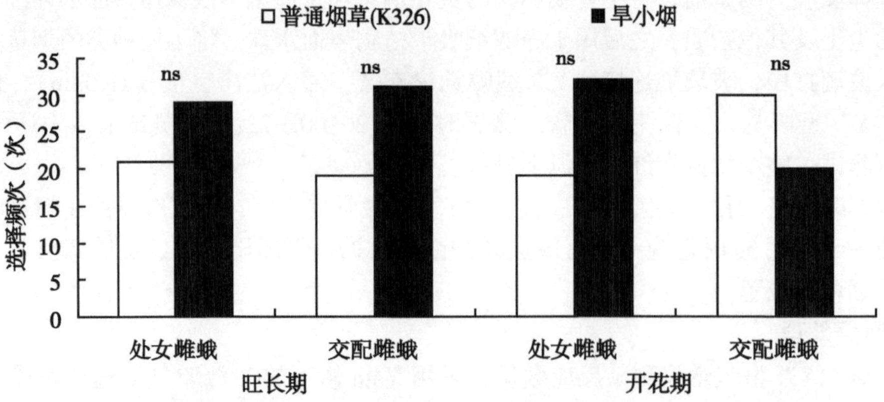

图2　烟夜蛾对不同生育期“旱小烟”和普通烟草的行为选择（*n*=50）

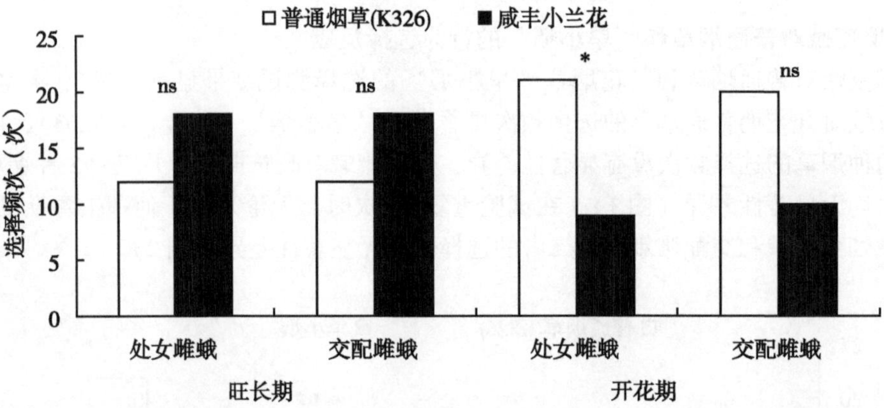

图3　烟夜蛾对不同生育期‘咸丰小兰花’和普通烟草的行为选择（*n*=30）

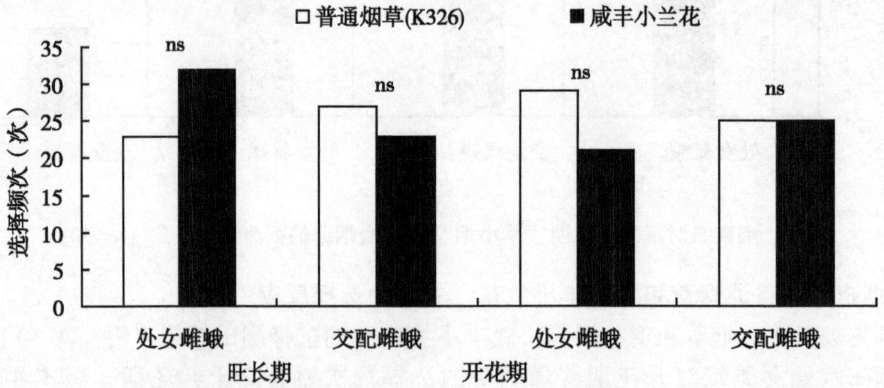

图4　烟夜蛾对不同生育期‘咸丰小兰花’和普通烟草的行为选择（*n*=50）

3 小结与讨论

本文使用“Y”型嗅觉仪测定了烟夜蛾处女雌蛾和交配雌蛾对旺长期和开花期普通烟草‘K326’和黄花烟草‘旱小烟’与‘咸丰小兰花’的行为选择反应，测试30头试虫时烟夜蛾对普通烟草的行为选择性显著高于黄花烟草，但测试试虫达到50头时烟夜蛾对两种烟草的选择性并无显著差异。这一结果与田间及室内产卵活性研究观测到的烟夜蛾偏好在黄花烟草上产卵的结果正好相反（罗梅浩等，2006；薛伟伟等，2009）。这种现象可能是由试验所用的“Y”型嗅觉仪造成的，内径为4.5cm的嗅觉仪主臂和支臂不足以为翅展约4cm的烟夜蛾提供足够的飞行空间。而使用“Y”型嗅觉仪研究小型昆虫的寄主选择行为则较为合适。如利用“Y”型嗅觉仪研究豇豆、豌豆花气味以及豆荚螟（*Maruca vitrata*）幼虫气味对瓜螟绒茧蜂（*Vigna unguiculata*）寄主选择行为的影响，发现豆荚螟幼虫为害的豇豆花产生的花香气味对瓜螟绒茧蜂具有显著引诱作用（Dannon *et al.*，2010）；陈杰华等（2018）为构建利用“推—拉”策略的生态调控系统，以紫苏、烟草和香根草分别作为“推”和“拉”的成分，使用“Y”型嗅觉仪进行研究，测定结果表明，在稻田边种植紫苏和烟草对稻飞虱有明显的驱避作用，而稻田边种植香根草对蜘蛛具有引诱作用，形成了紫苏、烟草和香根草的“推—拉”生态调控系统，既减少了害虫稻飞虱的数量，又增加了天敌蜘蛛数量，其结果可为生态防治害虫及科学保护天敌提供科学依据；利用“Y”型嗅觉仪测定韭菜迟眼蕈蚊（*Bradysia odoriphaga*）幼虫对健康韭菜、灰霉菌侵染韭菜、平菇、大葱和小白菜等几种寄主植物的嗅觉趋性反应，测定结果表明健康韭菜、平菇和大葱对韭菜迟眼蕈蚊3龄幼虫的引诱作用较强（徐蕾等，2016）；采用“Y”型嗅觉仪在室内研究了部分寄主植物对烟草甲（*Lasioderma serricorne*）成虫选择行为的影响，结果表明烟叶、苍耳子、蛇床子、麦粒（全麦粉）对烟草甲成虫的引诱作用较强（吕建华等，2014）。这些研究对象皆为体型偏小的昆虫，“Y”型嗅觉仪可为这些小型昆虫提供足够的空间供其飞行或爬行活动。而导致这一矛盾出现的另一原因可能是“Y”型嗅觉仪中烟夜蛾选择时间只有仅仅数秒，而使用产卵选择的方法（罗梅浩等，2006），能为供试昆虫提供足够的选择时间和空间，因此试验结果与田间观测结果表现一致，即研究结果更为准确。

从本研究的结果以及有关烟夜蛾对普通烟草和黄花烟草的产卵选择性研究结果（罗梅浩等，2006）来看，“Y”型嗅觉仪并不适用于烟夜蛾对寄主植物以及寄主植物气味的行为选择研究，开展此类研究时，建议使用风洞试验，或者改进“Y”型嗅觉仪装置，扩大管壁内径，为试虫提供足够自由飞行的空间。

参考文献

陈杰华，吴荣昌，向亚林，等.2018. 水稻害虫生态调控系统中推-拉策略的初步应用［J］. 环境昆虫学报，40（3）：514-522.

罗梅浩，薛伟伟，刘晓光，等.2006. 不同烟草品种对烟实夜蛾和棉铃虫产卵引诱作用的研究［J］. 河南农业大学学报，40（2）：198-204.

吕建华，袁良月，张会娜，等.2014. 不同植物材料对烟草甲成虫选择行为的影响［J］. 中国烟

草学报，20（5）：98-102

徐蕾，赵彤华，刘培斌，等.2016. 韭菜迟眼蕈蚊 *Bradysia odoriphaga* 嗅觉行为反应［J］. 应用昆虫学报，53（6）：1190-1197.

薛伟伟，付晓伟，罗梅浩，等.2009. 烟草挥发物对近缘种夜蛾产卵行为的影响及其成分分析［J］. 生态学报，29（11）：5783-5790

Carroll M J, Berenbaum M R. 2002. Behavioral response of the parsnip webworm to host plant volatiles［J］. J Chem Ecol., 28（11）：2191-2201.

Dannon E A, Tamò M, Van Huis A, *et al*. 2010. Effects of volatiles from *Maruca vitrata* larvae and caterpillar-infested flowers of their host plant *Vigna unguiculata* on the foraging behavior of the parasitoid *Apanteles taragamae*［J］. J Chem Ecol., 36：1083-1091.

Hunter M D. 2002. A breath of fresh air：beyond laboratory studies of plant volatile-natural enemy interactions［J］. Agric Forest Entomol., 4：81-86.

Mewis I, Ulrich C, Schnitzler W H. 2002. The role of glucosinolates and their hydrolysis products in oviposition and host-plant finding by cabbage webworm, *Hellula undalis*［J］. Entomol Exp Appl, 105（2）：129-139.

Tingle F C, Mitchell E R, Heath R R. 1990. Preferences of mated *Heliothis virescens* and *H. subflexa* females for host and nonhost volatiles in a flight tunnel［J］. J Chem Ecol., 16（10）：2889-2898.

石楠盘粉虱 *Aleurodicus photiniana* Young 伪蛹超微结构研究*

白润娥**，李静静，卢少华，王　青，闫凤鸣***
（河南农业大学植物保护学院，郑州　450002）

摘　要：应用扫描电镜（SEM）对石楠盘粉虱 *Aleurodicus photiniana* Young 伪蛹的超微形态特征进行了初步研究。石楠盘粉虱蛹壳在背部两侧有 4 对凹形蜡腺孔，尾部有 1 对圆形蜡腺孔。皿状孔半圆形，舌状突十字形，盖片近梯形，覆盖孔的 2/3。超微形态特征为粉虱的鉴定提供了可靠的理论参考。

关键词：石楠盘粉虱；蛹；超微形态特征

The Ultrastructure of *Aleurodicus photiniana* Young*

Bai Run'e**, Li Jngjing, Lu Shaohua, Wang Qing, Yan Fengming***
(*College of Plant Protection*, *Henan Agricultural University*, *Zhengzhou* 450002, China)

Abstract: The ultra-morphological characteristics of pupae of *Aleurodicus photiniana* Young was observed with scanning electron microscope (SEM). Pupa case possesses 4 pairs subdorsal compound wax concave pores. A Pair of round simple pore in the caudal end. Vasiform orifice semi-circle. Lingule crisserossed extending beyond vasiform orifice. Qperculum subtrapezoid, filling two-thiirds of orifice. The ultra-morphological characteristics provided dependable reference to taxonomy for whitefly.

Key words: Aleurocanthus spiniferus; pupae; Ultra-morphological characteristics

石楠盘粉虱 *Aleurodicus photiniana* Young 属于半翅目（Hemiptera）粉虱科（Aleyrodidae）复孔粉虱亚科（Alcurodicinae）复孔粉虱属（*Aleurodicus* Douglas & Morgan），杨平澜于 1985 年首次鉴定，陈连根于 1997 年详细描述了该种的形态特征、生活史和生物学特性（陈连根，1997）。

石楠盘粉虱 *A. photiniana* Young 仅分布于中国（Martin & Mound, 2007; Evans, 2008），首次在上海地区有记载，此后湖北武汉、宜昌和山东青岛等地陆续有报道，寄主植物包括石楠 *Photinia serrulata* Lindl.，椤木石楠 *Photinia davidsoniae* 和火棘 *Pyracantha fortuneana* 等（郑霞林和杨永鹏，2008；江建国等，2010；吴陆山和李正明，2014；刘玉凡，2015）。石楠盘粉虱 *A. photiniana* Young 对寄主植物的为害是多方面的，

* 基金项目：国家自然科学基金（31471776）
** 第一作者：白润娥，副教授，主要从事粉虱昆虫分类研究；E-mail：yxbre@163.com
*** 通信作者：闫凤鸣，教授，主要从事化学生态学研究

包括刺吸叶片汁液，使被害叶片发黄，提早脱落；成虫、若虫分泌大量蜡质絮状物影响寄主植物的光合作用，以及若虫分泌的蜜露诱发煤污病等，严重影响石楠等寄主植物的正常生长和绿化景观效果。

2006 年 Dubey 和 Ko 将该种归属至粉虱亚科大孔粉虱属（Dubey & Ko，2006），并将其拉丁学名命名为 *Dialeuopora photiniana*（Chen）（Martin，2007；Evans，2008）。Martin、Evans、王吉锐等也认同此观点（Martin，2007；Evans，2008；王吉锐，2015），但对其属名和种名的更名，并没有采集到新的标本进行鉴定，只是依据陈连根的形态特征描述进行了鉴定，而目前国内大多研究者仍沿用杨平澜先生最初鉴定的种名 *A. photiniana* Young（陈连根，1997；江建国等，2010；白润娥，2011；梁晓红，2013；吴陆山和李正明，2014；闫凤鸣和白润娥，2017）。

本研究通过对石楠盘粉虱 *A. photiniana* Young 蛹壳超微结构的观察，期望对石楠盘粉虱分类地位归属的鉴定提供有力依据。

1 材料与方法

1.1 供试虫源

供试虫源为 2017 年 5 月采集于河南农业大学校园和 2016 年 7 月采集于郑州大学新校区的标本。寄主植物分别为石楠 *Photinia serrulata* Lindl 和西府海棠 *Malus micromalus* Makino。标本连同叶片一起带回实验室进行观察、鉴定。

1.2 电镜扫描

石楠盘粉虱 *A. photiniana* Young 聚集在寄主植物叶片背面，若虫几乎完全被分泌的蜡丝所覆盖。扫描前选取带有若虫的叶片，用软毛笔轻轻刷去蜡丝，挑选形态完整的第四龄若虫（伪蛹）进行处理。处理方法参照林克剑的方法（林克剑等，2007）：①将样品用 70%的酒精在超声波清洗器中处理 15s，除去表面蜡丝和黏附物；②将样品依次放入 90%，100%的酒精中分别脱水 2min，干燥；③脱水干燥后的样品用导电银胶粘贴在样本台上，放入真空喷涂仪内喷金，然后选取适当的工作参数，在扫描式电子显微镜（S-3400NII）下观察、拍照。

2 结果与分析

石楠盘粉虱 *A. photiniana* Young 蛹壳黄白色，椭圆形，长 0.8～1.1mm，宽 0.60～0.82mm。边缘较平整，气门褶明显，在边缘微凹，亚缘区与背盘区分界不明显，头胸部背面具倒“T”形的羽化缝，横蜕缝不达边缘，纵蜕缝达边缘（图 1A，图 1B）。亚缘区有 13 对刚毛，前缘毛和尾部刚毛存在（图 1B，图 1C）。皿状孔半圆形，舌状突一半伸出孔外，呈十字形，舌状突上未见刚毛，但密被刺毛，盖片近梯形，覆盖孔的 2/3（图 1D）。蜡腺孔发达，在蛹壳背面两侧均匀分布 4 对，呈凹字形，中间略凹陷，似复孔状（图 1E）；蛹壳尾部末端有 1 对，圆形（图 1F）。蜡腺孔是本种的主要特征，分泌大量蜡丝缠绕覆盖整个伪蛹。

3 讨论

目前，粉虱科昆虫分类所依据的形态标准，视不同的分类阶元而不同：在科和亚科

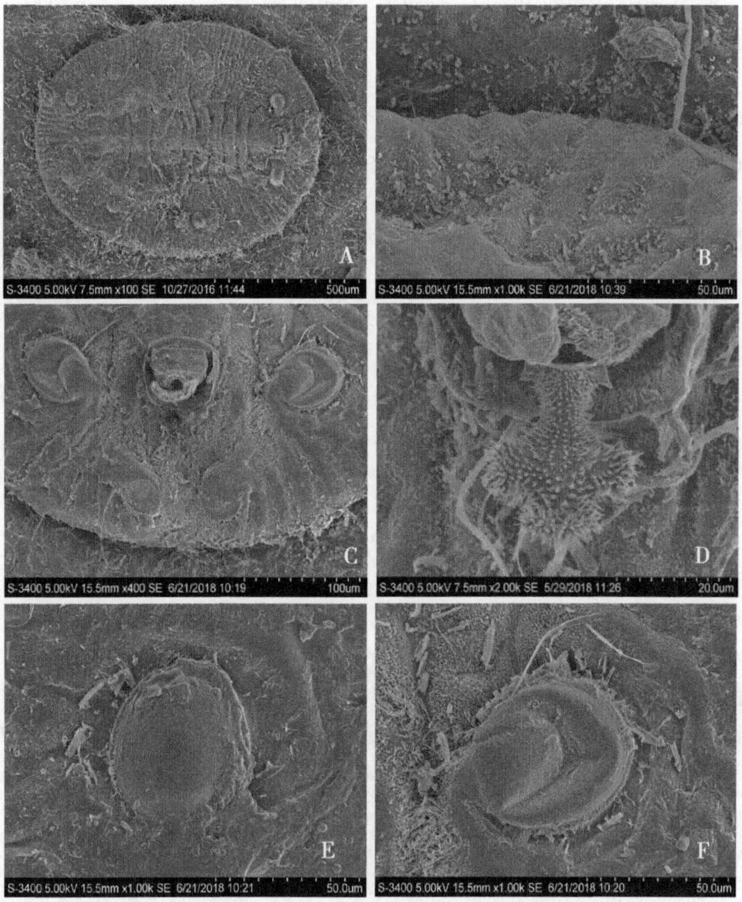

图 1　石楠盘粉虱 *A. photiniana* Young 的超微结构

A. 蛹壳；B. 边缘；C. 蛹壳末端；D. 皿状孔；E. 体背蜡腺孔；F. 尾部蜡腺孔

水平上分类主要依据于成虫和第四龄若虫的特征，族、属和种水平上的分类主要根据第四龄若虫（蛹壳）的特征进行，这也是粉虱类昆虫分类的特殊之处（闫凤鸣，1987）。

石楠盘粉虱最初归属于复孔粉虱属（杨平澜，1985），2006 年，Dubey 将其归属于大孔粉虱属。复孔粉虱属的特征是：蛹壳背面有 5~7 对复合孔，1 对在头部，其余在腹部。舌状突有 4 根刚毛（闫凤鸣和白润娥，2017；Dubey，2006）。大孔粉虱属的特征是：背部没有蜡质分泌物，亚缘区具有 1~5 对大圆孔。皿状孔阔脊状，内部平滑，盖片覆盖整个孔（闫凤鸣和白润娥，2017）。

分析比较石楠盘粉虱超微结构发现：从蜡腺孔的数量分析，与复孔粉虱属和大孔粉虱属都相符；从孔的形状分析，石楠盘粉虱不是典型的复孔，也不是简单的大孔，与复孔粉虱属和大孔粉虱属都有差异；孔的位置以及舌状突无刚毛的特征与大孔粉虱属相符；孔的分泌物状态以及盖片覆盖孔的大小与复孔粉虱属相符。

由此分析，对于石楠盘粉虱属种归属的变化值得进一步商榷，后续研究我们将通过成虫特征、若虫不同龄期特征进行比较研究，同时利用分子鉴定技术对其分类地位进行深入研究，最终确定其准确的分类地位。

参考文献

白润娥 . 2011. 中国粉虱科昆虫分类整理及订正［D］. 郑州：河南农业大学 .

陈连根 . 1997. 石楠盘粉虱生物学特性研究［J］. 上海农学院学报，15（2）：137-143.

江建国，杨旭，江靖，等 . 2010. 几种杀虫剂防治石楠盘粉虱田间试验［J］. 中国森林病虫，29（3）：37-39.

梁晓红 . 2013. 漯河市园林植物主要刺吸类害虫及综合防治技术［J］. 河南林业科技，33（2）：58-60.

林克剑，吴孔明，张永军，郭予元 . 2007. B 型烟粉虱触角感受器的超微结构及对寄主植物气味的嗅觉行为反应［J］. 植物保护学报，34（4）：379-386.

林文钦 . 2010. 长乐市园林植物刺吸类有害生物调查及其防治［J］. 华东森林经理，24（4）：56-58.

刘玉凡 . 2015. 炎炎夏日石楠结白霜，专家称实为石楠盘粉虱［N］. 半岛都市报 .

吴陆山，李正明 . 2014. 石楠盘粉虱在宜昌的发生及防治方法［J］. 绿色科技（6）：73-74.

王吉锐 . 2015. 中国粉虱科系统分类研究［D］. 扬州：扬州大学 .

闫凤鸣 . 1987. 中国粉虱亚科（Aleyrodinae）分类研究［D］. 杨凌：西北农业大学 .

闫凤鸣，白润娥 . 2017. 中国粉虱志［M］. 郑州：河南科技出版社 .

郑霞林，杨永鹏 . 2008. 石楠盘粉虱的发生及无公害防治［J］. 绿化与生活（2）：23.

Dubey A K，Ko C C. 2006. *Dialeuropora photiniana*（Young）comb. nov. and redescription of *Dialeurolong malleswaramensis* Sundararaj［J］. Formosan Entomology，391-398.

Evans G A. 2008. The whiteflies（Hemiptera：Aleyrodidae）of the world and their host plants and natural enemies［J］. USDA/Animal Plant Health Inspection Sevice：1-703.

Martin J H，Mound L A. 2007. An annotated check-list of world's whiteflies（Insecta：Hemiptera：*Aleyrodidae*）［J］. Zootaxa（1492）：1-84.

五倍子食叶害虫核桃缀叶螟的综合防治*

吴　波[1**]，查玉平[2***]，戴　丽[3]，乐建根[1]，陈京元[2]
（1. 竹山县林业局，竹山　442200；2. 湖北省林业科学研究院，
武汉　430075；3. 湖北省林业有害生物防治检疫总站，武汉　430079）

摘　要：核桃缀叶螟是湖北五倍子寄主树的主要食叶害虫之一。本文对核桃缀叶螟的生物学习性进行了描述，并对其综合防治措施进行了综述。

关键词：五倍子；核桃缀叶丛螟；综合防治

The Integrated Control on *Locastra muscosalis* Walker

Wu Bo[1 **], Zha Yuping[2 ***], Dai Li[3], Yue Jiangen[1], Chen Jingyuan[2]
(1. *Zhushan County Forestry Bureau*, *Zhushan* 442200, China;
2. *Hubei Academy of Forestry*, *Wuhan* 430075, China;
3. *General Station of Forestry harmful biological Management and Quarantine of Hubei Province*, *Wuhan* 430079, China)

Abstract: *Locastra muscosalis* Walker is an important defoliating pest of the Chinses gallnuts in Hubei. In this paper, the biological characteristics of *L. muscosalis* was described and the intergrated control measures on the pest were reviewed.

Key words: Chinses gallnuts; *Locastra muscosalis* Walker; Integrated control

核桃缀叶螟（*Locastra muscosalis* Walker）又名漆树缀叶螟，俗称核桃毛虫，属鳞翅目螟蛾科（马归燕，2000）。核桃缀叶螟是五倍子寄主树主要食叶害虫之一（吴猛耐等，1997），以幼虫为害叶片。近年来，核桃缀叶螟在湖北的五倍子产区发生严重，宜昌市五峰县、夷陵区和十堰市竹山县等地的倍林都有发生。为害严重的倍林中，有些树的叶片全部被吃光，导致颗粒无收，对五倍子生产造成了严重的影响。本文对核桃缀叶螟的生物学特性进行了描述，并综述了其防治措施。

1　生物学特性

1.1　形态特征

核桃缀叶螟成虫体长 14~20mm，翅展 35~50mm，全体黄褐色。前翅色较深，略带

* 基金项目："十三五"国家重点研发计划项目课题（2018YFD0600403）；中央财政林业科技推广示范资金项目（鄂〔2016〕TG04）

** 第一作者：吴波，工程师，主要研究方向为林学；E-mail：695202187@qq.com
*** 通信作者：查玉平，副研究员，主要研究方向为森林昆虫研究与利用；E-mail：zhayuping@163.com

红褐色，有明显的黑褐色内横线以及曲折的外横线，横线两侧靠近前缘处和外缘翅脉间各有 1 个小褐斑，前缘中部有一黄褐色斑点。后翅灰褐色，颜色向外缘逐渐加深。卵呈球形，聚集排列成鱼鳞状，每块有卵 70~100 粒。老熟幼虫体长 20~30mm，头部黑色，泛光泽。背线杏黄色，较宽，亚背线黑色，每节有数个小白斑，腹面黄褐色。老熟幼虫在浅土层结茧化蛹，茧扁椭圆形，中部高周边低，红褐色。茧坚硬似牛皮纸，茧长 15~26mm，宽 8~16mm（马归燕，2000；邓胜楠等，2013）。

1.2 生活史

核桃缀叶螟在湖北省 1 年发生 1 代，以老熟幼虫在土内 10cm 左右结茧越冬，以距树干 1m 范围内较多。第二年 4 月下旬至 5 月上旬开始陆续化蛹，5 月中旬至 6 月中旬为化蛹盛期，蛹期 10~20 天。5 月中下旬开始羽化成虫，6 月下旬至 7 月上旬为羽化盛期。成虫羽化期可以一直延续到 8 月上旬。5 月中旬开始产卵，卵主要产在叶面上，6 月下旬至 7 月中旬是产卵盛期。6 月上中旬卵开始孵化，6 月下旬至 7 月下旬为孵化盛期，卵期一般为 10~15 天。9 月上旬，老熟幼虫开始结茧越冬。

1.3 生活习性

核桃缀叶螟成虫大多在上半夜羽化，钻出茧后静伏片刻，待翅舒展即飞上树冠。具趋光性，需补充营养，寿命短，通常仅 2~4 天。交尾 1 天后，雌成虫即开始产卵，卵产于树冠外围叶面主脉两侧，1 头雌虫一生能产卵 235~639 粒，以胶状分泌物黏着（陈森和李暗大，1983）。幼虫孵化多在凌晨或上午，初孵幼虫乳黄色，行动活跃，群集于卵壳周围爬行，并吐丝结成密集的白色网幕，在网中取食叶表皮和叶肉，仅残存叶脉。3~4 龄幼虫，吐丝缀多数小枝叶为一大巢，于其中取食叶片，咬断叶柄、嫩枝皮蜕及粪便也积在巢内。随着虫龄增大，食量增加，叶片食尽后重新缀巢为害。5 龄以上老熟幼虫分散为害，1 头拉一网，将叶片缀合成丝囊，白天静伏其中，多于夜间取食、活动或转移。幼虫受惊弹跳，爬行迅速。待整株叶片食光后，可转株为害，仅存丝巢。幼虫耐饥饿能力强，可以 7~10 天不食。9 月上旬以后，老熟幼虫迁移至地面，在寄主根际周围的杂草、灌木丛、枯落物下或疏松表土中，结茧越冬，入土深度达 3~10cm。茧的一端留有羽化孔。6—9 月为幼虫为害期。发生不整齐，从 6 月上旬至 8 月下旬均可见到初龄幼虫（马归燕，2000）。

2 综合防治措施

2.1 人工防治

（1）低龄幼虫群居期，人工摘除虫苞，集中烧毁或者填埋。

（2）老熟幼虫结茧越冬期，利用老熟幼虫在寄主根际周围结茧越冬的习性，结合垦复，挖茧消灭越冬幼虫。

（3）成虫羽化盛期，利用成虫的趋光性，设置诱杀灯，诱杀成虫。

（4）产卵期，利用其卵产于树冠外围的习性，剪下有卵的叶片，消灭卵。

2.2 生物防治

（1）保护和利用天敌。在自然界中，核桃缀叶螟卵期天敌有小刀螂 *Statilia maculata* Thunberg、华姬蝽 *Nabis sinoferus* Hsiao 等，幼虫期寄生性天敌有黄色白茧蜂

Phanerotoma flaua Ashmead、黄长距茧蜂 *Macrocentrus abdominalis* Fabricus、黑姬蜂 *Melanichneumon* sp. 等多种寄生蜂（陈森和李暗大，1983），应注意保护和利用。

（2）应用微生物农药。越冬幼虫化蛹期，于树冠下地面施撒白僵粉（$5g/m^2$），然后垦复土层 15cm，消灭入土幼虫，杀虫效果明显，是一种理想的防治措施。7 月中下旬幼虫期，采用杀螟杆菌（50 亿孢子/g）、白僵菌粉喷洒防治，其防治效果也较好（李雅妮和闵戈，2015）。

五倍子是由五倍子蚜虫在漆树科盐肤木属植物（青麸杨、盐肤木和红麸杨）叶片上寄生形成的虫瘿（杨子祥，2011），因此化学防治和部分对蚜虫有影响的生物防治（瓢虫、鸟类天敌等）在倍林中不宜采用。

参考文献

马归燕 . 2000. 漆树缀叶螟生物学特性及防治措施［J］. 辽宁林业科技（6）：6-7.

吴猛耐，苟阳，徐学勤，等 . 1997. 四川省五倍子病虫种类调查［J］. 四川林业科技，18（1）：28-32.

邓胜楠，张静，余艳丽，等 . 2013. 核桃缀叶螟和草履蚧识别及防治［J］. 现代农村科技（21）：27.

陈森，李暗大 . 1983. 核桃缀叶螟生物学特性及防治［J］. 森林病虫通讯（3）：18-19.

李雅妮，闵戈 . 2015. 不同药剂处理防治核桃缀叶螟效果对比试验［J］. 现代农村科技（19）：54-55.

杨子祥 . 2011. 五倍子高产培育技术［M］. 北京：中国林业出版社 .

甘蓝夜蛾核型多角体病毒增效因子功能的研究

吴柳柳，杨莉霞，张忠信
(中国科学院武汉病毒研究所，武汉　430071)

摘　要： 甘蓝夜蛾核型多角体病毒（*Mamestra brassicae* multiple nucleopolyhedrovirus, MbMNPV）是一种广谱杀虫病毒，该病毒编码一个独特的增效蛋白基因（enhancin，en），可能对MbMNPV既广谱又高效的杀虫活性具有重要意义。本文利用杆状病毒表达系统（Bac-to-Bac）构建含有全长基因 *en* 和截短 *en*1、*en*2 的 AcMNPV 重组病毒 vAc-ph-en、vAc-ph-en1 和 vAc-ph-en2。TEM 分析显示外源片段的插入对重组病毒形态和包埋的 ODV 数量没有影响，全长 *enhancin* 基因插入可能不干扰病毒多角体的形成。生物测定试验结果表明，重组病毒 vAc-ph-en 和 vAc-ph-en2 对 2 龄甜菜夜蛾的杀虫活性与对照组 vAc-ph 差异显著，分别为对照组的 1.966 倍和 4.675 倍；在另一种害虫中，含全长 en 基因的重组病毒 vAc-ph-en 对 2 龄棉铃虫的杀虫活性与对照组差异显著，是对照病毒的 9.136 倍，而仅含基因膜结合序列 en2 的重组病毒 vAc-ph-en2 对 2 龄棉铃虫的杀虫活性与对照组无显著差异。这一结果预示增效蛋白在两种昆虫中可能有不同的作用途径，在甜菜夜蛾中主要通过膜融合途径增效，而在棉铃虫中，则主要通过酶解途径增效。

关键词： 甘蓝夜蛾核型多角体病毒；增效蛋白；杆状病毒表达系统；生物活性测定

杆状病毒增效因子能够提高杆状病毒杀虫效率或者杀虫速率，目前已经经过验证的增效因子有酶、蛋白质等种类。酶增效因子主要包括：增效蛋白（Enhancin）、几丁质酶（chitinase）、组织蛋白酶（cathepsin）等（Granados，2000；Hawtin *et al.*，1997；Hawtin *et al.*，1995；Lima，2013）。

杆状病毒科共分为 4 个属（King *et al.*），分别为甲型杆状病毒属（*Alphabaculovirus*，感染鳞翅目昆虫的核型多角体病毒）、乙型杆状病毒属（*Betabaculovirus*，感染昆虫的颗粒体病毒）、丙型杆状病毒属（*Gammabaculovirus*，感染膜翅目昆虫的核型多角体病毒）和丁型杆状病毒属（*Deltabaculovirus*，感染双翅目昆虫的核型多角体病毒）。增效蛋白最先由 Tanada（1959）在乙型杆状病毒美洲黏虫颗粒体病毒（*Pseudaletia unipuncta* granulovirus，PuGV）的包涵体蛋白中被发现并且分离，它能使甲型杆状病毒美洲黏虫核型多角体病毒（*Pseudaletia unipuncta* nucleopolyhedrovirus，PuNPV）的感染能力增强。后来发现这种因子在乙型杆状病毒中广泛存在，在少数甲型杆状病毒中也存在，并被命名为杆状病毒增效因子（virus-enhancing）或者杆状病毒协同因子（synergistic factors）（张晓霞等，2010）。Enhancin 的增效能力与其作用的病毒毒力的提高直接相关，舞毒蛾核型多角体病毒（*Lymantria dispar* nucleopolyhedrovirus，LydiNPV）两个 Enhancin 一起对病毒毒力的贡献要比单独一个更大，相对于只含有一个 *enhancin* 基因的病毒来说，包含两个 *enhancin* 基因的病毒也更有竞争力（Popham *et al.*，2001）。通过对 Enhancin 理化性质研究发现其对围食膜有破坏作用并且此作用会受到二价阳离子的限制和 EDTA 的抑制，因此提出 Enhancin 是金属蛋白酶（Hawtin *et al.*，2003）。另外，绝大多数的 Enhancin 中含有 HEXXH 结构域，而这个结构域是金属蛋白酶的特征结构域，锌离子可以与此结构域相结合。Enhancin 的主要功能有两种：增强病毒与宿主细胞的融合和破坏围食膜，最终实现加速病毒穿过宿主中肠围食膜，促进病毒粒子的侵染。行使增效功能的方式有酶解途径和介导途径。酶解途径是通过 Enhancin 行使金属蛋白酶的酶解功能方式，将围食膜结构中的大分子蛋白质水解，从而使围食膜遭到破坏，利于病毒粒子入侵。介导途径是利用 Enhancin 含有的两个或两个以上的结合区域，且在中肠细胞膜和病毒粒子囊膜上都含有至少一个，Enhancin 发挥中间介质的作用介导它们发生膜融合，使病毒更高效地进入宿主细胞启动感染，提高感染效率。

Enhancin 对杆状病毒的生物防治应用具有重大意义，为解决杆状病毒杀虫速度慢的不足提供了可行的解决策略。应用 Enhancin 主要有三种方法：一是构建重组病毒，将 *enhancin* 基因插入到其他杆状病毒中。例如，将蓓带夜蛾核型多角体病毒（*Mamestra configurata* nucleopolyhedrovirus，MacoNVP）*enhancin* 基因插入到 AcMNPV 基因组中构建重组病毒 AcMNPV-enMP2，杀虫活性是野生型 AcMNPV 的 4.4 倍（Li *et al.*，2003）。二是构建转基因植物，将 *enhancin* 基因导入到植物基因中。这种方法可以增加摄食植物幼虫的感染机会，研究者尝试用粉纹夜蛾颗粒体病毒（*Trichoplusis ni* granulovirus，TnGV）*enhancin* 基因构建转基因烟草，当宿主幼虫摄食了转基因烟草植株之后更容易被 AcMNPV 感染，从而提高杀虫效率（Hayakawa *et al.*，2000）。三是应用为活性添加成分，提升杀虫剂效果，如将纯化后的 Enhancin 与微生物杀虫剂混合使用可以使杀虫活性增加（Liu *et al.*，2013）。

从鳞翅目夜蛾科的甘蓝夜蛾中分离到的甘蓝夜蛾核型多角体病毒中国株（*Mamestra brassicae* multiple nucleopolyhedrovirus-CHb-1，MbMNPV-CHb1）是一种具广谱杀虫活性的甲型杆状病毒（Hayakawa *et al.*，1990；张忠信，2015），该病毒基因组（Accession number：JX138237）中含有一个 enhancin 基因，分子大小为 2 547bp，编码 848 个氨基酸的增效蛋白（En），分子量约为 99ku。增效蛋白 N 端存在一个金属蛋白酶结构域，C 端存在一个跨膜区。为了研究这一广谱杆状病毒增效蛋白的功能，本文通过 Bac-to-Bac 方法，将 MbMNPV 增效蛋白（En）及截短型 En1 和 En2 分别插入 AcMNPV 基因组构建重组病毒，研究 MbMNPV *enhancin* 基因的功能和可能作用途径，并验证全长增效蛋白是否影响病毒形态形成，为研究 MbMNPV 粒子如何通过昆虫中肠免疫屏障及该病毒既广谱又高效杀虫机制奠定基础。

1 材料与方法

1.1 菌株、质粒和试验昆虫

菌株大肠杆菌 DH5α 和 DH10B、质粒 pFastBacDual 和 pD-ph、*Spodoptera frugiperda* 卵巢细胞系 Sf9 细胞系笔者实验室保存；试验用棉铃虫幼虫和甜菜夜蛾幼虫由笔者实验室饲养或由河南省济源白云实业有限公司购买。

1.2 PCR引物

试验所用的PCR引物见表1，由上海生工公司合成。

表1 本文所使用的引物

引物 Primer	序列（5′→3′）Primer sequence（5′→3′）
enR	GC*TCTAGA***TTA***AGCGTAATCTGGTACGTCGTATGGGTA* TTTTATAGATTTAATATTTGTTTTTG（*Xba* I Site underlined）
en1R	GC*TCTAGA***TTA***AGCGTAATCTGGTACGTCGTATGGGTA* GCTAGGTCTAATCATAAAATC（*Xba* I Site underlined）
enF	CG*GAATTC***ATG**TCTAATTTAACTATTCCTATTCC（*Eco* RI Site underlined）
en2F	CG*GAATTC***ATG**AGCATCGTAAACTTTG（*Eco* RI Site underlined）
RT-enF	AAACATTGAAGTGGATAGCGTAG
RT-enR	AATTTCGTGCAAGCAGCC
RT-en'R	TTTCTCACAAAATCTGTACTGGTC
RT-en2F	AGCATCGTAAACTTTGAACTAATC
RT-en2R	ACATACTCTGTATCGCAATAGTAGC
TubulinF	GCGAAGAATACCCCGACA
TubulinR	CTGAGGCAGGTGGTGACAC

注：下划线斜体序列：酶切位点；黑体加粗序列：起始密码子 ATG，终止密码子 TTA；斜体序列：HA tag 序列

1.3 MbMNPV目的片段获取

MbMNPV*en* 片段获取：以 enF/enR 为引物，其中 enR 插入 HA tag 序列，MbMNPV 基因组 DNA 作为模板，扩增 *en* 基因全长2 547bp 序列。PCR 循环设置条件为：预变性 95℃，2min；变性 95℃，20s；退火 56℃，20s；延伸 72℃，90s；循环数设置为 34 个；终延伸 72℃，5min；16℃，1h。

MbMNPV*en1* 片段获取：以 enF/en1R 引物，其中 en1R 插入 HA tag 序列和 TTA 终止密码子，MbMNPV 基因组 DNA 作为模板，扩增 *en* 基因 N 端1 191bp 序列。PCR 循环设置条件为：预变性 95℃，2min；变性 95℃，20s；退火 55℃，20s；延伸 72℃，40s；循环数设置为 34 个；终延伸 72℃，5min；16℃，1h。

MbMNPV*en2* 片段获取：以 en2F/enR 引物，其中 enR 插入 HA tag 序列，enF N 端插入 ATG 起始密码子，MbMNPV 基因组 DNA 作为模板，扩增 *en* 基因 C 端1 359bp 序列。PCR 循环设置条件为：预变性 95℃，2min；变性 95℃，20s；退火 56℃，20s；延伸 72℃，42s；循环数设置为 34 个；终延伸 72℃，5min；16℃，1h。

1.4 重组供体质粒构建

以上得到的 PCR 扩增产物用 0.8%琼脂糖凝胶电泳验证，将目的条带切胶，用胶回收试剂盒回收，nanodrop（Thermo，America）测回收样品浓度。配制目的片段和供体质粒 pD-ph 的 *Eco*RI/*Xba*I、*Eco*RI/*Pst*I 或者 *Stu*I/*Pst*I 双酶切体系，37℃水浴 2h，用试

剂盒将目的片段和供体质粒 pD-ph 的酶切产物回收。用 T4 DNA 连接酶将 *Eco*RI/*Xba*I、*Eco*RI/*Pst*I 或者 *Stu*I/*Pst*I 酶切的目的片段与同样用 *Eco*RI/*Xba*I、*Eco*RI/*Pst*I 或者 *Stu*I/*Pst*I 酶切的供体质粒在 16℃条件下连接 5h，在 P_{PH}启动子下插入目的片段。将连接产物热激转化 *E. coli* DH5α 感受态，菌液涂布于 Amp 和 Gm 抗性 LB 固体培养基，37℃培养箱培养 16~18h。挑取单菌落于 Amp 和 Gm 抗性 LB 液体培养基中，37℃振荡培养箱培养 16~18h，提取含目的片段的重组供体质粒，双酶切后用 0.8%琼脂糖凝胶电泳验证，将正确的重组载体命名为 pD-ph-en、pD-ph-en1、pD-ph-en2，并将预留的对应菌液进行菌种保存，储藏于-80℃超低温冰箱（图 1）。

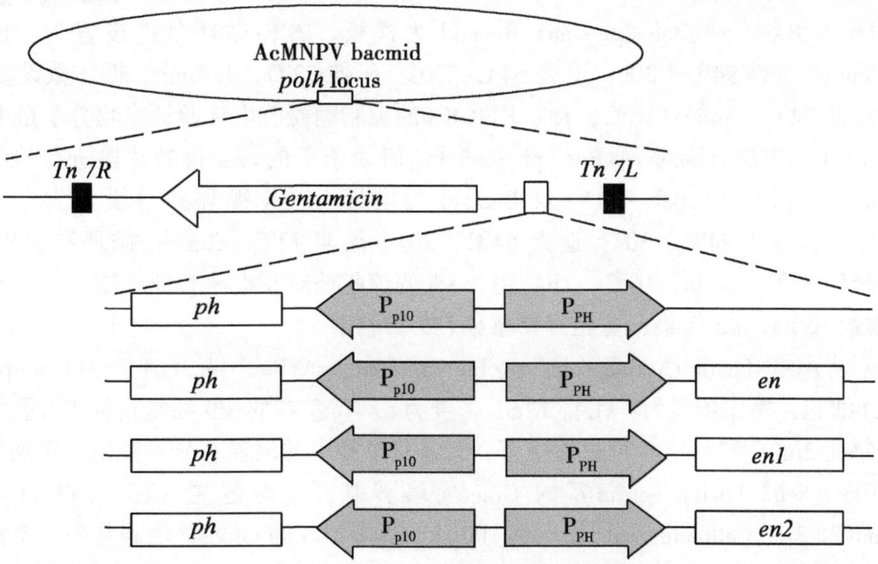

图 1　含目的片段的供体质粒构建

1.5　重组 AcBacmid 构建

分别将 pD-ph、pD-ph-en、pD-ph-en1、pD-ph-en2 重组质粒加入至含 AcBac 和 helper 质粒的 *E. coli* DH10B 感受态细胞，在 37℃振荡培养箱中孵育 4h 后取出少量菌液均匀涂于带有 Kana、Gm、Tetra 抗性以及 Blue-gal 和 IPTG 的 LB 固体培养基，37℃培养箱正置培养半小时后再倒置培养 2 天。对平板上的蓝白斑单菌落进行观察，成功转座的重组 AcBacmid 菌落呈白色。用接种环挑选其中一个白色单菌落于 1mL 无菌水中稀释，再取 10μL 菌液于另外 1mL 无菌水中混匀，接种环蘸取菌液后在另一个 Kana、Gm、Tetra 抗性以及 Blue-gal 和 IPTG 的 LB 固体培养基划线，37℃培养箱正置培养半小时后再倒置培养 2 天。分别将平板中的白色单菌落接种于 Kana、Gm、Tetra 抗性的液体 LB 培养基中，在 37℃振荡培养箱中孵育 16~18h 后离心沉淀菌体，提取含有目的片段的 AcBacmid，将他们分别命名为 rAcBac-ph、rAcBac-ph-en、rAcBac-ph-en1、rAcBac-ph-en2，并将预留的对应菌液进行菌种保存，存放于-80℃超低温冰箱。

1.6　重组 AcBacmid 验证

用 PCR 的方法分别对 rAcBac-ph、rAcBac-ph-en、rAcBac-ph-en1、rAcBac-ph-en2 P_{P10}启动子下的*polyhedrin*基因进行检测，以phF/phR为引物，各个重组AcBacmid为模板。PCR循环条件设置为：预变性94℃，5min；变性94℃，30s；退火54℃，30s；延伸72℃，1min；循环数设置为29个；终延伸72℃，5min；16℃，1h。分别用0.8%的琼脂糖凝胶电泳验证产物分子量大小。

用PCR的方法分别对rAcBac-ph-en P_{PH}启动子下的*en*目的片段进行检测，以enF/enR为引物，rAcBac-ph-en Bacmid为模板。PCR循环条件设置为：预变性94℃，5min；变性94℃，30s；退火54℃，30s；延伸72℃，3min；循环数设置为29个；终延伸72℃，5min；16℃，1h。用0.8%的琼脂糖凝胶电泳验证产物分子量大小。

用PCR的方法分别对rAcBac-ph-en1 P_{PH}启动子下的*en*1目的片段进行检测，以enF/en1R为引物，rAcBac-ph-en1 Bacmid为模板。PCR循环条件设置为：预变性94℃，5min；变性94℃，30s；退火54℃，30s；延伸72℃，1.5min；循环数设置为29个；终延伸72℃，5min；16℃，1h。用0.8%的琼脂糖凝胶电泳验证产物分子量大小。

用PCR的方法分别对rAcBac-ph-en2 P_{PH}启动子下的*en*2目的片段进行检测，以en2F/enR为引物，rAcBac-ph-en2 Bacmid为模板。PCR循环条件设置为：预变性94℃，5min；变性94℃，30s；退火54℃，30s；延伸72℃，2min；循环数设置为29个；终延伸72℃，5min；16℃，1h。用0.8%的琼脂糖凝胶电泳验证产物分子量大小。

1.7 重组AcBacmid转染、重组病毒感染Sf9细胞系

分别将重组BacmidrAcBac-ph、rAcBac-ph-en、rAcBac-ph-en1、rAcBac-ph-en2转染Sf9细胞，操作步骤为：①将12mL密度为5×10^5左右的Sf9细胞接种于6孔细胞培养板，每孔2mL，27℃培养箱过夜孵育；②将每个孔中的培养基分别吸出，再加入2mL 1.5% FBS（fetal bovine serum）的Grace's培养基，室温静置1h；③将1μg重组AcBacmid和8μL Cellfectin分别加入到100μL 1.5% FBS的Grace's培养基中，室温静置30min；④再将Cellfectin和重组AcBacmid混合均匀（动作尽量轻），室温静置30min；⑤将每个孔中的培养基全部吸出，再加入2mL新的1.5% FBS的Grace's培养基，再分别将混合溶液逐滴加入到6孔板中，充分混匀，在27℃培养箱中孵育3~4h；⑥移除每个孔中的所有溶液，再添加2mL新的10% FBS的Grace's培养基，在27℃培养箱中培养3天，在光学显微镜下检查是否有包涵体的形成。

重组AcBacmid感染操作步骤为：收集重组AcBacmid转染96h的细胞和培养基，低速离心后取上清BV作为P1代病毒液。再用适量的P1代BV感染Sf9细胞，在27℃培养箱中培养3天，离心收取上清为P2代病毒液，锡箔纸包裹，4℃保存。同时，分别将各个重组病毒标记为vAc-ph、vAc-ph-en、vAc-ph-en1和vAc-ph-en2。

1.8 目的片段转录水平检测

总RNA提取：将vAc-ph-en、Ac-ph-en1和vAc-ph-en2感染的Sf9细胞中的培养液吸尽，加入适量Trizol，混匀使细胞充分裂解，转移至EP管中，4℃低速离心后转移上清至另一EP管中，常温静置5min，加入1/5体积的氯仿，vortex 20s常温静置3min左右，4℃ 13 000×*g*离心10min，移去上清，加入等体积的70%乙醇溶液，vortex混匀。4℃ 8 000×*g*离心4min，移去上清，静置10min左右用20μL DEPC水溶解沉淀，-80℃超低温冰箱冻存。

反转录：取 2μL RNA 样品于 EP 管中，加入 2μL CDSⅢ引物和 4μL 去离子水，72℃水浴 2min，立即转至冰上 2min，14 000×*g* 离心 10s。再加入 4μL 5× First-Strand 缓冲液、2μL DTT、2μL dNTP 混合溶液和 2μL SMART MMLV 反转录酶，42℃水浴 10min。再添加 2μL SMART Ⅲ-modified oligo，42℃水浴，1h 后，转移入 72℃水浴 10min 以终止反应，常温放置至冷却。

PCR 验证：分别以获得的 vAc-ph-en、Ac-ph-en1 和 vAc-ph-en2 的 cDNA 为模板，对应的 enF/enR、enF/en1R 和 en2F/enR 为引物配置 PCR 体系，PCR 循环条件设置为：预变性 94℃，2min；变性 94℃，30s；退火 57℃，30s；延伸 72℃，3min/2min/1.5min；循环数设置为 29 个；72℃终延伸 6min；16℃，1h。0.8%的琼脂糖凝胶电泳验证产物分子量大小。

1.9 病毒滴度测定

病毒滴度测定采用终点稀释法。用病毒感染 Sf9 细胞并在选定的时间收集上清溶液。

将计数后的 Sf9 细胞稀释到 5×10^5 cell/mL，在 8 个 EP 管中加入 90μL 的无血清 Grace's 并标记为 10^{-1}、10^{-2}、10^{-3}、10^{-4}、10^{-5}、10^{-6}、10^{-7}、10^{-8}，取 10μL virus 液加入到标记为 10^{-1}的 EP 管中，vortex 震荡 20s（每间隔 5s 暂停一下），再从标记为 10^{-1}的 EP 管中取 10μL 溶液至标记为 10^{-2}的 EP 管中，用 vortex 震荡混匀，重复此操作至标记为 10^{-8}的 EP 管。在以上 8 个 EP 管中加入 90μL 稀释后的且含抗生素的 Sf9 细胞，vortex 震荡 20s 使溶液混匀，将混合后的溶液加至 96 孔板中，27℃培养 7 天，在显微镜下观察多角体的产生情况，并计算各组病毒溶液的滴度。

1.10 免疫荧光

将混匀后的浓度适宜的 Sf9 细胞接种于 6 孔板中，置于 27℃培养箱中过夜孵育。分别用 1μg rAcBac-ph、rAcBac-ph-en、rAcBac-ph-en1 和 rAcBac-ph-en2 Bacmid 转染 Sf9 细胞，吸尽培养基，用 PBS 漂洗 3 次，每次 5min。每孔用 1mL 4%多聚甲醛常温固定 10min，弃去多聚甲醛后再用 1mL PBS 漂洗 3min，重复 2 次，弃去 PBS 溶液，加入 800μL 0.2% Triton X-100 常温透化 10min，1mL PBS 漂洗 3min，重复 2 次，弃去 PBS 溶液，加入 5%PBST-BSA 封闭液在 37℃摇床上孵育约 30min，吸尽封闭液后再加入用 PBST-BSA 稀释后的一抗，37℃摇床上孵育约 1h，弃去一抗稀释液，加入 1mL PBS 漂洗 3min，重复 2 次，弃去 PBS 溶液，加入用 PBST-BSA 稀释后的二抗，37℃摇床上孵育约 1h，弃去二抗稀释液，加入 1mL PBS 漂洗 3min，重复 2 次，弃去 PBS 溶液，将 1μg/mL 的 Hoechst 稀释液加入，常温下染色约 7min，弃去 Hoechst 稀释液，加入 1mL PBS 漂洗 3min，重复 2 次，用荧光显微镜观察荧光产生的情况。

1.11 重组病毒 BV 纯化

将病毒感染后的上清溶液收集起来，2 000r/min 离心约 15min，弃沉淀，上清用 0.45μm 滤头过滤，再加入等体积的 PEG8000（20%PEG8000+1mol/L NaCl）常温静置 30min，4℃ 12 000r/min 离心 15min，收取沉淀，用适量 ddH_2O 悬浮，即为 BV。

1.12 重组病毒 OB 扩增及纯化

用微量进样器将各个 P2 代重组病毒的 BV 分别注射三龄末或四龄初期的甜菜夜蛾幼虫，注射位置为幼虫尾部第三对足处的血淋巴，注射的剂量约为 10μL，注射后的幼虫放置到加有人工饲料的 20 孔板中，27℃培养至幼虫液化，将液化后的虫尸收集到 50mL 离心管中并加入适量的抗生素，差速离心纯化重组病毒包涵体。

将三龄初甜菜夜蛾幼虫饥饿 6h 后转移至加有重组病毒包涵体悬浮液的人工饲料块上，每个饲料块上滴加 10^8 OB/mL 的病毒液 5μL 左右，在 27℃恒温培养箱培养至昆虫幼虫液化，将液化后的虫尸收集到 50mL 离心管中并加入适量的抗生素，差速离心纯化重组病毒包涵体。

包涵体纯化步骤：将收集到的虫尸在 27℃条件下放置大约 3 天使其液化完全，加入适量蒸馏水充分研磨后两层纱布过滤，再加入终浓度为 0.1% SDS，27℃孵育 0.5 h。4 500×*g* 离心 5min，50×*g* 离心 4min 分别收集沉淀和上清，此过程中可根据不同情况添加一定量的 SDS。重复以上过程大约 3 次，直至悬液颜色呈灰白色或者米白色。

1.13 PCR 用重组病毒基因组提取

将病毒包涵体悬液涡旋 20s 后吸取 40μL 至 2mL EP 管中，加 1/2 体积的 3×DAS 进行裂解，37℃孵育 0.5 h；加入 10μL 的 1mol/L Tris-HCl，用移液枪混匀，100℃孵育 10min；立即转至冰上孵育 5min，使反应终止；将反应后的溶液 13 000×*g* 离心 10min，吸取上清液至另一离心管中，即为基因组样品，分装后存放于-20℃冰箱中。

1.14 重组 AcBacmid 的 PCR 鉴定

分别以获得的 vAc-ph-en、Ac-ph-en1 和 vAc-ph-en2 的包涵体提取的基因组为模板，对应的引物 enF/enR、enF/en1R 和 en2F/enR 配置 PCR 体系，鉴定重组病毒中插入的目的基因是否存在。PCR 循环条件设置为：预变性 94℃，2min；变性 94℃，30s；退火 54℃，30s；延伸 72℃，3min/2min/1.5min/2.5min/1min；循环数设置为 29 个；72℃终延伸 6min；16℃，1h。0.8%的琼脂糖凝胶电泳验证产物分子量大小。

1.15 重组病毒 OB Western blotting 检测

取 50μL 10^8 OB/mL 的重组病毒包涵体样品与 8μL 的 5×SDS loading buffer 用移液枪混匀，100℃孵育 15min。低速离心后上样到 10 孔 10%的 SDS-PAGE 分离胶中，100 V 恒压连续电泳 2h 左右。

把 SDS-PAGE 胶转移至转膜仪中，100 V 恒压 1h，将蛋白样品完全转移至 0.4μm 的 PVDF 膜上，将膜放置于含 30%脱脂奶粉的封闭液中，常温孵育 2h 左右，30min 翻面一次。将膜转入 TBS-T 缓冲液（50mmol/L Tris-HCl，200mmol/L NaCl，0.05% Tween-20，pH 值=7.4）中，摇床上洗 15min，重复 2 次。然后再将膜置于稀释的一抗（抗 HA）溶液中，4℃冰箱过夜孵育。弃去一抗溶液加入适量 TBS-T 缓冲液摇床上洗 15min，重复 2 次。将膜转移至稀释后的二抗（HRP 标记的羊抗鼠 IgG）溶液中，室温孵育 2h，30min 翻面一次。用适量的 TBS-T 缓冲液摇床上洗 15min，重复 2 次。适量显色液孵育 1min 后用凝胶成像系统拍照。

1.16 生测实验

根据 Droplet 方法（Hughes *et al.*，1986）对各重组病毒的半数致死浓度（LC_{50}）进行测定。将用于生测试验的二龄甜菜夜蛾或棉铃虫幼虫在 27℃条件下饥饿 16~24h。然后，将病毒包涵体悬液计数后稀释为各个浓度，再加入 40%的蔗糖以及 1mg/mL 的食品蓝涡旋混匀。混匀后的包涵体溶液用移液枪均匀滴加于平板上，将一定数量的甜菜夜蛾或者棉铃虫幼虫转移到平板上10min左右，观察幼虫中肠颜色变化，挑取蓝色幼虫到加有人工饲料的24孔或12孔板中，27℃恒温培养箱培养。每隔24h记录一次幼虫的存活情况，一直到幼虫完全死亡或化蛹。依据Probit分析方法对各组病毒的 LC_{50}（Finney，1978）和Potency ratio（Robertson *et al.*，2007）数据采用SPSS 20.0进行计算。

2 结果与分析

2.1 目的片段获得

将粗提的MbMNPV基因组DNA作为模板，用引物enF/enR扩增*enhancin*基因全长序列，共2 574 bp，标记为*en*；用引物enF/en1R来扩增*enhancin*基因N端序列，序列长度为1 221 bp，标记为*en1*；用引物en2F/enR来扩增*enhancin*基因C端序列，序列长度为1 389 bp，标记为*en2*（图2）。

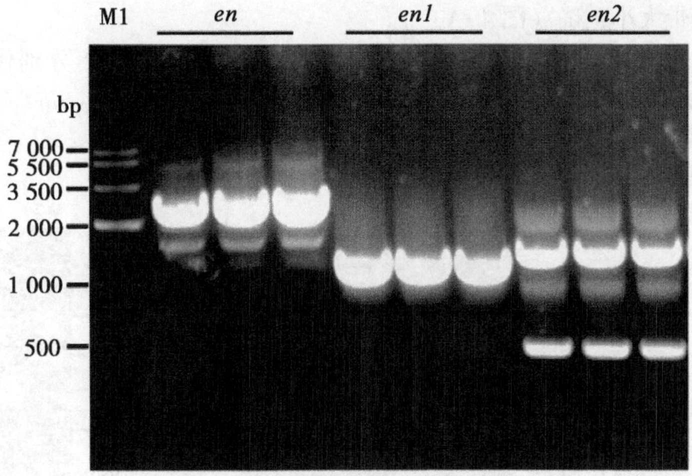

图2 *en*、*en1*、*en2*、基因PCR检验

2.2 供体质粒鉴定

分别用*Eco*RI/*Xba*I酶切*en*、*en1*、*en2*片段和pD-ph供体质粒并回收，将*en*、*en1*、*en2*片段插入到pD-ph质粒 P_{PH} 强启动子下，得到pD-ph-en、pD-ph-en1和pD-ph-en2，经过*Eco*RI/*Xba*I酶切验证，分别得到大小约为2 574bp、1 221bp和1 389bp的条带（图3-A和图3-B）。

2.3 Bacmid鉴定

检验成功的pD-ph-en、pD-ph-en1和pD-ph-en2重组质粒转化DH10B感受态细胞，挑取白色单菌落获得含有外源基因的重组Bacmid，并将他们分别标记为rAcBac-ph-en、rAcBac-ph-en1、rAcBac-ph-en2。

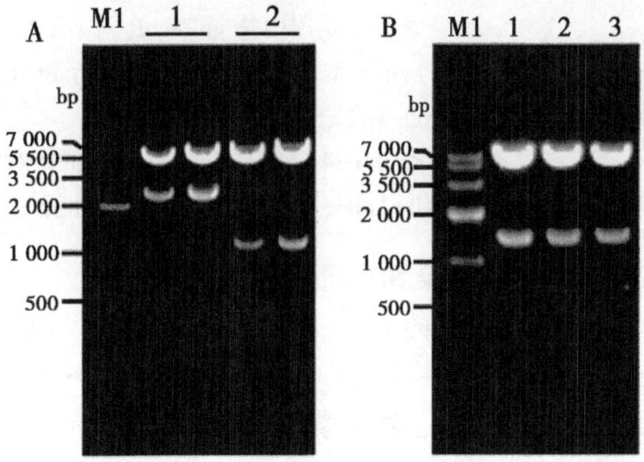

图3 双酶切分析供体质粒

A：条带1是*EcoRI/XbaI*酶切pD-ph-en；条带2是pD-ph-en1 *EcoRI/XbaI*酶切；

B：条带1-3是*EcoRI/XbaI*酶切pD-ph-en2

rAcBac-ph-en 作为模板，enF/enR 作为引物配制 PCR 体系，验证 *enhancin* 基因全长，插入的 *enhancin* 基因大小为 2 574bp。琼脂糖凝胶电泳进行鉴定，条带大小正确（图 4-A1）。

rAcBac-ph-en1 作为模板，enF/en1R 作为引物配制 PCR 体系，验证 *enhancin* 基因 N 端序列，插入的 *enhancin* 基因 N 端序列长度为 1 221bp。琼脂糖凝胶电泳进行鉴定，条带大小正确（图 4-A2）。

rAcBac-ph-en2 作为模板，en2F/enR 作为引物配制 PCR 体系，验证 *enhancin* 基因 C 端序列，插入的 *enhancin* 基因 C 端序列长度为 1 389bp。琼脂糖凝胶电泳进行鉴定，条带大小正确（图 4-A3）。

rAcBac-ph-en、rAcBac-ph-en1、rAcBac-ph-en2 分别作为模板，phF/phR 作为引物配制 PCR 体系，验证 *polyhedrin* 基因，插入的 *polyhedrin* 基因序列长度为 738bp。琼脂糖凝胶电泳进行鉴定，条带大小正确（图 4-B）。

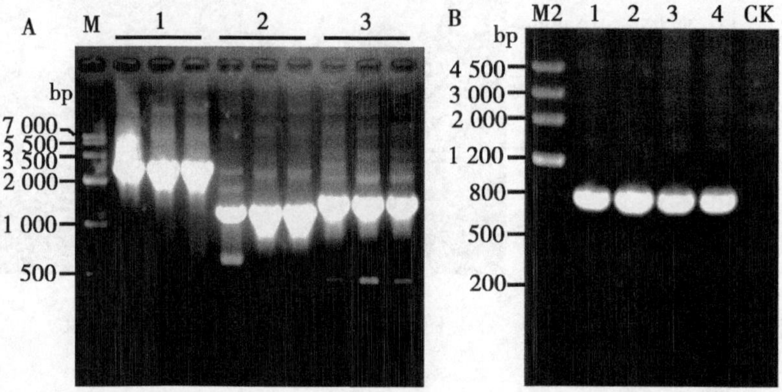

图 4 PCR 分析重组 Bacmid 中的 en、en1、en2（A）及 *polyhedrin* 序列（B）

A：条带 1 是用引物 enF/enR 对 rAcBac-ph-en 进行 PCR 分析；条带 2 是用引物 enF/en1R 对 rAcBac-ph-en1 进行 PCR 分析；条带 3 是用引物 en2F/enR 对 rAcBac-ph-en2 进行 PCR 分析；

B：条带 1-4 分别是用引物 phF/phR 对rAcBac-ph、rAcBac-ph-en、rAcBac-ph-en1 和 rAcBac-ph-en2 进行 PCR 分析

2.4 转染、感染 Sf9 细胞

分别取适量的 Cellfectin 与 rAcBac-ph、rAcBac-ph-en、rAcBac-ph-en1、rAcBac-ph-en2、rAcBac-ph-mb fprotein 和 rAcBac-ph-mb gp37 混合滴加到 Sf9 细胞中，数天后可观察到产生的多角体，将转染获得的各组重组病毒标记为 vAc-ph、vAc-ph-en、vAc-ph-en1、vAc-ph-en2、vAc-ph-mb fprotein 和 vAc-ph-mb fprotein gp37，收取转染上清溶液，再取出适量感染新的 Sf9 细胞，培养数天后也可观察到大量多角体的产生（图 5）。

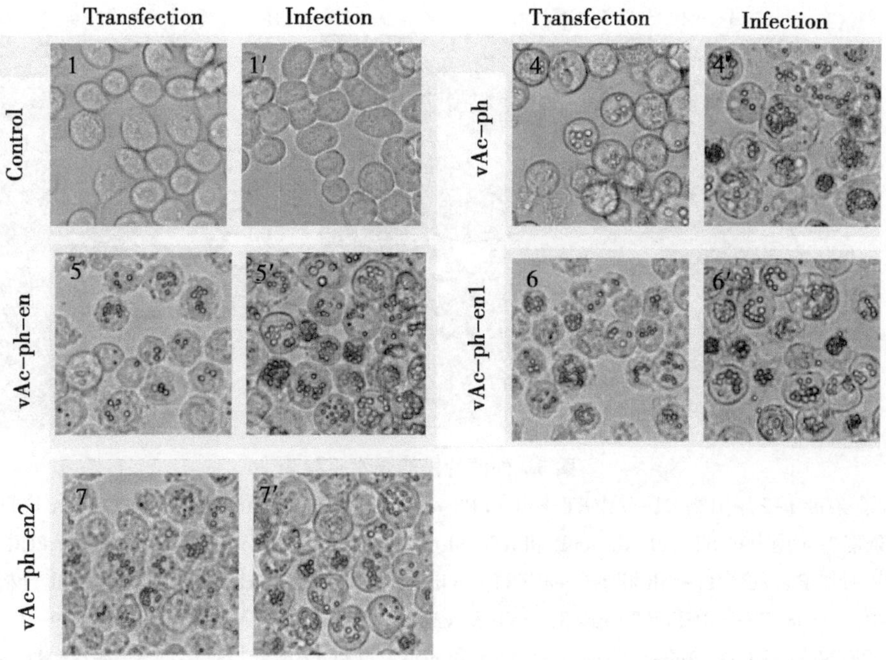

图5　转染、感染

对照（1）和（1’），用 bacmid rAcBac-ph（4）、rAcBac-ph-en（5）、rAcBac-ph-en1（6）和 rAcBac-ph-en2（7）分别进行转染，用相应的 BV 再进行感染（4’-7’）。

2.5　外源片段转录水平检测

提取重组病毒 vAc-ph-en、vAc-ph-en1 和 vAc-ph-en2 感染 Sf9 细胞的总 RNA，除去样品中的 DNA，并将其反转录为 cDNA，以 cDNA 作为模板，选定的 RT-enF/RT-enR、RT-enF/RT-en'R、RT-en2F/RT-en2R、TubulinF/TubulinR 作为引物进行反转录 PCR（RT-PCR），对 MbMNPV 全长 *enhancin* 序列、MbMNPV *enhancin* N 端序列以及 MbMNPV *enhancin* C 端序列的转录情况进行检测。

分别以含有 MbMNPV *enhancin* 序列的重组病毒 vAc-ph-en 和含有 MbMNPV *enhancin* N 端序列的重组病毒 vAc-ph-en1 的 cDNA 作为模板，RT-enF/RT-enR 和 RT-enF/RT-en'R 作为引物进行 PCR，片段大小分别是 446bp 和 330bp，琼脂糖凝胶电泳分析，有与目的片段分子量大小一致的条带出现，说明插入 AcMNPV 基因组中的 *enhancin* 全长和 *enhancin* N 端序列可以正常转录（图 6-A）。

以含有 MbMNPV *enhancin* C 端序列的 vAc-ph-en2 的 cDNA 作为模板，RT-en2F/RT-en2R 作为引物进行 PCR，片段大小是 257bp，用琼脂糖凝胶电泳分析，有与目的片段分子量大小一致的条带出现，说明插入 AcMNPV 基因组中的 *enhancin* C 端序列可以正常转录（图 6-A）。

分别以 vAc-ph-en、vAc-ph-en1 和 vAc-ph-en2 的 cDNA 作为模板，TubulinF/TubulinR 为引物进行 PCR，片段分子量分别为 256bp，琼脂糖凝胶电泳分析，有与目的片段分子量大小一致的条带出现（图 6-B）。

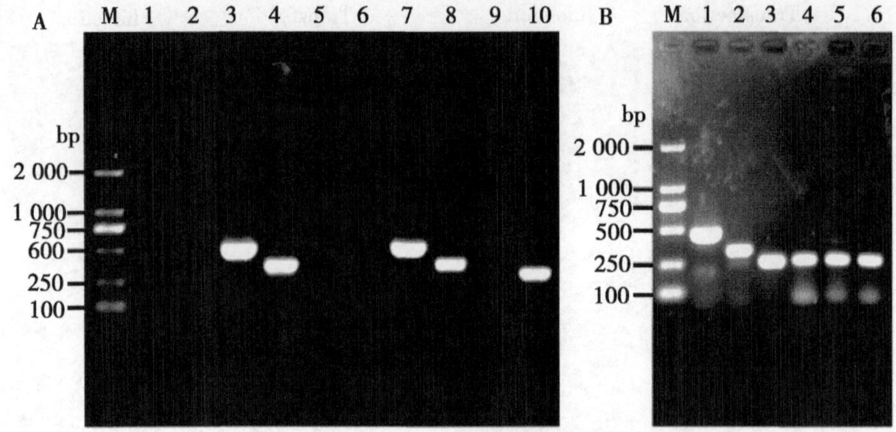

图 6 外源片段转录水平检测

A：条带 1-2 用引物 RT-enF/RT-enR 和 RT-enF/RT-en'R 对 vAcBac-ph-en 总 RNA 进行 PCR 分析；条带 3-4 用引物 RT-enF/RT-enR 和 RT-enF/RT-en'R 对 vAcBac-ph-en cDNA 进行 PCR 分析；5-6，用引物 RT-enF/RT-enR 和 RT-enF/RT-en'R 对 vAcBac-ph-en1 总 RNA 进行 PCR 分析；7-8，用引物 RT-enF/RT-enR 和 RT-enF/RT-en'R 对 vAcBac-ph-en1 cDNA 进行 PCR 分析；9-10，用引物 RT-en2F/RT-en2R 对 vAcBac-ph-en2 总 RNA 和 cDNA 进行 PCR 分析；B：1，用引物 RT-enF/RT-enR 对 vAcBac-ph-en cDNA 进行 PCR 分析；2，用引物 RT-enF/RT-en'R 对 vAcBac-ph-en1 cDNA 进行 PCR 分析；3，用引物 RT-en2F/RT-en2R 对 vAcBac-ph-en2 cDNA 进行 PCR 分析；4-6，用引物 TubulinF/TubulinR 分别对 vAc-ph-en、vAc-ph-en1 和 vAc-ph-en2 的 cDNA 进行 PCR 分析

2.6 插入增效蛋白基因重组病毒的生长曲线

分别用 vAc-ph、vAc-ph-en、vAc-ph-en1 和 vAc-ph-en2 病毒以 MOI 为 5 感染 Sf9 细胞，在不同时间取样并测定样品的效价，绘制生长曲线。结果显示重组病毒 vAc-ph-en、vAc-ph-en1、vAc-ph-en2 的生长曲线与对照病毒 vAc-ph 相比几乎完全一致，说明插入外源片段并不影响 AcMNPV 的感染性。

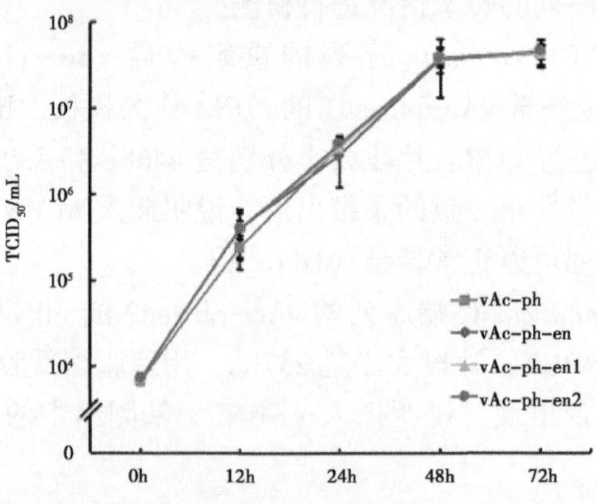

图 7 病毒生长曲线

图中显示 vAc-ph、vAc-ph-en、vAc-ph-en1 和 vAc-ph-en2 病毒滴度

具体结果见图 7。

2.7 重组病毒基因组 PCR 鉴定

用提取的含有 MbMNPV *enhancin* 基因全长序列的重组病毒 vAc-ph-en 基因组作为模板，enF/enR 作为引物配制 PCR 体系，验证基因组中是否存在外源序列，*enhancin* 基因全长序列大小为 2 574bp，琼脂糖凝胶电泳显示产物分子量大小与目的片段一致，说明 MbMNPV *enhancin* 基因全长序列存在（图 8）。

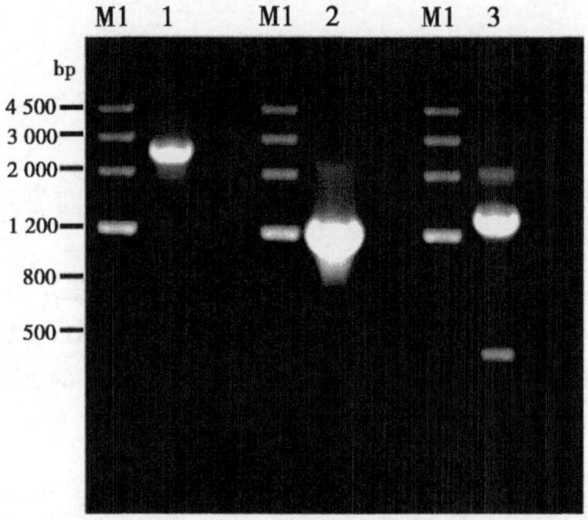

图 8 重组病毒基因组检验

条带 1 是 vAc-ph-en；条带 2 是 vAc-ph-en1；条带 3 是 vAc-ph-en2

用提取的含有 MbMNPV *enhancin* 基因 N 端序列的重组病毒 vAc-ph-en1 基因组作为模板，enF/en1R 作为引物配制 PCR 体系，验证基因组中是否存在外源序列，*enhancin* 基因 N 端序列长度为 1 221bp，琼脂糖凝胶电泳显示产物分子量大小与目的片段一致，说明 MbMNPV *enhancin* 基因全长序列存在（图 8）。

用提取的含有 MbMNPV *enhancin* 基因 C 端序列的重组病毒 vAc-ph-en2 基因组作为模板，en2F/enR 作为引物配制 PCR 体系，验证基因组中是否含有外源序列，*enhancin* 基因 C 端序列长度为 1 389bp，琼脂糖凝胶电泳显示产物分子量大小与目的片段一致，说明 MbMNPV *enhancin* 基因 C 端序列存在（图 8）。

2.8 Western blotting 鉴定

将收集到的重组病毒 OB 或 BV 上样到 10%的蛋白胶中进行电泳，将分离开的蛋白质样品转移至 PVDF 膜。重组病毒 Western blotting 中样品的检测用 HA 标签抗体或 Gp64 多抗。

重组病毒 vAc-ph-en、vAc-ph-en1 和 vAc-ph-en BV 的 Western blotting 结果显示：在重组病毒 vAc-ph-en、vAc-ph-en1 和 vAc-ph-en BV 中不存在 Enhancin 外源蛋白（图 9）。

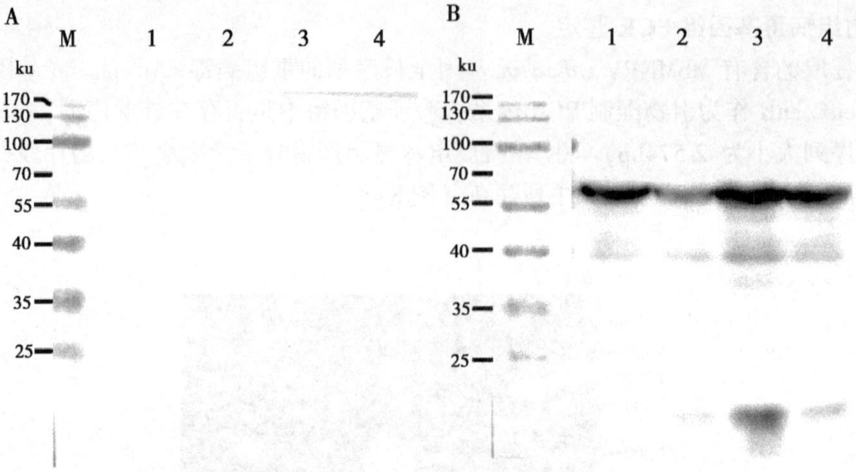

图 9　重组病毒 BV 的 Western blotting 鉴定

A：一抗为 HA 标签抗体的 vAc-ph（1）、vAc-ph-en（2）、vAc-ph-en1（3）和 vAc-ph-en 2（4）BV 的 western blotting 检验；B：一抗为 GP64 抗体的 vAc-ph（1）、vAc-ph-en（2）、vAc-ph-en1（3）和 vAc-ph-en 2（4）BV 的 western blot 检验

预测的 MbMNPV Enhancin 蛋白分子量大约为 99.1ku，Western blotting 结果显示：在含有 MbMNPV *enhancin* 基因全长序列的重组病毒 vAc-ph-en 样品对应的泳道中出现的条带与预测大小一致，说明重组病毒 vAc-ph-en 中存在 Enhancin 蛋白（图 10-A）。

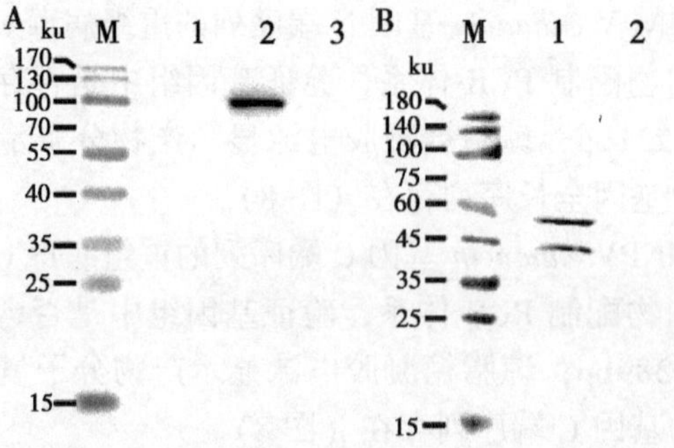

图 10　重组病毒 OB 的 Western blotting 鉴定

A：vAc-ph（1）、vAc-ph-en（2）和 vAc-ph-en1（3）OB 的 western blotting 检验；B：vAc-ph-en2（1）、vAc-ph（2）OB 的 western blotting 检验；一抗均为 HA 标签抗体

预测的 MbMNPV Enhancin N 端序列蛋白分子量大约为 47.2ku，Western blotting 结果显示：在含有 MbMNPV *enhancin* 基因 N 端序列的重组病毒 vAc-ph-en1 样品对应的泳道中未出现条带，说明重组病毒 vAc-ph-en1 中不存在 Enhancin N 端蛋白（图 10-A）。

预测的 MbMNPV Enhancin C 端序列蛋白分子量大约为 54.0ku，Western blotting 结果显示：在含有 MbMNPV *enhancin* 基因 C 端序列的重组病毒 vAc-ph-en2 样品对应的泳道中出现的条带与预测大小一致，说明重组病毒 vAc-ph-en2 中存在 Enhancin C 端蛋白（图 10-B）。

2.9 重组病毒生测实验

分别用验证正确的病毒 vAc-ph、vAc-ph-en、vAc-ph-en2 做生物活性测定实验，分别感染 48 头甜菜夜蛾幼虫或者 72 头棉铃虫幼虫。

用插入全长 MbMNPV *enhancin* 基因和只含膜融合功能 en2 的重组病毒感染甜菜夜蛾幼虫，生物活性测定实验结果显示各组病毒的半数致死浓度（LC_{50}）分别是：vAc-ph 为 18.901×10^4 OB/mL，vAc-ph-en 为 9.615×10^4 OB/mL，vAc-ph-en2 为 3.967×10^4 OB/mL，含有 MbMNPV 全长 *enhancin* 基因的 vAc-ph-en 和含有 MbMNPV *enhancin* C 端片段的 vAc-ph-en2 杀虫活性与对照组 vAc-ph 都具有显著差异，分别达到对照组的 1.966 倍和 4.765 倍（表 2）。

表 2 插入 *enhancin* 基因的重组病毒对 2 龄甜菜夜蛾幼虫的 LC_{50}

Virus	LC_{50}（95%CL）（$\times10^4$OB/mL）	Potency ratio（95%CL）vAc-ph
vAc-ph	18.901（12.957~28.110）	
vAc-ph-en	9.615（6.575~14.076）	1.966（1.150~3.503）
vAc-ph-en2	3.967（2.627~5.848）	4.765（2.649~9.420）

用插入全长 MbMNPV *enhancin* 基因和仅含 en2 的重组病毒感染棉铃虫幼虫，生物活性测定实验结果显示各组病毒的半数致死浓度（LC_{50}）分别是：vAc-ph 为 10.710×10^8 OB/mL，vAc-ph-en 为 1.172×10^8 OB/mL，vAc-ph-en2 为 3.841×10^8 OB/mL，含有 MbMNPV 全长 *enhancin* 基因的 vAc-ph-en 杀虫活性与对照组 vAc-ph 差异显著，达到对照组的 9.136 倍，而仅含膜融合功能部分 MbMNPV *enhancin* C 端片段的 vAc-ph-en2 杀虫活性与对照组差异不显著（尽管倍数值为 2.787，但 95%置信值小于 1）（表 3）。

表 3 插入 *enhancin* 基因的重组病毒对 2 龄棉铃虫幼虫的 LC_{50}

Virus	LC_{50}（95%CL）（$\times10^8$OB/mL）	Potency ratio（95%CL）vAc-ph
vAc-ph	10.710（3.780~40.190）	
vAc-ph-en	1.172（0.477~3.202）	9.136（2.423~43.711）
vAc-ph-en2	3.841（1.483~12.210）	2.787（0.747~11.618）

2.10 TEM 分析

分别取适量纯化后的 vAc-ph、vAc-ph-en 和 vAc-ph-en2 OB，制备超薄切片，在电镜下进行观察。结果显示插入 MbMNPV Enhancin 的重组病毒 vAc-ph-en 和 vAc-ph-en2 产生的 OB 的形态和包埋的 ODV 数量并没有明显的变化，这说明外源片段的插入对病毒的形态和包埋病毒粒子的数量基本没有影响（图 11）。

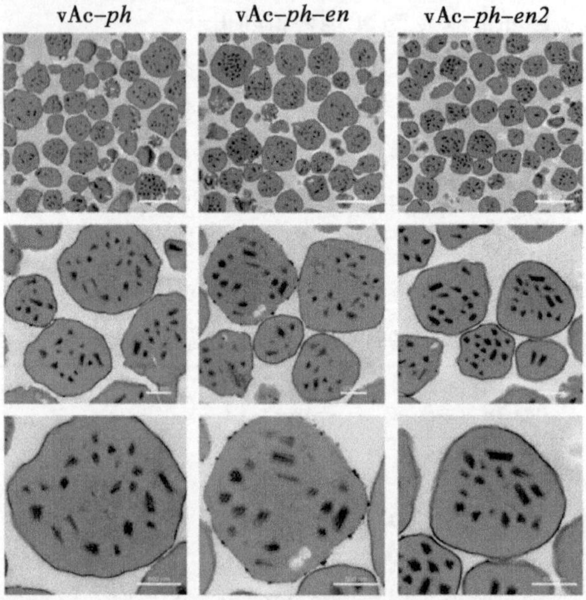

图 11　TEM 分析

用 TEM 对 vAc-ph、vAc-ph-en 和 vAc-ph-en2 OB 进行分析

2.11 外源蛋白亚细胞定位

利用免疫荧光方法对重组病毒外源蛋白的亚细胞定位进行研究，结果显示含 MbMNPV 全长 *enhancin* 基因的重组病毒 vAc-ph-en 和含 MbMNPV *enhancin* C 端基因的重组病毒 vAc-ph-en2 红色荧光色出现在核周区域，而含有 MbMNPV *enhancin* N 端基因的重组病毒 vAc-ph-en1 则弥散分布于整个细胞中（图 12）。综合前面结果，重组病毒 vAc-ph-en1 外源片段可以进行转录，但在重组病毒 vAc-ph-en1 中却没有检测到外源蛋白，这可能是因为重组病毒 vAc-ph-en1 中缺少 MbMNPV *enhancin* 基因 C 端的跨膜区，从而对其定位产生影响，我们后期会对此进行更深入的研究证明。

3 讨论

MbMNPV 基因组中含有一个 *enhancin* 基因，通过比对分析可知 MbMNPV *enhancin* 基因与 MacoNPV-A 的同类基因相似率达 81%。已有的研究表明，将 MacoNPV-A *enhancin* 基因插入到 AcMNPV 基因组中可使粉纹夜蛾幼虫的半数致死剂量（LD_{50}）降低 4.4 倍（Li *et al.*，2003），提高病毒杀虫活性。增加毒力的途径是特异性地降解围食膜 PM 的主要结构蛋白（Toprak *et al.*，2012）。还有一些报道认为 *enhancin* 基因全长可能

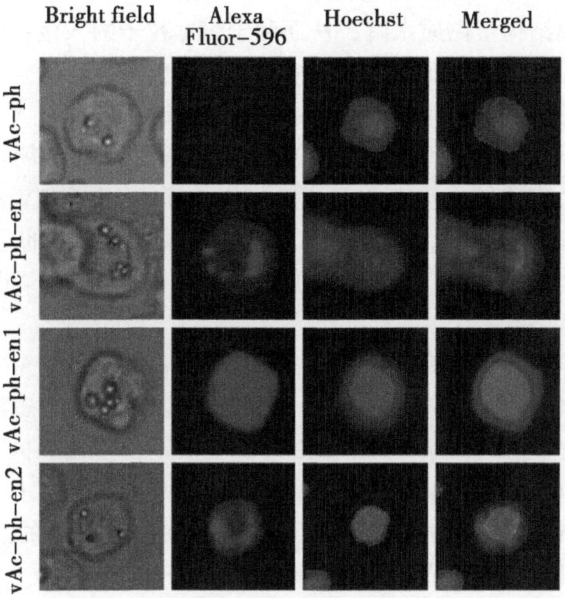

图 12　外源蛋白亚细胞定位

vAc-ph、vAc-ph-en、vAc-ph-en1 和 vAc-ph-en2 以 MOI 为 5 感染 Sf9 细胞，24h 后固定细胞，用 HA 标签抗体孵育，Alexa Fluor-596 可视化处理，Hoechst 染色

会干扰 *polyhedrin* 的形成（张小霞等，2010）。本文研究目的旨在验证 MbMNPV *enhancin* 基因及其截断体能否发挥增效作用，在不同的宿主昆虫中作用途径是否相同，以及 *enhancin* 基因全长是否会干扰 *AcMNPV* 多角体形成。

利用 Bac-to-Bac 表达系统构建了 3 种重组病毒：vAc-ph-en、vAc-ph-en1、vAc-ph-en2，它们均能够感染 Sf9 细胞并产生与对照组病毒相似的 OB，RT-PCR 结果表明，vAc-ph-en 中 MbMNPV 全长 *enhancin* 基因、vAc-ph-en1 中 MbMNPV *enhancin* 基因 N 端和 vAc-ph-en2 中 MbMNPV *enhancin* 基因 C 端均能正常进行转录。这 3 种重组病毒生长曲线与对照病毒的生长趋势相似，Western blotting 可以检测到重组病毒 vAc-ph-en 和 vAc-ph-en2 中的外源蛋白，但没有检测到 vAc-ph-en1 的表达蛋白。

生物测定试验表明，插入 MbMNPV 全长 *enhancin* 基因能够使 AcMNPV 对棉铃虫和甜菜夜蛾杀虫活性分别提高到对照病毒的 9.136 倍和 1.966 倍，证明该基因在 AcMNPV 表达，可提高该病毒对不同昆虫的杀虫活性。由于 AcMNPV 虽然广谱，但对棉铃虫和其他一些重要害虫杀虫活性极低，MbMNPV 全长 *enhancin* 表达可使 AcMNPV 对棉铃虫的杀虫活性提高到原活性的 9.136 倍，这对于 AcMNPV 作为广谱病毒的应用具有重要意义。MbMNPV *enhancin* 也可能是甘蓝夜蛾核型多角体病毒对多种重要害虫都具有高效杀虫活性的关键基因之一。

生物测定结果还表明，包含 MbMNPV *enhancin* 基因 C 端的重组病毒 vAc-ph-en2 对甜菜夜蛾杀虫活性是对照的 4.765 倍，而对棉铃虫的杀虫活性与对照病毒没有显著差异。目前认为 Enhancin 主要通过酶解途径和介导途径发挥增效功能，酶解途径是通过金属蛋白酶将围食膜结构蛋白质水解，从而利于病毒粒子的入侵；介导途径是 Enhancin 发挥中间介质的作用，介导中肠细胞膜和病毒粒子囊膜发生膜融合，促进病毒高地进入宿主细胞启动感染（张小霞等，2010）。MbMNPV *enhancin* 基因 N 端（*en*1）是一个金属蛋白酶结构域，C 端（*en*2）是一个跨膜区，具膜融合功能。仅含膜融合部分 *en*2 的重组病毒感染棉铃虫生测结果没有明显增效作用，预示 MbMNPV *enhancin* 增效途径在棉铃虫中不是通过膜融合途径，而是通过酶解途径增效；同样的重组病毒感染甜菜夜蛾，增效结果是含全长 *en* 基因重组病毒的 2 倍以上，预示在甜菜夜蛾中主要通过膜融合途径实现增效功能。

通过免疫荧光方法对重组病毒 vAc-ph-en、vAc-ph-en1 和 vAc-ph-en2 的外源蛋白亚细胞定位进行分析，结果显示含全长 *enhancin* 基因的重组病毒 vAc-ph-en 和含 *enhancin* C 端基因的重组病毒 vAc-ph-en2 外源蛋白定位于核周区，而含有 *enhancin* N 端基因的重组病毒 vAc-ph-en1 则分布于整个细胞中，结合以上 RT-PCR 和 Western blotting 实验结果，推测缺少 *enhancin* C 端可能会影响 Enhancin 的定位，针对此处可能存在的原因我们会开展更加深入的研究进行验证。

TEM 分析发现重组病毒 vAc-ph-en 和 vAc-ph-en2 形成的 OB 与 vAc-ph 相似，包埋的 ODV 数量也没有明显差别，说明插入 MbMNPV *enhancin* 基因对 AcMNPV OB 的形态及包埋的 ODV 数量可能没有影响。

参考文献

张小霞，陈晓慧，梁振普，等．2010．昆虫杆状病毒的增效蛋白［J］．病毒学报，26（5）：418-432.

张忠信．2015．广谱昆虫杆状病毒生物农药研究与应用进展［C］//王满困等．华中昆虫研究（第十一卷）．北京：中国农业科学技术出版社．

Finney D J. 1978. Statistical method in biological assay［M］. Griffin，London，UK.

Granados R R. 2000. Enhancement of baculovirus infection in *Spodoptera exigua*（Lepidoptera：Noctuidae）larvae with Autographa californica nucleopolyhedrovirus or Nicotiana tabacum engineered with a granulovirus enhancin gene［J］. Appl Entomol Zool 35：163-170.

Hawtin R E，Arnold K，Ayres M D，*et al*. 1995. Identification and preliminary characterization of a chitinase gene in the Autographa californica nuclear polyhedrosis virus genome［J］. Virology 212：673-685.

Hawtin R E，Arnold K，Ayres M D，*et al*. 2015. Reaching the melting point：degradative enzymes and protease inhibitors involved in baculovirus infection and dissemination［J］. Virology，479-480：637.

Hawtin R E，Zarkowska T，Arnold，K *et al*. 1997. Liquefaction of *Autographa californica* nucleopolyhedrovirus-infected insects is dependent on the integrity of virus-encoded chitinase and cathepsin genes［J］. Virology 238：243-253.

Hayakawa T，Shimojo E-i，Mori M，*et al*. 1990. Risk Assessment Studies：Detailed Host Range Testing of Wild-Type Cabbage Moth，*Mamestra brassicae*（Lepidoptera：Noctuidae），*Nuclear Polyhedrosis* Virus［J］. Appl Environ Microbiol，56：2704-2710.

Hayakawa T，Shimojo E-i，Mori M，*et al*. 2000. Enhancement of baculovirus infection in *Spodoptera ex-*

igua (Lepidoptera: Noctuidae) larvae with *Autographa californica* nucleopolyhedrovirus or *Nicotiana tabacum* engineered with a granulovirus enhancin gene [J]. Appl Entomol Zool, 35: 163-170.

Hughes P R, van Beek N A M, Wood H A. 1986. A modified droplet feeding method for rapid assay of *Bacillus thuringiensis* and baculoviruses in noctuid larvae [J]. Journal of Invertebrate Pathology, 48: 187-192.

King A M Q, Adams M J, Carstens E B, *et al.* 2012. Virus Taxonomy: Ninth Report of the international Committee on Taxonomy of viruses [M]. SanDiego: Elsevier/Academic Press.

Li Q J, Li L L, Moore K, *et al.* 2003. Characterization of *Mamestra configurata* nucleopolyhedrovirus enhancin and its functional analysia via expression in an *Autographa californica* M nucleopolyhedrovirus recombinant [J]. J Gen Virol, 84: 123-132.

Lima A A, Aragao C W S, de Castro M E B, *et al.* 2013. A Recombinant *Anticarsia gemmatalis* MNPV Harboring chiA and v-cath Genes from *Choristoneura fumiferana* Defective NPV Induce Host Liquefaction and Increased Insecticidal Activity [J]. PLoS One 8: e74592.

Liu X, Lei C, Sun X. 2013. Control efficacy of *Bacillus thuringiensis* and a new granulovirus isolate against *Cydia pomonella* in orchards [J]. Biocontrol Sci Techn, 23: 691-700.

Popham H J, Bischoff D S, Slavicek J M. 2001. Both *Lymantria dispar* nucleopolyhedrovirus enhancin genes contribute to viral potency [J]. J Virol, 75: 8639-8648.

Robertson J L, Russell R M, Preisler H K. 2007. Bioassays with arthropods [M]. CRC Press, Boca Raton, FL, USA.

Tanada Y. 1959. Synergism between two viruses of the armyworm, *Pseudaletia unipuncta* (Hawor th) (Lepidoptera: Noctuidae) [J]. J Insect Pathol, 1: 215-231.

Toprak U, Harris S, Baldwin D, *et al.* 2012. Role of enhancin in *Mamestra configurata* nucleopolyhedro-virus virulence: selective degradation of host peritrophic matrix proteins [J]. J Gen Virol, 93: 744-753.

西藏林芝易贡茶园朱颈褐锦斑蛾（鳞翅目：斑蛾科）生物学习性和发生规律初探*

曹　龙[1**]，翟　卿[1,2***]，王　香[1]，翟振川[3]，
杨国锋[1]，周　林[3]，蒋金炜[1]，王保海[2***]
（1. 河南农业大学植物保护学院，郑州　450002；2. 西藏自治区农牧科学院，拉萨　850000；3. 西北农林科技大学植物保护学院，杨凌　712100）

摘　要：在对易贡地区茶树病虫害发生种类及为害程度调查中发现朱颈褐锦斑蛾（*Soritia leptalina*）（鳞翅目：斑蛾科）是当地茶树上主要害虫。因此，通过田间观察结合室内饲养的方式，对其生物学特性和发生规律进行了探索研究，以期为当地茶叶安全生产提供依据。结果显示，朱颈褐锦斑蛾为单食性，在易贡茶园1年发生1代，10月以3龄幼虫越冬，翌年3月开始为害；成虫昼性，飞行能力不强；卵聚产。田间有厉蝽和白僵菌等天敌可作为防治朱颈褐锦斑蛾的有效手段。

关键词：形态特征；年生活史；发生规律；活动规律

Study on the Biological and Ocuurrence Regularity of *Soritia leptalina* (Lepidoptera: Zygaenidae) in Yigong, Tibet

Cao Long[1**], Zhai Qing[1,2***], Wang Xiang[1], Zhai Zhenchuan[3],
Yang Guofeng[1], Zhou Lin[3], Jiang Jinwei[1], Wang Baohai[2***]
(1. *College of Plant Protection, Henan Agricultural University, Zhengzhou* 450002, China;
2. Academy of Agricultural and Animal Husbandry Sciences, Lhasa 850000, *China*;
3. *College of Plant Protection, Northwest Agricultural and Forestry University, Yang ling* 712100, China)

Abstract: *Soritia leptalin*a (Lepidoptera: Zygaenidae) was found to be the main pest on the tea tree in the investigation of the species and the degree of damage of tea tree pests and diseases. Therefore, through field observation combined with indoor feeding, the biological characteristics and occurrence regularities were explored in order to provide the basis for local tea production safety. The results showed that *Soritia leptalin*a were monophagous, which occurred in Yigong tea garden 1 generation in 1 year. In October, the larvae overwintered in 3 instars, and began to harm in March the next year. The adult is diurnal, the flight ability is not strong; Egg production gather. In

* 基金项目：科技基础性工作专项（2014FY210200）；中国博士后科学基金项目（2016M602935）
** 作者简介：曹龙，男，硕士研究生，研究方向：昆虫系统学与生物多样性；E-mail：923848199@qq.com
*** 通信作者：翟卿，女，讲师，硕士生导师，研究方向：昆虫系统学与生物多样性；E-mail：zhaiqingjn@163.com
王保海，男，研究员，博士生导师，研究方向：农业昆虫与害虫防治；E-mail：wangbh@taas.org

the field, the natural enemies, such as *Eocanthecona* and *Beauveria*, can be used as an effective means to control it.

Key words: Morphology; Life history; Occurrence regularity; Activity pattern

西藏自治区位于我国的西南边陲。其总面积有 122.84 万 km^2，平均海拔超过 4 000m，幅员辽阔，地理环境复杂，气候条件各异，具有从热带到寒带的多种植物类型，生物资源极其丰富，是世界上生物多样性最典型的地区之一。

目前，西藏茶叶种植主要集中于林芝地区的易贡和墨脱（王贞红，2016）。易贡乡茶场位于西藏自治区林芝地区，在易贡国家地质公园的中心地带，位于东经 94°52′，北纬 30°19′，海拔 1 900~2 230m，年均温度 11.4℃，降水量 960~1 100mm。茶场始建于 1960 年，目前已达 2 200亩。易贡茶场的茶园和茶叶加工厂均已通过国家质量认证中心的有机认证（彭城权，2018）。

有机茶是一种按照有机农业的方法进行生产加工的茶叶，在其生产过程中，不施用任何人工合成的化肥、农药、植物生长调节剂、化学食品添加剂，并符合国际有机农业运动联合会（IFOAM）标准，经有机天然食品颁证组织发给证书，是一种无污染、纯天然的茶叶（吴洵，2004）。

由于易贡地区茶园长期完全不施用肥料，不进行有效的病虫害防治，茶树树势衰弱，调查发现，在春夏茶采集季节，朱颈褐锦斑蛾是当地主要害虫。

朱颈褐锦斑蛾［*Soritia leptalina*（Kollar，1844）］隶属于鳞翅目（Lepidoptera）斑蛾科（Zygaenidae）。幼虫体有毛疣，啃食叶片，高龄幼虫食量惊人，发生严重时可将寄主叶片吃的仅余叶脉（汪洪江，2010）。为了摸清其发生为害规律，本文作者对其在当地的生物学习性和年生活史进行了探索。

1 材料与方法

1.1 材料与工具

1.1.1 试验材料

斑蛾幼虫与成虫：均采自林芝地区易贡茶场茶叶二队茶园（东经 94°52′，北纬 30°19′，海拔 2 200m）。

1.1.2 其他工具

养虫笼（700mm×700mm×800mm）、养虫盒（200mm×300mm×400mm）、捕虫网、三角袋、花盆、茶苗、三级台、数显游标卡尺、毒瓶、Nikon D7000 相机、昆虫针、镊子等。

1.2 研究方法

1.2.1 饲养

养虫盒内饲养（200mm×300mm×400mm）：盒内供以 4~5cm 新鲜茶叶枝条。

水培枝条饲养：新鲜茶叶枝条基部浸于水中，幼虫置于叶片上，用纱网罩住茶枝及水桶。

茶苗饲养：移栽长势良好的茶树，栽入花盆中，确认成活后将斑蛾幼虫移放在茶树上。

1.2.2　生物学习性观察方法

每日记录室内饲养幼虫发育情况；每3天进行一次田间调查，记录发生情况，田间搜寻卵、蛹，幼虫、成虫的活动情况。田间采集幼虫100条进行人工饲养，每3天更换一次茶树枝条，每天9:00、12:00、15:00、18:00、21:00时观察记录幼虫取食、排泄、蜕皮、结茧、化蛹、羽化等生物学特性。

取100粒卵单独放置，每天9:00、12:00、15:00、18:00、21:00观察记录卵的孵化情况。

2　试验结果

2.1　形态特征

2.1.1　成虫

雌雄二型。雄蛾翅展32~40mm；头、胸、腹部均呈黑色触角黑色双栉齿状，触角鞭小节交界处有亮蓝色横带。颈片朱红色有短绒毛，翅肩片黄色；前翅底色从基部至外缘由黑褐色渐变为暗褐色，具金属光泽。前翅基部有1细窄的黄色三角形斑外伸，黄斑常占据大部乃至整个翅基部；翅中部有1黄白色长条状横斑伸达前后缘，中室外1黄色圆斑，圆斑外具淡黄色横带。后翅底色除亚外缘到外缘部分呈黑褐色外，其他部分呈淡黄白色，cu_1室、m_2室、m_3室各有一个大小不等的黑褐色斑，其中m_3室黑斑最大，m_3室上方有一白色圆斑，臀域的黑色长条状纹自翅基直达翅缘。腹部近节间部分有蓝色金属光泽的横带（图1A）。

雌蛾翅展38~45mm；头与颈片皆为朱红色；触角线状，蓝色，具金属光泽；胸部黄色；足上有蓝色闪光。前翅黄白色，翅脉上覆深黄色，翅的中室端处有浅黑色圆斑，cu_1室、m_3室各有一个黑色椭圆斑，翅基部R与M、M与Cu、A与Cu之间具浅黑色条斑。后翅浅黄白色，cu_1室、m_3室各有一个黑斑，cu_1室的斑小且色浅，m_3室的斑稍大且色深；腹部黑、黄相间，较雄虫腹部宽大饱满，有蓝色金属闪光（图1C）。

2.1.2　卵

卵长卵圆形，聚产，初产时淡黄色，表面光滑；长1~2mm，宽0.4~0.6mm；孵化前渐变为浅灰色，孵化当日变为深褐色（图1D）。

2.1.3　幼虫

幼虫蛞蝓型，体宽且扁，头常常缩入前胸，腹足趾钩二横带，每对足基背部有黑色斑。老熟幼虫圆菠萝状，橘红色，背中线黑色、明显，体两侧多生毛瘤，瘤突上均簇生短毛（图1E）。

2.1.4　蛹

蛹体长17.03~25.31mm、宽5.33~6.95mm（图1F）。于夹角小的叶片中结薄茧，初化蛹黄色，腹部微呈粉红色，雌、雄蛹无明显差别；蛹后期，头部暗红色，复眼、触角、胸部、足和翅黑色，羽化前，雄蛹颜色变深、雌蛹颜色变浅。

2.2　年生活史

通过人工饲养结合田间调查，结果显示朱颈褐锦斑蛾在林芝易贡茶场1年发生1

图 1　朱颈褐锦斑蛾（鳞翅目：斑蛾科）

A：雄成虫；B：成虫交尾；C：雌成虫；D：卵；E：幼虫；F：蛹

代，个体间发育不整齐（表 1）。

研究发现，林芝易贡茶园中朱颈褐锦斑蛾幼虫 7 龄、少数 8 龄。以幼虫越冬，次年 3 月上旬开始活动，6 月上中旬化蛹，6 月中旬始见成虫，7 月中旬到达发蛾高峰，8 月上旬到达成虫发生末期，8 月中旬田间始现初孵幼虫，10 月中下旬，幼虫钻入枯枝烂叶或黏结叶片中以 3~4 龄幼虫越冬。

表 1　易贡茶场朱颈褐锦斑蛾的年生活史

1—2 月	3 月	4—6 月	7 月	8 月	9 月	10 月	11—12 月
■ ■ ■	■						
	… …	… … …	… …				
		◎ ◎	◎ ◎ ◎	◎			
		+	+ + +	+ + +			
			● ●	● ●	● ●		
				—	— —	— — —	— —
						■	■ ■ ■ ■

■：越冬幼虫；…：出蛰幼虫；◎：蛹；+：成虫；●：卵；—：第一代幼虫

2.3　活动规律

卵聚产在茶树当年生枝条中上部，茶叶正、背面也偶有出现。卵在午后至傍晚孵化。幼虫蜕皮后 3 h 左右开始取食。幼虫活动缓慢，无明显的分布中心。人工饲养条件下 6 月底开始羽化，7 月中旬到达发蛾高峰为羽化高峰期。

幼虫单食性，在林芝易贡发现其幼虫仅取食茶叶。有资料记录取食川滇高山栎（*Quercus aquifolioides*），此次调查并未发现。

成虫昼出性，无趋光性。11:00—14:00 成虫羽化，羽化后并不立即活动，数小时后开始活动；通过茶田实地调查测定，约 80%的成虫在午后达到羽化高峰。成虫飞行能力不强，天气晴朗时 10:00—15:00 为成虫活跃高峰期，可见大量成虫在茶树树冠活动，停栖时多在树枝、树杈、落叶及地面的草木上；受到惊扰时，雄虫飞行逃逸，抱卵雌虫则坠地逃生。成虫羽化当天或次日交尾。交尾过程若受到惊扰，雌虫拖带雄虫坠地。

末龄幼虫在结茧前吐丝落地或沿枝干爬到地面，在落叶正面吐丝结茧，经茧丝牵拉叶片夹角非常小。

3 结论与讨论

朱颈褐锦斑蛾在林芝易贡地区仅为害茶树，1 年发生 1 代，以 3 龄幼虫越冬，3 月越冬幼虫开始为害，7 月化蛹。

根据斑蛾的生物学习性结合当地种植要求，可以通过加强田间管理结合生物技术来进行防治。引入并保护天敌，在调查中发现一种厉蝽属蝽以斑蛾为食，该种蝽若虫取食斑蛾幼虫（图 2A），成虫取食斑蛾成虫（图 2B），是个非常不错的天敌选择；此外还可以引入白僵菌（图 2C），在田间也发现菌物感染而死的斑蛾幼虫，可以通过筛选高致病力的白僵菌来进行生物防治。

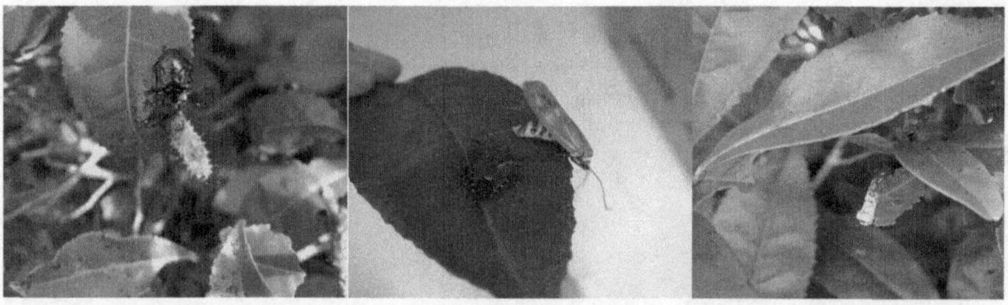

A　　B　　C

图 2　朱颈褐锦斑蛾天敌

A：厉蝽若虫；B：厉蝽成虫；C：感白僵菌

由于调查时间有限，还需解决以下几个问题：①成虫在田间是否需要补充营养，其营养源为何？②朱颈褐锦斑蛾的寄主植物是否仅为茶树？有资料显示其仅取食川滇高山栎（唐晓琴等，2017），而在调查中并未发现此现象。③茶树上斑蛾在 10 月下旬至次年 3 月以低龄幼虫过冬，考虑是不是因高原气候寒冷而引起的滞育现象。

参考文献

凌彩金，吴家尧，李家贤，等. 2013. 林芝地区易贡茶场茶叶产业情况调研［J］. 中国茶叶，35（5）：26-28.

彭城权 . 2018. 西藏高原上的绿色明珠——林芝市易贡茶场［J］. 中国茶叶，40（2）：46-52.
唐晓琴，臧建成，卢杰 . 2017. 川滇高山栎朱颈褐锦斑蛾（鳞翅目：斑蛾科）生物学特性［J］. 林业科学，53（6）：175-180.
汪洪江，吴文龙，闾连飞，等 . 2010. 南京地区斑蛾的发生为害与防治［J］. 广西植保，23（4）：32-34.
王贞红 . 2016. 西藏茶叶生产现况浅析［J］. 中国茶叶，38（8）：7.
吴洵 . 2004. 有机茶生产条件和质量安全主要控制点［J］. 福建茶叶（1）：14-15.

西藏印度长臂金龟 *Cheirotonus macleayi* Hope, 1840 研究*（鞘翅目：金龟科：彩胸臂金龟属）

王　香[1**]，翟　卿[1,2,3***]，曹　龙[1]，周　林[1]，韩伟康[1]，王保海[2***]
（1. 河南农业大学植物保护学院，郑州　450002；2. 西藏自治区农牧科学院，拉萨　850000；3. 中国农业科学院植物保护研究所博士后流动站，北京　100193）

摘　要：记录了发现于西藏的国家二级保护动物——印度长臂金龟 *Cheirotonus macleayi* Hope，1840，对雌、雄性成虫的外部形态进行了详细描述，并给出了雌、雄性成虫整体、背面、腹面、头部、胸部、鞘翅、足等结构部位的照片。所涉干制针插标本保存于河南农业大学昆虫标本馆和西藏自治区农牧科学院昆虫标本室。

关键词：印度长臂金龟；保护动物；形态特征；分布

Description of *Cheirotonus macleayi* Hope, 1840 from Tibet (Coleoptera, Scarabaeidae, Cheirotonus)

Wang Xiang[1], Zhai Qing[1,2,3*], Cao Long[1],
Zhou Lin[1], Han Weikang[1], Wang Baohai[2]
(1. *College of Plant Protection*, *Henan Agricultural University*, *Zhengzhou* 450002, *China*;
2. *Tibet Academy of Agricultural and Animal Husbandry Sciences Postdoctoral Workstation*,
Lhasa 850000, *China*; 3. *Institute of Plant Protection Post-doctoral research Station*,
Chinese Academy of Agricultural Sciences, *Beijing* 100193, *China*)

Abstract: *Cheirotonus macleayi* Hope, 1840 was a nationally protected animal. In this article, the individuals found in Xizang were recorded. It was described in detail of the morphological characteristics of male and female adult. And offered the photographs of the whole or part that of dorsal view, ventral view, head, thorax, elytra, leg etc. All the specimens of this article were deposited in the Insect Collections of Henan Agricultural University and the specimens room of Tibet Academy of Agricultural and Animal Husbandry Sciences.

Key words: *Cheirotonus macleayi* Hope; Protect animal; Morphological characteristics; Distribution

---

* 基金项目：科技基础性工作专项（2014FY210200）；中国博士后科学基金项目（2016M602935）

** 作者简介：王香，女，硕士研究生，研究方向：农业昆虫与害虫防治；E-mail：wxzz361@163.com

*** 通信作者：翟卿，女，讲师，硕士生导师，研究方向：昆虫系统学及生物多样性；E-mail：zhaiqingjn@163.com

王保海，男，研究员，博士生导师，研究方向：农业昆虫与害虫防治；E-mail：wangbh@taas.org

彩臂金龟 Cheirotonus 隶属于昆虫纲 Insecta 鞘翅目 Coleoptera 金龟科 Scarabaeidae 彩胸臂金龟属 *Cheirotonus*，该属目前全世界已知 10 种，中国记载 7 种，分别为福建长臂金龟 *C. fujiokai* Muramoto、台湾长臂金龟 *C. fomosanus* Ohaus、阳彩臂金龟 *C. jansoni*、格彩臂金龟 *C. gestroi* Pouillaude、印度长臂金龟 *C. macleayi* Hope、越南臂金龟 *C. battareli* Pouillaude 和察隅彩臂金龟 *C. terunumai* Muramoto（张巍巍，2013）。彩臂金龟个体大，形态特殊，具有较高的观赏价值，而绝对数量少，该属所有种类均被列为国家二级保护动物；中国物种红色名录中将其列为易危种类。其幼虫取食朽木，具有重要的生态价值。但是研究资料相对较少。西藏有分布纪录的仅有印度长臂金龟 *C. macleayi* 和察隅彩臂金龟（易传辉等，2015）。

2016 年 5—8 月间在藏东南地区的通麦（图 1）和波密到墨脱途中的 80K（图 2）定点架设诱虫灯调查，发现印度长臂金龟。据记载，印度彩臂金龟分布于我国西藏，国外分布于印度、尼泊尔等地（陈树椿等，1999；王洪建等，2015），但并没有文献对其进行详细记录和描述。本文记录了发现于西藏林芝地区的印度长臂金龟 *C. macleayi* 的形态特征、生境，以为该类群的后续研究和保护提供基础资料。

图 1　通麦镇印度彩臂金龟生境

图 2　波龙贡 80K 印度彩臂金龟生境

1　材料与方法

本文所涉及调查采集活动获得西藏自治区林业厅批准。观察材料使用灯诱法获得，干制针插标本选取完整个体，用 Nikon D7000 拍照。标本分别保存于河南农业大学昆虫标本馆和西藏自治区农牧科学院昆虫标本室。

2　描记

印度长臂金龟 *Cheirotonus macleayi* Hope，1840

Cheirotonusmacleayanus Burmeister，1841

雄虫：体长 47~65mm，宽 27~39mm。通体金绿色或古铜色，具金属光泽，鞘翅上散布有不规则形状、大小不一的黄色或黄褐色斑块。体长圆形，粗壮。触角鳃叶。（图 3-A）唇基前宽后窄，中部凹入深，前缘上翘，略呈“山”字形突出（图 6-A）。前胸背板近六边形，布有深而粗糙的刻点；中纵沟前窄后宽呈水滴状，两侧强烈隆起；盘区刻点稀疏，近中纵线除有两个小深坑；侧缘延展、扁平、具排列细密的锯齿，近后缘处有两个明显的小坑；外缘可见浓密的黄褐色纤毛（图 6-B）。小盾片近三角形，角圆钝。鞘翅端缘微弧形，外缘略扁平延展，纵沟线不明显（图 6-C）。臀板短阔，后侧露出鞘翅末端，向下弯曲，密生黄褐色细长纤毛（图 6-D）。体腹面密被黄褐色长绒毛，腹部末端较平截（图 6-E）。前足延长，约长于体长一半；腿节外侧具一列细长纤毛，中部内侧具有一三角形板状突起；胫节细长，内侧近中部和端部各一枚大刺，两刺中间部分向外弯曲，胫节内侧粗糙、外缘具 3~5 枚小细刺（图 4）；第 1 跗节较短，第 2~4 跗节近似，第 5 跗节长，约为第 4 跗节的两倍，两爪对称，二分叉。中、后足相似，后足基节更发达；中、后足腿节、胫节有细长绒毛；腿节发达，胫节外缘具 2 列不规则排列的刺突，内缘近中部有一枚刺突，胫节端部具多枚大小不等的端刺。跗节内缘密生小细刺，爪与前足相似。

A　　B

图 3　印度长臂金龟成虫外部形态

A. 雄；B. 雌

雌虫：较雄虫体型小，体长 48~57mm，宽 24~31mm；前足不延长（图 3-B）。唇基前缘中部较平直（图 6-F）。前胸背板凸起较雄虫弱，刻点较雄虫粗、密；外缘露出的黄褐色纤毛较稀疏（图 6-G）。鞘翅与雄虫相似，略阔（图 6-H）。前足腿节前缘平滑，无板状突起；胫节基部窄端部宽；内缘光滑，端部具一小端刺，外缘具 6 枚大小不等的刺突，一般基部的最小，向端部逐渐增大（图 5）。臀板较雄虫发达，末端较尖，黄褐色纤毛较稀疏；臀节腹面观光滑，较雄虫阔、长，末端尖（图 6-I，J）。其余部分与雄虫类似。

研究标本：4♂♂，6♀♀；西藏林芝通麦镇，2016-Ⅵ-10~Ⅶ-21，2 070m，灯诱，周林、王岩松、韩伟康、翟卿、王保海等；3♂♂，8♀♀，西藏墨脱波龙贡（80K），2016-Ⅶ-28~Ⅷ-30，2 111m，灯诱，卫松山、沈晨辉、翟卿、王保海等。

分布：广西、云南南部、中国西南部山区、甘肃、西藏（通麦、波龙贡 80K、易贡），缅甸、印度、泰国、越南、老挝。

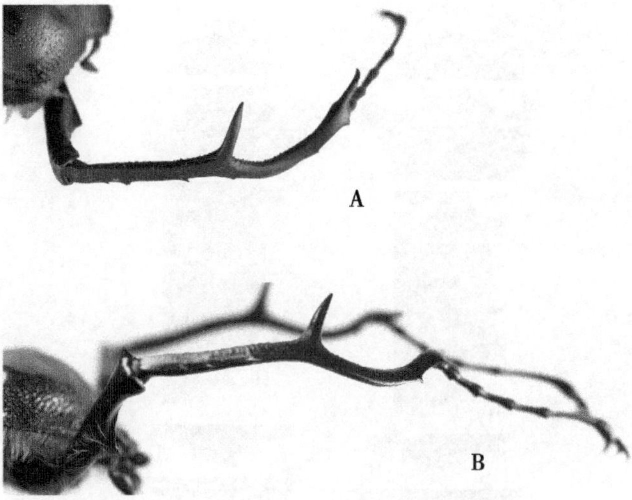

图 4　印度长臂金龟雄成虫前足胫节

A. 背面观；B. 侧面观

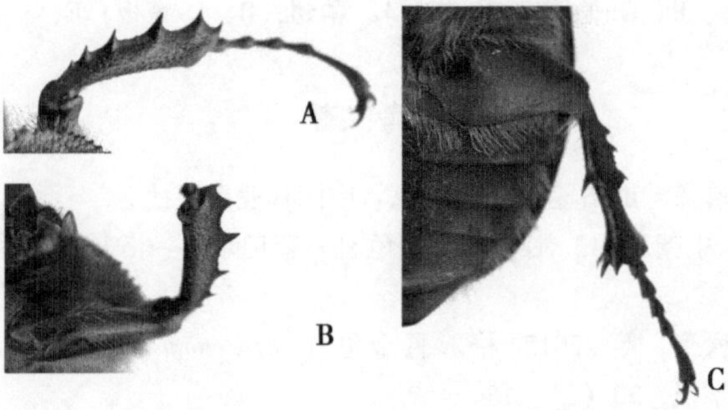

图 5　印度长臂金龟雌成虫的足（示前足胫节和后足）

A. 前足背面观；B. 前足腹面观；C. 后足腹面观

3　讨论

调查过程中所观察到的个体间体型，斑纹形状、颜色及分布变异大，其个体间变异情况将在后续研究中进行重点观察。在该种类的发现地，旅游、修路筑桥、房屋建设、开发等人类活动日渐频繁，对其生境均有不同程度的影响，该类群的保育研究工作有必要在该地区展开。

此外，根据当地居民提供的照片，推测在通麦分布有阳彩臂金龟。有资料显示阳彩臂金龟分布于我国福建、江苏、浙江、江西、湖南、贵州、重庆、四川、广东、广西、海南等地，国外则分布于越南，因此，有必要针对彩臂金龟在该地区的分布情况继续进行调查。

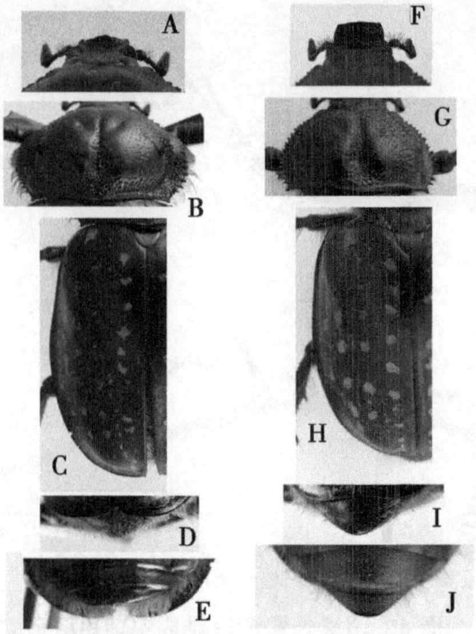

图 6　印度长臂金龟雌、雄成虫局部特征图

(A~E：雄；F~J：雌)

A，F. 唇基；B，G. 前胸背板；C，H. 鞘翅；D，I. 臀板；E，J. 臀节腹板

参考文献

陈树椿 . 1999. 中国珍稀昆虫图鉴［M］. 北京：中国林业出版社 .

王洪建，徐红霞，辛中尧 . 2013. 甘肃省臂金龟科一新记录——格彩臂金龟［J］. 甘肃林业科技，38（4）：5-6.

易传辉，陈焱，和秋菊，等 . 2015. 格彩臂金龟（*Cherirotonus gestroi* Pouillaud）形态特征研究［J］. 西北林学院学报，30（2）：154-157.

张巍巍 . 2013. 臂金龟：虫界“长臂猿”［J］. 科学世界（6）：1-2.

不同浓度氟虫腈防治黑胸散白蚁的效果研究

熊　强[1]，李大波[1]，高勇勇[2]，黄求应[2]，李为众[1]
（1. 宜昌市白蚁防治研究所，宜昌　443000；
2. 华中农业大学昆虫资源研究所，武汉　440070）

摘　要：通过研究氟虫腈对黑胸散白蚁的防治效果，为有效防治白蚁提供新的技术手段。通过室内滤纸药膜法和室外药效试验研究氟虫腈对黑胸散白蚁的防治效果。取食氟虫腈3天后，黑胸散白蚁出现大量死亡，取食最低浓度0.05mg/L氟虫腈的工蚁校正死亡率达到了48.4%，氟虫腈开始发挥对黑胸散白蚁的毒杀作用。取食氟虫腈1天后的LC_{50}显著高于取食3天和5天后的，分别是其的201倍和1 296倍。先后在14处居民住所和办公场所使用氟虫腈饵剂防治黑胸散白蚁，其中12处试验点复查时已无白蚁危害，2处试验点白蚁为害明显减少。氟虫腈对黑胸散白蚁表现出良好的慢性、高效的毒杀作用。

关键词：黑胸散白蚁；氟虫腈；防治效果

Study on the Effect of Different Concentrations of Fipronil Bait on the Control of *Reticulitermes Chinensis*

Xiong Qiang[1], Li Dabo[1], Gao Yongyong[2], Huang Qiuying[2], Li Weizhong[1]
(1. *Yichang Institute of Termite Control*, *Yichang* 443000, *China*;
2. *Institute of Insect Resources*, *Huazhong Agricultural University*, *Wuhan* 430070, *China*)

Abstract: To study the control effect of fipronil on *Reticulitermes chinensis*, and provide a new technical for effectively preventing and controlling termites. Study on the control effect of fipronil on *R. chinensis* by indoor filter paper membrane method and outdoor pharmacodynamic experiment. After feeding fipronil for 3 days, a large number of termites died, and the mortality of termites fed the lowest concentration of fibrinonitrile of 0.05 mg/L reached 48.4%. The fipronil began to exert a poisoning effect on termites. The LC_{50} after 1d of feeding was significantly higher than that of 3d and 5d after feeding, which was 201 times and 1296 times, respectively. The fipronil bait was used to control *R. chinensis* in 14 residential and office places. Among them, 12 were tested for no termite damage, and the termites at the two experimental sites were significantly reduced. The fipronil showed good chronic and highly effective poisoning effect on *R. chinensis*.

Key words: *Reticulitermes chinensis*; Fipronil; Control effect

黑胸散白蚁 *Reticulitermes chinensis* 为土木两栖类白蚁，活动隐蔽，巢群小而分散，繁殖能力强，广泛分布于长江流域及以南地区，主要为害房屋建筑、林木资源、文物等，我国每年遭受白蚁为害造成的经济损失高达20亿元（程冬保等，2014）。传统的白蚁防治药剂灭蚁灵具有高防效、低成本、用量小的特点，但是其在环境中稳定性强、不易降解、三致（致癌、致畸、致突变）作用等负面影响对环境和人类健康带来严重威胁（熊强等，2018）。随着灭蚁灵被联合国环境保护署列为持久性有机污染物（POPs）后，被多个国家全面禁用并逐渐淘汰（杨志兰等，2015），因此研发新的灭蚁灵替代药物成为当前白蚁防治发展的新方向。

氟虫腈是一种苯基吡唑类杀虫剂，是一种高效、低毒、安全的新型杀白蚁药剂，其作用机制主要是阻碍昆虫 γ-氨基丁酸控制的氯化物代谢，对白蚁具有触杀和胃毒作用，毒杀过程表现出慢性毒性和非趋避性（黄求应等，2005；毛伟光等，2009；曾小虎等，2014）。本研究通过不同浓度的氟虫腈对黑胸散白蚁室内和室外防治效果研究，为有效控制黑胸散白蚁提供新的防治技术。

1　材料与方法

1.1　供试白蚁

黑胸散白蚁采自湖北省宜昌市野外，取回后在室内饲养 1 周。室内饲养条件：温度 (27±1)℃，湿度 70%±5%，无光照。

1.2　供试饵剂

氟虫腈，购置于江苏功成生物科技有限公司，将氟虫腈原药制成 0.004%氟虫腈白蚁饵剂，为纸质圆柱形，长 20mm，直径 3mm，用于室外药效试验。

1.3　室内药效试验

参照黄求应等（2005）的滤纸药膜法，并加以改进。将氟虫腈原药用蒸馏水稀释成 0.05mg/L、0.1mg/L、0.2mg/L 和 0.4mg/L 4 个浓度，取 1mL 药液均匀滴加在圆形滤纸上，形成均匀药膜，自然晾干后放入培养皿中。取 30 头大小均匀、活性一致的黑胸散白蚁工蚁，每个浓度重复 3 次，设蒸馏水浸渍的滤纸片为空白对照，每天观察和记录白蚁死亡数并剔除死亡个体，滴加适量蒸馏水保持滤纸的湿润，药剂处理 1 天、3 天、5 天后计算校正死亡率。

1.4　现场药效试验

根据每年 3 月白蚁分飞期接到的白蚁灭治报告情况，先后在宜昌市、秭归县共计 14 处居民住所和办公场所进行氟虫腈药效试验。在不惊扰白蚁的情况下，对白蚁为害的门框、木质地板等部位钻孔，将氟虫腈白蚁饵剂塞入孔中密封，引诱白蚁取食饵剂，观察白蚁活动情况，1 年后对各试验点进行复查，评价防治效果。

1.5　统计分析

用 SPSS 20.0 软件对不同浓度处理的黑胸散白蚁工蚁校正死亡率进行方差分析，采用 Duncan 新复极差法进行差异显著性检验。

2　结果分析

2.1　室内药效

由表 1 可见，随着氟虫腈浓度增加，黑胸散白蚁的校正死亡率明显增加。取食氟虫腈 1 天后，黑胸散白蚁开始少量死亡，0.4mg/L 氟虫腈的校正死亡率为 15.1%，显著高于取食 0.05mg/L 氟虫腈的校正死亡率。取食氟虫腈 3 天后，黑胸散白蚁出现大量死亡，取食最低浓度 0.05mg/L 氟虫腈的工蚁校正死亡率达到了 48.4%，氟虫腈浓度在 0.2mg/L 以上时，校正死亡率达到 68.7%以上，氟虫腈开始发挥对黑胸散白蚁的毒杀作用。取食饵剂 5 天后，氟虫腈 4 个浓度的校正死亡率均达到 97%以上，取食 0.2mg/L 和 0.4mg/L 氟虫腈的工蚁全部死亡，氟虫腈表现出良好的毒杀效果。

表 1　氟虫腈对黑胸散白蚁的室内毒杀效果

浓度（mg/L）	校正死亡率（%）		
	1 天	3 天	5 天
0.05	5.2±3.1c	48.4±3.3c	97.6±4.1a
0.1	7.9±2.2bc	52.1±6.2c	97.6±4.1a
0.2	11.2±1.9ab	68.7±5.7b	100a
0.4	15.1±2.8a	88.6±4.5a	100a

注：表中数据为平均值±标准差，同一竖列数字后标有不同小写字母表示经 Duncan 新复极差法在 5%水平上差异显著

从表 2 可见，取食氟虫腈 1 天、3 天、5 天后的 LC_{50}分别为 14.00mg/L、0.07mg/L 和 0.01mg/L，取食氟虫腈 1 天后的 LC_{50}分别是取食氟虫腈 3 天和 5 天后的 201 倍和 1 296倍，可见氟虫腈对黑胸散白蚁的毒杀作用比较缓慢。

表 2　氟虫腈对黑胸散白蚁的毒力回归方程分析

处理（天）	毒力回归方程	LC_{50}	95%置信限
1	$y=4.2401+0.6629x$	14.003 3	0.324 0~605.205 0
3	$y=6.6036+1.3858x$	0.069 6	0.040 2~0.120 7
5	$y=9.8608+2.4694x$	0.010 8	0.003 4~0.033 6

2.2　现场药效

由表 3 可知，先后在宜昌市、秭归县共计 14 处居民住所和办公场所使用氟虫腈白蚁饵剂进行了黑胸散白蚁防治。第 2 年复查时发现，氟虫腈白蚁饵剂取食率在 21.8%~70.78%，平均取食率为 57.13%，其中 12 处试验点复查时已无白蚁为害，2 处试验点复查时白蚁活动明显减少，随后补充施药后，已无白蚁活动迹象。

表 3　房屋建筑黑胸散白蚁防治效果

编号	地点	设置数量	被取食数量	取食率（%）	白蚁为害情况
1	秭归县供电公司	462	327	70.78	无白蚁为害
2	秭归县一中图书馆	307	211	68.73	无白蚁为害
3	秭归县广电中心	234	102	43.59	白蚁为害明显减少
4	秭归县体育馆	211	49	21.80	白蚁为害明显减少

(续表)

编号	地点	设置数量	被取食数量	取食率(%)	白蚁为害情况
5	秭归县银杏沱村	641	407	63.49	无白蚁为害
6	秭归县计生中心	125	61	48.80	无白蚁为害
7	招商银行宜昌分行	187	145	77.54	无白蚁为害
8	宜昌市铁路通讯车间	208	124	59.62	无白蚁为害
9	宜昌市车溪民俗村	388	215	55.41	无白蚁为害
10	宜昌市疾控中心	170	103	60.59	无白蚁为害
11	宜昌市看守所	107	64	61.54	无白蚁为害
12	宜昌市烟草公司	220	102	46.36	无白蚁为害
13	宜昌市伍家区财政局	121	66	54.55	无白蚁为害
14	宜昌市反腐教育基地	118	79	66.95	无白蚁为害

3 结论与讨论

研究发现，氟虫腈饵剂对散白蚁具有良好的防治效果。谭梁飞等（2016）研究报道了氟虫腈饵剂能有效毒杀散白蚁，取食氟虫腈饵剂 8 天后，工蚁和兵蚁全部死亡，饵剂平均被食率仅为 5.15%（谭梁飞等，2016）。马延军等研究报道了在选择接触条件下，0.1%~0.5%的氟虫腈粉剂对栖北散白蚁的毒性传递效果最佳，具有一定的毒性传递性（马延军等，2015）。氟虫腈在红火蚁（钟平生等，2016）、蟑螂（邓克强等，2015）、蝇类（马红梅等，2015）等卫生害虫防治方面都具有良好的防治效果。

本研究室内药效试验表明，氟虫腈对黑胸散白蚁表现出良好的毒杀效果。氟虫腈处理 1 天后 LC_{50} 为 14.00mg/L，分别是处理 3 天和 5 天后的 201 倍和 1 296倍，氟虫腈对黑胸散白蚁的毒杀作用缓慢。处理 3 天后，黑胸散白蚁出现大量死亡，0.05mg/L 氟虫腈的校正死亡率达到了 48.4%，氟虫腈浓度在 0.2mg/L 以上时，校正死亡率达到 68.7%以上。处理 5 天后，取食 0.2mg/L 和 0.4mg/L 氟虫腈的白蚁全部死亡。在室外现场药效试验 14 处试验点中有 12 处复查时无白蚁为害，2 处白蚁为害明显减轻，平均取食率为 57.13%，氟虫腈饵剂对黑胸散白蚁表现出慢性、高效的毒杀效果。

采用氟虫腈饵剂对散白蚁进行治理，针对散白蚁巢群小、适应能力强的特点，在白蚁为害部位隐蔽施药，施药后及时告知住户注意事项，配合白蚁监测控制系统对白蚁活动进行监测预警，既能有效控制白蚁为害，又能减少饵剂用量，减少对环境的污染，提高白蚁防治效率。

参考文献

程冬保，阮冠华，宋晓钢 .2014. 中国白蚁种类调查研究进展［J］. 中华卫生杀虫药械（2）：186-190.

邓克强，周华，李俊钢，等 . 2015. 0. 05%氟虫腈杀蟑胶饵对蟑螂的灭效观察［J］. 中华卫生杀虫药械（6）：566-567.

黄求应，薛东，童严严，等 . 2005. 氟虫腈、吡虫啉作为黑翅土白蚁诱杀药剂的效果［J］. 昆虫知识，42（6）：656-659.

马红梅，陶卉英，刘仰青，等 . 2015. 不同剂型的氟虫腈制剂对蝇与蜚蠊的杀灭效果及使用剂量研究［J］. 中国媒介生物学及控制杂志，26（4）：388-390.

马延军，隋晓斐，崔巧利 . 2015. 氟虫腈粉剂对栖北散白蚁的毒性传递性研究［J］. 中华卫生杀虫药械（2）：178-181.

毛伟光，叶天降，刘光胜，等 . 2009. 氟虫腈对黑胸散白蚁的药效观察［J］. 中华卫生杀虫药械，15（6）：449-452.

谭梁飞，高勇勇，雷朝亮，等 . 2016. 氟虫腈白蚁饵剂对散白蚁的防治效果观察［J］. 中国媒介生物学及控制杂志，27（2）：145-147.

熊强，李为众，童严严，等 . 2018. 昆虫生长调节剂的研究现状及其在白蚁防治中的应用进展［J］. 中华卫生杀虫药械，24（3）：288-291.

杨志兰，谢永坚，丁浩，等 . 2015. 白蚁诱杀技术的研究进展［J］. 中华卫生杀虫药械（4）：424-427.

曾小虎，徐鹏，陈尚海 . 2014. 0. 5%氟虫腈粉剂对黑胸散白蚁的药效观察［J］. 中华卫生杀虫药械，20（5）：457-459.

钟平生，张颂声，黄文斌 . 2016. 2 种剂型氟虫腈饵剂对红火蚁的诱杀效果比较［J］. 生物灾害科学，39（3）：203-206.

以生物农药为核心基于实时测报的大棚松花菜害虫防控技术研究*

尹 涵[1**]，高 俏[1]，吕 为[2]，李 乔[3]，王小平[1***]
（1. 华中农业大学植物科学技术学院，武汉 430070；2. 武汉武大绿洲生物技术有限公司，武汉 431400；3. 武汉市新洲区农业技术推广服务中心，武汉 431400）

摘 要：为明确以生物农药为核心基于实时测报的害虫防控技术对害虫的防控效果，本文在秋冬茬大棚松花菜上对该技术进行了试验研究。结果表明，松花菜害虫主要包括小菜蛾、菜青虫、菜螟、夜蛾类、粉虱、蚜虫、软体动物等，秋冬茬主要是银纹夜蛾、甜菜夜蛾和粉虱。以生物农药为核心基于实时测报的害虫防控技术应用后，与常规防治处理相比，虫株率下降56.7%，虫口减退率为96.1%，比常规防治高9.5%。试验处理和常规防治处理亩产量分别为2 680kg、2 656kg，两者无明显差异。试验结果表明，以生物农药为核心基于实时测报的害虫防控技术可以有效地防控大棚松花菜害虫的发生。

关键词：大棚松花菜；害虫防控；生物农药；实时测报

Management on the Pests of Greenhouse Cauliflower with Biopesticide Based on Teal-time Monitoring*

Yin Han[1 **], Gao Qiao[1], Lv Wei[2], Li Qiao[3], Wang Xiaoping[1 ***]
(1. *Huazhong Agricultural University*, *Wuhan* 430070, China; 2. *Wuhan WDLZ Biological Technology Co.*, *Ltd*, *Wuhan* 431400, China; 3. *Wuhan Xinzhou Agricultural Technology Extension Service Center*, *Wuhan* 431400, China)

Abstract: In order to evaluate the management on the pests of greenhouse cauliflower with biopesticide based on real-time monitoring, we conducted a field experiment on the greenhouse cauliflower in the autumn of 2017. The results showed that the species of pests on cauliflower mainly included *Plutella xylostella*, *Pieris rapae*, *Brassica juncea*, *Spodoptera*, *Bemisia tabaci*, *Aphid and mollusk*. The main insect pests on autumn-winter cauliflower were *Spodoptera litura*, *Spodoptera exigua* and *Bemisia tabaci*. After the application of this technology, the rate of plants with pest decreased by 56.7%. The amount of insect pests declined 96.1%, which was 9.5% more than the traditional management. The yields of the treatment and the traditional management were 2 680kg and 2 656kg, respectively. The results indicate that management on the pests of greenhouse cauliflower with biopesticide based on real-time monitoring can effectively prevent and control pests on the green-

* 基金项目：国家重点研发计划（2016YFD0201008）
** 第一作者：尹涵，硕士研究生，主要从事蔬菜害虫绿色防控研究；E-mail：1114294865@qq.com
*** 通信作者：王小平，教授，主要从事蔬菜害虫灾变机制与绿色防控研究；E-mail：xpwang@mail.hzau.edu.cn

house cauliflower.

Key words: Cauliflower; Pest control; Biopesticide; Real-time monitoring

松花菜，是十字花科芸薹属甘蓝的一个变种，因其口感好、营养丰富而深受广大群众的青睐。近年来，松花菜种植在我国闽浙、华北和华中等地区发展迅速（顾宏辉等，2012；王其影等，2016）。在长江流域地区，松花菜种植以露地、塑料大中棚、日光温室种植为主，随着规模化种植的发展，松花菜害虫发生日益严重，主要受甜菜夜蛾、小菜蛾、菜青虫、粉虱等害虫为害（何永福等，2017；别之龙，2018；杨帆等，2018）。目前，松花菜害虫防治以化学农药为主，长期使用化学农药易产生害虫抗药性、农药残留超标等问题，不仅加大了害虫防控难度，也使松花菜的品质下降（常晓丽等，2017）。因此，采用可替代的害虫防治措施，减少化学农药的施用，迫在眉睫。

生物农药是指直接利用生物产生的生物活性物质或生物活体作为农药，以及人工合成的与天然化合物结构相同的农药。生物农药具有选择性强、不易产生抗药性、对环境污染小、生产原料广泛等特点，但生物农药见效慢的特点，导致在防治过程中易错过害虫防治最佳时期，防效较化学农药差（邱德文，2015）。害虫测报技术是指在害虫发生为害前，通过调查监测等方式掌握害虫的发生动态，预测害虫的发生时期和发生量，该技术是科学防治害虫的前提（靳然等，2015）。采用实时测报与生物农药相结合的害虫防控技术，根据测报结果在害虫发生前期或初期进行生物农药防治，可以有效解决生物农药起效慢、易错过防治适期等问题。同时，与化学农药防治相比，在有效的控制害虫为害的同时，也可以减少化学农药的施用，缓解害虫抗药性、农残超标、环境污染等问题。

以生物农药为核心基于实时测报的害虫防控技术是农药减施的有效措施之一，本文对该技术进行试验示范，并对其害虫防治效果进行了评价。

1 材料与方法

1.1 试验材料

供试农药均为市售，见表1。甜菜夜蛾性引诱剂诱芯+诱捕器、斜纹夜蛾性引诱剂诱芯+诱捕器均为武汉武大绿洲生物技术有限公司产品。

表1 供试农药详细信息

农药名称	剂型	有效成分	规格	使用剂量（/15kg 水）
啶虫脒	EC	5%	200mL	30mL
甲氨基阿维菌素苯甲酸盐	ME	3%	70g	70g
甜菜夜蛾核型多角体病毒	SC	5 亿 PIB/g	200mL	20mL
甜核·苏云金	WP	1 万 PIB/mg、16 000IU/mg	15g	15g

1.2 试验方法

1.2.1 试验地点

试验于2017年8—12月在湖北省武汉市新洲区东方神农生态开发有限公司松花菜种植基地进行。供试松花菜品种为‘亚非松花65’；2017年8月20日开始育苗，苗期统一管理，9月16日定植，定植时采用分畦栽培，密度为2 400株/亩。

1.2.2 试验设计

试验设置两个处理，试验处理采用基于实时测报的生物防治技术，用15kg水配制甜菜夜蛾核型多角体病毒和甜核·苏云金进行喷雾，常规防治处理采用基地常规管理技术，用15kg水配制啶虫脒和甲氨基阿维菌素苯甲酸盐进行喷雾，每处理面积约1 000m^2。松花菜定植缓苗后，试验处理通过悬挂甜菜夜蛾诱捕器、斜纹夜蛾诱捕器实时监测害虫发生动态，而常规处理则不采用诱捕器进行监测。

1.2.3 调查方法

从松花菜定植缓苗到采收拉秧，共对松花菜害虫发生种类和情况进行3次调查。第一次调查在10月11日，根据对松花菜害虫发生情况的监测和调查结果，采取药剂防治措施后，分别在10月20日、11月11日对松花菜害虫发生情况进行第二次、第三次调查。调查时各处理随机选取3个调查点，每个样点随机选取10株松花菜，定点定株调查松花菜植株上的害虫种类和数量，并统计田间诱捕器诱捕到的害虫数量。通过计算虫口减退率比较两种防治技术的防治效果，计算公式如下：

虫口减退率（%）=（处理前虫口数-处理后虫口数）/处理前虫口数×100

松花菜从12月16日开始大量采收。采收时，对定点定株调查的松花菜花球进行称重，并根据松花菜平均重量和亩种植密度计算松花菜亩产量。

2 结果与分析

2.1 田间松花菜害虫发生种类

在长江流域，设施松花菜一年可种植秋茬、秋冬茬、越冬茬3个茬口。通过对不同茬口松花菜发生的害虫种类调查发现，为害松花菜发生的害虫主要有黄曲条跳甲 *Phylloreta striolata*、小菜蛾 *Plutella xylostella*、甜菜夜蛾 *Spodoptera exigua*、斜纹夜蛾 *Spodoptera litura*、菜螟 *Hellula undalis*、银纹夜蛾 *Argyrogramma agnata*、菜青虫 *Pieris rapae* 以及粉虱类、蚜虫类、软体动物等。其中，为害秋冬茬松花菜的害虫主要是甜菜夜蛾、银纹夜蛾、粉虱类，其次，菜青虫、蜗牛也有少量发生。

2.2 害虫防治效果

在松花菜定植后，第一次对诱捕器诱捕的害虫进行统计发现，田间斜纹夜蛾及甜菜夜蛾成虫的发生量较大，诱捕量高达380头、91头（表2）。通过对害虫发生情况进行调查发现，试验处理松花菜虫株率为63.3%，其中粉虱发生量较大，达到93头/百株，其次为银纹夜蛾67头/百株；常规防治处理松花菜虫株率为51.5%，其中粉虱发生量达77头/百株，其次为甜菜夜蛾13头/百株，银纹夜蛾发生量仅为7头/百株（表3）。

在对试验处理和常规防治处理分别进行生物农药和化学农药防治后，对松花菜害虫发生情况及性诱效果进行了第二次和第三次调查统计。结果表明，田间诱捕器诱捕害虫数量明显减少（表 2），且试验处理与常规防治处理虫株率分别下降 56.7%、41.5%（表 3），松花菜害虫发生均得到较好的控制。此外，通过对两个处理的虫口减退率进行计算发现，试验处理的虫口减退率（96.1%）高于常规防治处理的虫口减退率（86.6%）。

表 2　田间诱捕器诱集成虫情况

调查时间	处理	斜纹夜蛾（头）	甜菜夜蛾（头）
第一次	试验	380	91
第二次	试验	20	2
第三次	试验	30	0

表 3　田间害虫发生情况调查

调查时间	处理	甜菜夜蛾（头/百株）	银纹夜蛾（头/百株）	粉虱（头/百株）	虫株率（%）
第一次	试验	20	67	93	63.3
	常规防治	13	7	77	51.5
第二次	试验	0	0	7	6.8
	常规防治	13	0	0	10.0
第三次	试验	7	0	0	6.8
	常规防治	13	0	0	10.0

2.3　产量

经过对松花菜产量的测定和计算，试验处理和常规防治处理的松花菜亩产量分别为 2 680kg、2 656kg，无明显差异。该结果表明基于实时测报的生物农药防控技术不影响松花菜的产量。

3　讨论

通过对田间松花菜害虫发生种类进行调查，松花菜害虫种类较多，包括鳞翅目菜青虫、小菜蛾、菜螟、夜蛾类，鞘翅目的黄曲条跳甲，同翅目的蚜虫，半翅目的粉虱以及软体动物等。其中为害秋冬茬松花菜的害虫以鳞翅目为主，为害高峰期在 10 月上中旬。采用以生物农药为核心基于实时测报的害虫防控技术不仅减少了田间甜菜夜蛾、斜纹夜蛾成虫的数量，也有效控制了银纹夜蛾、甜菜夜蛾幼虫以及粉虱等害虫为害，大幅度减少了化学农药的使用量，且不影响松花菜的产量。这与前人对以生物农药和性诱剂诱杀技术的评价结果相似（王小平等，2002；桑芝萍等，2017）。

本研究在对松花菜害虫发生种类的调查中共调查到 10 余种害虫，但在秋冬茬松花菜上发生的种类较少。通过分析，可能与前茬作物、自然环境气候、管理情况等因素有关，不同年份气候条件存在差异，导致害虫的发生种类、发生时间、为害程度均呈现出一定差异。因此，要根据每年的环境气候观察田间害虫的发生情况再进行害虫防控。此外，采用以生物农药为核心基于实时测报的防治技术会造成害虫防治成本提高，这也是目前限制该技术大面积推广应用的重要因素之一（尹涵等，2018）。如何在保证防效的同时减少种植者的成本投入，做到“技术可行”和“效益可行”，值得我们考虑。

此外，试验中还发现，悬挂在棚内的甜菜夜蛾、斜纹夜蛾性引诱剂诱捕器诱集到大量甜菜夜蛾和斜纹夜蛾成虫，但田间甜菜夜蛾幼虫发生量较低，且未调查到斜纹夜蛾幼虫为害。之前报道表明，9月至年末，斜纹夜蛾会由北方向南迁飞，田间性诱剂诱集的大量成虫可能是其迁飞种群（曾爱平等，2010）。这一现象说明，采取具体防治措施前，根据害虫成虫监测结果调查田间幼虫的具体发生情况也是十分必要的，否则容易造成农药的误用和滥用。

参考文献

别之龙 . 2018. 长江流域设施蔬菜产业发展现状与思考［J］. 长江蔬菜（8）：24-29.

常晓丽，袁永达，张天澍，等 . 2017. 小菜蛾生物学特性及防治研究进展［J］. 上海农业学报，33（5）：145-150.

顾宏辉，金昌林，赵振卿，等 . 2012. 我国松花菜产业现状及前景分析［J］. 中国蔬菜（23）：1-4.

何永福，叶照春，陈小均，等 . 2017. 甘蓝主要病虫害绿色防控试验示范初报［J］. 耕作与栽培（5）：33-35.

靳然，李生才 . 2015. 农作物害虫预测预报方法及应用［J］. 山西农业科学，43（1）：121-123.

邱德文 . 2015. 生物农药的发展现状与趋势分析［J］. 中国生物防治学报，31（5）：679-684.

桑芝萍，金建国，赵健，等 . 2017. 如东县十字花科蔬菜害虫发生规律调查［J］. 中国植保导刊，37（6）：49-54.

王小平，周程爱，陈章发，等 . 2002. 长沙菜区春甘蓝主要害虫防治技术的改进［J］. 湖南农业科学（1）：35-37.

王其影，王玉玲 . 2016. 松花菜周年高效栽培技术［J］. 中国瓜菜，29：47-48.

杨帆，望勇，王攀，等 . 2018. 武汉市设施蔬菜产业发展现状［J］. 长江蔬菜（学术版）（4）：68-72.

尹涵，王小平 . 2018. 长江流域设施蔬菜害虫的发生与防控现状［J］. 长江蔬菜（10）：30-33.

曾爱平，陈永年，周志成，等 . 2010. 湖南烟区斜纹夜蛾（*Spodoptera litura*）的发生规律及预测方法［J］. 中国烟草科学，31（6）：9-13.

郑州市秋播地下害虫种群动态分析

李元杰[1*]，王 震[1]，胡 锐[1]，李军保[2]，张东敏[3]
（1. 郑州市植保植检站，郑州 450000；2. 中牟县植保植检站，中牟 451450；3. 新密市植保植检站，新密 452370）

摘 要：郑州市秋播地下害虫主要有蛴螬、金针虫、蝼蛄三大类。2006—2017 年，通过秋季挖方调查，发现秋播地下害虫种群发生了一些变化，本文主要对其种群动态发生变化进行分析，并结合 2012—2017 年来郑州市气温和降雨两方面分析秋播地下害虫的种群动态发生变化与两者的关联性，并初步提出分析结论。

关键词：地下害虫；蛴螬；金针虫；蝼蛄；种群动态；温度；雨日

Dynamic Analysis of Underground Pest Population During Autumn Sowing in Zhengzhou

Li Yuanjie[1], Wang Zhen[1], Hu Rui[1], Li Junbao[2], Zhang Dongmin[3]
(1. *Zhengzhou station of Plant Protection and Quarantine*, *Zhengzhou*, 450000, *China*;
2. *Zhongmou station of Plant Protection and Quarantine*, *Zhongmou*, 451450, *China*;
3. *Xinmi station of Plant Protection and Quarantine*, *Xinmi*, 452370, *China*)

Abstract: Generally there are three kinds of underground pest during autumn sowing in Zhengzhou city, they are Grub, Wireworm and Mole cricket. With the digging investigation during autumn sowing form 2006 to 2017 we find that the underground pest population had some changes, this paper mainly analyzes the changes of its population dynamics, and its relationship with the two aspects of air temperature and rainfall from 2012 to 2017 in Zhengzhou City, and put forward some analysis conclusion.

Key words: Underground pest; Grubs; Wireworms; Mole cricket; Population dynamics; Temperature; Rainy days

郑州市秋播地下害虫主要有蛴螬、金针虫、蝼蛄三大类，主要为害萌发的种子，咬断幼苗的根茎，造成缺苗断垄，甚至毁田重播，影响小麦一播全苗（魏鸿钧等，1993）。为了确保小麦一播全苗和苗期正常生长，为播前防治病虫害提供科学依据，郑州市植保部门每年 9 月上旬组织技术人员对不同茬口的田块地下害虫进行抽样挖方调查，并对结果进行统计分析。本文主要对近十年来郑州市秋播地下害虫的发生种群动态进行分析，并结合 2012—2017 年郑州市气温变化和降雨两方面分析秋播地下害虫的发生与两者的关联性。

* 第一作者：李元杰，农艺师，主要从事植物保护植物检疫工作；E-mail：jie_ li@ sina. com

1 材料和方法

1.1 调查范围

2006—2017年，每年9月上中旬在秋作物收获前，在郑州市辖区选择有代表性的玉米田、大豆田、花生田等涵盖各种主要作物不同茬口、不同土质、不同环境的地块进行秋播地下害虫挖方调查。

1.2 调查方法

田间挖方调查时，选定田块，按对角线五点取样，每点长×宽×深度=1m×1m×0.3m视为一方进行挖方调查，记录每方地下虫种类及虫量。

1.3 气象数据

郑州市气象局提供的2011—2017年气象数据中选择使用每日均温、雨日、最高温、最低温数据。

1.4 数据分析

本文数据作图及相关统计分析使用 Microsoft Excel 2007，相关关键词语释义如下：

虫方率：有虫方数与查挖总方数的比值，取百分数。

地下害虫虫量（头/667m^2）：根据平均每方的虫量折算出的每亩平均虫量。

周期均温：是指调查日期前一个年度的温度均值（如2012年周期均温是指2011年10月1日至2012年9月30日的每日均温之和除以总日数，以下周期计算方法相同）。

周期最高温指调查日期前一个年度的最高温度。

周期最低温指调查日期前一个年度的最低温度。

周期雨日：是指调查日期前一个年度的雨日之和（如2012年周期雨日是指2011年10月1日至2012年9月30日之间的雨日之和）。

2 结果与分析

2.1 郑州市秋播地下害虫种群动态发生趋势

从2005—2017年的连续监测调查情况来看，郑州市秋播地下害虫年平均虫方率60.8%，虫方率最高年份为2005年为80.8%，最低年份为2015年为40%；地下害虫中的优势种为蛴螬，其次为金针虫和蝼蛄。

从图1中可以看到2005年以来郑州市秋播地下害虫发生情况总体上呈下降趋势，2010年虽有小幅反弹但不改下降趋势，2015年发生最轻，2016年、2017年发生量又有所上升。

从图2中我们可以看到，三种地下害虫的发生总体上呈下降趋势，尤其蛴螬发生量下降较大，蝼蛄发生情况总体较为稳定。经Excel相关分析，蛴螬、金针虫的相关系数为0.525，蛴螬、蝼蛄的相关系数为0.291，金针虫、蝼蛄的相关系数为0.002，虽然没有明显的相关和负相关性，但金针虫和蝼蛄的发生有较明显的此消彼长情况，这在2009年、2010年、2016年、2017年等年份均有表现。

2.2 郑州市秋播地下害虫种群动态与温度雨量等因素的相关性分析

气温和雨量是害虫发生的重要影响因素，秋播地下害虫种群动态与这两种影响因素

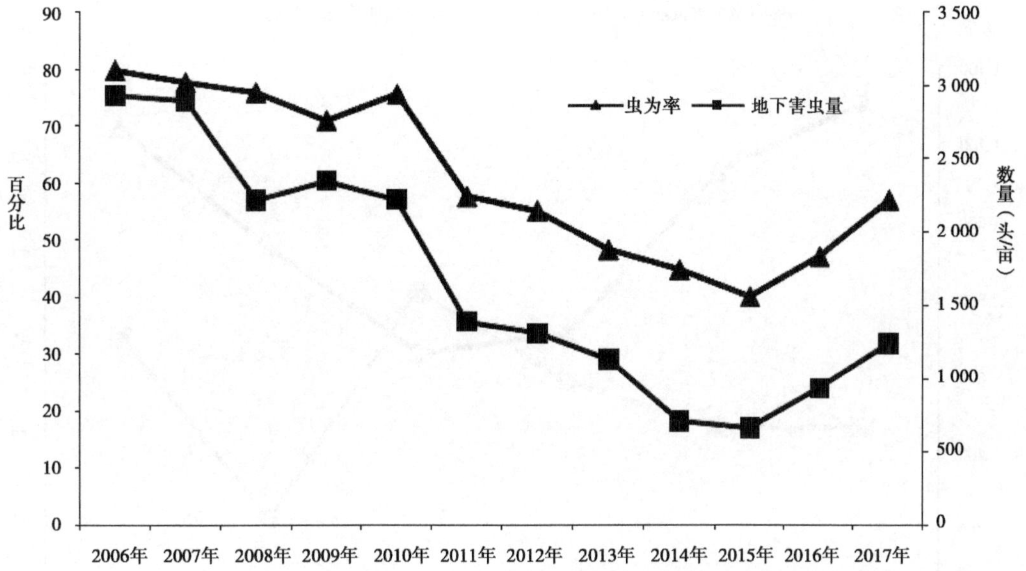

图 1　2005—2017 郑州市秋播地下害虫发生趋势折线

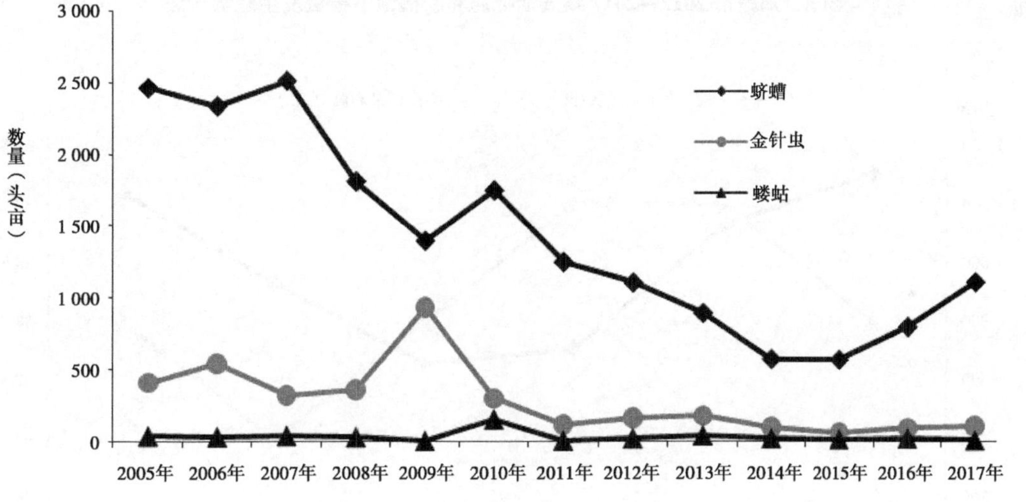

图 2　2005—2017 年郑州市三种秋播地下害虫发生趋势折线

的关联性有待在更长期的数据样本的基础上建立模型预测考证（胡英华等，2016）。本文仅结合近六年郑州市的气象数据进行简单分析了其相关性。

从图 3 可以看出，冬季气温越低对地下害虫发生不利，经 Excel 相关分析，周期低温和秋播地下害虫的相关系数为-0.283，呈一定负相关性，但也不是越低越不利，应该有一定的临界阈值。

从图 4 可以看出，周期最高温与虫量发生呈负相关性，夏季气温越高，越不利于秋播地下害虫发生，经 Excel 相关分析，周期高温和秋播地下害虫的相关系数为-0.087。

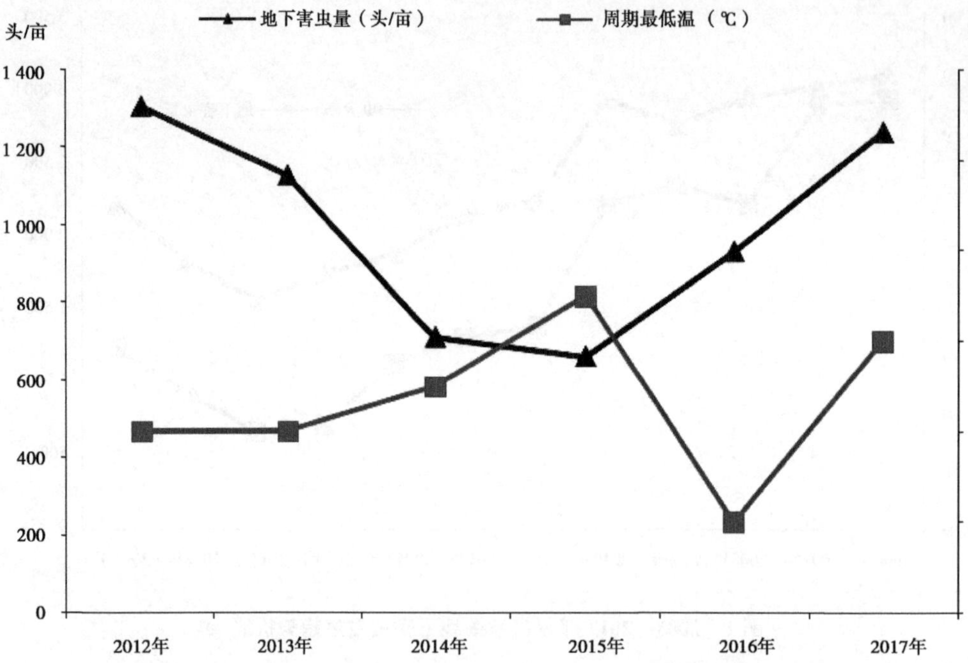

图 3　郑州市 2012—2017 年周期低温和秋播地下害虫发生趋势折线

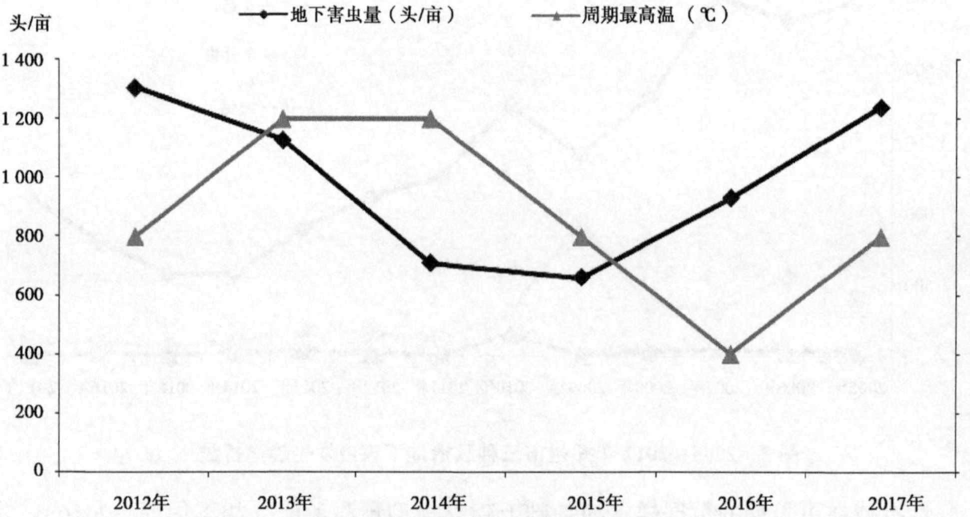

图 4　郑州市 2012—2017 年周期高温和秋播地下害虫发生趋势折线

从图 5 来看，周期均温与虫量发生呈一定负相关性，经 Excel 相关分析，周期均温和秋播地下害虫的相关系数为-0.409，由于 6 年的气象数据较短，笔者认为周期均温对秋播地下害虫的发生影响应当有一个临界阈值，周期均温超过或低于此临界阈值，都会抑制地下害虫的发生程度，当然需要更长期的数据来考证。

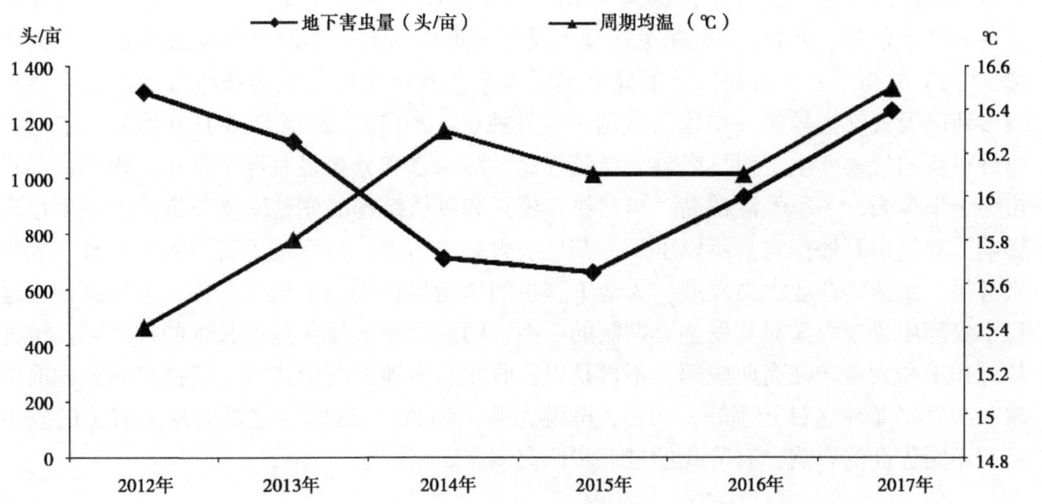

图5　郑州市2012—2017年周期均温和秋播地下害虫发生趋势折线

从图6可以看出，周期雨日与虫量发生相关性很强，经Excel相关分析，周期均温和秋播地下害虫的相关系数为0.941，呈明显正相关，干旱少雨不利于地下害虫的发生。

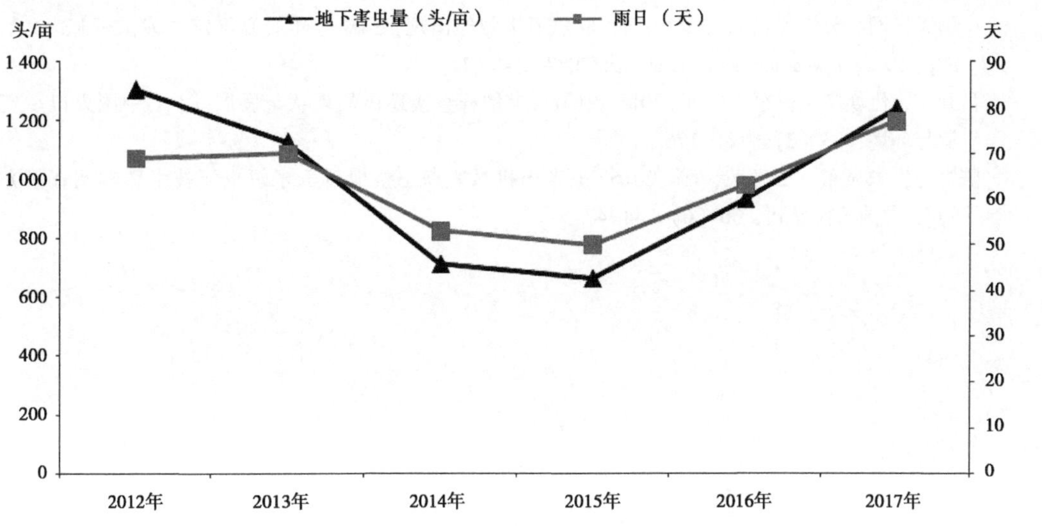

图6　郑州市2012—2017年周期雨日和秋播地下害虫发生趋势折线

3　结论与讨论

秋播地下害虫的种群发生数量起伏不定，但近十年来郑州市秋播地下害虫发生总体呈下降趋势，其原因定是个复杂的，多项因素决定的过程，气候条件毫无疑问对地下害虫的发生有重要影响，从本文的调查分析看到气温和降雨两个因素和秋播地下害虫的发生有较明显的关联性。其中，2014—2015 年秋播地下害虫轻发生，应与厄尔尼诺现象有关（李亚红等，2016）。厄尔尼诺现象是指赤道中东太平洋海水表面温度距平指数持续≥0.5℃并持续 6 个月或以上的异常偏暖现象，其对全球气候会产生重大影响，导致很多地区天气气候异常（中国天气网．天气视点，2015）。2014 年 5 月开始的厄尔尼诺事件对我国气候产生了明显影响，导致气流、降水量和分布显著异于常年，表现在郑州市为干旱少雨，冬季气温偏高。当然耕作模式和种植结构的调整对地下害虫的发生也有影响，郑州市夏播作物常年以玉米、花生、大豆等为主，适宜地下害虫繁殖为害，近年来林果、蔬菜等产业大力发展，为地下害虫的繁衍生息创造了较好条件，但果菜种植过程中农药用量较大又对其发生有抑制的一面。同时大型机械化免耕技术的推广以及秸秆粉碎还田和大量转做商业应用，不再是以往收割后原地留茬焚烧或一直推迟到秋种前机耕一次直接播种（吕开宇等，2013；陈继光等，2016），这些变化都对地下害虫的发生有着不同程度的影响，有待我们进一步研究调查。

参考文献

魏鸿钧，黄文琴．1993. 秋播地下害虫防治技术［J］. 中国植保导刊，13（4）：6-8.

胡英华，孔德生，王芝民，等．2016. 玉米田二点委夜蛾种群消长规律和预测模型研究［J］. 中国植保导刊，36（3）：55-58.

李亚红，曾娟，黄冲等．2016. 厄尔尼诺背景下云南秋粮重大病虫害发生新特点浅析［J］. 中国植保导刊，5：48-50.

中国天气网．天气视点 2015 第一期，厄尔尼诺曾经出现 13 次 今年春夏继续“发威［EB/OL］. http：//www. weather. com. cn/zt/tqzt/305745. shtml.

吕开宇，仇焕广，白军飞，等．2013. 中国玉米秸秆直接还田的现状与发展［J］. 中国人口・资源与环境，23（3）：171-176.

陈继光，宋显东，王春荣，等．2016. 玉米田机械收获、整地对玉米螟虫源技术影响调查研究［J］. 中国植保导刊，36（6）：44-47.

宜昌市城区蟑螂密度季节消长及德国小蠊抗药性分析

朱彬彬*，李晓明，杜　平，沈　超，薛宏俊
（湖北省宜昌市疾病预防控制中心，宜昌　443000）

摘　要： 掌握宜昌市城区蟑螂种群及季节消长规律，掌握德国小蠊对主要化学药剂的抗性水平，为科学制订蟑螂防制方案提供有力依据。采用粘捕法监测蟑螂密度，采用药膜法测定德国小蠊抗药性。宜昌市城区蟑螂以德国小蠊为优势种，占捕蟑总量的54.91%；密度有明显的季节性，5—9月为活动高峰期。德国小蠊对溴氰菊酯、高效氯氰菊酯和敌敌畏的抗性水平较高，处于中度及以上抗性水平；对残杀威和乙酰甲胺磷的抗性水平较低，处于低度抗药性水平。根据不同季节、不同生境，合理使用化学杀虫剂，采用科学办法防控蟑螂。

关键词： 蟑螂；密度；季节消长；抗药性

蟑螂是一种与人类关系密切的病媒生物，能携带多种致病菌，引发传染病、食物中毒和过敏反应等。因长期广泛使用化学杀虫剂，蟑螂已对氨基甲酸酯类、有机磷类和菊酯类等许多种杀虫剂产生了抗性，影响其化学防制效果。德国小蠊 *Blattella germanica* 为宜昌市蟑螂的优势种群，掌握德国小蠊对主要化学药剂的抗性水平，了解蟑螂的季节消长规律，为蟑螂防制工作中药剂的选择和使用提供科学依据，为科学制订蟑螂防制方案提供有力依据（刘起勇，2015）。

1　材料与方法

1.1　蟑螂密度监测

1.1.1　材料

采用粘捕法。统一使用粘蟑纸，鲜面包为诱饵。

1.1.2　监测方法

按照2016年国家卫生计生委办公厅印发的《全国病媒生物监测方案》每处10张粘蟑纸，在农贸市场、餐饮、宾馆、医院、居民区5种环境类型共布放180张粘蟑纸监测。1—12月每月监测1次。

1.2　抗药性试验

1.2.1　试虫

德国小蠊采自农贸市场，经室内饲养后选择雄成虫进行监测（张守刚等，2018）。

1.2.2　试剂

供试药剂5种，分别为92%高效氯氰菊酯、95.95%溴氰菊酯、91.89%敌敌畏、

* 第一作者：朱彬彬，女，硕士研究生，副主任技师，研究方向：病媒生物防制；E-mail：38617563@qq.com

95.56%残杀威和97%乙酰甲胺磷，标准药剂均由湖北省疾病预防控制中心提供。

1.2.3 测定方法

德国小蠊抗药性测定采用药膜法（魏绪强等，2018）。将洁净罐头瓶内已经苏醒的10只试虫口对口倒入制备好药膜的罐头瓶内，前10min，每分钟观察击倒数，10min后每隔5min观察击倒数，直至95%试虫被击倒，再将被击倒试虫移入干净的罐头瓶中，放入饲料和水，观察48h或72h致死情况，填写德国小蠊抗药性监测原始记录表，计算击倒率。每种杀虫剂制备平行试验瓶3个和丙酮对照瓶1个。应用SPSS软件进行数据统计和分析，计算KT_{50}、95%可信区间（95%CI）、毒力回归方程及抗性倍数（韩晓莉等，2017）。

2 结果

2.1 蟑螂密度季节消长

1—12月，监测共捕获蟑螂295只，全年平均密度为0.14只/张。密度范围为0.03~0.26只/张，蟑螂密度在5—9月达到高峰。各月蟑螂密度监测结果见表1。

表1 蟑螂密度监测结果

项目	1	2	3	4	5	6	7	8	9	10	11	12	合计
粘蟑纸数	180	180	180	180	180	180	180	180	180	180	180	180	2160
捕蟑数（只）	9	5	16	14	34	48	40	44	29	23	15	16	295
密度（只/张）	0.05	0.03	0.09	0.08	0.19	0.26	0.22	0.24	0.16	0.13	0.08	0.09	0.14

监测捕捉德国小蠊162只，占比54.91%，为优势蟑螂种，见表2。

表2 蟑螂种群构成

项目	德国小蠊	美洲大蠊	黑胸大蠊	合计
数量（只）	162	44	89	295
构成比（%）	54.91	14.92	30.17	100

2.2 德国小蠊对常用杀虫剂的抗药性测定结果

德国小蠊对溴氰菊酯、高效氯氰菊酯和敌敌畏的抗性水平较高，处于中度及以上抗性水平；对残杀威和乙酰甲胺磷的抗性水平较低，处于低度抗药性水平，见表3。

表3 德国小蠊对常用杀虫剂的抗药性测定结果

供试药剂	半数击倒时间 KT_{50}（min）	95%置信限	毒力回归方程	抗性倍数（RR）	敏感品系
0.05%敌敌畏	13.488	11.837~15.295	$y=-2.398+2.122x$	5.39	2.503
0.05%溴氰菊酯	40.639	38.197~43.095	$y=-9.878+6.140x$	7.71	5.272

（续表）

供试药剂	半数击倒时间 KT_{50}（min）	95% 置信限	毒力回归方程	抗性倍数（RR）	敏感品系
0.05%高效氯氰菊酯	29.661	26.753~32.745	$y=-9.086+6.172x$	6.76	4.388
0.05%残杀威	14.932	13.573~16.606	$y=-5.059+4.309x$	1.77	8.432
0.5%乙酰甲胺磷	17.364	15.948~18.962	$y=-6.673+5.383x$	1.45	11.972

注：德国小蠊抗性倍数（RR）= 野外品系 KT_{50}/参考品系 KT_{50}；抗性级别判定：根据 Lee 等（2004）的抗性判断标准，德国小蠊抗性倍数分为 5 类：RR<1 为无抗性，1<RR≤5 为低度抗性，5<RR≤10 为中度抗性，10<RR≤50 为高度抗性，RR>50 为极高抗性。

3 讨论

病媒生物控制是我国实现预防为主方针的主要措施之一，而病媒生物监测是疾病预防控制中一项重要的系统性基础工作。蟑螂以德国小蠊为优势种群，特别是拥有集中供暖设施的宾馆饭店为蟑螂提供了良好的生存繁殖条件。德国小蠊密度较高，防制工作应以控制德国小蠊成虫为主，尤其在蟑螂密度较高的 5—9 月加强防控力度，以降低蟑螂为害率（高强等，2016）。

近年，宜昌市大量使用溴氰菊酯、高效氯氰菊酯和敌敌畏用于室内蟑螂的杀灭，且多以滞留喷洒或超低容量喷雾的方法来实施。因此，监测结果显示：德国小蠊对这 3 种药剂的抗性水平在全市范围内相对较高，处于中度及以上抗性水平。因残杀威和乙酰甲胺磷属中等毒性，对德国小蠊的防治剂型主要采用胶饵或毒饵方式，属于胃毒杀灭型，推广使用年限也较短，所以德国小蠊对这两种药剂的抗药性较低，处于低度抗药性水平（赵岩等，2017）。

为减少病媒生物的选择压力，减少杀虫剂的使用及对环境的污染，延缓抗药性的产生和发展，要采用综合治理的方法控制蟑螂密度。在蟑螂化学防治过程中要提倡使用胃毒剂（即灭蟑饵剂）策略，使用胃毒剂不仅可提高实效，而且不易产生抗药性（雷晓岗等，2017）。在室内大力推广使用灭蟑饵剂时，应选择使用病毒型的生物杀蟑饵剂、含抗性较低化学成分的灭蟑胶饵或毒饵，减少使用滞留喷洒和超低容量喷雾的灭蟑方法，以延缓德国小蠊抗药性的发生。

同时，进一步健全病媒生物防制长效机制。进一步宣传发动，明确卫计委、住建、城管、食药监、商务、工商、农业等爱卫成员单位的职责，齐抓共管，强化监督，狠抓落实，确保城区蟑螂等病媒生物密度始终控制在标准范围之内，巩固国家卫生城市创建成果（李华民，2016）。

参考文献

高强，曹晖，冷培恩 . 2016. 管理学视角探讨黄浦区病媒生物监测模式的改革 [J]. 中华卫生杀虫药械，22（2）：114-117.

韩晓莉，黄钢，王喜明，等 . 2017. 河北省德国小蠊野外种群抗药性水平与酶活性关系的通径分析［J］. 中国媒介生物学及控制杂志，28（6）：567-571.

雷晓岗，庞松涛，王欣，等 . 2017. 西安市 2012—2015 年蜚蠊危害状况及抗药性分析［J］. 中国媒介生物学及控制杂志，28（3）：294-295，303.

李华民 . 2016. 咸宁市国家卫生城市创建病媒生物防制工作的做法与体会［J］. 中国媒介生物学及控制杂志，27（5）：525-527.

刘起勇 . 2015. 我国病媒生物监测与控制现状分析及展望［J］. 中国媒介生物学及控制杂志，26（2）：109-113，126.

魏绪强，周小洁 . 2018. 北京市不同城区德国小蠊对高效氯氰菊酯的抗药性发展动态研究［J］. 中国媒介生物学及控制杂志，29（1）：27-29.

张守刚，熊丽林，孙燕群，等 . 2018. 南京市蟑螂密度监测及抗药性分析［J］. 中华卫生杀虫药械，24（1）：20-23.

赵岩，侯威远，王磊 . 2017. 北京市海淀区德国小蠊抗药性监测结果分析［J］. 医学动物防制，33（5）：562-563.

Lee L C，Lee C Y. 2004. Insecticide resistance profiles and possible underlying mechanisms in German cockroaches，*Blattella germanica*（Linnaeus）（Dictyoptera：Blattellidae）from Peninsular Malaysia［J］. Med. Entomol. Zool.，55（2）：77-93

宜昌市健康城市建设中病媒生物防制示范社区模式探讨

朱彬彬[1*]，马蓓蓓[1]，林　勇[2]，李晓明[1]，方　敏[1]，杜　平[1]，徐　勇[1**]
（1. 湖北省宜昌市疾病预防控制中心，宜昌　443000；
2. 湖北省宜昌市卫生与计划生育委员会，宜昌　443000）

摘　要：病媒生物防制工作作为健康城市建设的重要内容，为探索病媒生物防制新模式，开展病媒生物防制示范社区建设工作。以项目形式，采用“政府买单、爱卫办组织、社区协调、专业机构服务、疾控部门技术指导、群众参与”的方式，专业除害公司与群众运动相结合。取得“达国标、群众满意、长效管理”的工作成效；形成“探索一个管理模式、制定一个技术规范、构思一套考评机制、打造一批样板示范、组建一个服务平台”的模式。

关键词：健康城市；病媒生物防制示范社区；模式

Study on the Mode of Vector Biology Prevention Demonstration Community on the Development of Healthy City in Yichang City

Zhu Binbin[1], Ma Beibei[1], Lin Yong[2], Li Xiaoming[1], Fang Min[1], Du Ping[1], Xu Yong[1]
(1. *Yichang Center for Disease Control and Prevention*, *Yichang* 443000, *China*;
2. *Yichang Municipal Health and Family Planning Commisson*, *Yichang* 443000, *China*)

Abstract: Vector biology prevention is an important part in the development of healthy city, to study a new mode of vector biology prevention an carry out vector biology prevention demonstration community. With the forms of project, carrying out the mode as follows: paying the bill by the government, organizing by the patriotic health office, coordinating by the community, serving by the professional institutions, technological guidance by CDC, participating by general public; combining professional institutions and mass movement. Reaching results as follows: achieving Chinese Standard, getting satisfactions by general public, establishing long-term management mechanism, and forming a mode: exploring a management mode, formulating a technical manual, conceiving an evaluation system, forging a batch of samples, organizing a service platform.

Key words: Healthy city; Vector biology prevention demonstration community; Mode

2016年，宜昌市成为省内唯一全国健康城市建设首批试点城市；同年，宜昌市率先在省内实现国家卫生城市“三连冠”。为进一步巩固国家卫生城市创建成果，宜昌市把病媒生物防制工作作为健康城市建设的一项重要内容，积极探索病媒生物防制新模

---

* 第一作者：朱彬彬，硕士，副主任技师，主要研究方向为病媒生物防制；E-mail：38617563@qq.com
** 通信作者：徐勇；E-mail：yichangcdc@sina.com

式，在城区开展病媒生物防制示范社区建设工作。

1 基本情况

病媒生物防制是爱国卫生工作的重要任务之一，随着市场经济的发展、城镇化进程的加速和群众意识观念的转变，原来以群众运动和行政指令为主的旧模式，逐渐显露出弊端（汪诚信等，2017）。在以往的外环境除四害工作中，由政府号召，发动群众和辖区单位自行杀虫灭鼠，各级爱卫工作人员既是指挥员、又是战斗员、还是裁判员，往往声势大、花钱多、时间短、技术指导难到位、责任不明确、效果不尽如人意（吴海霞等，2018）。为与时俱进，探索病媒生物防制新的工作模式，特在宜昌城区开展病媒生物防制示范社区建设工作。

宜昌市在成为湖北省域副中心城市后，产业和人口迅速聚集，经济规模多年居全省第二位，城区人口接近200万人，社区居委会接近260个。病媒生物防制示范社区以项目形式，聘请专业有害生物防制公司开展社区外环境除四害服务，采用“政府买单、爱卫办组织、社区协调、专业机构服务、疾控部门技术指导、群众参与”的方式，专业除害公司与群众运动相结合（朱彬彬等，2015）。上述模式有如下优势：一是专业机构定期进行病媒生物防制，长期控制病媒生物密度；二是专业机构有技术优势，针对性强，实现高效率低成本；三是专业机构进行外环境病媒生物防制，不用广泛持续动员群众参与，更不用群众出资，可得到群众的支持与配合。从而实现项目“有制度、有合同、有资金、有技术、有督导”，以期实现真正的长效管理。

2 工作模式

2.1 选定社区、选择专业机构

推进社区公共外环境走专业化除四害承包的道路（刘敬东等，2013）。各区依据年度爱国卫生工作计划，确定试点社区名单，原则上兼顾各个街办，报市爱卫办审定。2013年选择中心城区（西陵区、伍家岗区）的5个社区作为试点，2014年试点扩大到各个区，共有19个社区参与创建。逐年增加，至2017年已增加到45个社区。

2.1.1 区域选择

社区公共外环境，即社区范围内有物业管理和业主单位以外的区域（不含主干道及街道绿地）(Loan *et al.*，2016)。

2.1.2 防制项目

以灭鼠、灭蝇、灭蚊为重点开展病媒生物防制（张亚兰等，2015）。

灭鼠时间为全年。灭蚊时间为4—11月（Li *et al.*，2016）。灭蝇时间为4—11月。

2.1.3 专业机构

要求专业机构有专人负责该项业务，业务人员至少有两名以上具备公共卫生、病媒生物防制等相关专业的教育背景，或取得市级以上相关协会颁发的技能培训合格证。

2.2 监督考核、技术指导

市爱卫办成立项目督导组，对全市社区外环境除四害工作进行督查，重点检查各区承包社区的除害工作效果、社区覆盖率及防制落实情况（周良才等，2016）。各区爱卫办、街办加强对试点社区的指导，定期进行检查和评估，对创建工作的思路和措施进行修正（沈培谊等，2017）。市区两级不定期开展检查，将检查结果作为下拨专项经费的重要依据并纳入年度目标考核内容。

2.3 现场消杀、规范操作

2.3.1 组织管理

专业机构与各区签订有服务协议（刘晗等，2017）。制订有工作计划、技术方案，年终有工作总结。

2.3.2 环境治理

指导社区进行环境整治。进行辖区滋生地调查，指导社区定期开展孳生地治理和防护设施建设（Shen *et al.*，2015）。

2.3.3 现场措施

全年开展鼠类防制。4月集中设置毒饵站，每月检查修补毒饵站，补充消耗、更换霉变毒饵，指导社区完善防鼠设施（毛弟军等，2014）。4—11月，每月进行一次蝇类防制。根据现场情况，每个社区设置诱蝇笼至少5个，定期更换诱饵、清除死蝇；对蝇类滋生场所，进行1次化学防制。4—11月，每月进行一次蚊类防制。对辖区内的小型阳性水体，进行处理；对蚊类孳生场所，进行1次化学防制。

开展防制效果评估，进行灭前、灭后密度监测（Menasria *et al.*，2015）。

2.3.4 培训宣传

每年每社区开展病媒生物防制知识讲座和宣传2次，实时为社区提供技术指导（邹钦，2015）。每个社区承办病媒生物防制健康教育宣传栏1期。

2.3.5 资料建档

每次完成施工后，详细记录施工情况，由社区相关负责人签字认可。该记录一式三份，一份交区爱卫办，一份交社区，一份自留。绘制辖区毒饵站分布、重点消杀部位示意图。建立年度防制工作台账，一式三份，一份交区爱卫办，一份交社区，一份自留。

2.3.6 应急防制

针对群众反映强烈、监测显示为害严重的病媒生物，开展专项控制（刘起勇，2018）。预留少量药械，交由社区卫生专干保管，供其自行应急处置。

2.4 经费来源及拨付方式

经费由市、区二级承担防制费用。市、区两级分别按每年每社区2 000元补助。各专业机构承包经费由市爱卫办组织考核验收，依工作情况给予支付（吴太平等，2014）。

未列入政府购买服务的社区及相关单位自管宿舍，除四害工作由所在单位负责组织。有物业管理的小区，按照《宜昌市城区除四害实施办法》的要求开展工作。

3 结论与应用

该项工作在取得“达国标、群众满意、长效管理”成效的基础上，伴随着健康城市建设，又总结出了“五个一模式”。病媒生物防制示范社区建设考评标准见表1。

表1　病媒生物防制示范社区建设考评标准（200分）

考评指标要求	评分标准	基本分
一、组织保证	1. 有专人负责。 2. 有工作经费。	20
二、计划方案	1. 有年度、季度、月度工作计划。 2. 有控制技术方案。	10
三、社区宣传和支持性环境	1. 有病媒生物防制宣传栏。 2. 有病媒生物密度公示栏，定期更新。	20
四、病媒生物控制设施完善	1. 有环卫设施，垃圾收集容器和公共厕所符合规范要求。 2. 垃圾房、垃圾桶无积垢，小区清扫保洁状态良好，无散落垃圾，无宠物粪便，无积水容积。 3. 社区河道、景观水体水面清洁，坡岸整洁，放养观赏鱼。 4. 室外鼠活动期间，有数量充足的鼠毒饵站。 5. 蝇类活动期间，小区内有数量充足的诱蝇笼。	50
五、病媒生物活动季节，开展病媒生物监测	1. 每月1次监测室内外鼠密度，监测结果每月公示。 2. 每月1次监测各类积水和蚊虫孳生率，监测结果每月公示。 3. 每月1次监测蝇密度，监测结果每月公示。 4. 每月1次开展蟑螂密度监测或问卷调查，监测结果每月公示。	20
六、病媒生物控制措施	1. 每月检查毒饵站，补充消耗、更换霉变毒饵，消耗、更换有记录。 2. 每周检查诱蝇笼，更换诱饵，清除死蝇。 3. 定期检查社区雨水井、地下室积水井、河道、景观水体等固定积水，对阳性积水，投放安备等杀幼剂控制蚊虫孳生。 4. 每年开展1次居民家庭入户灭蟑活动，每年开展1~2次餐饮点周边下水道灭蟑处置。	40
七、病媒生物密度达到病媒生物控制水平国家标准B级	1. 清除外环境鼠洞等鼠迹，路经指数达到B级。 2. 清除散在垃圾，控制蝇类孳生，蝇类孳生率达到B级。 3. 清除和控制各类积水，小型积水蚊虫路径指数达到B级，大型积水蚊虫采样勺指数和密度达到B级，蚊虫叮咬指数达到B级。 4. 控制蟑螂密度，各项指标达到B级。	40

3.1　探索一个管理模式

从社区选择、专业机构招标、监督考核、技术指导、经费拨付到组织分工等方面，探索可供复制的工作机制和长效管理模式（盛富山，2017）。

3.2　制定一个技术规范

从孳生地治理、防护设施、药械选择、施药频率、培训宣传、资料建档、应急防制等方面，制定统一的技术（孙养信，2016）。

3.3 构思一套考评机制

从督导考核组人员构成、考评标准、考评方式、结果运用等方式，构思科学公正的考评机制（刘美德等，2017）。

3.4 打造一批样板示范

经过近5年的创建，各区均培育出一批稳定的病媒生物防制示范社区，如西陵区星苑社区、伍家岗区胜利二路社区、猇亭区七里新村社区、点军区五龙社区、夷陵区丁家坝社区、高新区东山花园社区、旅游新区南津关社区、葛洲坝集团二公司社区等。各区均成功创建成为省级健康促进示范区，西陵区更是创建成为全国健康促进示范区。

通过每年一次的全市现场办公会和观摩会，各个示范社区比学赶帮超，各个区的病媒生物防制工作蒸蒸日上。这些病媒生物防制示范社区作为健康城市的亮点和基层爱卫工作的抓手，以点带面，全面提升各区病媒生物防制水平（周以军等，2016）。

3.5 组建一个服务平台

健康城市建设中的病媒生物防制示范社区模式，坚持“属地管理”原则，采用以环境治理为主的综合防治措施，兼顾物理防制、生物防制和化学防制，优先使用安全、环保的防制技术与方法（吕匀和程时秀，2017）。

制定病媒生物控制应急预案，加强应急能力建设（Chen *et al.*，2017）。鼓励辖区内相关单位开展“示范单位”建设活动，开展多种形式的病媒生物防制知识宣传。切实为市民提供技术指导、虫情报告、药械购买、现场控制等服务，让居民共享示范社区建设成果。

4 讨论

健康城市建设中的病媒生物防制示范社区模式，虽然取得了一定的成果，但是仍然存在覆盖面窄、保障率低、技术不够规范、宣传发动不够充分等问题。后续拟采用问卷调查、实地调研、统计分析等方法进行系统研究，分析宜昌市健康城市建设中病媒生物防制示范社区模式，争取做到可推广、可复制（齐宏亮等，2016）。

通过病媒生物防制示范社区建设，树立典型，以点带面，创新病媒生物综合防制工作理念和方法，进一步加强和规范基层病媒生物综合防制工作，全面提升社区病媒生物防制水平，为健康宜昌建设打造靓丽的名片，让人民群众共享健康宜昌建设的成果（李华民，2016）。

参考文献

李华民.2016. 咸宁市国家卫生城市创建病媒生物防制工作的做法与体会［J］. 中国媒介生物学及控制杂志，27（5）：525-527.

刘晗，张治富，王晓中，等.2017. 国内外病媒生物控制法律及标准体系比较［J］. 中国国境卫生检疫杂志，40（2）：145-148.

刘敬东，刘光定，晏苏征，等.2013. 襄阳市2007—2011年自然疫源及虫媒传染病流行特征分析［J］. 公共卫生与预防医学，24（3）：38-41.

刘美德，张勇，钱坤，等.2017. 病媒生物密度监测方法国家标准在疾病预防与控制机构实施情况的研究［J］. 中国媒介生物学及控制杂志，28（5）：416-421.

刘起勇 . 2018. 病媒生物监测预警研究进展［J］. 疾病监测，33（2）：123-128.
吕均，程时秀 . 2017. 创建国家卫生城市前后食源性致病菌监测与分析［J］. 公共卫生与预防医学，28（2）：129-130.
毛弟军，丛晓平，余济初，等 . 2014. 城市社区外环境应用灭鼠毒饵站灭鼠效果的研究［J］. 中华卫生杀虫药械，20（3）：245-248.
齐宏亮，董言德，梅扬，等 . 2016. 创建国家卫生城市对病媒生物防治效果的影响研究［J］. 中华卫生杀虫药械，22（2）：145-147+152.
沈培谊，林绍斌，金虹，等 . 2017. 病媒生物防治服务政府采购招标文件的规范编制［J］. 中华卫生杀虫药械，23（1）：75-78.
盛富山 . 2017. 扬州城区病媒生物防制现状与发展思考［J］. 江苏预防医学，28（2）：227-228.
孙养信 . 2016. 病媒生物密度控制水平国家标准在实际工作中的应用［J］. 中国媒介生物学及控制杂志，27（3）：213-215.
汪诚信 . 2017. 继往开来　再创辉煌——对病媒生物治理事业的几点建议［J］. 中华卫生杀虫药械，23（6）：497-500.
吴海霞，刘小波，刘起勇 . 2018. 我国病媒生物防控现状及面临的问题［J］. 首都公共卫生，12（1）：4-6.
吴太平，周良才，宋祥龙，等 . 2014. 武汉社区外环境承包灭鼠评估［J］. 中华卫生杀虫药械，20（2）：122-125.
张亚兰，岳勇，杨磊，等 . 2015. 成都市 2010—2013 年流感监测分析［J］. 公共卫生与预防医学，26（2）：8-11.
周良才，施维，倪涛，等 . 2016. 武汉市社区外环境有害生物防制工作质量控制研究［J］. 中国媒介生物学及控制杂志，27（4）：404-406.
周以军，杨俊锋，原凌云，等 . 2016. 安康市城区主要病媒生物监测及防制对策［J］. 医学动物防制，32（6）：602-605.
朱彬彬，李晓明，薛宏俊，等 . 2015. 宜昌市城区病媒生物防制示范社区创建工作经验探讨［J］. 华中昆虫研究，11：219-220.
邹钦 . 2015. 广东省病媒生物防治的现状与展望［J］. 中华卫生杀虫药械，21（5）：444-446.
Cheng LHan L X，Zeng X Q，*et al.* 2017. A New Cockroach Colony Optimization Algorithm for Global Numerical Optimization［J］. Chinese Journal of Electronics，26（1）：73-79.
Li X F，Han J F，Shi P Y，*et al.* 2016. Zika virus：a new threat from mosquitoes［J］. Science China（Life Sciences），59（4）：440-442.
Loan P D，Trang M B，Nga T P. 2016. Mechanism of Japanese encephalitis virus genotypes replacement based on human，porcine and mosquito-originated cell lines model［J］. Asian Pacific Journal of Tropical Medicine，9（4）：325-328.
Menasria T，Tine S，Mahcene D，B *et al.* 2015. External Bacterial Flora and Antimicrobial Susceptibility Patterns of *Staphylococcus* spp. and *Pseudomonas* spp. Isolated from Two Household Cockroaches，Blattella germanica and Blatta orientalis［J］. Biomedical and Environmental Sciences，28（4）：316-320.
Shen J C，Luo L，Li L，*et al.* 2015. The Impacts of Mosquito Density and Meteorological Factors on Dengue Fever Epidemics in Guangzhou，China，2006-2014：a Time-series Analysis［J］. Biomedical and Environmental Sciences，28（5）：321-329.

湖南省蚜小蜂科名录*

陈 业**，竺锡武，周芸芸，金晨钟***
（湖南人文科技学院农业与生物技术学院，娄底 417000）

摘 要：蚜小蜂科隶属于膜翅目小蜂总科，主要是农林业重要害虫蚜虫、粉虱及蚧虫类的寄生蜂。全世界已知1 400余种，中国已知260余种，湖南省报道有9种。本文通过对湖南省的这9个已知种类进行整理，编制了分种检索表。本文旨在为湖南省的害虫生物防治提供基础研究资料。

关键词：蚜小蜂；检索表；名录；湖南

Checklist of Aphelinidae from Hunan Province

Chen Ye**, Zhu Xiwu, Zhou Yunyun, Jin Chenzhong***
(*school of agriculture and biotechnology*, *Hunan University of Humanities*, *Science and Technology*, *Loudi* 417000, China)

Abstract: The species of Aphelinidae (Hymenoptera: Chalcidoidea) are important parasitoids mainly on aphids, coccids and aleyrodids, which are economically important pests. There are about 1400 described species worldwide while about 260 have been found in China. There are 9 species have been reported from Hunan Province. A key to the species from Hunan were given based on references. This paper aims at providing guidance of biological control on agricultural and forestry pests.

Key words: Aphelinidae; Key; Checklist; Hunan Province

1 研究背景

蚜小蜂科（Aphelinidae）是膜翅目（Hymenoptera）小蜂总科（Chalcidoidea）下一个中等大小的科。大多数蚜小蜂为半翅目（Hemiptera）昆虫，如蚧虫和蚜虫类的体内寄生蜂，少数为直翅目（Orthoptera）等昆虫的卵寄生蜂。

蚜小蜂的寄主大部分是农林业的害虫，其中一些还是为害农林业经济的重大害虫。蚜小蜂虽然体型很小，却能有效抑制这些农林害虫，发挥其控制害虫种群密度、维护生态系统平衡的重要作用；在害虫生物防治中占有重要地位，是世界害虫生物防治中应用最多、最成功的寄生性天敌类群之一。

目前全世界已知共计43个属1 400余种（Noyes，2018）；我国已知共计16属260

* 基金项目：湖南人文科技学院2017年博士科研启动项目（8250187）
** 第一作者：陈业，讲师，主要从事膜翅目蚜小蜂科分类学研究；E-mail：chenye19890506@163.com
*** 通信作者：金晨钟，研究员，主要从事害虫综合防治研究；E-mail：hnldjcz@sina.com

余种。湖南省地处华中地区，已知蚜小蜂科 5 属 9 种。

最早开始对湖南蚜小蜂调查的是意大利人 Silvestri（1929）报道了采自长沙的柑橘上的黄金蚜小蜂 *Aphytis chrysomphali*，廖定熹等（1987）记载了黄盾恩蚜小蜂 *Encarsia smithi*，徐志宏等（1991）报道了湘西白蜡虫寄生蜂其中蚜小蜂包括日本食蚧蚜小蜂 *Coccophagus japonicus*，黄建（1994）在其蚜小蜂科专著中记载了糠片蚧黄蚜小蜂 *Aphytis hispanicus*、桑盾蚧黄蚜小蜂 *A. proclia* 和糠片蚧恩蚜小蜂 *Encarsia inquirenda*，此外还有一些学者零星的关于蚜小蜂的分布记录（Li，1997；黄蓬英和黄建，2004）。

2 研究内容

2.1 湖南省蚜小蜂科名录

（1）黄金蚜小蜂 *Aphytis chrysomphali*（Mercet，1912）.

（2）糠片蚧黄蚜小蜂 *Aphytis hispanicus*（Mercet，1912）.

（3）桑盾蚧黄蚜小蜂 *Aphytis proclia*（Walker，1839）.

（4）日本食蚧蚜小蜂 *Coccophagus japonicus* Compere，1924.

（5）长缨恩蚜小蜂 *Encarsia citrina*（Craw，1891）.

（6）糠片蚧恩蚜小蜂 *Encarsia inquirenda*（Silvestri，1930）.

（7. 黄盾恩蚜小蜂 *Encarsia smithi*（Silvestri，1926）.

（8）东方桨角蚜小蜂 *Eretmocerus orientalis* Gerling，1969.

（9）瘦柄花翅蚜小蜂 *Marietta carnesi*（Howard，1910）.

2.2 湖南省蚜小蜂科分种检索表（雌）

湖南省蚜小蜂科分种检索表（雌）

1 足跗节 4 节；触角 5 节，棒节拉长；中胸盾中叶具 6 根毛；寄生于粉虱 …… *Eretmocerus orientalis*

足跗节 5 节；触角 6~8 节，棒节正常；中胸盾中叶刚毛多于 6 根；一般寄生于蚧虫 …… 2

2 触角 6 节 …… 3

触角 8 节 …… 6

3 身体与足具浅色与暗色相间形成的花纹，前翅具花纹；触角柄节长为宽的 5.0 倍左右 …… *Marietta carnesi*

身体与足一般不具花纹，前翅颜色均 …… 4

4 腹部无色斑，并胸腹节扇叶突小而圆，3+3~6+7 个，常不重叠；前翅三角区 24~41 根刚毛 …… *Aphytis chrysomphali*

腹部具色斑 …… 5

5 腹部第 1~4 背板两侧具暗色短条纹，第 1 背板前缘与第 5 背板具暗色横带；第二索节宽不大于长的 2.0 倍 …… *Aphytis proclia*

腹部除第 1 背板具完整的暗色横带外，其余背板两侧具暗色斑；第二索节宽一般大于长的 2.0 倍 …… *Aphytis hispanicus*

6 前胸背板为一整块骨片；三角片大，分开的距离不超过每个三角片的最大长；
触角柄节颜色暗于鞭节；中足腿节完全黄色；后胸背板褐色 … *Coccophagus japonicus*
前胸背板分为两块骨片；三角片小，分开的距离超过每个三角片最大长…… 7
7 前翅缘毛长过翅宽；触角仅棒节具感器 …………………………… *Encarsia citrina*
前翅缘毛长不超过翅宽；触角除棒节具感器外，索节也有…………………… 8
8 前翅缘毛长为翅宽的 0.5 倍；触角第一索节约与第二索节等长，索节中第三节
具感器；产卵器约与中足胫节等长 …………………………… *Encarsia inquirenda*
前翅缘毛长仅为翅宽的 0.2 倍；触角第一索节短小，为第二索节长的一半，
第二索节和第三索节均有感器；产卵器长于中足胫节 …………… *Encarsia smithi*

3 结论与讨论

本论文通过查阅文献资料，整理湖南省蚜小蜂科共计 9 个种的资料，编制了分种检索表，为鉴定蚜小蜂提供基础研究资料。

湖南省是我国水稻、油茶、柑橘等经济作物的重要产区，而蚜小蜂科的寄主如蚜虫、粉虱、蜡蚧、盾蚧等正是为害它们的主要害虫；因此探明蚜小蜂这一重要天敌资源对今后指导湖南省的害虫生物防治有重要意义！

参考文献

黄建 . 1994. 中国蚜小蜂科分类（膜翅目：小蜂总科）［M］. 重庆：重庆出版社 .

黄蓬英，黄建 . 2004. 中国桨角蚜小蜂属及其新记录种的记述［J］. 昆虫分类学报，26（2）146-150.

廖定熹，李学骝，庞雄飞，等 . 1987. 中国经济昆虫志［膜翅目：小蜂总科（一）］［M］. 北京：科学出版社 .

徐志宏，李学骝，万益锋 . 1991. 湘西白蜡虫寄生蜂名录及一新种记述［J］. 中南林学院学报，11（1）：71-74.

Li C D，Lou Y M，Cao C W，*et al*. 1997. Species of *Encarsia* Foerster（Hymenoptera：Aphelinidae）from northeastern China［J］. Journal of Forestry Research 8（4）：225-226.

Noyes J S. 2018. Universal Chalcidoidea Database［DB］. Available from：http：//www. nhm. ac. uk/chalcidoids.

Silvestri F. 1929. Preliminary report on the citrus scale-insects of China［J］. Transactions，IV International Congress of Entomology，Ithaca，New York，2：898-904.

湖南八大公山国家级自然保护区蝶类分布新记录*

吴雨恒[1**]，谷志容[2]，肖　伟[1]，李逸豪[1]，刘俊杰[1]，
邱　林[1]，庄浩楠[1]，王　星[1***]
(1. 湖南农业大学植物保护学院/植物病虫害生物学与防控湖南省重点实验室，长沙　410128；2. 湖南八大公山国家级自然保护区管理处，桑植　427100)

摘　要：2017 年 4—9 月，对湖南八大公山国家级自然保护区的蝶类种群资源共进行了 6 次调查。记录蝶类 2 598只，隶属于 5 科 92 属 149 种。其中 12 种为保护区新记录种，分别为柳紫闪蛱蝶 *Apatura ilia*（Denis & Schiffermuller，1775）、离斑带蛱蝶 *Athyma ranga* Moore，1857、大卫绢蛱蝶 *Calinaga davidis* Oberthür，1879、白带螯蛱蝶 *Charaxes bernardus* Fabricius，1793、明窗蛱蝶 *Dilipa fenestra*（Leech，1891）、孔子翠蛱蝶 *Euthalia confucius*（Westwood，1850）、傲白蛱蝶 *Helcyra superba* Leech，1890、矛环蛱蝶 *Neptis armandia* Oberthür，1876、司环蛱环 *Neptis speyeri* Staudinger，1887、霭菲蛱蝶 *Phaedyma aspasia* Leech，1890、白裳猫蛱蝶 *Timelaea albescens*（Oberthür，1886）、姜弄蝶 *Udaspes folus* Cramer，1775。

关键词：蝶类；新记录；八大公山国家级自然保护区

New Records of Butterflys in Hunan Badagongshan National Nature Reserve

Wu Yuheng [1 **]，Gu Zhirong[2]，Xiao Wei[1]，Li Yihao[1]，Liu Junjie[1]，
Qiu Lin[1]，Zhuang Haonan[1]，Wang Xing[1] ***
(1. *College of Plant Protection*，*Hunan Agricultural University/Hunan Provincial Key Laboratory for Biology and Control of Plant Diseases and Insect Pests*，*Changsha* 410128，China；
2. *Badagongshan National Nature Reserve*，*Sangzhi* 427100，China)

Abstract：Six surveys of butterfly resources were carried out in Hunan Badagongshan National Natural Reserve from April to September，2017. A total of 2 598 butterflies were recorded，belonging to 149 species，5 families and 92 genera. Among them，12 species were new records of butterfly，consist of *Apatura ilia*（Denis & Schiffermuller，1775），*Athyma ranga* Moore，1857，*Calinaga davidis* Oberthür，1879，*Charaxes bernardus* Fabricius，1793，*Dilipa fenestra*（Leech，1891），*Euthalia confucius*（Westwood，1850），*Helcyra superba* Leech，1890，*Neptis armandia* Oberthür，1876，*Neptis speyeri* Staudinger，1887，*Phaedyma aspasia* Leech，1890，*Timelaea albescens*（Oberthür，1886）and *Udaspes folus* Cramer，1775.

---

* 基金项目：生态环境部生物多样性保护专项资助项目；湖南农业大学与八大公山国家级自然保护区合作研究项目

** 第一作者：吴雨恒，硕士研究生，主要从事昆虫生态学相关研究；E-mail：641760495@qq.com

*** 通信作者：王星，副教授，主要从事鳞翅目昆虫系统发育学及重要害虫综合治理研究研究；E-mail：wangxing@hunau.edu.cn

Key words：Butterflies；New records；Badagongshan National Nature Reserve

湖南八大公山国家自然保护区位于北纬29°39′18″~29°49′48″，东经109°41′50″~110°9′50″，海拔395.0~1 890.4m，桑植县的西北侧。东西长75 km，南北宽20km，总面积23 200hm²，主要分为天平山、斗篷山、杉木界三大林区。保护区属侵蚀溶蚀山原，岭高谷深、坡陡顶平、岩溶发育、地形崎岖，海拔一般在1 000m以上，最高峰为斗篷山有1 890.4m（卢志军，2011）。该区属北温带山地湿润季风气候，年平均降水量2 105.4mm，年有雾日达145天，年平均相对湿度在90%以上，为湖南省三大暴雨中心之一。

保护区内有丰富的植物资源，森林覆盖度高达94.1%。其中蕨类植物504种，种子植物1 775种。包括国家Ⅰ、Ⅱ级保护植物珙桐、钟萼木等35种，濒危植物3种，稀有植物7种，渐危植物20种，植物种类占湖南省总数的66%（廖博儒等，2003；陈昌笃等，2003；卢志军等，2013）。该区丰富的植被资源和良好的水热条件为昆虫的生存与繁衍创造了优越的生态条件，蝶类资源极为丰富。2016年环境保护部启动了“以蝴蝶为监测对象的生物多样性观测与保护项目”，八大公山国家级自然保护区被选为该项目113个样区之一。目前，保护区内已报道蝴蝶种类289种，隶属于11科139属。其中粉蝶科12属29种、凤蝶科10属26种、斑蝶科3属6种、环蝶科2属4种、眼蝶科15属53种，蛱蝶科39属90种、珍蝶科1属1种、喙蝶1属1种、蚬蝶科4属6种、灰蝶24属33种、弄蝶28属40种（代国旗等，2017）。2017年4—9月，笔者团队按照环保部的统一要求对保护区内的蝴蝶种群进行逐月调查，在完善保护区蝴蝶种群变化及生物多样性方面数据的同时，为全国蝴蝶观测网络提供区域观测基础数据。

1　调查方法

调查采用样线法。根据海拔梯度、生境类型沿保护区试验区边缘延伸至核心区，共设置5条长度为2 km的样线。每月进行1次普查，每次调查由3人进行，其中2人负责网捕，1人记录。对熟悉并容易识别的蝶类直接记录，无法当场鉴定的种类则少量网捕，记录时间、地点及采集人，带回实验室制作标本、分类鉴定（周尧，1994，1998；张巍巍等，2011；武春生等，2017）。调查选择晴天或多云天气，夏、秋两季的调查时间为8:00—12:00与14:00—16:00；春、冬两季的调查时间为10:00—15:00。

调查中所使用的工具和仪器为捕虫网、采集盒、观察盒、笔、照相机、全球定位系统（GPS）仪、三角纸袋、《蝴蝶鉴定手册》等工具书、记录表等。

2　保护区蝶类新记录

按环保部统一要求，于2017年4—9月对保护区内的蝴蝶种群进行逐月调查。记录蝴蝶个体数2 598只，隶属于5科92属149种，对采集到的标本查阅相关文献进行分类鉴定，发现12种为保护区新记录种。分别是柳紫闪蛱蝶 *Apatura ilia*（Denis & Schiffermuller，1775）、离斑带蛱蝶 *Athyma ranga* Moore，1857、大卫绢蛱蝶 *Calinaga davidis* Oberthür，1879、白带螯蛱蝶 *Charaxes bernardus* Fabricius，1793、明窗蛱蝶 *Dilipa fenestra*

（Leech，1891）、孔子翠蛱蝶 *Euthalia confucius*（Westwood，1850）、傲白蛱蝶 *Helcyra superba* Leech，1890、矛环蛱蝶 *Neptis armandia* Oberthür，1876、司环蛱蝶 *Neptis speyeri* Staudinger，1887、霭菲蛱蝶 *Phaedyma aspasia* Leech，1890、白裳猫蛱蝶 *Timelaea albescens*（Oberthür，1886）、姜弄蝶 *Udaspes folus* Cramer，1775。采集的标本均保存于湖南农业大学植物病虫害生物学与防控湖南省重点实验室标本室，现将其识别特征予以记述。

2.1　柳紫闪蛱蝶 *A. ilia*（图 1a，1b）

翅黑褐色，雄蝶有紫色闪光。前翅中室外和下方分别有 2 个、5 个和 3 个白斑，中室内有 4 个黑点；翅背面清晰，具一个与前翅相似的小眼斑。

2.2　离斑带蛱蝶 *A. ranga*（图 2a，2b）

翅正反面均为黑褐色，斑纹白色。前翅中室内条纹碎成不规则的小块，中室下方也有小块斑分布；中横列斑分成 3 组；后翅第一个中横列斑大而分开，外横列斑分离，不形成带。

2.3　大卫绢蛱蝶 *C. davidis*（图 3a，3b）

头胸相接处有橙黄色毛，翅白色半透明，脉纹黑色。前翅中室内和端部及中室外各有淡黑色横纹；前后翅端部 1/3 淡黑色，中室具 2 列白色椭圆斑。

2.4　白带螯蛱蝶 *C. bernardus*（图 4a，4b）

翅正面红棕色或黄褐色，反面棕褐色。雄蝶前翅具宽的黑色外缘带，中区具白色横带。后翅亚外缘具自前缘向后逐渐变窄的黑带。

2.5　明窗蛱蝶 *D. fenestra*（图 5a，5b）

翅面金黄色，有金属光泽，外缘黑褐色。前翅顶角具三角形黑斑，中室中央，端部及下方各具 1 枚黑斑，Cu_1具 1 个黑色眼斑。后翅外缘具 1 黑色带，亚缘区有 4 个黑斑。

2.6　孔子翠蛱蝶 *E. confucius*（图 6a，6b）

翅正面墨绿色，前翅亚顶角具白斑 3 个，中间 1 个大，中带宽，从前缘向臀角倾斜；M_2与 M_3的斑基部在同一线上，近平行四边形。后翅的白斑前宽，后端很窄，钩状。

2.7　傲白蛱蝶 *H. superba*（图 7a，7b）

翅正面白色，前翅自前缘 1/2 处斜向臀角处为黑色，近顶角处具 2 个白斑点；中室端部具 1 个小黑斑。后翅外缘具 1 条锯齿状黑纹，中域有不规则的黑色斑列。翅反面银白色。

2.8　矛环蛱蝶 *N. armandia*（图 8a，8b）

翅正面黑色，斑纹黄色。前翅中室条与室侧条愈合，后翅反面具深色斑点。

2.9　司环蛱蝶 *N. speyeri*（图 9a，9b）

翅正面黑色，前翅正面中室前缘有一缺刻，室侧条短钝，与 M_3 室的斑相距较远。后翅反面中线处为 1 列深色斑占据。

2.10　霭菲蛱蝶 *P. aspasia*（图 10a，10b）

翅正面黑色。前翅具有“曲棍球杆”状的斑状；后翅 $Sc+R_1$脉长，几乎到达顶角；后翅前缘镜纹很大，极为显著。翅反面呈橘红色，后翅反面中室无斑点。

2.11　白裳猫蛱蝶 *T. albescens*（图 11a，11b）

翅橘黄色，密布黑色斑纹。前翅中室内具 4 个黑斑。后翅从中横斑列内侧至翅基部白色。

2.12　姜弄蝶 *U. folus*（图 12a，12b）

触角不及前翅前缘长的 1/2，后翅中室小于翅长的 1/2；翅面黑褐色，后翅中央具 1 个白色透明区。

图 1　柳紫闪蛱蝶 *Apatura ilia*（Denis & Schiffermuller，1775）
（a 为正面，b 为反面，下同）

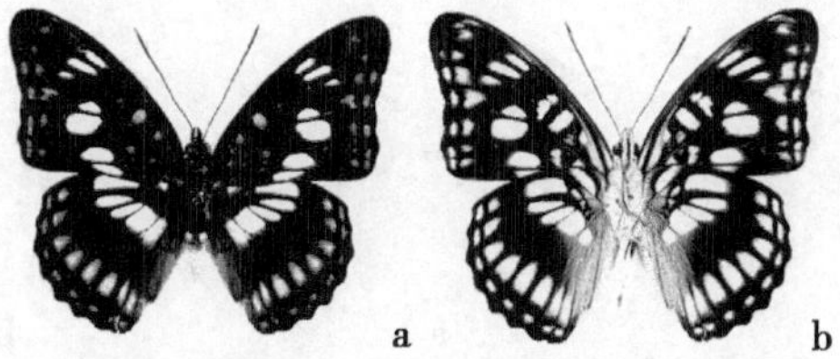

图 2　离斑带蛱蝶 *Athyma ranga* Moore，1857

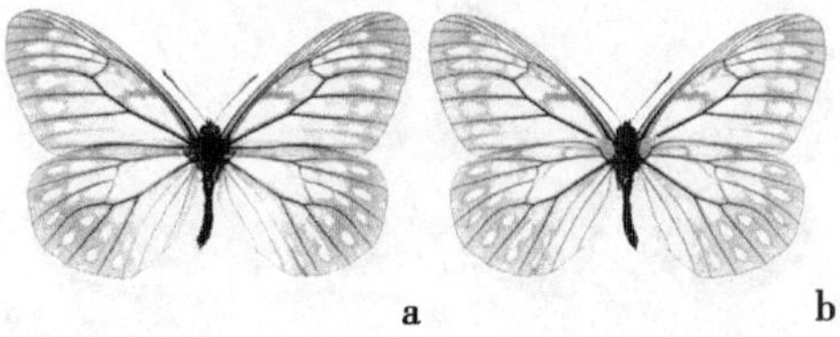

图 3　大翅绢粉蝶 *Calinaga davidis* Oberthür，1879

图 4　白带螯蛱蝶 *Charaxes bernardus* Fabricius，1793

a b

图 5 明窗蛱蝶 *Dilipa fenestra* (Leech, 1891)

a b

图 6 孔子翠蛱蝶 *Euthalia confucius* (Westwood, 1850)

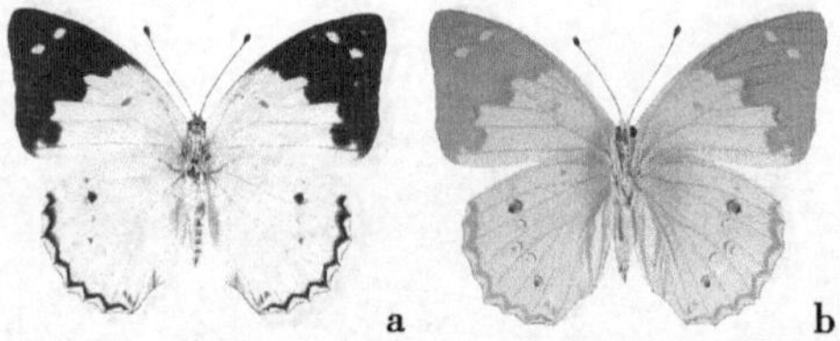

a b

图 7 傲白蛱蝶 *Helcyra superba* Leech, 1890

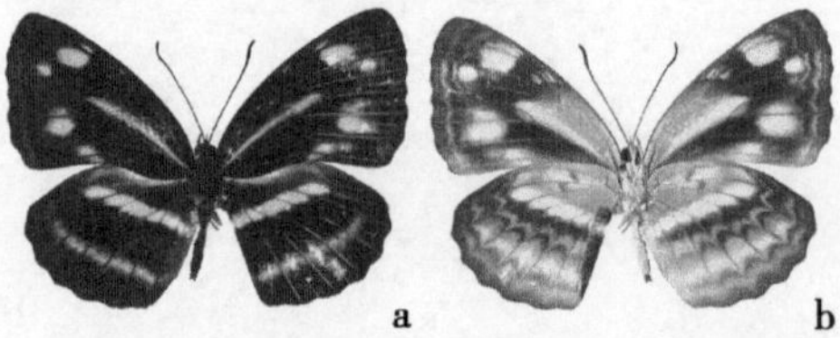

a b

图 8 矛环蛱蝶 *Neptis armandia* Oberthür, 1876

a b

图 9 司环蛱蝶 *Neptis speyeri* Staudinger, 1887

图 10　霭菲蛱蝶 *Phaedyma aspasia* Leech，1890

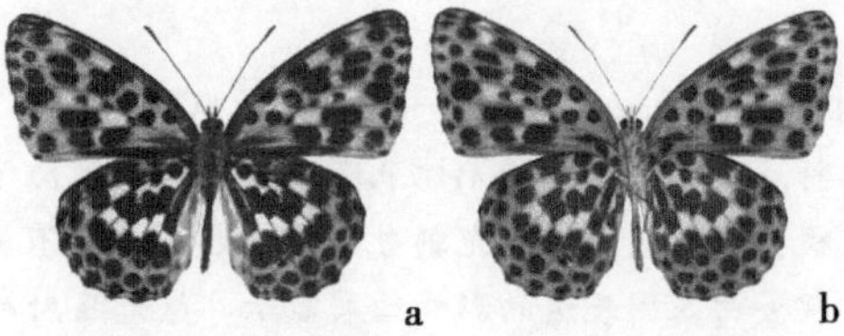

图 11　白裳猫蛱蝶 *Timelaea albescens*（Oberthür，1886）

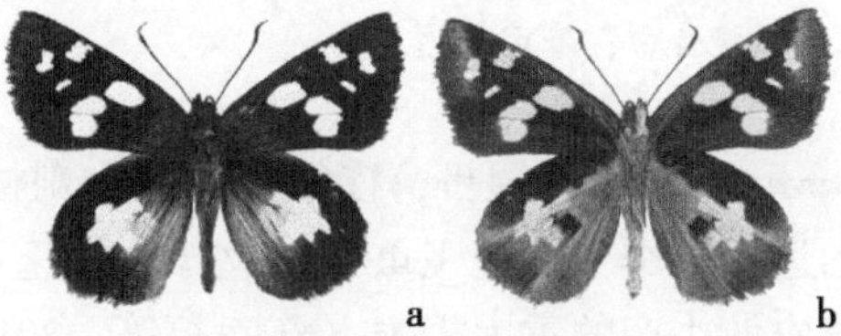

图 12　姜弄蝶 *Udaspes folus* Cramer，1775

参考文献

陈昌笃，李迪华 . 2003. 湖南省武陵源地区的生物多样性和生态完整性［J］. 生态学报，23（11）：2414-2423.

代国旗，肖伟，谷志容，等 . 2017. 八大公山国家级自然保护区蝶类名录［C］//原国辉，王高平，李为争 . 华中昆虫研究（第十三卷）. 北京：中国农业科学技术出版社 .

廖博儒，谢云，李迪友 . 2003. 八大公山国家级自然保护区发展生态旅游初探［J］. 中南林业调查规划，22（2）：47-49.

卢志军 . 2011. 湖南八大公山国家级自然保护区简介［J］. 生物多样性（2）：151.

卢志军，鲍大川，郭屹立，等 . 2013. 八大公山中亚热带山地常绿落叶阔叶混交林物种组成与结构［J］. 植物科学学报，31（4）：336-344.

武春生，徐堉峰 . 2017. 中国蝴蝶图鉴［M］. 福州：海峡书局 .

周尧 . 1994. 中国蝴蝶志（上、下册）［M］. 郑州：河南科技出版社 .

周尧 . 1998. 蝴蝶分类与鉴定［M］. 郑州：河南科技出版社 .

张巍巍，李元胜 . 2011. 中国昆虫生态大图鉴［M］. 重庆：重庆大学出版社 .

不同光照对黏虫视蛋白基因表达的影响

薛彧媛，彭文菊，刘　芬，王　永*

（特色果蔬质量安全控制湖北省重点实验室/湖北工程学院
生命科技学院，孝感　432000）

摘　要： 黏虫（*Mythimna separata*）是一种重要的农业害虫，具有群聚性、迁飞性、杂食性、暴食性为害的特点。利用昆虫趋光性来进行害虫的物理防治是减少或替代农药等化学防治的有效方法。视蛋白是昆虫接受光刺激的重要物质，具有波长选择性，本论文研究不同光源照射对黏虫视蛋白基因表达的影响结果显示：蓝光照射对雌性成虫的 *LW*1 基因影响最显著，使雄性成虫的三种基因表达均产生明显的下降趋势。白光照射使雌雄成虫的 *UV* 基因表达均呈现明显的"峰型"。总体而言，不同光照对黏虫的基因表达均有显著影响。

关键词： 黏虫；光照；视蛋白；基因表达

黏虫（*Mythimna separata*）属于鳞翅目，夜蛾科，又称剃枝虫、行军虫，俗称五彩虫、麦蚕。是一种典型的远距离季节性迁飞重大农业害虫，迁飞行为常使该虫易在某些地区突然暴发成灾，造成农业生产的重大损失（江幸福等，2014；王娟等，2016）。

视觉是昆虫感知周围光环境的最重要的途径，对昆虫寻找配偶、捕捉猎物、传递信息和自我保护起着重要作用（闫硕等，2011；Lord *et al.*，2016）。昆虫的多样性极其丰富，生活的光环境也多种多样，经过长期的光适应，昆虫的视色素进化成为长波和短波两大类别，短波又分为 UV 敏感视色素和蓝光敏感视色素（闫硕等，2012）。研究表明，大多数昆虫都具备绿光感受器、蓝光感受器、紫外线光受体。最近研究表明，黏虫拥有 *UV*、*BL* 和两个 *LW* 视蛋白基因（刘振兴等，2016）。

多数鳞翅目昆虫存在趋光行为，不同昆虫对光的趋性有一定的选择和偏好，这取决于昆虫的复眼结构和视网膜上的视蛋白的特征（董婉君等，2016）。一般昆虫对光的感应多为短波光，波长为 253~700nm（张纯胄等，2007）。江幸福等（2010）人对草地螟成虫对不同光波和光强的趋光性的研究中显示，草地螟成虫趋光的光谱敏感区主要在 360nm 左右的紫外光区。在姚渭等（2005）对储粮害虫的趋光性研究中发现，铁锈扁谷盗与和长角扁谷盗对红、黄、绿、紫及蓝色光都表现为较明显的趋光行为。在对夜蛾昆虫进行单波长光源的趋光性比较的研究中，发现龟纹瓢虫 *Propylea japonica* 成虫对 340nm 光源的趋光性最高（陈晓霞等，2009）。蒋月丽等（2015）发现铜绿丽金龟对 405nm 紫外光和 465nm 蓝光表现很强的趋性。同时玉米螟对紫外和蓝光区波长也有强烈的趋性（徐练，2016）。目前也已经有很多学者对于黏虫的趋光行为进行了研究。在

* 通讯作者：王永，E-mail：wangyong@ hbeu. edu. cn

董瑞等对不同种类昆虫趋光性的研究中可知，鳞翅目昆虫上灯的种类和数量都占比较大的比例。在靖湘峰等（2004）的研究中表明，黑白灯与黑绿灯都表现出对黏虫良好的引诱效果。

虽然许多昆虫种类均有很强的趋光习性，但研究发现同种昆虫不同性别对同种光源的敏感性不同。例如，Williame 用 200W 充气电灯泡诱捕到的夜蛾科的 51 个种中，有 45 个种的雄虫数量明显多于雌虫（程文杰等，2011）。蒋月丽等（2015）发现在 492nm 和 520nm 的光源处铜绿丽金龟的趋光行为有一定的性别差异。在王占霞（2015）的研究论文中表明韭菜迟眼蕈蚊的性别对不同强度白光的趋光行为影响显著，雄成虫对光强度更为敏感，趋向率较之雌虫更高。徐练（2016）发现玉米螟雄虫的趋光反应要显著高于雌虫，雄性玉米螟成虫的趋光行为较高。

昆虫的趋光行为比较复杂，对不同波长的光源具有选择性。视蛋白是昆虫接受光源的关键分子，不同昆虫如何响应和应对不同光源的照射还不清楚。本文以黏虫为材料，研究不同光照对黏虫视蛋白基因表达的影响，为研究黏虫的趋光行为奠定了基础。

1 材料与方法

1.1 供试昆虫

黏虫购自河南济源科云生物有限公司，幼虫采用人工饲料饲养。饲养条件：温度 (25±1)℃，光周期 14L：10D（5:00—19:00 光照），温度 70%~80%。根据蛹腹部末端鉴别雌雄，新孵化的雌雄成虫分别置于昆虫养虫笼中，喂以 10%的蜂蜜水，选择 2 日龄雌雄成虫。

1.2 实验试剂

RNA 提取试剂盒是（KaRa MiniBEST Universal RNA Extraction Kit）购自宝生物（大连）生物工程有限公司。荧光定量反转录试剂盒（TransStart^{R} Tip Green qPCR SuperMix）购于北京全式金生物技术有限公司。RNAiso Plus、氯仿和异丙醇购自生工生物工程（上海）有限公司。

1.3 光照处理

2 日龄雌雄成虫分别进行不同光源光照（蓝光和白光）处理。雌雄成虫先暗适应 0.5h，然后白光照射 0.5h 和 1h，乙醚迅速麻醉，冰上剪取雌雄成虫头部，液氮中速冻，置于-80℃的冰箱。每组处理重复 3 次。

1.4 基因荧光定量检测

应用 Primer Premier 5 设计黏虫 LW、BL 和 UV 基因的 qPCR 引物，具体信息见表 1。采用 10μL 反应体系，qPCR SuperMix 5.0μL，cDNA 0.5μL，上下游引物各 0.2μL，Passive Reference Dye（50×）0.2μL，加水补充至 10μL。反应条件：95℃预变性 2 min；95℃变性 5s，55℃退火 15s，72℃ 20s，共 40 个循环，之后进行溶解曲线检测。采用 $2^{-\Delta\Delta CT}$计算表对表达量。

根据黏虫 *LW*1、*BL*、*UV* 的基因序列设计 qPCR 引物，具体信息见表 1。

表 1　黏虫 qPCR 引物信息表

Primer 名称	序列（5′—3′）
MsLW1-152qF1	ATAGCCTTCGACCGCTACAA
MsLW1-152qR1	TCGGGCACATATCGATTCCA
MsUV-233qF1	CAGTACACCGTGGGCTCTAC
MsUV-233qR1	TGGCTTGTTCCCTCAAAGCA
MsBL-252qF1	CGGACGACCAGGATACGAAG
MsBL-252qR1	ACGCACAGACGAAGAGGAAG

1.5　统计分析

试验数据采用单因素进行方差分析，利用 Duncan's 法进行处理间的差异显著性检测。分别对同一光源，不同光照时间下的上述所得数据用 SPSS 软件进行单因素方差分析与显著性检验。分析得到不同光源、不同光照时间对黏虫视蛋白基因表达的影响。

2　结果与分析

2.1　蓝光照射对黏虫视蛋白基因表达的影响

蓝光照射对黏虫雌雄视蛋白基因表达的影响见图 1。对于雌成虫（图 1A），和对照（0h）相比，光照 0.5h *LW*1 基因表达量没有显著变化，光照 1h *LW*1 基因表达显著升高（$P<0.05$）。雌成虫 *BL* 基因表达量均显著降低（$P<0.05$），0.5h 雌成虫表达量最低，0.5h 和 1h 光照 *BL* 基因表达量存在显著差异。雌成虫 *UV* 基因表达量随光照时间先升高后降低，与对照相比均有显著差异（$P<0.05$）。

而蓝光照射后，黏虫雄成虫（图 1B）*LW*1、*BL*、*UV* 基因的表达量均降低，各个处理时间均低于对照组，且基因表达与对照组相比差异显著（$P<0.05$）。

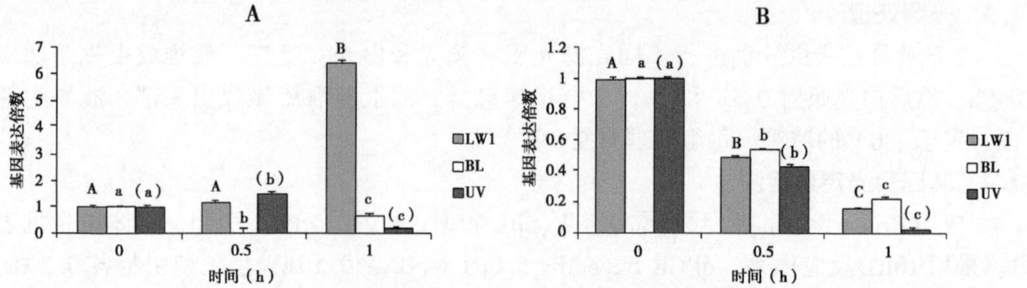

图 1　蓝光照射对黏虫视蛋白基因表达的影响

图 1 中数据为平均数±标准差。图 1-A 为雌成虫的视蛋白基因表达统计图，图 1-B 为雄成虫的视蛋白基因表达统计图。同一柱状图中，大写字母表示 *LW*1 基因表达量经单因素方差分析 Duncan's 法检验在 $P<0.05$ 水平的差异显著性，小写字母表示 *BL* 基因

表达量经单因素方差分析 *Duncan's* 法检验在 $P<0.05$ 水平的差异显著性，括号内的字母表示 UV 基因表达量经单因素方差分析 Duncan's 法检验在 $P<0.05$ 水平的差异显著性。

2.2 白光照射对黏虫视蛋白基因表达的影响

白光照射对黏虫雌雄视蛋白基因表达的影响见图 2。对于雌成虫（图 2 A），和对照（0h）相比，光照 0.5h *LW*1 基因表达量没有显著变化，光照 1h *LW*1 基因表达量显著升高（$P<0.05$）。雌成虫 *BL* 基因表达量随光照时间先升高后降低，与对照相比均有显著差异。雌成虫 *UV* 基因表达量随光照时间先升高后降低，和对照组相比（0h）光照 0.5h *UV* 基因表达量显著升高（$P<0.05$），光照 1h *UV* 基因表达量与对照（0h）相比没有显著变化。

而白光照射后，黏虫雄成虫（图 2 B）*LW*1、*BL*、*UV* 基因表达量均随光照时间先升高后降低，与对照组相比均有显著差异（$P<0.05$）。

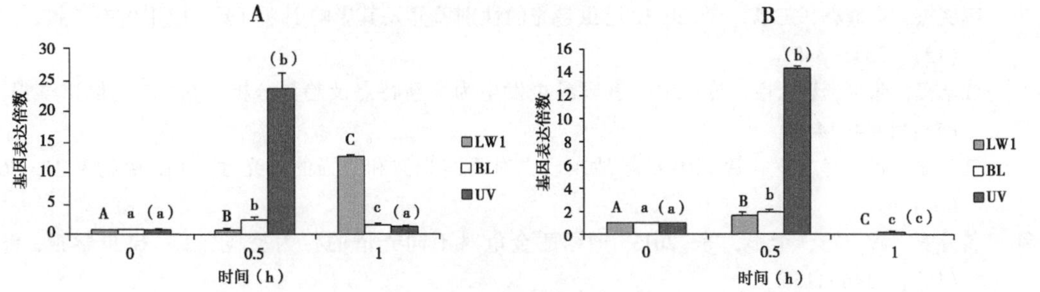

图 2 白光照射对黏虫视蛋白基因表达的影响

图 2 中数据为平均数±标准差。图 2-A 为雌成虫的视蛋白基因表达统计图，B 图为雄成虫的视蛋白基因表达统计图。同一柱状图中，大写字母表示 *LW*1 基因表达量经单因素方差分析 Duncan's 法检验在 $P<0.05$ 水平的差异显著性，小写字母表示 *BL* 基因表达量经单因素方差分析 Duncan's 法检验在 $P<0.05$ 水平的差异显著性，括号内的字母表示 *UV* 基因表达量经单因素方差分析 Duncan's 法检验在 $P<0.05$ 水平的差异显著性。

3 讨论

在蓝光或白光照射后，雌性成虫和对照相比在光照 1h 后 LW1 基因的表达量均显著升高（$P<0.05$）。在蓝光照射下，雌成虫与对照相比 BL 基因的表达量均显著降低（$P<0.05$），0.5h 雌成虫表达量最低。在白光照射 0.5h 后，雌雄成虫的 *UV* 基因的表达量显著升高（$P<0.05$）。蓝光照射后，黏虫雄成虫 *LW*1、*BL*、*UV* 基因的表达量均降低，且基因表达与对照组相比差异显著（$P<0.05$）。而白光照射后，黏虫雄成虫 *LW*1、*BL*、*UV* 基因表达量均随光照时间先升高后降低，与对照组相比均有显著差异（$P<0.05$）。在蓝光照射下雌成虫与雄成虫相比视蛋白基因表达存在显著差异，而在白光照射下差异不显著。通过显著性检验发现白光和蓝光对黏虫视蛋白基因表达均有影响。

视蛋白基因在不同昆虫中表达存在差异。闫硕（2015）研究棉铃虫复眼 3 个视蛋白基因的表达受不同日龄、昼夜节律、暗期处理和饥饿处理有关，在绿光和紫外光照射后，视蛋白基因的相对表达量升高，而视蛋白基因受到饥饿处理情况下影响视蛋白基因表达下降。日本萤火虫 *Luciola cruciata* 雌成虫 *LW* 基因夜间表达量高于白天，而 *UV* 基因一天的变化并不显著。雄成虫 *LW* 和 *UV* 基因一天的变化均不显著（Oba & Kainuma，2009）。光暴露增强意蜂 *Apis mellifera LW* 基因表达，并且访花蜜蜂比蜂巢蜜蜂表达量高（Satoh 等，2003）。棉铃虫 *UV* 和 *BL* 在正常光周期中光照 1 小时达到最大量然后下降，而 *LW* 视蛋白基因白天逐渐降低，晚上逐渐升高，雌成虫 *LW* 基因表达显著低于雄虫（闫硕，2015）。豌豆蚜 YR2 种群视蛋白基因短光照条件下的表达量均高于长光照（Collantes-Alegre *et al.*，2018）。黏虫是如何响应和应对其他光源的照射还不清楚，还需进一步深入研究。

参考文献

陈晓霞 . 2009. 龟纹瓢虫成虫趋光性和取食行为的影响因素研究［D］. 保定：河北农业大学 .

程文杰，郑霞林，王攀，等 . 2011. 昆虫趋光的性别差异及其影响因素［J］. 应用生态学报，22（12）：3351-3357.

江幸福，张蕾，程云霞，等 . 2014. 我国黏虫发生为害新特点及趋势分析［J］. 应用昆虫学报，（6）：1444-1449.

江幸福，张总泽，罗礼智 . 2010. 草地螟成虫对不同光波和光强的趋光性［J］. 植物保护，36（6）：69-73.

蒋月丽，武予清，李彤，等 . 2015. 铜绿丽金龟对不同光谱的行为反应［J］. 昆虫学报，58（10）：1146-1150.

靖湘峰，雷朝亮 . 2004. 昆虫趋光性及其机理的研究进展［J］. 昆虫知识，（3）：198-203.

刘彦飞，于海利，仵均祥 . 2013. 梨小食心虫对 LED 光的趋性及影响因素的研究［J］. 应用昆虫学报，50（3）：735-741.

王娟，李伯辽，许均祥，等 . 2016. 变温对黏虫生殖及主要能源物质代谢的影响［J］. 昆虫学报，59（9）：917-924

王占霞 . 2015. 韭菜迟眼蕈蚊光色趋性及其行为机理［D］. 保定：河北农业大学 .

魏国树，张青文，周明牂，等 . 2000. 不同光波及光强度下棉铃虫成虫的行为反应［J］. 生物物理学报，16（1）：89-95.

肖英方，毛润乾，万方浩 . 2013. 害虫生物防治新概念——生物防治植物及创新研究［J］. 中国生物防治学报，29（01）：1-10.

徐练 . 2016. 异色瓢虫、玉米螟和烟粉虱的趋光性研究［D］. 长沙：湖南农业大学 .

闫硕 . 2015. 棉铃虫视觉基因的表达模式及功能研究［D］. 北京：中国农业大学 .

姚渭，薛美洲，杜燕萍 . 2005. 八种储粮害虫趋光性的测定［J］. 粮食储藏，34（2）：3-15+19.

张纯胄，杨捷 . 2007. 害虫趋光性及其应用技术的研究进展［J］. 生物安全学报，16（2）：131-135.

Collantes-Alegre J M，Mattenberger F，Barbera M，*et al.* 2018. Characterisation，analysis of expression and localisation of the opsin gene repertoire from the perspective of photoperiodism in the aphid *Acyrthosiphon pisum*［J］. Insect Physiol，104：48-59.

Lord N P，Plimpton R L，Sharkey C R，*et al.* 2016. A cure for the blues：opsin duplication and subfunctionalization for short-wavelength sensitivity in jewel beetles（Coleoptera：Buprestidae）［J］. BMC Evol Biol，16（1）：107.

Oba Y，Kainuma T. 2009. Diel changes in the expression of long wavelength-sensitive and ultraviolet-sensitive opsin genes in the Japanese firefly，*Luciola cruciata*［J］. Gene，436（1）：66-70.

Satoh A，Stewart F J，Koshitaka H，*et al.* 2017. Red-shift of spectral sensitivity due to screening pigment migration in the eyes of a moth，*Adoxophyes orana*［J］. Zoological letters，3（1）：14.

茶小绿叶蝉对不同光源的趋性及发生规律研究

彭　丰[1]，王志勇[2]，姚　顺[1]，张志林[1]，王　永*

（1. 特色果蔬质量安全控制湖北省重点实验室/湖北工程学院生命科技学院，孝感　432000；2. 孝感市林业科技推广中心，孝感　432000）

摘　要：茶小绿叶蝉是近年来我国茶园普遍发生的一种主要害虫。本文研究了6种不同波长的光源对小绿叶蝉的诱集效果以及茶小绿叶蝉的发生动态。结果表明，2号光源对小绿叶蝉的诱集效果最好，与其他光源的诱集效果存在显著差异，1号光源次之。发生动态分析显示4月底开始茶小绿叶蝉发生量逐渐增多，上半年存在2个为害高峰期，主高峰5月中下旬，次高峰6月中旬。

关键词：茶小绿叶蝉；趋光性；发生规律

茶小绿叶蝉隶属于半翅目叶蝉科，是我国茶区分布最广，为害最重的一种茶树害虫，以成虫、若虫均趋嫩为害，多栖息在芽嫩梢叶背面，以刺吸式口器入嫩梢吸取汁液，造成茶树芽叶生长迟缓，焦边、焦叶、造成茶叶减产（张世平，2010；陈洪云等，2014）。普通年份茶树受害后，茶叶减产10%以上，重则高达30%～50%（王蓉，2013）。过去防治茶小绿叶蝉主要依靠化学农药，但长期使用化学农药带来了严重的3R问题（崔宏春等，2016），同时导致茶叶农药残留超标，降低茶叶品质和质量（黄婷婷等，2013）。随着我国转变经济发展方式、调整经济结构，对农业提出了绿色生产和绿色发展的要求，对病虫害进行绿色防控和实施农药零增长行动。在此背景下，大力发展其他无公害防治技术，日益受到青睐和重视。

茶小绿叶蝉具有趋光性，可利用其趋光性进行物理防治，但其敏感光源还未可知。因此本文研究不同波长的光源对茶小绿叶蝉的诱集效果以及茶小绿叶蝉的田间发生规律，以其为茶小绿叶蝉的科学防治提供理论依据。

1　材料与方法

1.1　试验地点

试验地点位于孝感市孝南区福良山茶园。生长旺盛、长势一致的多年生茶树，茶丛高度约1m，密植，已封行，茶行长度和走向基本一致。地形较为平坦，基肥、水源管理良好，近年茶小绿叶蝉为害发生普遍，整个茶园基本不碰洒农药，为害严重时施用生物农药。

1.2　试验设计

在选定的试验茶园内间隔15m左右设一盏诱虫灯，一共6盏。根据已有文献报道，

* 通讯作者：王永，E-mail：wangyong@hbeu.edu.cn

设计不同波长的LED光源，分别标记为：1号、2号、3号、4号、5号和6号灯。随机分组，两列排列，220V、500W的移动电源供电，竹竿和夹子固定LED灯，灯下方10cm左右设置1塑料盆，盆内加水和洗衣液，塑料盘放置于茶丛上。晚上19:00准时开灯，21:00关灯，调查2h内的小绿叶蝉诱集数量。本试验茶小绿叶蝉发生高峰期持续一星期。

4月中旬于茶园内选定3个点固定安装太阳能诱虫灯，光源由湖南本业绿色防控科技股份有限公司提供。从4月底开始调查茶小绿叶蝉的发生动态，每两天统计一次，直至8月底。

1.3 统计分析

不同光源诱集茶小绿叶蝉的数目差异进行单因素方差分析，Duncan法进行显著性检验。

2 结果与分析

2.1 6种光源对茶小绿叶蝉的诱集效果

6种光源对茶小绿叶蝉的诱集效果见图1。由图可见，2号光源对茶小绿叶蝉的诱集效果最好，与其他光源诱集的茶小绿叶蝉数目存在显著差异（$P<0.05$）。1号光源次之，6号光源引诱效果最差。

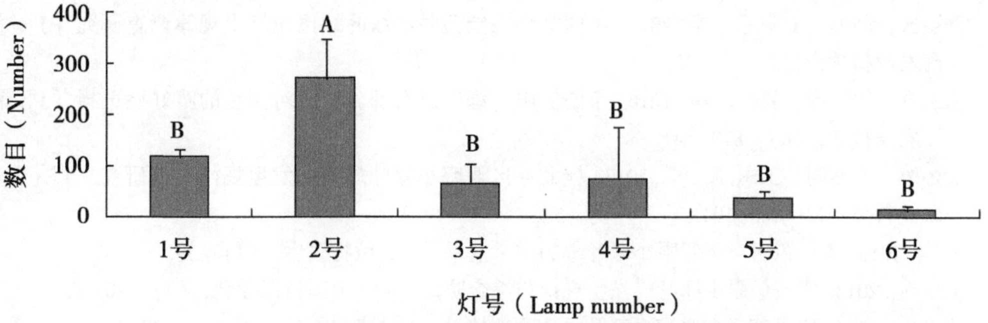

图1 6种不同波长光源对茶小绿叶蝉的诱集效果

2.2 茶小绿叶蝉的发生规律

茶小绿叶蝉的发生规律见图2。结果显示，4月底茶小绿叶蝉数目开始上升，5月进入第一个发生高峰期，尤其以5月下旬发生量最大。6月中旬进入第二个发生高峰期，但发生量明显小于第一高峰期，为次高峰期。6月底茶小绿叶蝉发生量比较较小，之后趋于平缓。

3 讨论

本试验结果表明2号灯对茶小绿叶蝉的诱集效果最好，与其他光源诱集的茶小绿叶蝉数目存在显著差异，1号光源诱集效果次之。由此可以制造2号光源和1号光源两个波段的茶小绿叶蝉专用灯，特异性针对茶小绿叶蝉进行诱杀，减轻其对茶树的为害，提

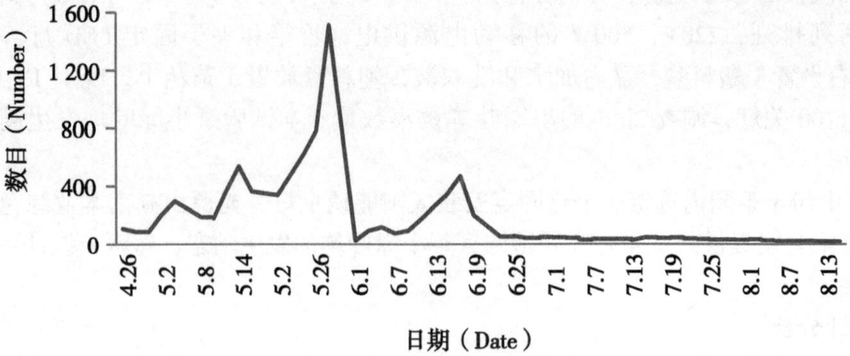

图 2　茶小绿叶蝉发生动态

高茶树产量和品质（黄婷婷等，2013）。

茶小绿叶蝉在湖北地区的一年发生 10 代，3 月中旬越冬成虫开始活动（张进华，2011）。本研究显示茶小绿叶蝉 5 月进入第一个发生高峰期，6 月中旬进入第二个发生高峰期，但发生量小于第一高峰期，为次高峰期。在 4 月底、5 月初加强对茶小绿叶蝉的防治，可以达到最佳的防治效果（吴郁魂，2013）。

参考文献

陈洪云，许燕，玉香甩，等 . 2014. 不同类型茶园假眼小绿叶蝉田间发生规律调查研究［J］. 湖南农业科学，(15)：42-43.

崔宏春，周铁锋，敖存，等 . 2016. 茶园假眼小绿叶蝉及部分天敌对颜色的嗜好性选择［J］. 浙江农业科学，(6)：879-881.

黄婷婷，文兆明，王志萍，等 . 2013. 桂北茶区假眼小绿叶蝉田间发生规律调查研究［J］. 现代农业科技，22：100-101.

王蓉 . 2013. 不同色板对茶假眼小绿叶蝉的诱杀效果［J］. 植物医生，(1)：39.

吴郁魂 . 2013. 宾茶假眼小绿叶蝉发生规律与综合防治［J］. 中国植保导刊，(7)：30-32.

张进华 . 2011. 宜昌茶区主要病虫害及绿色防控技术［J］. 贵州茶叶，39 (4)：28-30.

张世平 . 2010. 茶假眼小绿叶蝉的生物学特性及综合防治研究［J］. 中国农村小康科技，(9)：69-72.

赤拟谷盗视蛋白基因克隆及其对不同光源的响应研究

刘　芬，毛　莹，李琪诗，薛彧媛，彭文菊，王　永*
（特色果蔬质量安全控制湖北省重点实验室/湖北工程
学院生命科技学院，孝感　432000）

摘　要：赤拟谷盗是一种分布广泛的储粮害虫，近来报道其具有一定的趋光性。视蛋白是昆虫接受光刺激的关键分子，具有波长敏感性。本文为了探讨赤拟谷盗对不同波长光源的趋光机理，首先通过克隆获得了495bp的长波长视蛋白（*LW*）基因片段与223bp紫外线敏感视蛋白（*UV*）基因片段。保守结构域分析发现赤拟谷盗LW视蛋白和UV视蛋白均属具有七个跨膜结构域的G蛋白偶联受体超家族。不同光源光照不同时间对赤拟谷盗视蛋白基因表达的影响结果显示：白光和蓝光对赤拟谷盗*LW*和*UV*基因表达没有显著影响；395nm紫外光照射赤拟谷盗*LW*基因表达没有显著变化，而*UV*基因表达量显著降低；绿光照射导致赤拟谷盗*LW*和*UV*基因表达量均显著降低。这些结果说明绿光照射对赤拟谷盗*LW*和*UV*基因表达影响最为显著。

关键词：赤拟谷盗；长波长视蛋白；紫外线敏感视蛋白；趋光性

赤拟谷盗是一类破坏性大、分布广泛、存活时间长的世界性储粮害虫。现有的赤拟谷盗防治方法包括物理防治和化学农药防治。物理防治有缺氧储存，冷冻杀虫和高温杀虫等；化学农药防治有酒精熏蒸和磷化铝熏蒸。虽然其便捷高效，但是环境及农产品被残留农药和试剂污染，对人类的健康构成威胁，并且赤拟谷盗自身耐药性也不断提高。为了寻找高功效的、绿色的、对人畜和环境安全的储粮害虫防治新方法，人们在开发新型储粮害虫防治剂，探寻环保、合理的生物防治方法以及研究无害且有效的物理手段（沈加飞等，2016）。这对保证粮食安全、维护生态平衡、延缓储粮害虫抗药性的增加及蔓延有着重大影响（冼庆等，2014）。

长期以来一直认为赤拟谷盗是避光性昆虫，鲜有利用害虫趋光性进行灯光诱杀的报道，但是近年来有研究表明赤拟谷盗对不同的波长的光具有一定的趋性。姚渭等（2005）发现赤拟谷盗对红、黄、绿、紫及蓝色光均有趋光行为。王平等（2006）和邓树华等（2006）发现赤拟谷盗对紫外光不敏感，而Duehl等（2011）发现赤拟谷盗对390nm近紫外光有趋向；李千山等（2010）发现赤拟谷盗对蓝光有趋向，冼庆等（2014）发现500nm的绿光对赤拟谷盗吸引力最强，Song等（2016）发现红光对赤拟谷盗的吸引力最强，研究结果并不一致。

昆虫对光信号的接收依赖于由视蛋白和发光团组成的视紫红质。其中视蛋白是一种具有七个跨膜结构的G蛋白偶联受体，其种类和碱基序列多样性决定了视紫红质的敏

* 通信作者：王永；E-mail：wangyong@hbeu.edu.cn

感光波长多样性（Yan 等，2014）。根据视蛋白对不同波长的敏感性可以分为三类：紫外光视蛋白（325~400nm，UV），蓝光视蛋白（400~500nm，BL）和长波长视蛋白（>500nm，LW）。不同视蛋白在应对不同光源中发挥不同的作用。尽管很多昆虫保留有3色视觉系统，一些鞘翅目昆虫缺乏蓝光视蛋白（Xu 等，2013）。因此，本文首先克隆赤拟谷盗 UV 和 LW 视蛋白基因，进而探讨其在应对不同波长光源时的表达变化，以其为赤拟谷盗对不同波长的趋性反应提供理论基础，进而更好地利用赤拟谷盗趋光性进行无公害防治。

1 实验材料和方法

1.1 供试昆虫

供试昆虫赤拟谷盗由华中农业大学昆虫资源研究所提供，置于 LRH-150-G 光照培养箱内 27℃、黑暗条件下培养，用金沙河牌富强高筋小麦粉饲养。

1.2 基因克隆

利用 Trizol 法提取基因克隆所需要的赤拟谷盗 RNA，具体步骤按照 TaKaRa 公司动物组织 RNA 提取方法进行。NanoDrop 2000c 微量蛋白质检测仪和 1.2% 琼脂糖凝胶电泳检测 RNA 的质量和纯度。采用 TaKaRa 公司的 PrimeScript™ Ⅱ 1st Strand cDNA Synthesis Kit 试剂盒进行 cDNA 反转录。

使用 TaKaRa Taq™进行 PCR 扩增，扩增 LW 基因的上游引物为 TcLWF1：5′-GTGGGTCTCTCTTCGGATGC-3′，下游引物为 TcLWR1：5′-CCAGGTAAGGAGTCCAAGCG-3′；扩增 UV 基因的上游引物为 TcUVF2：5′-GATCGGAAACGGACTCGTCA-3′，下游引物为 TcUVR2：5′-TGTCATACCGGCCCCAATTC-3′。PCR 反应条件：95℃预变性 5 min；95℃变性 30 s，48℃退火 30 s，72℃ 1 min，共 35 个循环；72℃延伸 10 min。PCR 完毕后，使用全式金的 EasyPure^{R}QuiCK Gel Extraction Kit 试剂盒进行胶回收。

胶回收产物连接到 pEASY^R-T1 克隆载体，转化至感受态细胞 Trans DH 5a 中。挑选阳性克隆子，运用通用引物 M13F（-47）和 M13R（-48）进行菌液 PCR 检测，挑选符合预期的目的条带。菌液送至天一辉远生物科技有限公司测序。

1.3 序列生物信息学分析

运用 NCBI 数据库的 BLAST（https://blast.ncbi.nlm.nih.gov/Blast.cgi）可以对赤拟谷盗视蛋白基因进行碱基同源性分析。利用在线网站 NR2AA 将核酸序列转变为氨基酸序列（http://www.tofms.org/calmw/NR2AA_wkh0.asp）。用在线工具 ProtParam（https://web.expasy.org/protparam/）进行理化性质分析。使用 NPSA（https://npsa-prabi.ibcp.fr/）进行二级结构预测。用在线网站 ExPASy 中的 Protscale 程序（https://web.expasy.org/protscale/）对视蛋白的疏水性分析。用在线工具 TMHMM（http://www.cbs.dtu.dk/services/TMHMM-2.0/）对视蛋白的跨膜结构进行分析。用在线工具 Prosite（https://prosite.expasy.org/）和 NCBI 的 Conserved Domain Search 对视蛋白进行保守结构域分析。用 MEGA7.0 软件将赤拟谷盗视蛋白氨基酸序列和文献中获取的其他昆虫视蛋白序列作比较，并且使用邻接法构建系统发育树。

1.4 不同光源对赤拟谷盗视蛋白基因表达的影响

1.4.1 试虫处理

挑选同龄期赤拟谷盗的成虫用于实验。暗适应 0.5h 后，赤拟谷盗成虫接受不同光源的 LED 光照射，光源包括 395nm 单色光、白光、蓝光和绿光，分别照射 0、5、15 和 30min。每组试虫质量约 50mg，重复 3 次。照射完毕后，乙醚麻醉，液氮冷冻保存。

1.4.2 荧光定量 PCR

用 TaKaRa MiniBEST Universal RNA Extraction Kit 试剂盒提取光处理后的 RNA。荧光定量反转录采用全式金的 TransScript^R One-Step gDNA Removal and cDNA Synthesis SuperMix 试剂盒，生成的 cDNA 放在-20℃冰箱中保存备用。使用全式金的 TransStart^R Tip Green qPCR SuperMix 试剂盒进行实时荧光定量 PCR 扩增。10 μL 的 PCR 反应体系，SuperMix 5.0μL，cDNA 0.5μL，Dye（II）0.2μL，上下游引物各 0.2μL，补 ddH_2O 至 10μL。

扩增 LW 基因的上游引物为 TcLW1qF8：5′-TTTGAATAAAGATTGGGTCAGCAG-3′，下游引物为 TcLW1qR8：5′-GTTCTCTCATTGATTTCTCGTGGG-3′；扩增 UV 基因的上游引物为 TcUV1qF8：5′-AAAACTTGGCATCCGAACTG-3′；下游引物为 TcUV1qR8：5′-AAAAGCCTACGCACTGCTTC-3′；内参基因 RPS 的上游引物为 TcRPSqF2：5′-ACCTCGATACACCATAGCAAGC-3′，下游引物为 TcRPSqR2：5′-ACCGTCGTATTCGTGAATTGAC-3′。荧光定量 PCR 反应条件设置为 95℃预变性 2min；95℃变性 5s，55℃退火 15s，72℃ 20s，共 40 个循环。

以 RPS 基因为内参，将暗处理、白光、绿光、蓝光和 395nm 紫外光处理的样本分别标记为 CK、W、G、B 和 395。采用 $2^{-\Delta\Delta CT}$（Livak & Schmittgen，2001）进行基因相对表达量检测。

1.5 数据统计分析

所得数据用 SPSS（22.0）统计软件进行分析，对同一光源，不同光照时间下的赤拟谷盗视蛋白基因表达进行单因素方差分析，采用 Duncan 法进行显著性检验。

2 结果与分析

2.1 赤拟谷盗 *LW* 和 *UV* 基因克隆

由 NCBI 数据库赤拟谷盗 *LW* 和 *UV* 基因荧光定量检测结果发现熔解曲线出现杂峰、宽峰，不符合实验要求，推测可能是由不同地理种群赤拟谷盗产生的遗传变异所引起，所以进行基因克隆。获得的 *LW* 和 *UV* 基因片段分别为 495bp 和 223bp，与 NCBI 数据库中的赤拟谷盗 *LW* 基因（登录号：KY368366）和赤拟谷盗 *UV* 基因（登录号：KY368367）的相似性分别达到 86%和 85%，证明所扩的基因是赤拟谷盗的 *LW* 和 *UV* 基因。理化性质分析显示：LW 视蛋白相对分子质量为 18 721.11，等电点（PI）为 9.43；UV 视蛋白相对分子质量为 8 060.58，等电点（PI）为 9.31。

蛋白质序列比对分析发现，赤拟谷盗 LW 视蛋白与鞘翅目昆虫 LW 视蛋白相似性很高，与欧洲伪叶甲（*Lagria hirta*）LW 视蛋白（登录号：APY20505）、花绒寄甲（*Dastarcus helophoroides*）LW 视蛋白（登录号：APY20599）、蚁形郭公虫（*Thanasimus formicarius*）LW 视蛋白（登录号：APY20520）相似性分别达到 93%，91%和 91%（图 1A）。赤拟谷盗 UV 视蛋白与七星瓢虫（*Coccinella septempunctata*）UV 视蛋白（登录号：APY20584）、孟氏隐唇瓢虫（*Cryptolaemus montrouzieri*）UV 视蛋白（登录号：APY20592）、二星瓢虫（*Adalia bipunctata*）UV 视蛋白（登录号：APY20545）相似性分别达到 91%，88%和 88%（图 1B）。保守结构域分析发现赤拟谷盗 LW 视蛋白和 UV 视蛋白均属具有七个跨膜结构域的 G 蛋白偶联受体超家族。跨膜结构分析显示赤拟谷盗 LW 视蛋白具有 4 个跨膜区，分别位于 4～23 位，36～58 位、85～107 位和 140～160 位。赤拟谷盗 UV 视蛋白具有 2 个跨膜区，第一个位于 21～43 位，第二个位于 50～72 位。

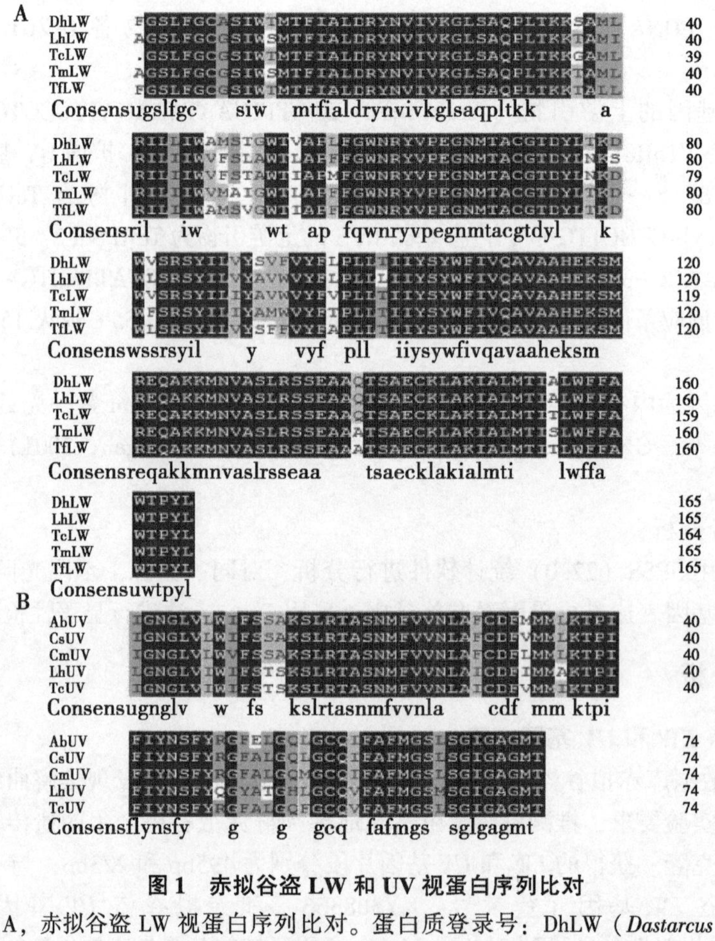

图 1　赤拟谷盗 LW 和 UV 视蛋白序列比对

注：图 A，赤拟谷盗 LW 视蛋白序列比对。蛋白质登录号：DhLW（*Dastarcus helophoroides*，APY20599），LhLW（*Lagria hirta*，APY20505），TcLW（*Tribolium castaneum*，NP_ 001155991），TmLW（*Tenebrio molitor*，KY368363），TfLW（*Thanasimus formicarius*，APY20520）。图 B，赤拟谷盗 UV 视蛋白序列比对。蛋白质登录号：AbUV（*Adalia bipunctata*，APY20545），CsUV（*Coccinella septempunctata*，APY20584），CmUV（*Cryptolaemus montrouzieri*，APY20592），LhUV（*Lagria hirta*，APY20505），TcUV（*Tribolium castaneum*，NP_ 001155991）。

运用 N-J 法构建系统发育树，结果显示：赤拟谷盗 UV 视蛋白与孟氏隐唇瓢虫 *Cryptolaemus montrouzieri*、二星瓢虫 *Adalia bipunctata*、七星瓢虫 *Coccinella septempunctata* 属于同一分枝，与中华蜜蜂 *Apis cerana*、熊蜂 *Bombus impatiens*、粘虫 *Mythimna separata*、棉铃虫 *Helicoverpa armigera*、丛林斜眼褐蝶 *Bicyclus anynana* 亲缘关系较远（图 2A）。赤拟谷盗 LW 视蛋白与花绒寄甲 *Dastarcus helophoroides*、蚁形郭公虫 *Thanasimus formicarius* 属于同一分枝，与丧服蛱蝶 *Nymphalis antiopa*、棉铃虫 *Helicoverpa armigera* 、豌豆长管蚜 *Acyrthosiphon pisum*、巢菜修尾蚜 *Megoura viciae* 亲缘关系较远（图 2B）。

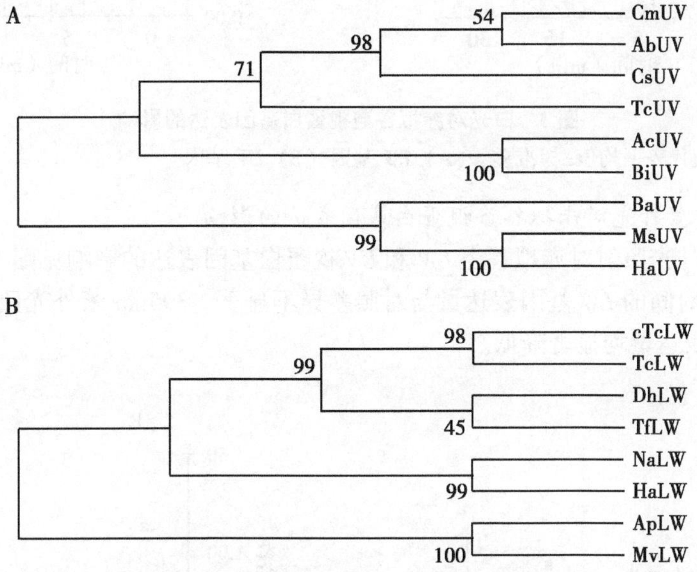

图 2　赤拟谷盗 LW 和 UV 视蛋白系统发育分析

注：图 A，赤拟谷盗 UV 视蛋白系统发育分析。蛋白质登录号：CmUV（*Cryptolaemus montrouzieri*，APY20592），AbUV（*Adalia bipunctata*，APY20545），CsUV（*Coccinella septempunctata*，APY20584），TcUV（*Tribolium castaneum*，NP_ 001155991），AcUV（*Apis cerana*，BAH04514），BiUV（*Bombus impatiens*，NP_ 001267052），BaUV（*Bicyclus anynana*，AAL91507），MsUV（*Mythimna separata*，AHA48202），HaUV（*Helicoverpa armigera*，AHA48198）。图 B，赤拟谷盗 LW 视蛋白系统发育分析。蛋白质登录号：TcLW（*Tribolium castaneum*，NP_ 001155991），DhLW（*Dastarcus helophoroides*，APY20599），TfLW（*Thanasimus formicarius*，APY20520），NaLW（*Nymphalis antiopa*，AAU93395），HaLW（*Helicoverpa armigera*，AGH28027），ApLW（*Acyrthosiphon pisum*，AWM72033），MvLW（*Megoura viciae*，AAG17119）。

2.2　不同光源对赤拟谷盗视蛋白基因表达的影响

2.2.1　白光对赤拟谷盗视蛋白基因表达的影响

白光照射对赤拟谷盗 *LW* 和 *UV* 视蛋白基因表达的影响见图 3。白光照射 5min 和 30min 时 *LW* 基因表达量升高，但与对照差异不显著，15min 时 *LW* 基因表达量没有显著变化。白光照射不同时间 *UV* 基因表达量与对照相比也没有显著差异。

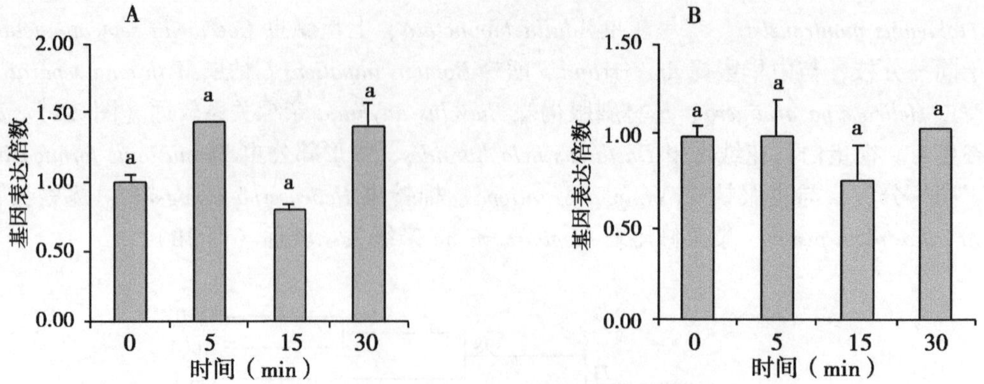

图3 白光对赤拟谷盗视蛋白基因表达的影响

注：数值代表平均值±标准差：(A) *LW* 基因 (B) *UV* 基因

2.2.2 395nm 紫外光对赤拟谷盗视蛋白基因表达的影响

395nm 紫外光照射对赤拟谷盗 *LW* 和 *UV* 视蛋白基因表达的影响见图 4，395nm 紫外光照射下不同时间的 *LW* 基因表达量与对照差异不显著。395nm 紫外光照射下，不同时间下 *UV* 基因表达量均显著降低。

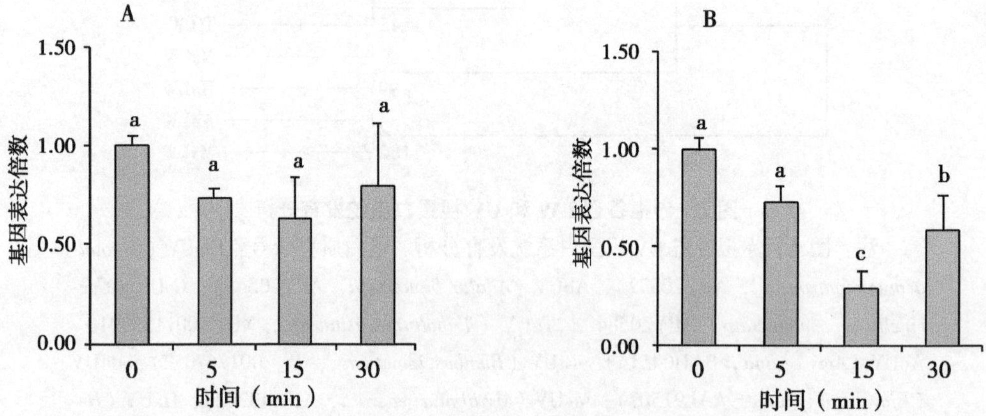

图4 395nm 紫外光对赤拟谷盗视蛋白基因表达的影响

注：数值代表平均值±标准差：(A) *LW* 基因 (B) *UV* 基因

2.2.3 蓝光对赤拟谷盗视蛋白基因表达的影响

蓝光照射对赤拟谷盗 *LW* 和 *UV* 视蛋白基因表达的影响见图 5，蓝光照射 5min 和 30min 时，*LW* 和 *UV* 基因表达量升高，但前者 30min 时与对照差异不显著，后者与对照差异均不显著，15min 时 *LW* 和 *UV* 基因表达量均没有显著变化。

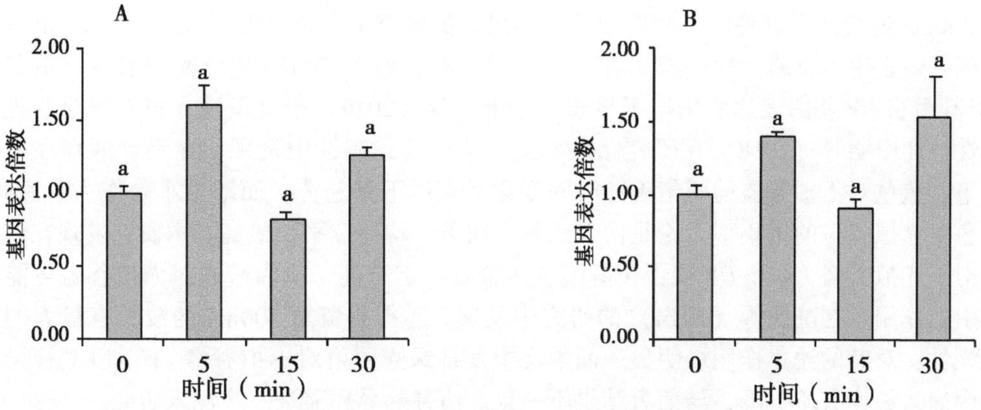

图 5　蓝光对赤拟谷盗视蛋白基因表达的影响

注：数值代表平均值±标准差：（A）*LW* 基因（B）UV 基因

2.2.4　绿光对赤拟谷盗视蛋白基因表达的影响

绿光照射对赤拟谷盗 *LW* 和 *UV* 视蛋白基因表达的影响见图 6，绿光照射下，各时长下的 *LW* 基因表达量均显著降低，但 30min 时，*UV* 基因表达量与对照相比差异不显著。

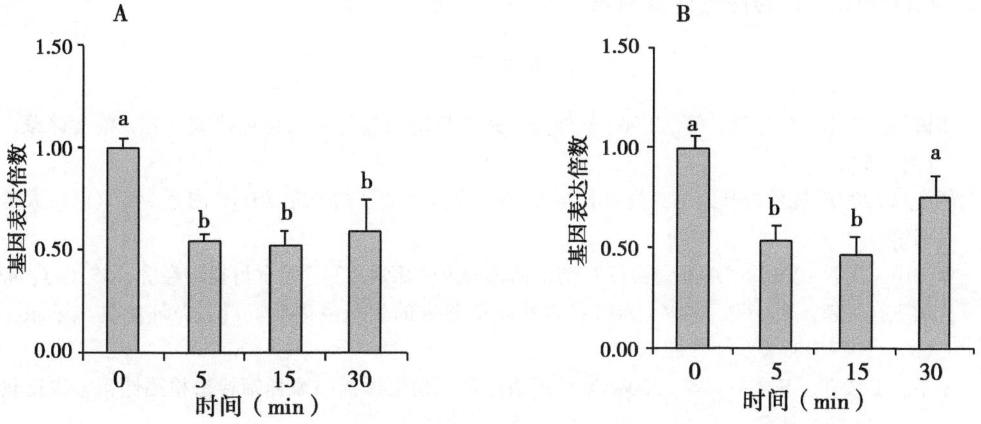

图 6　绿光对赤拟谷盗视蛋白基因表达的影响

注：数值代表平均值±标准差：（A）*LW* 基因（B）*UV* 基因

3　讨论

本文通过克隆获得了 495bp 的 *LW* 视蛋白基因片段和 223bp *UV* 视蛋白基因片段。保守结构域分析显示赤拟谷盗 LW 视蛋白和 UV 视蛋白均属具有七个跨膜结构域的 G 蛋白偶联受体超家族。赤拟谷盗 LW 和 UV 视蛋白分别与鞘翅目昆虫 LW 和 UV 视蛋白具有很高的相似性。视蛋白除了/参与感光/视觉反应，近年研究发现其还与昆虫抗药性相关（Pedra *et al.*，2004；胡小邦，2007）。

赤拟谷盗对不同的波长的趋性研究结果存在差异。Duehl 等（2011）发现赤拟谷盗对 390nm 近紫外光有趋向，而冼庆等（2014）的研究中发现光波在 300~420nm 范围内赤拟谷盗表现出负趋光性，与二者结果不同，本实验在 395nm 紫外光照射下赤拟谷盗 *LW* 基因和 *UV* 基因表达变化均不显著。李千山等（2010）研究发现赤拟谷盗对蓝光有趋性，汪中明等（2018）在研究储粮害虫对蓝色的趋避性中发现，在无食源存在的条件下，蓝色对赤拟谷盗的诱集率随时间变化呈直线下降趋势，而增加小麦作为食源时，蓝色对赤拟谷盗的诱集率无论是白天还是夜间下，均持续平稳最高。本研究发现在蓝光照射下赤拟谷盗 *LW* 和 *UV* 视蛋白基因表达量有一定升高，说明蓝光对赤拟谷盗可能具有引诱作用。在冼庆等（2014）的研究中发现，赤拟谷盗对 500nm 的波长有最大的正趋光性，对其的诱集作用最明显。而本文中发现绿光照射对赤拟谷盗 *LW* 和 *UV* 视蛋白基因表达量均有所下降，与前者结果不一致。诸种差异还需进一步深入研究。

昆虫趋光行为复杂，视蛋白作为接受光刺激的关键分子，其表达除了受到波长的调节，还受到其他内外源因素的影响。Xu 等（2013）报道，棉铃虫暗处理之后 *LW* 和 *UV* 视蛋白基因上调。随后，又发现棉铃虫视蛋白基因表达受到节律、饥饿和光照等因素的影响（Yan 等，2014）。冼庆和鲁玉杰（2014）研究发现，赤拟谷盗在 500nm 波长具有很强的趋性，但当光强超过 0. 5Lux，赤拟谷盗表现为负的趋光性。此外，农药也影响视蛋白基因的表达。Pedra 等（2004）报道果蝇紫外光视蛋白基因（Rh3 和 Rh4）和蓝光视蛋白基因（NinaE）在抗性品系里高度表达，胡小邦（2007）报道淡色库蚊视蛋白基因（NYD-OP7）与淡色库蚊对溴氰菊酯抗性相关。

参考文献

邓树华，王平，朱邦雄，等 . 2006. 紫外高压诱杀灯防治仓外储粮害虫研究［J］. 粮食储藏，35（3）：5-8.

胡小邦 . 2007. 视蛋白基因的克隆及其与抗药性/耐药性关系的研究［D］. 南京：南京医科大学图书馆 .

李千山，禹鹏 . 2010. “蓝光诱虫灯”防治储粮害虫的探索［J］. 粮食科技与经济，35（1）：43.

沈加飞，程超，明庆磊 . 2016. 赤拟谷盗和杂拟谷盗的生殖隔离研究［J］. 环境昆虫学报，38（3）：508-513.

王平，王殿轩，苏金平，等 . 2006. 紫外诱杀灯和瓦楞纸诱捕与取样筛检法检测储粮害虫比较研究［J］. 粮食储藏，35（4）：16-19.

汪中明，齐艳梅，李燕羽，等 . 2018. 几种储粮害虫对黄色和蓝色的趋避性研究［J］. 粮油食品科技，(1)：84-87.

冼庆，鲁玉杰 . 2014. 不同光波长与光强度对赤拟谷盗趋光性影响的初步研究［J］. 粮食储藏，43（4）：14-17.

姚渭，薛美洲，杜燕萍 . 2005. 八种储粮害虫趋光性的测定［J］. 粮食储藏，34（2）：3-5.

Duehl A J, Cohnstaedt L W, Arbogast R T, *et al.* 2011. Evaluating light attraction to increase trap efficiency for *Tribolium castaneum*（Coleoptera：Tenebrionidae）［J］. Journal of Economic Entomology, 104（4）：1430-1435.

Livak K J, Schmittgen T D. 2001. Analysis of relative gene expression data using real-time quantitative PCR and the $2^{-\Delta\Delta CT}$ Method［J］. Methods, 25：402-408.

Pedra J H, McIntyre L M, Scharf M E, *et al*. 2004. Genome-wide transcription profile of field- and laboratory-selected dichlorodiphenyltrichloroethane (DDT) -resistant *Drosophila* [J]. PNAS, 101 (18): 7034-7039.

Song J, Jeong E, Lee H. 2016. Phototactic behavior 9: phototactic behavioral response of *Tribolium castaneum* (Herbst) to light-emitting diodes of seven different wavelengths [J]. Journal of Applied Biological Chemistry. 59 (2): 99-102.

Xu P, Lu B, Xiao H, *et al*. 2013. The evolution and expression of the moth visual opsin family [J]. PloS One, 8 (10): 78140.

Yan S, Zhu J, Zhu W, *et al*. 2014. The expression of three opsin genes from the compound eye of *Helicoverpa armigera* (Lepidoptera: Noctuidae) is regulated by a circadian clock, light conditions and nutritional status [J]. PloS One, 9 (10): 111683.

马尾松伐桩昆虫种类与松材线虫分布研究

王作明[1]，肖德林[1]，古　剑[1]，汤　丹[1]，李金鞠[1]，赵　勇[2]，宋德文[3]
（1. 宜昌市森林病虫防治检疫站，宜昌　443001；2. 宜昌市夷陵区森林植物检疫站，宜昌　443100；3. 夷陵区黄花林业管理站，宜昌　443100）

摘　要：为掌握马尾松病枯死树砍伐后伐桩中的昆虫和线虫分布情况，笔者在宜昌市黄花镇杨家畈村随机采挖了100个伐桩，对伐桩样本中的昆虫种类进行调查，并对伐桩中的线虫进行定性和定量分析。结果表明：有65个伐桩上有昆虫分布，主要是小蠹虫、松幽天牛、马尾松角胫象、松瘤象和白蚁。松材线虫和昆虫在伐桩中分布的相关系数为0.98。

关键词：马尾松伐桩；昆虫；松材线虫

松材线虫病是松树的一种毁灭性病害，在世界上被列为重要的危险性森林病害，也是国际性的检疫对象[1]。根据国家林业局《松材线虫病防治技术方案（修订版）》（林造发〔2010〕35号）的规定，对伐桩的除害处理有两种方式[2]，但在我市马尾松枯死树清理过程中，存在伐桩处理认识不到位，处理不规范的现象。因此，笔者在宜昌市黄花镇杨家畈村随机采挖了100个伐桩，对伐桩上的昆虫和松材线虫分布情况进行了调查，并对松材线虫进行定量分析，为伐桩规范处理提供了实践依据。

1　材料与方法

1.1　供试材料

秋季马尾松病枯死树清理期间，在宜昌市夷陵区黄花镇随机采挖的100个马尾松伐桩样本。

1.1.1　取样时间

2017年12月29日至2018年1月11日，历时14天。

1.1.2　地点

宜昌市夷陵区黄花镇杨家畈村老二组、老三组、老五组和老十一组，主要是2017年夏秋季枯死松树清理后的伐桩。

1.1.3　伐桩基本特征

样本数量100个；伐桩地径14～23cm；伐桩地上部分2～5.8cm，地下深度30～50cm；样本分布在海拔195～350m范围内。

1.2　试验方法

1.2.1　昆虫鉴定

使用电锯、斧头、柴刀、放大镜、解剖镜等工具对100个伐桩携带的昆虫进行解剖鉴定。

1.2.2　松材线虫鉴定

对每个伐桩采取剥净树皮，取100~200g木片。将取回的木片在室内采用贝尔曼漏斗法进行线虫分离[3]，分离12h，将分离液体收集到试管或烧杯中，通过自然沉淀或离心后利用显微镜进行镜检。

2　结果与分析

2.1　昆虫分布

对100个伐桩进行检测，结果表明，有35个伐桩未发现任何昆虫，65个伐桩有昆虫1 335头，伐桩地上和地下部分都有昆虫分布。其中：小蠹虫997头，主要分布在48个伐桩的表皮和木质部之间；松幽天牛幼虫210头，主要分布在18个伐桩的地下部分；马尾松角胫象幼虫124头，分布在9个伐桩的表皮和木质部之间，地上、地下均有分布；松瘤象幼虫4头，分布在1个伐桩地上部分木质部内。除此之外有12个伐桩有白蚁（未计数）分布（表1）。

表1　伐桩中昆虫分布情况

昆虫种类	虫态	数量（头）	分布区域
小蠹虫	幼虫、成虫	997	48个伐桩的表皮和木质部之间
松幽天牛	幼虫	210	18个伐桩的地下部分
马尾松角胫象	幼虫	124	9个伐桩的表皮和木质部之间
松瘤象	幼虫	4	1个伐桩地上部分木质部内
白蚁	成虫	未计数	12个伐桩
合计		1 335（白蚁除外）	

2.2　线虫定性分析

对100个伐桩分别取样后，采用贝尔曼漏斗法分离线虫，在显微镜下对其中的线虫进行了定性分析。结果表明，有47个伐桩未发现任何线虫，有53个伐桩含有线虫，其中：有松材线虫的伐桩20个，有拟松材线虫的伐桩13个，有腐生线虫的伐桩31个，有其他线虫的伐桩28个（图1）。松材线虫的检出率为20%。

2.3　松材线虫定量分析

对100个伐桩每个取样10g，采用贝尔曼漏斗法分离线虫，在显微镜下对含有松材线虫的样本进行了定量分析。在20个检测出松材线虫的伐桩中，样本中检出松材线虫最大量达2 660条（图2），每个样本平均检出松材线虫514条。

2.4　昆虫与线虫相关性分析

对既有昆虫分布又有松材线虫分布的伐桩样本进行分析，结果表明，在48个有小蠹虫分布的伐桩上，14个样本检测出松材线虫，检出率29.2%。18个伐桩样本有松幽天牛幼虫分布，其中4个样本检测出松材线虫，检出率22.2%。9个有马尾松角胫象幼虫分布的伐桩样本上，4个样本检测出松材线虫，检出率44.4%。在1个有松瘤象幼虫

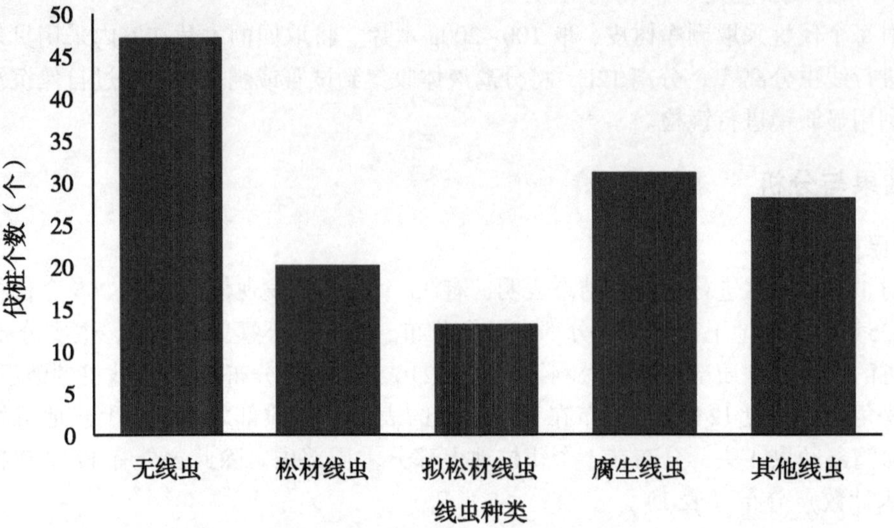

图1　伐桩中线虫定性分析情况

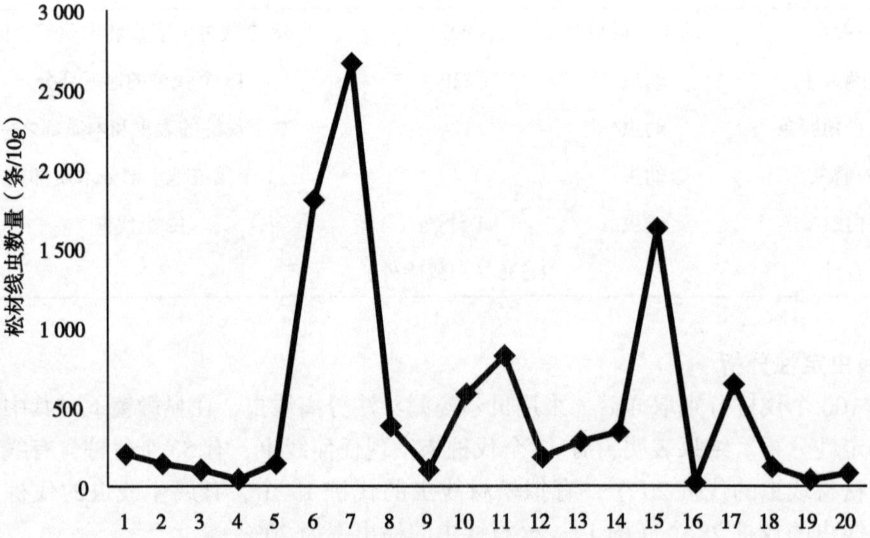

图2　伐桩样本中松材线虫数量分布

分布的伐桩样本上，检测出松材线虫，检出率100%。在12个有白蚁种群分布的伐桩样本中，有4个样本检测出松材线虫，检出率33.3%。在20个有两种及以上昆虫分布的伐桩上，有7个样本检测出松材线虫，检出率35%（表2）。经分析，伐桩中昆虫分布与松材线虫分布的相关系数为0.98，相关性很大。

表 2　伐桩中昆虫与线虫相关性分析情况

昆虫种类	伐桩（个）	检出松材线虫伐桩（个）	检出率（%）
小蠹虫	48	14	29.2
松幽天牛	18	4	22.2
马尾松角胫象	9	4	44.4
松瘤象	1	1	100
白蚁	12	4	33.3
两种及以上昆虫	20	7	35

3　结论与讨论

3.1　伐桩中昆虫主要种类

在 100 个伐桩样本中，有 65 个伐桩上有昆虫分布，共计 1 335头，伐桩地上和地下部分都有昆虫分布，主要是小蠹虫、松幽天牛、马尾松角胫象、松瘤象和白蚁。

3.2　伐桩中的松材线虫和昆虫相关性很大

在试验的 100 个伐桩中有 20 个伐桩检测出松材线虫，单个样本最大松材线虫分离量达2 660条。有两种以上昆虫的伐桩，松材线虫检出率是 35%，伐桩中昆虫分布与松材线虫分布的相关系数为 0.98，相关性很大。张建军等研究发现，至少 45 种昆虫可携带松材线虫，分别属于天牛科、吉丁科、象虫科、小蠹科和白蚁科[4]，本文结论与张建军等研究结果一致，伐桩中的小蠹虫、松幽天牛、马尾松角胫象、白蚁都有可能携带松材线虫，如不对伐桩进行除害处理，伐桩有可能成为疫情的传播源。因此，在处理伐桩时，可以采取“两锯法”降低伐桩高度（小于 5cm），同时，必须严格按照《松材线虫病防治技术方案（修订版）》的规定进行除害处理。

本文在 35 个未检测到昆虫分布的伐桩上，未分离到松材线虫，可能为非松材线虫致死松树的伐桩，也可能是枝条枯死型疑似树。另据观察，松褐天牛成虫产卵一般集中在松树的树干上，伐桩基部很少，或者是取样区域的松褐天牛密度并不大，在本试验伐桩样本中没有检测到松褐天牛，这与王江美等[5]研究不相符，还需进一步研究。

参考文献

国家林业局．2010. 松材线虫病防治技术方案［Z］.

国家林业局植树造林司，国家林业局森林病虫害防治总站．1999. 森林病虫害防治知识问答［M］. 北京：中国林业出版社，11-13.

GB/T 23476—2009，2009. 松材线虫病检疫技术规程［S］. 国家林业局．

王江美，赵锦年，陈卫平，等．2009. 松材线虫病疫木伐桩（根）蛀干害虫种类及分布调查［J］. 江西林业科技，3：38-39.

徐福元，杨宝君，葛明宏．1993. 松材线虫病媒介昆虫的调查［J］. 森林病虫通讯，2：20-21.

宜昌市松材线虫病防治重难点分析及对策

王作明，肖德林，汤　丹，古　剑，李金鞠
（湖北省宜昌市森林病虫防治检疫站，宜昌　443001）

摘　要：本文试图从宜昌市松材线虫病的防治实践，从政策和技术层面，分析了松材线虫病防治工作的重点及难点，并结合多年工作积累，提出了相应的对策建议。

关键词：松材线虫病；重点难点；对策建议

松材线虫病是松树的一种毁灭性病害，在世界上被列为重要的危险性森林病害，也是国际性的检疫对象（国家林业局植树造林司，国家林业局森林病虫害防治总站，1999）。宜昌市自2006年发生松材线虫病以来，经过十多年的防治，有经验也有教训。本文试图从宜昌市松材线虫病的防治实践，理清松材线虫病防治工作的重点及难点所在，并提出相应的对策建议，不断提高松材线虫病防治成效。

1　宜昌市松材线虫病发生及防治情况

1.1　发生情况

2006年以来，宜昌市先后有宜都市、长阳县、夷陵区（含三峡旅游新区、金银岗林场）、点军区、西陵区、伍家岗区、猇亭区、枝江市、当阳市9个县市区被国家林业局公布为松材线虫病疫区。根据国家林业局2018年第1号公告和湖北省林业厅2018年第1号公告，全市现有5个疫区10个疫点：夷陵区小溪塔街道办事处、峡口风景区、金银岗国有试验林场；长阳土家族自治县龙舟坪镇；宜都市红花套镇、高坝洲镇；当阳市玉泉办事处、半月镇、王店镇；枝江市安福寺镇。根据宜昌市2018年松材线虫病疫情集中普查，申报了12个县级疫区42个乡镇疫点，可以说全市松材线虫病点多面广，防控任务重。

1.2　防治情况

宜昌市近年来坚持“预防为主，科学治理，依法监管，强化责任”的防治方针，立足“三个责任”（政治、经济、生态责任），高位推动，多措并举，完善“六大体系”（组织、保障、考评、监测、服务、监督体系），坚持“五不准”工作标准（不准私自砍伐马尾松病枯死树；不准私自利用马尾松病枯死树做烧柴、建筑用材；不准私拉偷运、收购、贩卖松材及其半成品；不准干扰、阻拦马尾松病枯死树清理；不准破坏诱捕器等防治设施），特别是在马尾松病枯死树清理和松褐天牛防治上，先后提出和执行“五个一”清理标准（山上不留一棵死树、地上不遗一枝树丫、林内不露一个伐桩、路上不丢一根疫木、房前屋后不见一段松柴）、“六种防控模式”（皆伐、择伐、择伐+化学防治、择伐+生物防治、化学/生物防治、化学+生物防治）（李金鞠等，2015），松材线虫病防控工作取得了阶段性成效。到2018年上半年，累计清理马尾松病枯死树（包括风倒雪压木、衰弱感病木等）300万余株，西陵区、伍家岗区已根除疫情，五峰县、远安县、兴山县疑似疫情控制较好，夷陵区太平溪镇花栗包集体林场、黄花镇军田坝村、宜都市高坝洲镇白鸭垴村也取得了较好的防治效果，病枯死树数量逐年减少。

2 松材线虫病防治的重点及难点

松材线虫病防治是一项集社会性、事务性、服务性、技术性、法律性一体的系统工程，其涉及面广，任务艰巨，责任重大，要求很高。宜昌市多年的防治实践和经验表明，松材线虫病防治必须把握两个重点，破解三个难点。

2.1 防治工作的重点

2.1.1 落实责任是重点

松材线虫病防治的责任主体是各级政府，政府重不重视，部门责任上没上肩，群众支不支持，都严重影响松材线虫病防治成效。目前，宜昌市部分县市区松材线虫病防治工作仍然停留在部门层面，仅靠林业部门单打独斗。一些地方思想认识不足，认为松材线虫病是癌症，不可治；精神状态懈怠抵触，要我治，不是我要治，治好治坏与我无关；能力措施缺失，宣传动员不力、组织保障不力、指导督办不力，各部门责任没有真正落实到位，群众不知道不支持甚至阻挠防治工作，这些现象在基层不同程度存在。根据全市历年秋季普查结果，2006—2011年，马尾松病枯死树涉及面积和数量逐年下降，但从2012年开始出现反弹，马尾松病枯死树涉及面积和数量又回升到2006年水平，这从侧面反映了宜昌市在松材线虫病防治责任的落实上出现了先紧后松的现象。

2.1.2 资金保障是重点

宜昌市马尾松病枯死树多数在山高坡陡、地势险要位置，清理难度大、防治成本高。实际中，清理1株病枯死树费用约80元，防治松褐天牛每亩松林约60元，据测算，全市松材线虫病防治经费每年在5 000万元左右才能满足实际需要。2010—2015年全市防治资金分别为285.2万元、381.6万元、391.9万元、779万元、750万元、519万元，远远不能满足实际需要。近两年来，松材线虫病防治资金投入与往年相比大幅度增加，但部分地方仍有缺口。

2.2 防治工作的难点

2.2.1 生物学特性决定防治难

松材线虫病引起松树死亡是由松材线虫寄生在松树木质部内导致松树组织细胞受到破坏，水分输导受阻，呼吸作用加强，树脂分泌减少直至最后停止，蒸腾作用减弱直至松树迅速死亡。由于松材线虫寄生在松树体内，隐蔽性强，一般化学防治难以直接触杀松材线虫，同时松材线虫繁殖速度快，在25℃条件下，4~5天可繁殖一代，松材线虫在松树体内种群数量呈几何级数增加（Mamiya，1988），加大了对松材线虫的防治难度。松材线虫传播的媒介昆虫松褐天牛除了成虫期外，卵、幼虫、蛹都在松树树干内取食、为害，增加了防治成本及难度。目前防治松褐天牛主要在羽化期进行，但由于松褐天牛羽化期长，在宜昌从4月下旬至10月底都有羽化，加上松树生长的地形环境复杂，羽化期天气变化频繁，难以彻底扑灭松褐天牛，只能降低其虫口密度。但一头松褐天牛平均携带松材线虫3 560条，最多可携带2.25万条（肖德林等，2017），不能从根本上遏制松材线虫病的自然传播。松材线虫病主要通过人为运输疫木及其制品实现远距离传播，导致疫情呈现跳跃式发生，扩大发生范围。因此，松材线虫侵染循环的复杂性、扩散蔓延的迅速性以及生存的顽固性决定了松材线虫病防治工作的难度。

2.2.2　防治环节多要求高落实到位难

国家林业局先后就松材线虫病各个环节的防治，出台《松材线虫病防治技术方案》《松材线虫病普查监测技术规程》《松材线虫病检疫技术规程》《松材线虫病疫木处理技术规程》《松材线虫病疫木清理技术规范》《松褐天牛防治技术规范》《松褐天牛引诱剂使用规范》。任何一个环节处理不到位，都将影响防治效果。比如，在取样检测方面，因取样人员水平参差不齐，取样时间、部位不对，数量有限、检测不准等因素，造成疫情发现不及时；在马尾松病枯死树清理方面，不仅要清理病枯死树，还要清理感病木，感病木在外部特征未表现出来时，容易造成清理遗漏，同时，伐桩要低于5cm，枝丫1cm以上要清理干净，进行安全处理，每个细节处理到位难；在松褐天牛防治方面，资金不足、到位不及时，采购药剂药械较晚，再加上天气的影响，可能错过最佳防治时间，不能按时开展防治。

2.2.3　疫木安全处理监管难

一是涉及范围广，涉及人群多。多年来，宜昌市疫木除害处理主要采取就地焚烧和送疫木定点加工厂的方式，清理人员、焚烧人员、疫木运输人员、定点加工厂处理人员的职责各不相同，如有一个环节做的不到位，疫木处理不彻底，就会存在流失的隐患。二是处理方式不多。由于焚烧造成大气污染，存在火灾隐患，就地焚烧方式在部分地方无法实施。受经济下行影响，大径材利用困难，疫木定点加工厂处理能力有限，且存在以营利为目的思想，管理不够规范，疫木登记、处理台账不完善，如果疫木不能在4月20日前完成除害处理，疫木定点加工厂就会成为传染源。三是农民有利用松柴取暖习惯。部分县市区有冬季烧柴取暖习惯，存在疫木流入农户的风险。四是交通发达。随着城乡交通建设，四通八达，物流发展迅速，私拉偷运现象时有发生，松材线虫病的扩散主要是通过人为运输疫木及其制品造成的，疫木监管不到位给松材线虫病传播蔓延留下严重隐患。

3　对策建议

松材线虫病防控难度虽然大，但“松癌”可防可治可控，重在措施决心，组织领导是前提，资金投入是保障，疫情监测是基础，科学防控是根本，创新除治机制是关键，安全处理疫木是保证。

3.1　加强组织领导，落实防治责任

国务院办公厅《关于进一步加强林业有害生物防治工作的意见》（国办发〔2014〕26号）和《湖北省林业有害生物防治条例》（2017年2月1日施行）都指出，各级政府是松材线虫病防治工作的责任主体，要将松材线虫病防控资金足额纳入财政预算，将防控责任落实情况纳入政府工作目标考核体系，防治成效列入重点考核内容。去年，宜昌市提出建立和完善“六大体系”，明确了政府、林业部门、其他部门、经营者和群众

的责任。政府主要负责组织领导、队伍建设、资金保障、检查考核、追责问责；林业部门主要负责疫情监测、制定方案、组织实施、服务指导；农业、水利、城建、交通、民航、质检、电力等部门，切实加强沟通协作；从事森林、林木经营的单位和个人要积极配合林业有害生物防治。如何真正压实“六大体系”责任，各级党委政府和林业部门要动脑筋、讲方法、下工夫，把责任落实到位。政府责任真上肩，部门责任真落实，社会群众积极配合，形成强大的合力。

3.2　加强疫情监测，掌握发生动态

加强疫情监测普查，准确掌握疫情动态，做到“早发现、早除治”，是搞好防治工作的基础。林业部门要认真开展松材线虫病春、秋两季普查和常年监测，充分依托护林员，利用无人机等先进监测手段，做到监测全覆盖、普查无盲区。基层技术人员要掌握松材线虫病检测鉴定技术，加大取样检测力度，准确掌握疫情。各地要提高认识、端正心态、实事求是，认真执行疫情上报制度，发现疫情如实上报。同时，疫区要对疫情进行分析研判，明确防治目标，制定长期防治方案和年度实施方案，因地制宜，分类施策。

3.3　坚持分区施策，科学开展防控

根据各地地理位置、林分状况、疫情情况及松褐天牛为害状况等，全市松材线虫病防控划为“发生区、隔离区、预防区”三大区域，各区域分类施策，综合应用“六种”防控模式，科学开展防控。要坚持防治并重、标本兼治的措施，积极开展森林抚育，结合天然林保护工程、退耕还林工程、低效（产）林改造工程以及国土整治等项目，做到封管结合、改造结合，有计划地对马尾松纯林进行更新，提高林分质量，增强抵抗力。在全面清理马尾松病枯死树的基础上，加大松褐天牛防治力度，推广新技术新方法，降低松褐天牛虫口密度，有效遏制松材线虫病的自然传播。

3.4　优化组织形式，提高防治成效

各地在松材线虫病防治过程中要结合实际、创新方法，积极探索和优化组织管理方式，推进政府向社会化防治组织购买服务，实行项目化管理、合同制管理、绩效承包管理等，开展专业化防治，协调区域统防统治。在马尾松病枯死树清理上，以政府采购招标的方式，实行专业队清理，并加强培训和管理，统一技术标准，统一工作流程，提高清理质量。在松褐天牛防治上，应用飞机、无人机等技术装备，提升科技含量，提高防治效率。

3.5　严格检疫监管，安全处理疫木

从宜昌市防治实践来看，疫木控制非常关键，疫木监管十分重要。要进一步加大对农户的宣传，严禁疫木流入农户，要进一步加大监管力度，采取更加严格的松木管制政策，对过境和调入的木材和制品进行严格的检疫检验，严禁疫木及其制品的调入和调出，坚决防止疫木流入市场。安全处理疫木是切断松材线虫病人为传播的关键措施，对病死树树干、枝丫优先采取就地焚烧的处理方式，在城镇周边、平原、交通便利的地方，开展疫木就地粉碎处理，做到疫木不下山。

参考文献

国家林业局植树造林司，国家林业局森林病虫害防治总站．1999．森林病虫害防治知识问答［M］．

北京：中国林业出版社，11-13.

国家林业局. 2018. 国家林业局 2018 年第 1 号公告 [EB/OL]. http://www.forestry.gov.cn/main/4461/20180207/1074329.html，2018-2-2.

湖北省林业厅. 2018. 湖北省林业厅 2018 年第 1 号公告 [EB/OL]. http://lyt.hubei.gov.cn/CMShbly/201804/201804230832049.pdf，2018-3-26.

李金鞠，汤丹，王作明，等. 2015. 宜昌市松材线虫病综合防控技术 [J]. 湖北林业科技，44 (6)：85-87.

肖德林，李金鞠. 2017. 宜昌市松材线虫病成因与防治效益分析 [J]. 湖北林业科技，46 (1)：59-61.

LY/T 1865-2009. 2009. 松材线虫病疫木清理技术规范 [S]. 国家林业局.

Mamiya Y. 1988. History of Pine Wilt Disease [J]. Journal of Nematology. St. paul. Minnesota，USA；American Phytipathological Society，20 (2)：219-226.

Phylogenetic Analysis and Molecular Identification of the Six *Reticulitermes* Species Using Different Markers*

Du Danni[1**], Guan Junxia[1**], Sun Pengdong[1],
Wang Zhenhua[2***], Huang Qiuying[1***]
(1. *College of Plant Science and Technology*, *Huazhong Agricultural University*, *Wuhan* 430070, *China*; 2. *Hubei Entry-Exit Inspection and Quarantine Bureau of P. R. C*, *Wuhan* 430050, *China*)

Abstract: The termite genus *Reticulitermes* species are serious pests of wooden structures and important quarantine insects in the world. It is very difficult to distinguish different *Reticulitermes* species based on their similar morphology, which brings much trouble to quarantine work for invasive *Reticulitermes* species. Here, we used the four molecular markers, 18S rDNA, COI, COII and ITS genes, to carry out phylogenetic analysis and identification of the six *Reticulitermes* species. We found that *R. labralis*, *R. speratus*, *R. aculabialis*, *R. chinensis* and *R. flaviceps* from China clustered together in the phylogenetic tree of COI gene, consisting with geographical distribution of them. We suggest that COI gene is suitable for interspecific phylogenetic analysis of *Reticulitermes* species. Subsequently, we designed and synthesized specific primer and TaqMan probe based on the COI gene of *R. chinensis*, and found that this primer can specifically detect *R. chinensis*. The minimum concentration of DNA sample is 1pg/μL for the identification of *R. chinensis*. Our results suggest that the rapid and accurate identification of different *Reticulitermes* species can be achieved by fluorescent PCR technology based on COI gene.

Key words: Termites; *Reticulitermes*; COI gene; Phylogenetic tree; Taq Man probe

At present, about 3 000 termite species have been described throughout the world (Brune, 2014). A total of 473 termite species also have been recorded in China now, among which there are 111 *Reticulitermes* species (Huang, 2000; Cheng *et al.*, 2014). Termites are devastating pests in the world. According to the statistics, termites brought the losses of 2.0 to 2.5 billion RMB annually in China (Zhao *et al.*, 2008) and over 40 billion dollars annually in the world (Rust & Su, 2012). The termite genus *Reticulitermes* species are serious

* Funding: National Natural Science Foundation of China (31572322); Science and Technology Project of National General Administration of Quality Supervision, Inspection and Quarantine (2014IK006)

** First authors: Du Danni; E-mail: ddn1989@ sina. com
Guan Junxia; E-mail: gjxhzauzky@ 163. com

*** Corresponding authors: Wang Zhenhua; E-mail: wangzh@ hbciq. gov. cn
Huang Qiuying; E-mail: qyhuang2006@ mail. hzau. edu. cn

pests of wooden structures and important quarantine insects in the world (Huang *et al.*, 2013; Evans, 2013).

With the increase of the number of invasive termite species (from 17 species in 1969 to 28 species in 2013) (Evans, 2013), the inspection and quarantine departments of China also pay high attention to the classification and identification of invasive termites, especially for *Reticulitermes* species. Traditionally, the morphological characteristics of soldiers or winged adults are the primary basis for the classification of *Reticulitermes* species (Nobre *et al.*, 2006). However, it is easy to cause mistakes when distinguishing some similar species or relative species (Huang *et al.*, 2014). The traditional morphological method is not able to quickly and accurately identify *Reticulitermes* species, because the morphological characteristic of *Reticulitermes* soldiersis very similar. Thus, the identification of *Reticulitermes* species has become a problem for quarantine work of China and the other countries.

The taxonomy of insects is primarily done using morphological criteria, but sometimes it fails, especially when overlapping morphological characters are involved (Singla *et al.*, 2010). With the development of modern molecular technology, the molecular methods are valuable in taxonomy particularly for those species that are difficult to be identified using morphological characters (Singla *et al.*, 2015). Molecular genetic techniques can provide important new insights into the subterranean termites (Vargo and Husseneder, 2009). Some scholars have studied the phylogeny of *Reticulitermes* species using this molecular means (Xing *et al.*, 2001; Nobre *et al.*, 2006; Luchetti *et al.*, 2013; Singla *et al.*, 2015). Molecular technology can overcome the limitations of the traditional methods, such as the lack of adequate specimens, measurement error, only soldiers or adults (Deng *et al.*, 2014). Thus, the combination of morphological methods and molecular techniques can improve identifying efficiency and accuracy of insect identification in quarantine work.

In this paper, we used the four molecular markers, 18S rDNA, COI, COII and ITS genes, to perform phylogenetic analysis and identification of the six *Reticulitermes* species. Among the four molecular markers, we found that COI gene is the best suitable for interspecific phylogenetic studies of *Reticulitermes* species. Subsequently, we synthesized specific primer and TaqMan probe of *R. chinensis* and achieved quick and accurate identification of *R. chinensis*.

1 Materials and Methods

1.1 Termite samples

The six *Reticulitermes* species for this study were collected from various regions of China. Specimens were preserved in 100% alcohol. The detailed information of samples was described in Table 1.

Table 1 Sample information of the six *Reticulitermes* species

Species	Collecting date	Locality
R. chinensis	May 2014	Shizi Hill, Wuhan
R. flaviceps	May 2014	Yuelu Hill, Changsha
R. speratus	July 2014	Baihuayuan, Qingdao
R. aculabialis	September 2014	Northwestern University
R. labralis	September 2014	Northwestern University
R. flavipes	November 2014	JiangSu Enter-Exit Inspection and Quarantine Bureau

1.2 Genomic DNA extraction

The DNA samples were from the six species mentioned above. Genomic DNA was extracted from head tissue of worker termites using genomic DNA extraction kit (tiangeng, Beijing, China).

1.3 PCR amplification, purification and sequencing

The 18S rDNA, COI, COII and ITS genes in *R. chinensis*, *R. flaviceps*, *R. speratus*, *R. aculabialis*, *R. labralis* and *R. flavipes* were amplified by PCR using synthetic primers listed in Table 2. The reactions for PCR amplification were performed in a final volume of 50μL: 1) Reaction systems of 18S rDNA, COI and COII: 5μL of 10× LA PCR Buffer, 8μL of dNTP Mixture (10 mmol/mL), 0.5μL of each PCR primer (10μmol/mL), 0.25μL of Taq DNA enzyme (5 U/μL LA), 1.25μL of the DNA template, and 34.5μL of ddH_2O. 2) Reaction system of ITS: 25μL of 2 × PrmierSTAR Max Premix, 0.5μL of each PCR primer (10μmol/mL), 1μL of the DNA template, and 23μL of ddH_2O.

PCR amplification programmes: 1) Amplification of 18S rDNA, COI, COII in six species of *Reticulitermes* and ITS in *R. flavipes* with an initial denaturation at 94℃ for 5 min, followed by 30/40 cycles (40 cycles for ITS gene in *R. flavipes*) at 94℃ for 30s, 50℃ for 30s, 72℃ for 90 s/60 s/40 s (90 s for 18S rDNA, 60 s for COI and ITS, 40 s for COII), and final extension step at 72℃ for 7 min. 2) Amplification of ITS of five species of *Reticulitermes* except for *R. flavipes* with an initial denaturation at 98℃ for 3 min, followed by 30 cycles of at 98℃ for 10 s, 66℃ for 5 s, 72℃ for 5 s, and last extension step at 72℃ for 7 min.

Approximately 6μL PCR products were subjected to electrophoresis in 1% agarose gels and the result was observed by gel imaging system after EB staining. Then the PCR products were purified using AxyPrep DNA gel exctraction kit (Kangning, Wujiang, China). The purified products were sent to the GenScript (Nanjing, China) for sequencing.

Table 2 Primers used for the PCR amplifications

Target gene	Orientation	Primer sequence (5′→3′)
18S rDNA	Forward	CCGTTTGCCTTGGTGACT
	Reverse	AGGAGGTTCAGCGGGTTA
COI	Forward	TGGTGGATTCGGAAACTGA
	Reverse	GTGGTGTAAGCGTCTGGGTA
COII	Forward	CATCTCCCATCATAGAACAACTG
	Reverse	GATTTAGTCGTCTGGTGTGGC
ITS	Forward	GTAGGTGAACCTGCGGAAGG
	Reverse	TCTCGCCTGATCTGAGGTCG

1.4 Design of specific primer and TaqMan probe

On the basis of the phylogenic results, we found thatCOI gene is more suitable for design specific primer and probe. Thus, specific primer and TaqMan probe of COI gene were designed and synthesized for *R. chinensis* in this study (Table 3).

Table 3 Sequences of specific primer and probe of *R. chinensis*

Primer name	Primer sequence (5′→3′)
COI-F	TGGCTAGGTCTACGGATGC
COI-R	CATAAGATTCTGATTACTACCACCA
COI-probe	AACTGTCCACCCTGTCCCCGC

1.5 Specificity verification of probe primers

The five termite species, *R chinensis*, *R. speratus*, *R. flaviceps*, *R. aculabialis* and *R. labralis*, and deionized water were used to verify primer specificity and TaqMan probe. The real-time PCR was performed by ABI 7500 type real-time PCR instrument (Bio-Rad, USA). Reaction mixtures: 12.5μL of 2× TaqMan Fast Advanced Master Mix, 0.5μL of 10μmol/mL forward primer, 0.5μL of 10μmol/mL reverse primers, 1.0μL of DNA template, 0.25μL of 10μmol/mL TaqMan probe, and 35.25μL of ddH_2O. These mixtures were carried out as the following reaction condition: 50℃ for 2 min, 95℃ for 20 s, followed by 40 cycles of 95℃ for 3 s and 60℃ for 40 s.

1.6 Sensitivity detection of probe primers

The extracted DNA template of *R. chinensis* was diluted into 10 concentration gradient: 10ng/μL, 1ng/μL, 100pg/μL, 10pg/μL, 1pg/μL, 100fg/μL, 10fg/μL, 1fg/μL, 100ag/μL, 10ag/μL in order to detect primer sensitivity. PCR reaction system and condition were described as above.

1.7 Statistics analysis

The sequences were edited and converted into FASTA format. The edited sequences were compared with related sequences from NCBI using BLAST to make sure that correct target sequences were amplified. The matrix of genetic distances were calculated respectively using the Kimura's 2-parameter model, and genetic analysis were performed in MAGE 5.1 software. The phylogenetic trees for the 18S rDNA, COI, COII and ITS genes were constructed using the neighbor-joining method based on the Kimura's 2-parameter distances by MEGA 5.1 software. The confidence intervals were calculated using 1 000 bootstrap replicates.

2 Results

2.1 Results of PCR amplification using the four molecular markers

The electrophoretic results of PCR products indicated that PCR amplified bands of six *Reticulitermes* species were clear and bright, without non - specificity amplification. The amplified fragments length of 18S rDNA, COI, COII and ITS genes of the six *Reticulitermes* species were about 1 400bp, 1 100bp, 500bp and 900bp, respectively (Fig. 1).

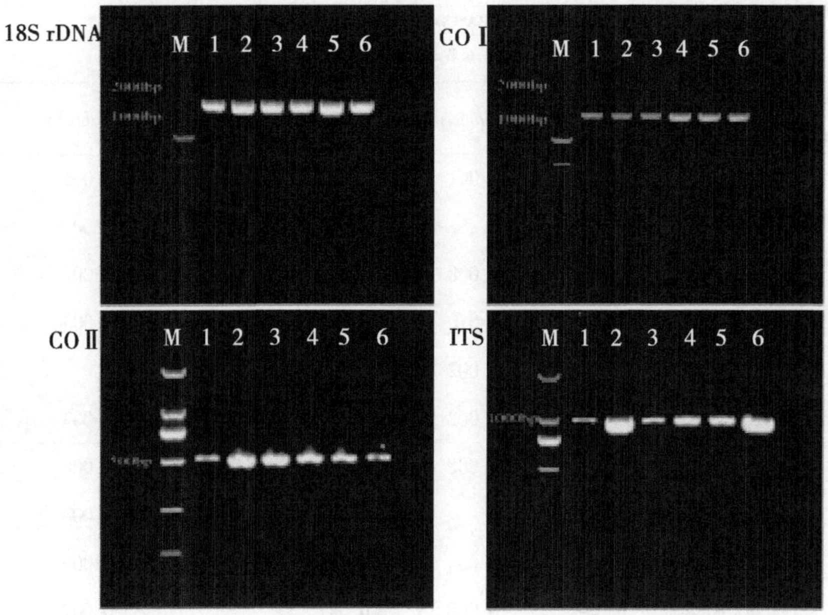

Fig. 1 PCR results of the six *Reticulitermes* species using the four molecular markers.

1. *R. chinensis*; 2. *R. flaviceps*; 3. *R. speratu*; 4. *R. aculabialis*; 5. *R. labralis*; 6. *R. flavipes*; M. Marker.

After sequencing, the obtained sequence lengths of 18S rDNAin *R. chinensis*, *R. flaviceps*, *R. speratus*, *R. aculabialis*, *R. labralis* and *R. flavipes*were 1 444bp, 1 452bp, 1 450bp, 1 451 bp, 1 453 bp and 1 448 bp, respectively. The COI sequence lengths of *R. chinensis*, *R. flaviceps*, *R. speratus*, *R. aculabialis*, *R. labralis* and *R. flavipes* were

1 178bp, 1 181bp, 1 184bp, 1 184bp, 1 189bp and 1 123bp, respectively. The COII sequence lengths of *R. chinensis*, *R. flaviceps*, *R. speratus*, *R. aculabialis*, *R. labralis* and *R. flavipes* were 504bp, 504bp, 504bp, 504bp, 504bp and 504bp, respectively. The ITS sequence lengths of *R. chinensis*, *R. flaviceps*, *R. speratus*, *R. aculabialis*, *R. labralis* and *R. flavipes* were 975bp, 981bp, 981bp, 957bp, 978bp and 952bp, respectively. The acquired sequences were confirmed as 18S rDNA, COI, COII and ITS genes using BLAST in the GenBank database.

2.2 Genetic distances among the six *Reticulitermes* species

For the 18S rDNA sequence, the genetic distanceswere from 0.002 between *R. chinensis* and *R. flaviceps* to 0.011 between *R. aculabialis* and *R. labralis* (Table 4). For the COI sequence, the genetic distances ranged from 0.002 between *R. flaviceps* and *R. flavipes* to 0.077 between *R. labralis*and *R. flavipes* (Table 4). For the COII sequence, the genetic distances ranged from 0.014 between *R. chinensis* and *R. aculabialis* to 0.119 between *R. labralis*and *R. flavipes* (Table 4). For the ITS sequence, the genetic distances ranged from 0.002 between *R. chinensis* and *R. flavipes*to 0.037 between *R. labralis*and *R. flavipes* (Table 4).

Table 4 Genetic distances among the six *Reticulitermes* species based on the four molecular markers

Molecular markers	Species	*R. chinensis*	*R. flaviceps*	*R. speratus*	*R. aculabialis*	*R. labralis*	*R. flavipes*
18S rDNA	*R. chinensis*		0.001	0.003	0.003	0.001	0.001
	R. flaviceps	0.002		0.002	0.002	0.001	0.001
	R. speratus	0.009	0.008		0.002	0.002	0.002
	R. aculabialis	0.011	0.010	0.004		0.003	0.002
	R. labralis	0.003	0.002	0.009	0.011		0.001
	R. flavipes	0.003	0.002	0.009	0.011	0.003	
COI	*R. chinensis*		0.008	0.006	0.007	0.006	0.008
	R. flaviceps	0.073		0.008	0.008	0.008	0.001
	R. speratus	0.041	0.064		0.006	0.006	0.008
	R. aculabialis	0.054	0.068	0.047		0.007	0.008
	R. labralis	0.042	0.076	0.042	0.053		0.008
	R. flavipes	0.075	0.002	0.066	0.070	0.077	

(续表)

Molecular markers	Species	*R. chinensis*	*R. flaviceps*	*R. speratus*	*R. aculabialis*	*R. labralis*	*R. flavipes*
COII	*R. chinensis*		0.017	0.016	0.005	0.006	0.017
	R. flaviceps	0.114		0.014	0.016	0.016	0.015
	R. speratus	0.109	0.082		0.015	0.016	0.015
	R. aculabialis	0.014	0.103	0.103		0.005	0.016
	R. labralis	0.020	0.109	0.109	0.014		0.017
	R. flavipes	0.118	0.096	0.098	0.107	0.119	
ITS	*R. chinensis*		0.006	0.006	0.004	0.006	0.001
	R. flaviceps	0.035		0.004	0.006	0.005	0.006
	R. speratus	0.034	0.015		0.005	0.004	0.006
	R. aculabialis	0.017	0.036	0.029		0.005	0.004
	R. labralis	0.035	0.020	0.013	0.029		0.006
	R. flavipes	0.002	0.037	0.036	0.019	0.037	

2.3 Phylogenetic analysis

Based on 18S rDNA sequence, we found that *R. chinensis*, *R. flaviceps*, *R. labralis*, *R. aculabialis*, *R. flavipes* and *R. tibialis* were grouped, then *R. speratus* joined in them to form a cluster (Fig. 2). The six *Reticulitermes* species can be separated from other genus, but they are unable to well distinguish each other in NJ tree of 18S rDNA because several confidences between nodes were below 70 (Fig. 2). The results from COI sequence showed that the confidences between nodes were above 75, which indicates that this result was reliable (Fig. 2). The five *Reticulitermes* species (*R. labralis*, *R. speratus*, *R. aculabialis*, *R. chinensis* and *R. flaviceps*) from China clustered together in NJ tree of COI, which is consistent with geographical distribution of them in China (Fig. 2). The results COII sequence showed that the three *Reticulitermes* species (*R. aculabialis*, *R. chinensis* and *R. labralis*) from China clustered together, but the other three *Reticulitermes* species (*R. speratus*, *R. flaviceps* and *R. flavipes*) clustered in the other branches (Fig. 2). The results from ITS sequence showed that *R. chinensis* and *R. flavipes* clustered togethter, *R. speratus* and *R. labralis* formed a branch, and *R. flaviceps* and *R. aculabialis* existed in different branches (Fig. 2).

2.4 Specificity verification of primer COI-F/COI-R for *R. chinensis*

TaqMan real-time fluorescent PCR amplification were carried outusing the designed specific primer COI-F/COI-R for R. chinensis *and the other four* Reticulitermes *species. The results (Fig. 3) showed that only* R. chinensis *had amplification curve and its CT value was* 19.09, *while the other four* Reticulitermes *species and deionized water (negative control) did not appear*

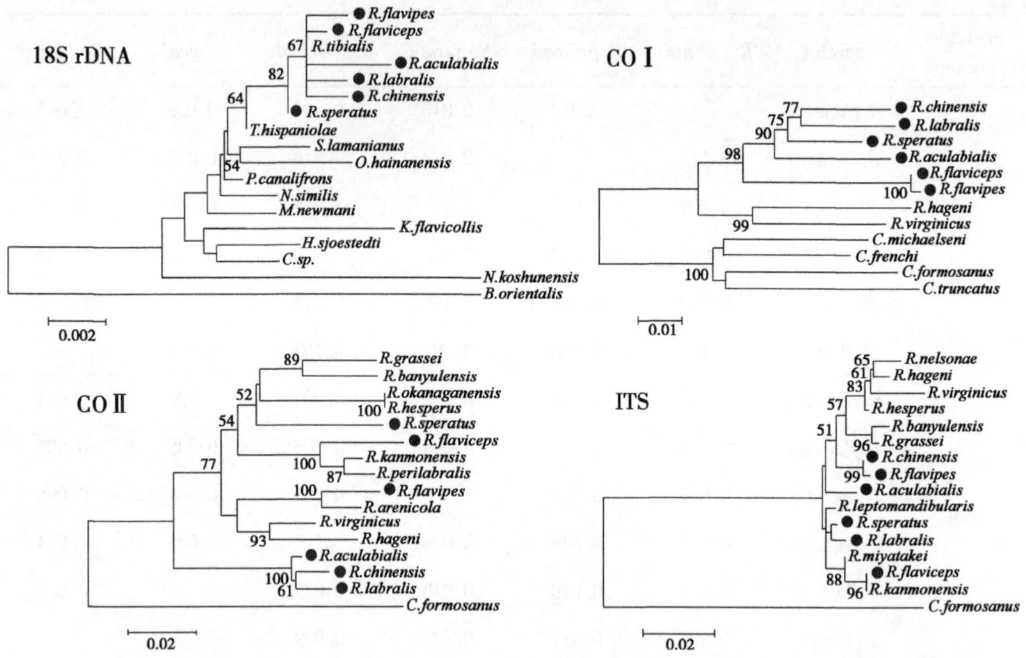

Fig. 2 The NJ trees of different *Reticulitermes* species based on the four molecular markers.

amplification curve. Thus the results indicated that the primer COI−F/COI−R was only specific for R. chinensis and the detection system could identify the termite R. chinensis.

2.5 Sensitivity detection of primer COI−F/COI−R for *R. chinensis*

The results (Fig. 4) showed that only five concentrations sent out fluorescent signal for *R. chinensis* during the real−time PCR detection, the five template concentrations sending out fluorescent signal and corresponding CT value were 10 ng/μL (24.00), 1 ng/μL (27.20), 100 pg/μL (30.28), 10 pg/μL (34.31) and 1 pg/μL (36.77). Thus, the minimum concentration of DNA sample is 1pg/μL for the rapid identification of *R. chinensis*.

3 Discussion

Insect taxonomy is primarily based on morphological characteristic. However, molecular identification of insects has been developed in order to identify closely related species and other species which are unable to be distinguished by traditional taxonomic methods (Incekara and Gholamzadeh, 2016). The phylogenetic relationships among some *Reticulitermes* species and the identification of different *Reticulitermes* species had been studied using molecular techniques (Austin *et al.*, 2004, 2009; Cameron and Whiting, 2007; Cho *et al.*, 2010). Currently, 18S rDNA is the most conservative class of DNA sequences, and its evolutionary rate is relatively slow (Liu *et al.*, 2007). Thus, it is generally believed that 18S rDNA is a useful marker to diagnosis phylogenetic relationships at the genus or above levels (Sanchis, 2000). For instance, phylogenetic relationships of Serpulidae were confirmed based on 18S rDNA se-

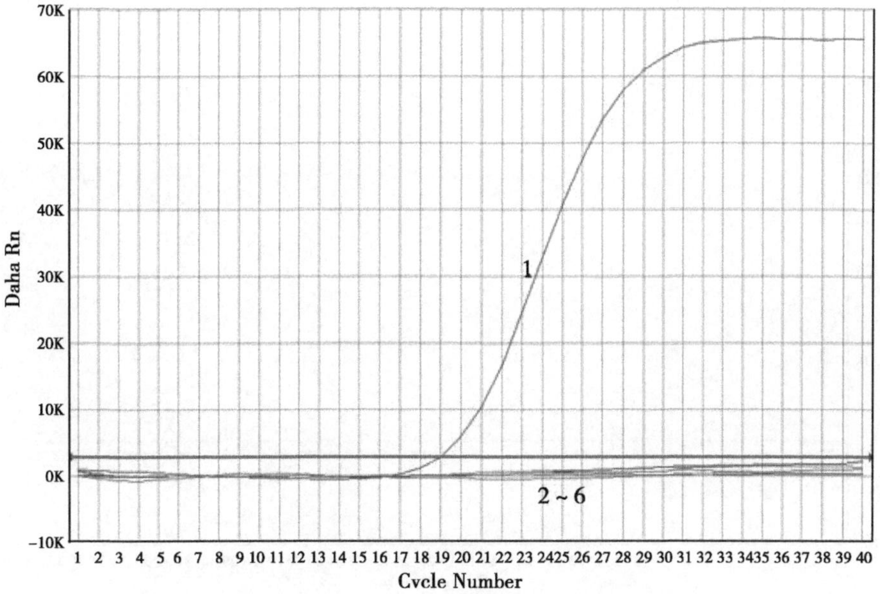

Fig. 3 Specificity verification of primer COI-F/COI-R for *R. chinensis*.

1, *R. chinensis*; 2, *R. flaviceps*; 3, *R. speratus*; 4, *R. aculabialis*; 5, *R. labralis*; 6, ddH_2O

quences (Lehrke *et al.*, 2007). Phylogenetic relationships of Rhinotermitidae and the group relationships with termites of others families were clarified using 18S rDNA genes (Legendre *et al.*, 2008). Based on partial sequences of 18S rDNA and wingless gene, phylogenetic relationships of thirty three species belonging to nineteen genera of Issidae were analyzed, indicating that Issidae can be divided into five subfamilies (Sun *et al.*, 2015). In this paper, based on the NJ tree of 18S rDNA, Termitidae, Kalotermitidae and Rhinotermitidae could be distinguished each other, and different genera of the same families could also be clustered together respectively. However, the six *Reticulitertmes* species were not distinguished each other by 18S rDNA. Thus, we suggest that 18S rDNA may be suitable for phylogentic analysis of genus or family level of termites, but it is not suitable for phylogeny analysis of interspecies.

On the basis of COII and ITS genes, the results of NJ trees were not consistent with the geographical distribution of *Reticulitermes*, suggesting that COII and ITS may not be suitable for phylogenetic analysis of different *Reticulitermes* species. Based on COII genes of thirty one genera in Asia, Termitidae was monophyletic and originated from polyphyletic Rhinotermitidae, which is consistent with previous studies (Ohkuma *et al.*, 2004). Based on partial COII genes, four of the five termite species of subfamily Macrotermitinae were classified as the genus *Odontotermes* and the remaining one belonged to genus *Microtermes* (Sobti*et al.*, 2009). Yu (2014) used COII gene to analyze the taxonomic status of *Hypotermes* and found that COII gene was suitable for genera or family classification rather than interspecific classifica-

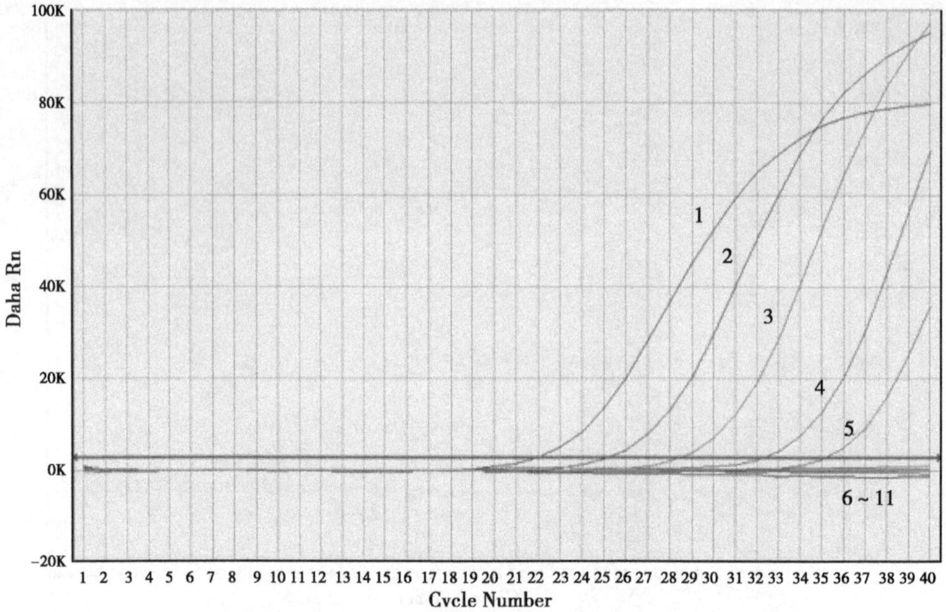

Fig. 4 Sensitivity detection of primer COI-F/COI-Rfor *R. chinensis*.

1. 10ng/μL; 2. 1ng/μL; 3. 100pg/μL; 4. 10pg/μL; 5. 1pg/μL; 6. 100fg/μL; 7. 10fg/μL; 8. 1fg/μL; 9. 100ag/μL; 10. 10ag/μL; 11. ddH_2O

tion.

Many studies have shown that COI gene can be used as molecular marker for interspecific taxonomy, but it needs to be assisted by other molecular markers, because COI gene is moderately conservative, and its genetic variation among different populations of the same species is very small (Guo *et al.*, 2009). Based on the COI and Cytb gene, *Periplaneta americana* and its closely related species were identified (Chen *et al.*, 2016). Wang *et al.* (2012) compared the soldiers of nine populations of *Coptotermes formosanus* from different areas basedon morphological characteristic and COI gene, and found that the morphological results were verified by the analytic results of COI gene. The COI gene can be used as the molecular identification tool at species level of the *Odontotermes* (Yu, 2014). Phylogenetic relationships of Indian termites with others from different geographical locations was confirmed combining partial COI sequences of nine species (Singla *et al.*, 2015). The five species of mealybug on citrus fruit exported from South Africa were successfully identified using COI gene (Pieterse *et al.*, 2010). The taxonomy status of *R. speratus* could be reconsidered using mitochondrial COI gene (Cho *et al.*, 2010). Zhang *et al.* (2016) used DNA barcoding of COI gene to identify the unknown fly species from Henan port as *Chrysomya rufifacies*. The thirteen *Batocera* species were rapidly and accurately identified through DNA barcode of COI gene (Yu *et al.*, 2016). DNA barcoding of COI gene also supports reclassification of eight Japanese species of the genus *Chironmus* (Kondo *et al.*, 2016). Therefore, DNA barcoding of COI gene is able to provide a powerful complement to the traditional morphological approach to species identification. Based on COI gene, our clustering results of NJ tree indicated that *R. chinensis*, *R. flaviceps*, *R. labralis*, *R. aculabialis* and *R. speratus* were clustered together and were consistent with geographical distribution of them in China.

Real-time fluorescent quantitative PCR has been established as an alternative advanced classification technique because of its sensitivity and accuracy (Bustin and Mueller, 2005; Shi *et al.*, 2016). Based on the specific primer and probe of COI gene, the relative species of *Cydiapomonella* were accurately distinguished by fluorescent PCR technology (Bai *et al.*, 2011). Similarly, based on the specific primer and probe of COI genes, the three *Solenopsis ants*, S. *invicta*, *S. geminata*, *S. richteri*were accurately distinguished by fluorescent PCR (Xu *et al.*, 2013). The COI gene is very suitable as the DNA barcode, and the success rate for identification of relative species was very high (Hebert *et al.*, 2003). Based on the COI gene, we designed specific primer and TaqMan probe of *R. chinensis* and specifically detected *R. chinensis*. The minimum concentration of DNA sample is 1pg/μL for the rapid identification of *R. chinensis*. Our results suggest that the rapid and accurate identification of different *Reticulitermes* species can be achieved by fluorescent PCR technology based on COI gene.

4 Acknowledgments

We thank Dr. Lianxi Xing for providing help in collecting termite samples. We thank the anonymous reviewers for providing valuable comments on earlier drafts of this manuscript. This work was funded by the National Natural Science Foundation of China (31572322), and the Science and Technology Project of National General Administration of Quality Supervision, Inspection and Quarantine (2014IK006).

References

Austin J W, Szalanski A L, Cabrera J B. 2004. Phylogenetic analysis of subterranean termite family Rhinotermitidae (Isoptera) by using the mitochondrial cytochrome oxidase II gene [J]. Annals of the Entomological Society of America, 97: 548-555.

Austin J W, Szalanski A L, McKern J A, *et al.* 2009. Molecular phylogeography of the subterranean termite *Reticulitermes tibialis* (Isoptera: Rhinotermitidae) [J]. J Agric Urban Entomol, 25 (2): 63-79.

Bai H, Wei X T, Ni X M, *et al.* 2011. Rapid identification of Cydia pomonella L by Real-Time PCR [J]. Plant Quarantine, 25 (2): 48-51.

Brune A. 2014. Symbiotic digestion of lignocellulose in termite guts [J]. Nat Rev Microbiol, 12 (3): 168-180.

Bustin S A, Mueller R. 2005. Real-time reverse transcription PCR (qRT-PCR) and its potential use in clinical diagnosis [J]. Clinical Science, 109 (4): 365-379.

Cameron S L, Whiting M F. 2007. Mitochondrial genomic comparisons of the subterranean termites from the genus *Reticulitermes* (Insecta: Isoptera: Rhinotermitidae) [J]. Genome, 50 (2): 188-202.

Cheng D B, Ruan G X, Song X G. 2014. Research progress of China termite species [J]. Chin J Hyg Insect & Equip Apr, 20 (2): 186-190.

Chen Z Z, He M, Zhang C G, *et al.* 2016. Phylogenetic relationship of 6 Blattaria species based on mitochondrial COI and Cytb genes sequences [J]. Guangzhou Chemical Industry, 44 (10): 48-51.

Cho M J, Shin K, Kim Y K, *et al.* 2010. Phylogenetic analysis of *Reticulitermes speratus* using the mitochondrial cytochrome c oxidase subunit I gene [J]. Journal of the Korean Wood Science and Technology, 38 (2): 135-139.

Deng F, Liu Y S, Pang Z P, *et al.* 2014. Research progress on the molecular phylogeny and biogeography of the genus *Reticulitermes* [J]. Sichuan Journal of Zoology, 33 (4): 627-633.

Evans T A, Forschler B T, Grace J K. 2013. Biology of invasive termites: a worldwide review [J]. Annu Rev Entomol, 58 (1): 455-474.

Guo X H, Sun N, Zhang Y. 2009. Application of mitochondrial cytochrome oxidase I gene in the research of insect molecular systematics [J]. *Int J Genet* 32 (5): 79-81.

Hebert P D N, Ratnasingham S, deWaard J R. 2003. Barcoding animal life: cytochrome c oxidase subunit I divergences among closely related species [J]. Proc Biol Sci, 270 (Suppl_ 1): S96.

Huang F S, Zhu S M, Ping Z M, *et al.* 2000. Fauna Sinica: Insecta, vol. 17: Isoptera [M]. Beijing: Science Press.

Huang H D, Tian J, Xie R R, *et al.* 2014. Study on the distribution, damage status and management strategies of the main species of wood feeding termites in Zhenjiang area, Jiangsu [J]. Chin J Appl Entomol, 51 (4): 1075-1085.

Huang Q Y, Li G H, Husseneder C, Lei C L. 2013. Genetic analysis of population structure and reproductive mode of the termite *Reticulitermes chinensis* Snyder. [J] PLoS One, 8 (7): e69070.

Incekara Ümit, Gholamzadeh S. 2016. Revies of molecular taxonomy studies on Coleptera aquatic insects [J]. Int J Entomol Res, 4 (1): 23-34.

Kondo N I, Ueno R, Ohbayashi K, *et al.* 2016. DNA barcoding supports reclassification of Japanese *Chironomus* species (Diptera: Chironomidae) [J]. Entomol Sci, 19 (4): 337-350.

Lehrke J, Hove H A T, Macdonald T A, *et al.* 2007. Phylogenetic relationships of Serpulidae (Annelida: Polychaeta) based on 18S rDNA sequence data, and implications for opercular evolution [J]. Org Divers Evol, 7 (3): 195-206.

Legendre F, Whiting M F, Bordereau C, *et al.* 2008. The phylogeny of termites (Dictyoptera Isoptera) based on mitochondrial and nuclear markers: implications for the evolution of the worker and pesudergate castes, and foraging behaviors [J]. Mol Phylogenet Evol, 48 (2): 615-627.

Liu J J, Yang J Q, Ji Q E, *et al.* 2007. The progress in studies of 18S rDNA and its applications in Hymenoptera molecular phylogeny [J]. Entomological Journal of East China, 16 (1): 18-25.

Luchetti A, Scicchitano V, Mantovani B. 2013. Origin and evolution of the Italian subterranean termite *Reticulitermes lucifugus* (Blattodea, Termitoidae, Rhinotermitidae) [J]. B Entomol Res, 103 (6): 734-741.

Nobre T, Nunes L, Eggleton P, *et al.* 2006. Distribution and genetic variation of *Reticulitermes* (Isoptera: Rhinotermitidae) in Portugal [J]. Heredity, 96 (5): 403-409.

Ohkuma M, Yuzawa H, Amornsak W, *et al.* 2004. Molecular phylogeny of Asian termites (Isoptera) of the families Termitidae and Rhinotermitidae based on mitochondrial COII sequences [J]. Mol Phylogenet Evol, 31 (2): 701-710.

Pieterse W, Muller D L, Vuuren B J V. 2010. A molecular identification approach for five species of mealybug (Hemiptera: Pseudococcidae) on citrus fruit exported from South Africa [J]. Afr Entomol, 18 (Mar 2010): 23-28.

Rust M K, Su N Y. 2012. Managing social insects of urban importance [J]. Annu Rev Entomol, 57 (57): 355-375.

Sanchis A, Latorre A, Gonzdlez-Candelas F, *et al.* 2000. An 18S rDNA-based molecular phylogeny of Aphidiinae (Hymenoptera: Braconidae) [J]. Mol PhylogenetEvol, 14 (2): 180-194.

Shi C H, Zhang Y J. 2016. Advances in reference gene for real-time quantitative reverse transcription PCR (qRT-PCR) of insect research [J]. Chin J Appl Entomol, 53 (2): 237-246.

SinglaM, Sobti R C, Sharma V L. 2010. Nucleotide sequence characterization of partial fragment of COI mitochondrial gene in two species of termites [J]. In: 13th Punjab Science Congress; P. U. Chandigarh: Punjab Science Congress: 108-109.

SinglaM, Goyal N, Sobti R C, *et al.* 2015. Estimating molecular phylogeny of some Indian termites combining partial COI sequences [J]. Journal of Entomology and Zoology Studies, 3 (6): 213-218.

Sobti RC, Kumari M, Sharma VL, *et al.* 2009. Sequence analysis of a few species of termites (Order: Isoptera) on the basis of partial characterization of COII gene [J]. Mol Cell Biochem, 331 (1-2): 145-151.

Sun Y C, Meng R, Wang Y L. 2015. Molecular systematics of the Issidae (Hemiptera: Fulgoroidea) from China Based on Wingless and 18SrDNA sequence data [J]. Entomotaxonomia, 37 (1): 15-26.

Vargo E L, Husseneder C. 2009. Biology of subterranean termites: insights from molecular studies of *Reticulitermes* and *Coptotermes* [J]. Annu Rev Entomol, 54 (54): 379-403.

Wang X G, Liang F, Xi G H, *et al.* 2012. Comparison of different isolates of *Coptotermes formosanus* soldiers based on morphologic characteristic and COI gene sequence [J]. Journal of Zhongkai University of Agriculture and Engineering, 25 (3): 10-14.

Xing L X, Maekawa K, Miura T, *et al.* 2001. A reexamination of the taxonomic position of Chinese *Heterotermes aculabialis* (Isoptera: Rhinotermitidae) based on the mitochondrial Cytochrome oxidase II gene [J]. Entomol sci., 4: 53-58.

Xu L, Yu D J, Chen Z L, *et al.* 2013. Detection of three important *Solenopsis* spp. (Hymenoptera, Formicidae) by Real-time qualitative PCR [J]. Plant Quarantine, 27 (4): 65-68.

Yu M. 2014. Morphology and molecular identification of common species of genus *Odontotermes* in China [D]. Nanchang: Jiangxi Agricultural University.

Yu H X, Xu M, Xu N, *et al.* 2016. Establishment of DNA barcode of species of *Batocera* (Coleoptera: Cerambycidae) [J]. Jour of Fujian Forestry Sci and Tech, 43 (2): 90-95.

Zhang Q, Wang X M, Yue Q Y, *et al.* 2016. Analysis of cytochrome C oxidase subunit I gene of unknown and damaged fly species captured at Henan port [J]. Chin J Vector Biol Control, 27 (4): 354-357.

Zhao Y Y, Qiu X H, Han R C. 2008. Advances in the molecular biology of termites [J]. Chinese Bulletin of Entomology, 45 (4): 532-536.

氮气储粮气囊内控温工艺研究

吴晓宇[1]，黄　峰[2]，吴杰平[2]，高晓宝[2]，何振兴[2]
(1. 中央储备粮天门直属库有限公司，天门　431700；
2. 中央储备粮孝感直属库有限公司，安陆　432600)

摘　要：在氮气储粮期间，采用氮气密闭循环制冷设备，通过密闭保温管道，将密闭粮堆上层及气囊内高温氮气抽出进行制冷调湿后再输送至密闭粮堆进行循环制冷，控制密闭粮堆上层及气囊内的氮气温湿度，进而抑制粮温，实现充氮气调期间的低温准低温储藏。

关键词：氮气密闭循环制冷设备；制冷调湿；抑制粮温；低温准低温储藏

针对氮气储粮过程中控温措施单一，主要依靠粮面稻壳压盖隔热难以解决表层粮温受仓外气温、仓温影响快速上升、粮堆内局部高温点难以处理的问题，在氮气储粮期间，采用氮气密闭循环制冷系统，通过密闭保温管道，先将密闭粮堆上层及气囊内高温氮气抽出，进行制冷调湿后再输送至密闭粮堆进行循环制冷，控制密闭粮堆上层及气囊内的氮气温湿度，进而抑制粮温，实现充氮气调期间的低温准低温储藏，延缓粮食品质劣变速度，延长储粮保鲜期，确保库存粮食绿色环保储藏。

2016 年 7—9 月，孝感库选择 43 号仓进行氮气气囊内循环补冷控温运行试验。制冷设备选用移动式全密封循环式氮气冷却系统一套，功率 11kW，制冷量约 25kW、运行期间氮气损耗量 $5m^3$/次。试验表明氮气储粮气囊内循环补冷控温工艺有效，经济适用。取得阶段性成果。

1　材料与方法

1.1　试验材料

1.1.1　试验仓基本情况

43 号仓为试验仓，46 号仓为对照仓。均为 1998 年扩建的高大平房仓，仓墙厚 0.37m，拱板仓，仓房尺寸见表 1。

1.1.2　试验仓试验前储粮基本情况（表 1）

表 1　试验前储粮基本情况

仓号	仓房尺寸/长×宽×高(m)	品种	数量(t)	生产年限	水分(%)	杂质(%)	出糙率(%，容重)	脂肪酸值(mgKOH/100g)	色泽气味
43	40×24×8	晚籼	3 196	2013	12.8	0.8	74.2	21.8	正常
46	44×24×8	晚籼	3 450	2014	14.2	0.7	76.8	23.6	正常

1.1.3 设备仪器与器材

1.1.3.1 氮气密闭循环制冷设备

采用武汉鑫都粮保仓储设备有限公司生产的移动式全密封循环式氮气冷却机。

1.1.3.2 冷热氮气进出气口及密闭保温管

在密闭槽管下方进风口一侧山墙开孔两个并安装 Φ160 不锈钢管作为冷气进风和热气出风口，进出气口与 Φ160 保温不锈钢管进行焊接确保气密性，保温管下方安装手动蝶阀及快速卡箍，并进行气密性检测。仓外配件全部用覆铝膜保温海绵材料包覆（图 1）。

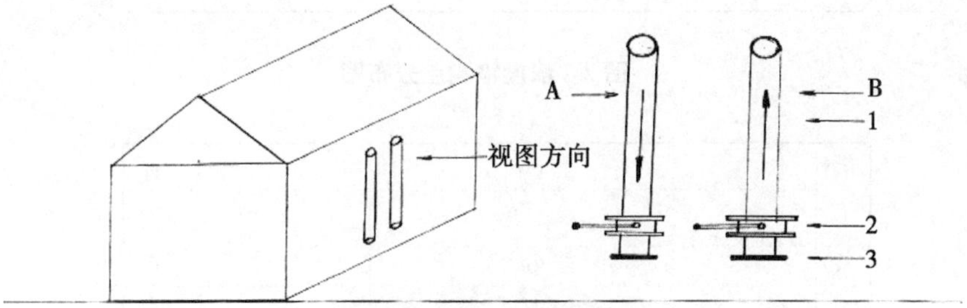

仓外保温管道布置示意图

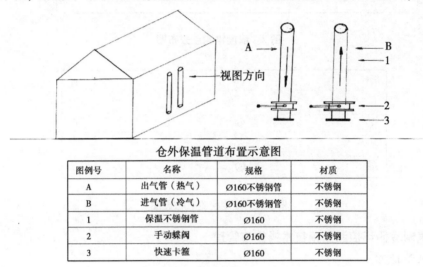

图例号	名称	规格	材质
A	出气管（热气）	Ø160不锈钢管	不锈钢
B	进气管（冷气）	Ø160不锈钢管	不锈钢
1	保温不锈钢管	Ø160	不锈钢
2	手动蝶阀	Ø160	不锈钢
3	快速卡箍	Ø160	不锈钢

图 1 进出气口示意图

1.1.3.3 粮情检测系统

采用北京金粮安公司生产的数字式粮情检测系统。

1.1.3.4 粮面隔热

试验仓与对照仓粮面均采用 30cm 散稻壳压盖。

1.2 试验方法

1.2.1 浓度检测点布设及检测

测气点布置：1~9 号测气点位于仓房对角线上，1~3 测气点距两墙体 3m；7~9 测气点距两墙体 7m；1、4、7 测气点位于粮堆堆高 3/4 处；2、5、8 测气点位于堆高 1/2 处；3、6、9 测气点位于堆高 1/4 处；10 号点位于气囊空间中部。气体取样管为管径 4mm 的空压软管。浓度检测管布置见图 2。充气期间 4h 检测氮气浓度一次，气调储藏期间每天检测 1 次。

1.2.2 气囊内温度检测点布置及检测

1~9 号点抽取测温电缆，将表层测温点放置于粮面，用于检测气囊内温度；将上层测温点置于粮面 0.3m 以下粮堆中，用于检测粮堆表层温度。其中 1~4 点位于四角距墙 1.5m 左右；5、7、8、9 点在四墙体正中距墙 1.5m 左右；6 点正中（图 3）。补冷期间 12h 检测温度一次，气调储藏期间每天检测 1 次温度。

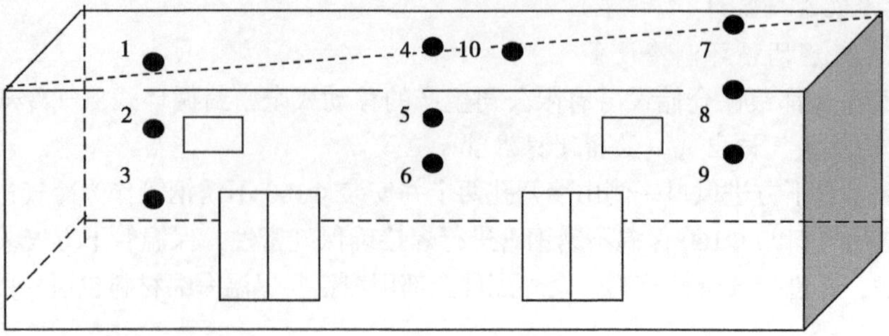

图 2　浓度检测点分布图

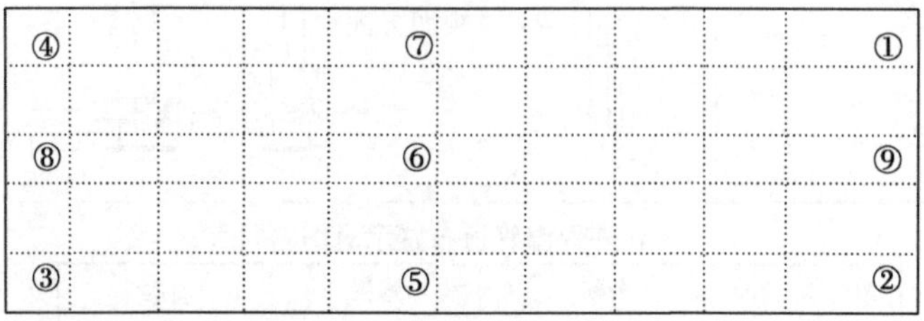

图 3　温湿度检测点布设图

1.3　氮气制冷循环控温储粮技术操作与管理

1.3.1　控温措施

在冬季环境温度最低的时间段，采用轴流风机进行上行式负压间歇缓速通风降温，使全仓平均粮温降至 0~5℃。在春季外温回升前，对稻谷粮堆进行散稻谷压盖，对不需开启的门、窗、孔、洞进行隔热密闭处理。在夏季高温季节，在夜间相对低温的时间段(21:00—5:00)，经常性地开启仓拱排风扇进行排热换气，及时降低拱内温度并抑制仓温回升。在深秋季节，根据粮温、水分等具体粮情，有选择地在夜间相对低温的时间段，开启通风口和通风窗，进行自然通风，使粮温随环境温度一起逐渐降低。在冬季环境温度最低的时间段，再次利用轴流风机采用上行式负压方式间歇通风降温，将全仓平均粮温降至 0~5℃。

1.3.2　循环冷却时间及温湿度设定

2016 年 8 月开始在 43 号仓开展试验，46 号为对照仓，根据试验仓储存品种为稻谷，其控温目标及进气温湿度设定为：当检测点温度≥25℃时开始在夜间循环冷却，当检测点温度≤20℃时停止冷却，进气温度设定为 16℃、湿度为 70%~75%。当气囊检测点温度回升接近或超过目标温度时及时进行复冷。

对照仓 46 号采用常规氮气气调储藏。

1.3.3　循环冷却工艺

2016 年 7 月至 8 月在 43 号仓采用上抽上送式进行氮气气囊内循环补冷运行试验(图 4)。利用密闭循环制冷设备配套风机将密闭气囊内的高温氮气从仓房北面远端抽出，通过通风管、出气口、密封保温管带进移动式全密封循环式氮气冷却系统内进行冷却调湿，冷却调湿后的氮气通过保温管、进气口、通风管从南面近端进入气囊内，持续循环冷却，当检测点的温度（平均）达到或小于目标温度时停止冷却。若监测点温度差≥4℃时开启环流风机均匀气囊内温度。当检测点的温度差≤2℃时停止环流。

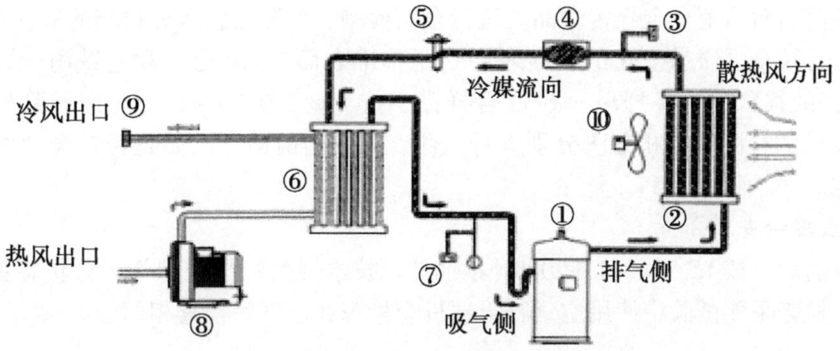

图 4　氮气密闭循环制冷系统工艺流程图

1. 压缩机；2. 冷暖器；3. 高压控制器；4. 干燥过滤器；5. 膨胀阀；6. 支片蒸发器（阻力<200Pa）；7. 低压控制器；8. 送负机（客户提供）；9. 出风调节阀 DN150；10. 散热风机

冷却期间安排专人检查值班，检查设备运行情况，检测仓内温度变化，检查槽管、薄膜、设备与管道连接等是否漏气。

1.3.4　氮气充气工艺

采用上充下排连续充气方式。即从粮堆上部充气，粮面薄膜鼓起时，从地上笼风道口排气，持续充气，当排气浓度达到小于目标浓度 3%～5%时，停止充气，根据检测情况，当粮堆平均浓度小于目标浓度 3%时开始补气（表 2）。

表 2　试验仓充氮情况表

仓号	试验年度	开始时间（月-日）	首次充气耗时（h）	补气次数	补气耗时（h）	累计充气时间（h）	目标浓度（%）
43	2016	7-18	33	3	32	65	98
46	2016	7-26	36	3	37	73	98

1.4　数据测试及分析

1.4.1　温湿度及氮气浓度检测

温、湿度检测的内容包括粮温、仓温、仓湿、气温和气湿等。利用粮情测控系统进行定时巡检和连续跟踪观测，在试验期间每 1～2 天巡检一次，对温、湿度检测结果做好记录，并对能够反映粮食储藏安全状况的有关数值（包括最高粮温、粮温变化速率等）进行统计分析，判断粮情变化是否符合正常的储粮变化规律。

1.4.2　水分检测及分析

试验前后分别对示范仓粮食进行分区分层、逐层逐点进行扦样检测水分。分区分层扦样点位置按照《中央储备粮油质量检查扦样检验管理办法》（国粮发〔2010〕190号）文件规定的要求，将每次各点测试结果按层、分区进行统计分析，并判断粮情变化是否符合正常的储粮变化规律。

1.4.3 粮食品质检测分析

试验前后对示范仓全仓粮食品质进行全面检测，参照粮食水分检测的取样点进行扦样，同时对粮食品质易变化的粮面表层（距粮堆表面30cm处）和仓壁附近（距仓壁30cm处）的粮食随机各扦取一份混合样品，按GB/T20570—2006《稻谷品质判定规则》中要求的检测项目和方法分别进行检测，判断当前储存品质是否符合“宜存”指标的规定。

1.4.4 虫霉检查及分析

试验前后，按LS/T 1211—2008《粮油储藏技术规范》检查粮情，分析害虫防治效果。结露检查采取试验中使用空气呼吸器进仓检查和散气后检查相结合方法。

2 结果分析

2.1 氮气浓度（表3）

表3 试验仓氮气浓度

日期（月-日）	仓号	检测点氮气浓度（%）										
		1	2	3	4	5	6	7	8	9	10	排气孔
7-25	43	1.8	2.0	1.9	2.1	2.0	1.8	1.9	1.9	1.9	2.0	3.2
	46											
8-1	43	3.3	2.8	2.9	3.3	3.1	2.8	2.7	2.9	3.1	2.9	4.8
	46	1.9	2.1	2.0	2.0	1.9	1.9	2.1	1.8	2.0	2.0	3.0
8-8	43	1.9	1.9	2.0	2.0	2.1	1.9	1.8	2.1	2.2	1.9	2.8
	46	2.8	2.9	3.1	3.0	3.0	3.1	3.9	3.2	3.3	3.1	5.3
8-15	43	2.7	2.8	3.0	3.0	3.3	3.3	3.1	2.9	3.1	3.2	4.0
	46	2.1	1.9	1.8	1.9	2.0	2.1	2.0	1.9	1.9	2.1	3.5
8-22	43	1.5	1.6	1.6	1.7	1.8	1.9	2.0	2.1	1.8	1.8	3.0
	46	3.1	2.9	2.9	3.2	3.1	3.0	3.0	2.9	4.1	3.1	5.2
8-29	43	2.2	2.4	2.3	2.0	2.3	2.1	1.9	2.4	2.3	2.1	3.8
	46	1.6	1.5	1.6	1.8	2.1	1.9	1.5	1.8	1.9	1.9	3.0

与对照仓比较，试验仓抽取气囊内氮气经移动式全密封循环式冷却系统进行冷却调湿后，氮气浓度无明显变化。

2.2 气囊内温度及粮温

试验期间，试验仓气囊内温度经密闭循环制冷后，低于对照仓1~3℃；试验仓1~9点平均粮温由14.5℃升至19.1℃，对照仓1~9点平均粮温由14.6℃升至20.3℃，试验仓升幅小于对照仓1.1℃；最大粮温差为试验仓小于对照仓3.7℃（表4）。

表 4　温度记录

日期（月-日）	外温（℃）	外湿（℃）	仓号	仓温（℃）	仓湿（%）	项目	检测点温度（℃） 1	2	3	4	5	6	7	8	9	平均粮温	最高粮温	气囊状况
6-6（密闭前）	23.6	71.0	43	24.7	63.4	气囊内温度	19.2	19.5	19.1	18.3	19.3	17.6	21.6	18.8	19.6	9.6	21.6	0
						表层粮温	13.5	12.9	10.7	11.7	19.6	14.7	10.1	18.0	19.1			
			46	23.2	69.5	气囊内温度	23.5	23.2	17.2	16.2	20.2	18.3	18.2	17.2	20.3	9.2	22.3	0
						表层粮温	14.8	13.5	10.1	12.8	16.8	13.8	16.7	15.7	17.9			
7-25	31.5	75.4	43	32.3	68.4	气囊内温度	27.5	27.7	27.2	26.2	25.5	25.1	34.7	25.7	30.0	14.3	26.7	80
						表层粮温	18.8	17.5	16.0	16.6	21.3	18.1	16.6	12.6	14.2			
			46	30.2	69.5	气囊内温度	33.2	31.2	24.3	23.5	27.2	24.3	26.2	23.5	27.2	13.4	27.2	0
						表层粮温	22.6	19.7	15.5	18.9	12.7	17.8	14.5	11.7	13.5			
8-1	32.3	69.7	43	34.3	64.0	气囊内温度	27.6	27.8	28.1	26.7	28.2	26.8	27.0	27.6	29.6	15.1	27.0	25
						表层粮温	19.6	18.2	16.5	17.5	22.1	18.8	17.3	13.2	15.5			
			46	33.2	69.2	气囊内温度	35.2	33.2	35.3	23.8	29.5	26.7	27.8	25.2	29.3	14.1	30.5	90
						表层粮温	23.6	20.7	13.8	19.7	13.5	18.9	15.7	19.0	14.7			
8-8	26.8	92.5	43	31.6	60.2	气囊内温度	28.0	27.8	28.5	27.6	32.3	28.0	30.1	28.3	27.7	15.3	27.8	90
						表层粮温	20.6	19.1	17.3	18.2	23.1	19.7	18.7	14.0	16.8			
			46	30.2	69.5	气囊内温度	33.2	30.2	26.5	32.3	29.5	27.5	32.3	27.6	28.3	14.7	31.3	40
						表层粮温	23.7	21.7	16.5	19.5	14.7	19.0	16.7	13.5	15.5			

（续表）

日期（月-日）	外温（℃）	外湿（℃）	仓号	仓温（℃）	仓湿（%）	项目	检测点温度（℃）									平均粮温	最高粮温	气囊状况
							1	2	3	4	5	6	7	8	9			
8-15	31.3	80.5	43	32.3	55.1	气囊内温度	27.5	28.2	28.6	28.0	33.3	27.7	31.1	25.8	27.1	15.6	28.0	30
						表层粮温	22.3	20.3	18.1	20.0	18.2	11.5	19.3	15.7	18.5			
			46	32.1	69.3	气囊内温度	34.1	33.1	26.8	29.1	29.9	27.8	28.1	25.8	29.1	15.1	31.4	80
						表层粮温	24.7	22.8	17.5	20.7	15.5	19.5	16.5	14.2	15.5			
8-22	28.7	77.3	43	34.1	55.8	气囊内温度	28.2	28.8	29.2	28.7	31.5	27.5	31.1	27.6	27.8	16.2	27.6	90
						表层粮温	22.0	20.1	18.8	20.0	18.2	12.7	20.6	16.7	18.7			
			46	33.5	68.3	气囊内温度	34.5	33.5	27.5	29.7	32.2	28.3	29.5	29.4	30.5	15.7	31.5	40
						表层粮温	25.5	22.7	18.7	21.5	16.8	20.7	17.7	15.8	16.7			
8-29	23.8	71	43	30.6	56.4	气囊内温度	28.2	28.3	27.6	29.3	30.0	28.1	30.5	28.7	28.5	16.5	27.6	60
						表层粮温	22.3	20.5	19.1	20.2	20.1	13.5	20.3	16.8	19.1			
			46	29.5	69.3	气囊内温度	32.3	31.2	28.2	26.3	31.5	29.3	29.5	27.3	29.3	16.3	31.3	90
						表层粮温	25.7	23.8	18.9	22.8	17.7	20.7	18.8	16.7	17.8			

2.3 氮气冷却系统运行时间、费用（表5）

表5 全密封循环式氮气冷却系统运行时间、费用

仓号	运行时间（h）	用电量（kW/h）	电费（元）	吨粮电费（元）
43	144	1 584	1 267.2	0.39

经实际统计与分析得出，利用氮气气囊内补冷控温技术成本较低，每吨粮食耗电成本为0.39元。

2.4 试验仓试验后储粮基本情况（表6）

表6 试验后储粮基本情况

仓号	水分（t）	杂质（t）	出糙率（%，容重）	脂肪酸值（mgKOH/100g）	色泽气味
43	12.8	0.8	74.2	23.6	正常
46	14.5	0.7	76.8	25.5	正常

与对照仓相比，试验仓在氮气储藏期间经补冷控温处理后，其水分、脂肪酸值变化并无明显差异。

2.5 虫霉及结露情况

开仓散气后，经检查，无活虫、无霉变、无结露情况。

3 结论与讨论

试验仓氮气浓度在制冷期间的下降速率与对照仓同时期氮气浓度下降速率差异不大，氮气损耗小于5%。

采用本工艺能延缓在氮气气调期间气囊内的氮气温度和储粮表层粮温上升速度。试验仓平均粮温≤18℃；最高粮温≤28℃。与对照仓比较，气囊内温度低2~3℃，表层平均粮温升幅低1℃，最高粮温低3℃。且杜绝了粮堆表层结露的发生。

氮气密闭循环制冷控温储粮成本≤0.40元/t·年。本工艺对气囊内氮气存量充足时效果良好，将进一步探索气囊内氮气存量不足时的控温方法。

参考文献

高素芬.2009.氮气气调储粮技术应用进展［J］.粮食储藏，38（4）：25-28.

许德存.2006.一机两廒氮气防治储粮害虫技术在高大平房仓中的应用［J］.中国粮油学报，21（4）：9-12.

张慧敏.2011.控温气调储粮技术应用研究与分析［J］.粮油仓储科技通讯，27（4）：12-13.

高大平房仓空调控温对储存稻谷的应用效果的研究

陈国旗，胡汉华，王　平，涂文博
(中央储备粮武汉直属库有限公司，武汉　430023)

摘　要：通过选取仓温和粮堆不同粮层温度及粮食脂肪酸值、水分、品尝评分值作为研究指标，进行相关数据监测和测定，旨在研究空调控温储粮技术在高温地区夏季储粮应用中的实用性，为推广空调制冷科技应用提供理论依据。试验结果表明：仓房由于积热效应，导致仓温高于外温。空调制冷控制仓温和表层粮温效果明显，但对上层、中层和下层粮温基本无作用。空调仓通过控温可以抑制表层粮食脂肪酸值上升，较同期对照仓低3.0mgKOH/100g，但上层粮食、中层粮食、下层粮食无明显变化。同时，空调仓可以延长仓房无虫期，减少害虫种类。

关键词：高大平房仓；空调；粮温；脂肪酸值；虫害

我国是一个农业大国，一直以来面临人口众多和可耕地面积相对较少的重大矛盾(王艳春等，2005)，粮库作为粮食产后粮食最大的集结地，保证粮食产后储藏安全，如何延缓粮食产后的储粮品质劣化，就成为广大储备粮库的一个重要任务。中央储备粮武汉直属库地处江汉平原东部，属亚热带季风性湿润气候区，为中国酷热地区之一。自1961—2012年，近52年武汉地区四季平均温均呈现上升趋势，明显增温于20世纪90年代（曹小雪等，2005），1997—2006年，武汉夏季持续时间明显增加，6月份高温日数明显增多，全年气温低于0℃天数只有14天（胡宗海等，2006）。全年高温气候天数的增加，低温天气天数减少的气候变化对粮食安全度夏造成了很大的威胁。因此，采用空调降温技术降低储粮粮温是安全保管粮食一种重要途径，并且一定程度上防止害虫的暴发，降低微生物繁殖感染的可能性，符合绿色储粮、科学储粮的新理念。2016年武汉库开展空调控温储藏试验课题，实行专人专控，定时开关空调，在确保了降温能耗小的同时，实现了储粮品质良好，抑制了储粮害虫为害，为绿色储粮提供了宝贵的经验和数据。

1　材料与方法

1.1　材料

选取了武汉库4号仓作为试验仓，7号仓作为对照仓，两栋仓均为高大平房仓（表1)。仓房规格、结构、设施设备、粮食收获年度、粮食入仓年度均一样，具有较好的对比性和参考性。

表 1 供试仓房信息

仓号	仓型	仓房规格	储粮品种	储粮数量（t）	收获年度	入库年度	负压 500Pa 半衰期
04	高达平房仓	47.2m（长）×22.8m（宽）×9.27m（高）	晚籼稻	3 844	2013	2014	69s
07	高达平房仓	47.2m（长）×22.8m（宽）×9.27m（高）	晚籼稻	3 754	2013	2014	70s

1.2 设备

设备信息详见表 2。

表 2 设备信息

设备	数量	生产厂家或供应单位
格力空调	10 台	珠海格力电气股份有限公司
粮情检测系统	1	北京金良安有限公司
测温电缆	66 根	北京金良安有限公司
扦样器	1 台	桥京奥粮用器材厂

空调型号：KFR-35GW/（35570）Ga-3（Q 畅），制冷功率：1.068kW/h。

1.3 试验方法

1.3.1 粮温测定方法

粮温测定试验采用粮情检测系统测温：每仓在粮堆均匀铺设 66 根测温电缆和一个仓温测量点，每根电缆有 4 个测温点，每 7 天分别测量仓温、表层粮温（0~1.5m）、上层粮温（1.5~3.0m）、中层粮温（3.0~4.5m）、下层粮温（4.5~6.0m），粮情测温系统分别测量 04 号试验仓和 07 号对照仓仓温、表层、上层、中层、下层粮温。04 号试验仓空调布置如下：南北两侧墙上各安装 5 台空调，空调制冷期间采用专人开关空调，每天早上 10 点将 10 台空调温度设定在恒温 22.0℃，从 6 月 23 日到 9 月 22 日，根据当天天气、气候、气温等因素，选择空调开机时长 5-8 小时，气温低于 25℃时及时关闭空调。空调风向保持向上，避免冷风直接接触粮面造成粮面结露不利影响。07 号对照仓采取密闭、隔热措施，遇低温天气及时排积热。

1.3.2 粮食质量测定方法

按照《中央储备粮油质量检查扦样检验管理办法》（国粮发〔2010〕190 号）文件规定，将 04 号、07 号仓粮堆分成 3 个区域扦样，各区设中心、四角 5 个点，两区界线上的两个点为公共点，中心点、公共点、四角点扦取样品质量总和比为 1：2：4。扦样分别扦取表层（0~1.5m）、上层（1.5~3.0m）、中层（3.0~4.5m）、下层（4.5~6.0m）粮食，分样得到各层代表性样品。按 GB/T 5497—1985《粮食、油料检验 水分测定法》中规定的 105℃恒质法及 GB/T20570—2006 中的附录 A 执行中规定分别检测样品水分、品尝评分值、脂肪酸值。

1.3.3　表层粮堆害虫数量测定方法

按照《中央储备粮油质量检查扦样检验管理办法》(国粮发〔2010〕190号)文件规定，将04号、07号仓粮堆分成3个区域扦样，各区设中心、四角5个点，两区界线上的两个点为公共点，中心点、公共点、四角点扦取样品质量总和比为1∶2∶4。每7天扦取表层(0~1.5m)粮食，分样得到1kg代表性样品，将所得样品置于筛孔直径为2.5 mm的上层筛和1.5 mm的下层筛，以筛动频率为120r/min速度筛动，在底座托盘中统计害虫数量。

2　结果分析

2.1　粮温、品质及虫害监测结果

2.1.1　气温、仓温及表层粮温变化情况(图1)

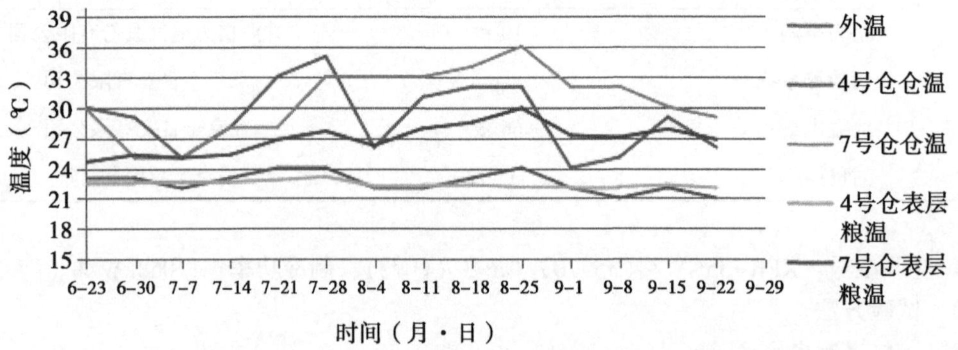

图1　4号仓和7号仓表层粮温、仓温与外温变化关系

2.1.2　表层粮食品质变化情况(表3)

表3　表层粮食品质变化

时间(年-月-日)	4号仓			7号仓		
	水分(%)	脂肪酸值(mgKOH/100g)	品尝评分值(分)	水分(%)	脂肪酸值(mgKOH/100g)	品尝评分值(分)
2016-6-23	12.5	25.8	75	12.6	26.3	75
2016-9-22	12.5	26.5	73	12.6	30.0	71

2.1.3　上层粮食品质变化情况(表4)

表4　上层粮食品质变化

时间(年-月-日)	4号仓			7号仓		
	水分(%)	脂肪酸值(mgKOH/100g)	品尝评分值(分)	水分(%)	脂肪酸值(mgKOH/100g)	品尝评分值(分)
2016-6-23	12.4	23.8	75	12.6	24.3	75
2016-9-22	12.4	24.2	75	12.6	25.8	75

2.1.4 中层粮食品质变化情况（表5）

表5 中层粮食品质变化

时间（年-月-日）	4号仓			7号仓		
	水分（%）	脂肪酸值（mgKOH / 100g）	品尝评分值（分）	水分（%）	脂肪酸值（mgKOH / 100g）	品尝评分值（分）
2016-6-23	12.5	22.5	75	12.6	22.6	75
2016-9-22	12.5	22.6	75	12.6	22.7	75

2.1.5 下层粮食品质变化情况（表6）

表6 下层粮食品质变化

时间（年-月-日）	4号仓			7号仓		
	水分（%）	脂肪酸值（mgKOH / 100g）	品尝评分值（分）	水分（%）	脂肪酸值（mgKOH / 100g）	品尝评分值（分）
2016-6-23	12.5	22.0	75	12.6	22.2	75
2016-9-22	12.5	22.2	75	12.6	22.4	75

2.1.6 储粮害滋生害情况（表7）

表7 表层粮堆几种常见害虫情况

时间（年-月-日）	4号仓			7号仓		
	表层粮温（℃）	害虫种类	害虫总数（头/kg）	表层粮温（℃）	害虫种类	害虫总数（头/kg）
2016-06-23	22.5	0	0	24.6	0	0
2016-06-30	22.6	0	0	25.3	0	0
2016-07-07	22.6	0	0	25.0	0	0
2016-07-14	22.6	0	0	25.3	0	0
2016-07-21	22.8	0	0	26.8	1	3
2016-07-28	23.1	0	0	27.6	1	5
2016-08-04	22.2	0	0	26.2	2	6
2016-08-11	22.3	0	0	27.3	2	6
2016-08-18	22.3	0	0	27.9	3	8
2016-08-25	22.1	0	0	28.3	已熏蒸	
2016-09-01	22.0	1	1	27.2		
2016-09-08	22.1	1	3	27.0		

(续表)

时间(年-月-日)	4号仓			7号仓		
	表层粮温(℃)	害虫种类	害虫总数(头/kg)	表层粮温(℃)	害虫种类	害虫总数(头/kg)
2016-09-15	22.3	1	6	27.8		
2016-09-22	22.0	已熏蒸		26.8		

2.2 原因分析

2.2.1 空调仓合理开机时长

试验期间，大气温度为24.0~35.0℃，均高于24.0℃，且大部分时间高于28.0℃，属于高温气候。04号试验仓使用空调控温，仓温为21.0~24.0℃，均低于24.0℃。07号对照仓，仓温为25.0~36.0℃，且在8月4日至9月22日期间，仓温高于外温。结果表明：受高温天气影响，仓房有积热现象，导致对照仓仓温出现高于外温的现象。空调仓降仓温明显，不受外温影响，说明了每天空调开机时长是合理、可靠的，为后面的试验打下了牢靠的基础。

2.2.2 控温效果

7月28日随着外温的升高，7号仓表层粮温逐步升高，最高高达29.9℃，但遇低温天气，通过排挤热，表层粮温明显降低。4号仓表层粮温在试验期间未出现明显涨幅，表层粮均低于23℃，明显低于外温。除表层粮温以外，4号仓和对照仓7号仓的上层粮温、中层粮温、下层粮温在试验期间都有所上升，但上升程度不大。结果表明：表层粮温易受夏季高温影响，随着外温上升而上升。空调制冷对表层粮温控温明显，由于粮食本身是热的不良导体而所具有的隔热特性，导致上层粮温、中层粮温、下层粮温基本不受空调控温影响。

2.2.3 表层粮食质量变化

由表3至表6可见，粮食脂肪酸值增长主要集中在粮堆表层，04号仓表层粮食脂肪酸值在试验期间上升0.7mgKOH/100g，07号仓表层粮食脂肪酸值在试验期间上升3.7mgKOH/100g，但是两栋仓房表层粮食品尝评分值及水分变化不大。两栋仓粮食脂肪酸值均随着粮层降低而减小，各层粮食脂肪酸值在试验期间都有小幅度上升，另外品尝评分值，水分无变化。试验结果表明：粮食脂肪酸值受温度影响较大，温度越高脂肪酸值增长越快。空调仓通过控制仓温降低表层粮温，对表层粮食脂肪酸值的上升程度起到了抑制作用，可以控制脂肪酸上升的同时空调仓对粮食水分及品尝评分基本无影响。

2.2.4 害虫情况

由表7可见，2016年6月23日—2016年9月22日，空调仓表层粮温均低于23.0℃，9月01日开始有储粮害虫，至9月22日，4号仓害虫数量为6头/kg，种类只有1种；7号仓于7月21日开始出现储粮害虫，且最终储量害虫有3种，于8月5日采取熏蒸杀虫处理。试验结果表明：由于储粮害虫繁殖温度普遍在28℃以上，空调控温通过降低表层粮温，对储粮害虫繁殖和生长有较好的抑制作用，防止了部分种类害虫的出现，延长了无虫期。

2.2.5 空调成本

本次试验空调仓房架设空调总数为 10 台，每台空调工作年限为 10 年，每台空调 2 700元，其每年运行成本为 2 700元。6 月 23 日至 9 月 22 日共耗电费 6 459元，吨粮耗电量 0.36 元，吨粮运行费用合计 2.38 元。

3 结论与讨论

对空调仓实际效果通过选取仓温和粮堆不同粮层温度及粮堆不同粮层粮食脂肪酸值、水分、品尝评分值作为研究指标，进行相关数据监测，旨在研究空调控温技术在高温高湿地区夏季储粮中的实用性，为推广空调控温储粮技术提供理论依据。

（1）由于积热效应，夏季仓温会很高，表层粮温易受仓温上升而上升。粮堆由于“冷心”作用及粮食本身隔热的特性，上层、中层、下层、底层粮温上升不大。通过合理布置、开关空调，可以实现仓房仓温全天低于 24℃，从而控制住粮堆表层粮温上涨速度，空调控温储藏在夏季酷热的武汉地区效果良好。

（2）稻谷不耐高温，高温导致脂肪酸值快速变高、食用口感变差，因此对夏季储存粮食，控制住表层粮温显得尤为重要。空调仓改善了表层粮食储存环境，抑制了粮堆表层粮食脂肪酸值上升速度，延缓了粮食食用品质下降。

（3）空调仓低温储存技术，通过降低仓温和表层粮温，可延长粮堆无虫期，有效减少了害虫种类。

（4）空调仓设计简单，仓房改装容易，符合绿色储粮、科技储粮的要求。空调使用寿命一般为 10 年，平均运行成本为每年 2.35 元/t。因此，在高温地区空调制冷是一种行之有效的保粮手段，具有推广应用的价值。

4 展望

中储粮集团公司提倡绿色、科技储粮以来，控温储粮技术作为一种环保、高效、易操作的储粮技术，不仅有效地控制了夏季仓温和表层粮堆温度，确保了粮食品质良好并延长储粮无虫期，减少害虫种类。因此空调控温储藏是南方储粮保质和抑制害虫为害的一种实用、有效和较为经济的保粮手段，具有很大发展和应用潜力。

参考文献

曹小雪. 2015. 1961—2012 年武汉市气候变化特征分析 [D]. 武汉：华中师范大学.

胡宗海，赵昭昕. 2006. 武汉市气温极值及近 10 年气温变化特征分析 [C] // 湖北省气象学会学术年会暨湖北省防雷论坛学术论文详细文摘汇集.

王艳春，卢景萍，班淑范，等. 2005. 储粮品质变化及衡量指标 [J]. 吉林农业（5）：36-37.

水利工程白蚁防治周期浅析

林晚明，林先登，卢志军，林　勇
(湖北省麻城市白蚁防治所，麻城　438300)

摘　要：在水利工程中，白蚁对水利工程的为害性巨大。白蚁作为世界性的五大害虫之一，种类繁多，对经济利益造成了巨大的损失，怎样进行有效防治白蚁对水利工程的为害，是水利部门的一项长期而艰巨的任务。本文从白蚁水利防治中发现主要的问题和发展趋势，并提出一些相关建议和对策，为今后可以更好地开展白蚁防治工程打下良好基础。

关键词：白蚁防治；白蚁防治周期；水利工程；对策

白蚁作为世界性的重要害虫之一，分布于世界五大洲，被列为五大害虫之一。白蚁的种类目前已经达到3 000多种，为害了许多包括房屋建筑、河堤和水库堤坝、农林作物、塑料电缆等重要的设施和设备，对图书、档案、智障等纤维物质也有着不小的威胁。目前世界各种白蚁研究工作者都在积极寻找对白蚁有效防治技术，以便于更好的发展经济。

1　中国防治白蚁的不足之处

近年来，我们国家的水利工程白蚁防治工作已经取得了一定的进步，特别是湖北省昆虫学会白蚁专业委员会，但是仍然存在一定的不同之处，将这些不同之处进行分析，这些存在的问题以及不足之处具体如下：对白蚁防治工作的重视程度不够。一些管理工作存在侥幸心理，许多水利工程管理人员对待白蚁防治工作也是这样，这种想法是极其片面且危害性极大的。少数地区甚至存在不落实白蚁防治的做法，这种做法严重阻碍了我们国家水利工程白蚁防治工作的顺利有效进行。

1.1　防治白蚁的方法不够合理

一些水利工程直接使用一些堤坝药物进行灭蚁，没有进一步的对白蚁的巢穴进行系统的处理，如挖巢、灌浆等。这就导致白蚁巢穴、蚁道仍然存在，并且很有可能进一步演变为堤坝漏水通道，这就为水利工程的安全性埋下了隐患，白蚁危害也没有彻底的解决。

1.2　部分水利工程管理人员缺乏专业性以及综合素质

虽然上报了许多白蚁防治资金，但是在实际工作的时候，将这些防治资金没有落实到位，没有全面的进行白蚁防治工作，这就使得白蚁的危害没有解决。除此之外，还有些水利工程管理人员的专业知识和认识不够，综合能力不强，没有全面的实施堤坝白蚁防治方法。对堤坝白蚁防治工作没有一个系统的知识，在实际工作的时候，责任心不足，没有实地的对堤坝蚁患漏水情况进行观察，没有及时的运用抢救方法解决已经存在的蚁患。

1.3 实施过程不够规范

有些工程项目由于管理费用缺乏而没有进行全面防治，只是管理单位做了日常放药灭杀。在水利工程建设中，有些项目由于缺乏全面的防治和管理经费，只能做到在管理中日常放药灭杀。在调研工作中，往往没有配套资金支持的工作，仅仅能实施部分项目堤段，大部分的水库和大坝只能灭杀白蚁，做不到对蚁巢的灌浆（王翔，1994）。

2 中国水利工程遭受白蚁为害而发生溃堤的实例

所谓“千里之堤溃于蚁穴”不仅仅是一句话，而是事实。在 1975 年 8 月，河南省南部驻马店出现暴雨，导致驻马店、信阳相继发洪水。板桥水库和石漫滩水库两座大型水库相继出现溃坝现象，竹沟、田岗等数十座小型水库也几乎同时溃坝，西平、汝南等邻近县城被水淹，造成了数十个县市受灾，涉及近千人，毁房近六百余间，造成道路阻塞，无法正常通车。在 1998 年，我国发生了历史上罕见的特大洪水灾害，湖北、湖南堤坝相继受灾。特别是长江，因鄱阳湖、洞庭湖相继大暴雨，使得长江流域的水位迅速上涨，受上游水和潮汛所影响，形成上流水位和中流支流叠加，大量的涌向长江流域。造成房屋倒塌数百万间，同时也造成了巨大的经济损失。广东清远发生 13 条溃堤，塌坝 9 座，经过专家的查明发现其中 9 条堤围以及 5 座大坝都是由于土白蚁的原因而发生的溃堤现象。1986 年 7 月广东梅州市发生特大水灾，是新中国成立以来最大的水灾，梅江出现决堤 62 条，后来经过查明，其中 55 个缺口都是由于白蚁造成的。2008 年岳阳长江堤段和屈原防洪堤，相继出现管涌现象，中央电视台报道过。2003 年夏天长江遭遇了特大洪灾，荆江地区出现了大量的堤段管涌现象，几位专家现场调查之后，发现管涌是白蚁为害的，带领群众及时地进行了奋战，终于排除了险情。这些案例都告诉我们了一个道理，处理白蚁为害，势在必行，保证水利工程安全，必须解决蚁害。根据不完全统计，自从 1949 年以来，因为白蚁为害而损坏的水库数量超过 500 座。1993 年广西大洋河水库垮坝以及 2001 年四川会理县大陆沟水库垮坝等重大险情都是由于白蚁造成的。

白蚁虽小，可却是威胁水利工程安全性以及稳定性的重要因素。2016 年湖南省华容县新华垸堤防遭受白蚁侵害，大堤总长 36 926m，其中一线大堤 33 926m，间堤 3 000m，有 21km 堤防遭白蚁为害，2016 年 7 月 10 日，新华垸发生重大险情，2016 年 7 月 10 日 10:20 左右启动安全转移，截至 2016 年 7 月 10 日 17:00，此次内溃已淹没农田 2 万亩，转移人口 2.1 万人。2016 年 7 月 12 日 8:15，经过近两天的抢险封堵，湖南华容新华垸溃口成功合拢（图 1 至图 3）。

水库对我国社会发展和经济发展起到了巨大作用，水库不但可以缓解水资源短缺的问题，更能保障人民生命财产安全。我国现存大量水库，由于蚁害出现了许多难以解决的问题，水库除险加固建设工程的工作已经是急需解决的问题，需要因地制宜，综合治理，结合实际的蚁害情况，进行强有力的白蚁防治。

图 1　湖南省华容县水利局、治渡河镇水管站和相关单位领导察看堤坝挖巢施工现场

图 2　施工人员在湖南省华容县新华垸堤防施工现场挖出的白蚁窝巢、蚁王和蚁后

图 3　湖南省华容县白蚁防治管理所和相关单位领导察看堤坝药物灌浆施工现场

3 水利工程白蚁治理周期及建议

3.1 水利工程白蚁治理周期

首先，要了解整体防治需求。根据我国水利工程白蚁防治工作要求，运用计算网络管理和地理信息系统等技术，建立适用各级白蚁管理部门的白蚁检查、治理、复查等数据在线上报，数据统计汇总，报表编制，专题电子地图，以及信息服务和管理的水利工程白蚁防治管理信息系统，为水利工程白蚁防治管理工作提供基础平台。其次进行数据流程分析。根据水利白蚁防治管理工作业务流程特点，数据采用区、市逐级上报与审核的体系实现，根据我国水利信息化现状为背景，设置水利工程的数据库（图4）。

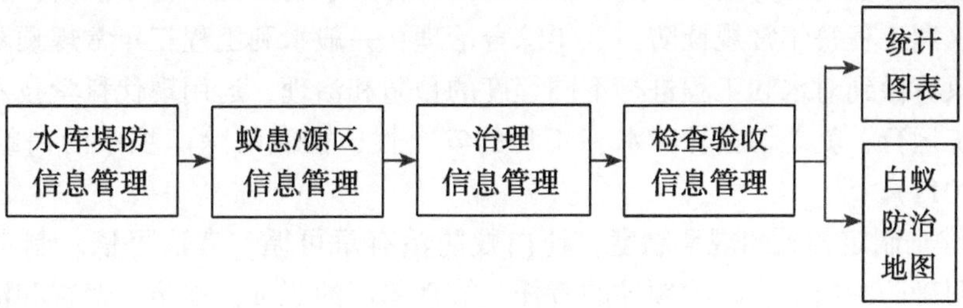

图4 白蚁防治周期系统

3.2 建议

已经多次提到过，白蚁是影响水利工程安全性以及稳定性的重要因素，基于这样的考量，加强我们国家水利工程白蚁防治是势在必行的，认为水利工程白蚁防治工作具体如下：

（1）加强工作人员以及相关人员对白蚁防治工作的重要性，进一步提高水利工程白蚁防治工作的必要性。让更多的人员认识到白蚁防治工作的重要性，高度重视白蚁防治工作，让白蚁防治工作警钟长鸣，切实有效的将白蚁防治工作贯彻落实到水利工程的各项工作之中。加大对水利工程白蚁防治工作的管理，确保水利工程白蚁防治工作的有效进行。提高白蚁防治工作的普及性，让更多的人知道白蚁防治的重要性以及普遍性，让这些工作人员不断提高自己的白蚁防治能力（叶合欣等，2011）。

（2）加强库坝中的白蚁清除工作。加强相关的白蚁防治管理，同时做好白蚁监理工作，确保白蚁防治工作落到实处，在工程安全鉴定阶段对白蚁防治企业进行白蚁防治勘察，在实施过程中，将白蚁报告切实的纳入系统的考量当中，拨出专用款项进行白蚁防治工作，将所需费用列入整个水利工程建设当中。若不能及时有效的清除白蚁，库坝还是会存在一定问题。在工程报告设计的时候，对白蚁进行普查，蚁害程度、灭蚁措施进行考量。在工程竣工的时候，要定期对堤坝进行检查，一旦发现堤坝上的蚁穴，发现异常，进行及时有效的处理，防治白蚁为害进一步加重。优化相关的白蚁防治方法，使用堤坝药物进行灭蚁之后，要及时地对巢穴进行灌浆、施药，有效的改善挖巢法的白蚁处理方法。

（3）认真做好水利工程白蚁为害普查等基础工作。水利工程主管部门要定期组织开展白蚁为害专项普查工作，逐库、逐堤摸清白蚁种类、活动规律、发展趋势、为害程度等，并造册存档。普查工作要深入细致，做到全面覆盖。普查工作的周期要根据白蚁为害的实际，原则上 3~5 年一次。通过近些年全国各地发生白蚁为害情况程度来看，白蚁的防治工作势在必行，不论是大工程还是小工程，首先要对白蚁防治周期有预先计划和工作，建立好防治周期的长短，根据不同程度进行开展不同的防止周期，若不能有效防治白蚁，水库堤坝都会受到相应的损害，只有在防治周期内开展清除白蚁的工作，有效防治白蚁，才不算做无用功。各地要按照以防为主、防治结合、综合治理的原则，在专项普查的基础上，组织督促有关单位有计划、有步骤的开展白蚁防治工作。防治措施要因地制宜、实事求是，化学、物理、生物措施结合使用，注重水环境保护。最后，对不同的水利工程进行不同程度的治理和防治。特大水利工程每年小预防，三年综合治理；重大水利工程每年常规预防，五年综合治理；一般水利工程三年常规预防，八年综合治理。只有做到对水利工程进行不同程度的预防和治理，运用现代科学技术进行综合治理和系统运行，就能切实保障水利工程的安全性，彻底清除库坝中的白蚁（中国水利厅等，2011）。

（4）健全制定相关的规章制度，让白蚁防治有章可循，有法可依。制定相应的规章制度，明确防治组织，防治领导的责任，管理单位的职责，预防、普查和治理等相关的要求。这样可以有效的让白蚁防治工作变得更加系统化、科学化。从而可以让白蚁防治工作更加完善以及进步（陈振耀等，2011）。

4 结论

近年来，我国在白蚁防治工作上取得了一定成绩，由白蚁引发的决堤、溃坝等情况越来越少。我国的水利工程白蚁管理防治工作正在逐步的规范化、系统化的稳步发展，白蚁防治技术服务也越来越科学，但目前白蚁为害水利工程仍然存在，白蚁防治工作依然存在着许多问题。水利白蚁工程的防治是一项长期、艰巨的任务，在未来的防治工作中，应做到将水利工程白蚁防治的规范化和实践化。结合我国近年来水库大坝与河道的白蚁防治情况来看，需要做到落实防治经费，加强对白蚁防治技术的培训，在水利建设的工程中，不断完善白蚁防治制度与白蚁实施计划等各个有关环节（毛海峰，2004）。

参考文献

陈振耀，饶达长 . 2011. 水利白蚁防治［M］. 广州：中山大学出版社 .

毛海峰 . 2004. 堤坝白蚁防治的重要性及防治措施［J］. 广东水利水电，(2)：46-47.

王翔 . 1994. 堤坝白蚁的危害与防治对策［J］. 水利管理技术，(6)：35-38.

叶合欣，刘毅，潘运方 . 2011. 堤坝白蚁防治情况普查成果及防治对策探讨［J］. 水广东水利水电，(12)：17-20.

中国水利厅，中国水利工程白蚁防治中心 . 2011. 中国水库大坝和河道堤防白蚁防治情况普查报告［R］.

研究摘要

雄性棉铃虫触角叶编码性信息素神经元鉴定*

刘晓岚**，马百伟，常亚军，谢桂英，陈文波，汤清波，赵新成***
（河南农业大学植物保护学院，郑州 450002）

摘　要：棉铃虫是重要的农业害虫，雌雄棉铃虫间主要通过性信息素通讯实现配偶间识别和繁殖，即雌性棉铃虫释放性信息素，而雄性棉铃虫能探测和感知性信息素信息，从而寻找和定位雌性棉铃虫。由于性信息素通讯具有种特异性和高效性，常被用作性诱剂来防治害虫。深入研究雄性棉铃虫对性信息素识别的神经机制，将有助于开发新的诱剂或提高诱剂的引诱活性。触角叶是昆虫脑内的初级嗅觉中枢，能够接收，初步整合及处理来自触角感器感知的气味信息。在本项研究中，笔者以雄性棉铃虫为对象，采用细胞内记录与神经元示踪技术，免疫组织化学方法以及激光扫描共聚焦显微镜技术研究棉铃虫触角叶内嗅觉神经元的形态及其对性信息素化合物的反应。到目前，笔者共记录到136个触角叶神经元，成功染色标记了67个触角叶神经元，其中有6个神经元对性信息素有显著的电生理反应。依据形态所标记到的神经元分为四大类，即嗅觉受体神经元、局域中间神经元、投射神经元和远心神经元。对性信息素主要成分Z11-16Ald反应的神经元有4个：1个为嗅觉受体神经元，该类神经元轴突投射到触角叶扩大型纤维球复合体（MGC）内的云状体纤维球；1个为局域中间神经元，该类神经元神经分支分布于多个纤维球内，其中包括云状体纤维球；2个为投射神经元，该类神经元神经树突分布云状体纤维球，轴突通过内侧触角叶神经束进入脑的高级神经中枢。对成分Z9-14Ald反应的神经元有2个，皆为投射神经元，该类神经元树突分布在纤维球DM-P，轴突通过内侧触角叶神经束进入脑的高级神经中枢。

关键词：棉铃虫；性信息素；触角叶；纤维球；神经元

* 基金项目：国家自然科学基金项目（U1604109）
** 作者简介：刘晓岚，女，硕士研究生，研究方向为农业昆虫与害虫防治；E-mail：15738894587@163.com
*** 通信作者：赵新成；E-mail：xincheng@henau.edu.cn

苹果无袋化管理对虫害发生的影响*

潘鹏亮[1**]，史洪中[1]，安世恒[2]，尹新明[2***]
(1. 信阳农林学院植物保护系，信阳 460000；
2. 河南农业大学植物保护学院，郑州 450002)

摘 要：苹果无袋化栽培是一项新技术，大面积推广可以提升苹果国际竞争力，推动苹果产业提质增效和可持续发展。无袋化比套袋用药次数增加至少 2~3 次，虽然不符合减药的要求，但该技术不仅减轻了管理劳动强度，需人工少、成本低、节省费用等，仍然是发展的趋势，对农民增收致富、产业提质升级具有重要意义。但要发展苹果无袋化栽培，必须解决病虫害发生和果面保护的难题。2016 年以来，笔者课题组在河南信阳、洛宁、三门峡等果园，针对果实套袋和无袋化的不同管理模式下的病虫害发生与防治方法等内容，采取现场调查、小区对比试验、调查分析的方法，结果总结如下：

(1) 河南苹果树害虫特点和种类：害虫为害时间长，每年为害期达 6~7 个月；果树害虫主要种类发生变化，重大危险性的害虫时有出现；虫害发生与无袋化管理有密切关系。苹果树害虫发生有：果实害虫、食叶害虫和蛀干害虫三大类。主要包括苹小食心虫、叶螨类、苹果卷叶蛾、天牛、苹果绵蚜、蚧壳虫类（苹果球蚧、朝鲜球蚧和日本龟蜡蚧）等。但不同地区发生种类也有差异。

(2) 苹果套袋技术优缺点明显：套袋技术从 20 世纪 90 年代初引入我国推广至今，具有显著改善苹果外观品质，有效避免农药和粉尘在果面附着，预防控制病、虫、鸟、鼠、蜂等危害，减轻冰雹损伤，减少果锈病发生等优点。但历经 20 多年发展，套袋技术导致的苹果内在品质下降、部分病害加重和生产成本上升等问题日益尖锐。有研究表明，苹果套袋后，果面角质层、蜡质层变薄，呼吸代谢和水分损失加剧，贮藏性能变差，苹果的特有风味变淡，影响了品质和口感，套袋费用较高。而且套袋，费工费钱还难管理。

(3) 苹果无袋化对害虫影响：无袋化栽培是一项新技术。2016 年以来，笔者课题组在河南信阳、洛宁、三门峡等果园，调查对比研究发现，在信阳梨园和葡萄园推行无袋化技术，除蛀果害虫等发生有变化外，产量也有较大差异，无袋化比套袋的产量平均下降 15%~20%，主要是虫和鸟危害严重，害虫种类发生也提高平均 12%。在洛宁苹果园无袋化对比试验，产量差异不大，果实表面色泽均匀美观，口感较甜，但害虫发生稍有差异，果园苹小食心虫、叶螨类、苹果卷叶蛾、天牛等都有发生，不同年份也发生程

* 基金项目：河南省水果产业体系项目（S2014-11-G03）
** 第一作者：潘鹏亮；E-mail：panzai-7@163.com
*** 通信作者：尹新明；E-mail：xmyin01@sohu.com

度不同。

（4）苹果无袋化病虫害综合管理：从国外苹果生产的趋势看，减少生产管理的复杂程度，采用不套袋生产是发展方向。无袋化病虫害综合管理技术总结如下：①要清洁果园。早春及秋末都要认真清园，全园喷雾树体和地面土壤消毒、灌根，消灭病菌虫源。②要肥水平衡。每年秋季施肥，将全园的落叶收集，铺入挖好的施肥沟底，落叶上加有机肥。注意混合施用有机肥和多元素微量肥料，保持树势抗病虫能力。③要通风透光。栽植密度稀透光通风就好，幼果期及时喷施壮果蒂灵、保护剂等。④要按时喷药。全生长期用3次为宜。第一次在花后7~10天，及时喷保护剂、杀菌剂、微肥。第二次在果实生长期（5月中旬）喷。第3次在果实膨大期（6月上中旬）喷。免套膜袋喷涂果面迅速形成一层高分子柔软膜。效果等于或超越塑料微膜袋。操作简单，绿色、环保、安全，用喷雾器全园果面喷涂代替单果手工套袋，均匀喷涂本品1h可成膜。成膜后不怕雨淋、不怕高温。⑤要及时挂网。可预防控制病、虫、鸟、蜂等危害。

关键词：苹果；无袋化；管理；虫害；影响

壶瓶山国家级自然保护区蝶类物种多样性*

廖明玮[1**]，李　欣[2]，庄浩楠[1]，邱　林[1]，刘俊杰[1]，
李逸豪[1]，肖　伟[1]，黄国华[1***]

（1. 湖南农业大学植物保护学院/植物病虫害生物学与防控湖南省重点实验室，
长沙　410128；2. 湖南省壶瓶山自然保护区管理局，石门　415300）

摘　要：壶瓶山国家级自然保护区位于湖南省常德市北部，地处武陵山脉东北端。笔者于2016—2017年在保护区内共设置6条样线开展物种多样性调查，共记录蝴蝶个体4 795只，隶属于11科114属191种。分析结果表明蛱蝶科为优势科，计34属65种1 253只（占26 %）；就属而言，环蛱蝶属物种数最多（16种），凤蝶属个体数量最多（591只）；就物种而言，优势种为酢浆灰蝶 *Pseudozizeeria maha*（占8.1%）、点玄灰蝶 *Tongeia filicaudis*（占7.0 %）与宽边黄粉蝶 *Eurema hecabe*（占6.5 %）。蝶类香浓维纳指数（H）与均匀度指数（J）自初夏开始随月递增，于7月达到最大值（H = 3.56），随后维持在较高水平。Preston方法分析显示处于模型中间的物种较多，优势种和记录量仅为1只的稀有种较少，说明壶瓶山自然环境良好。

关键词：蝶类；物种多样性；壶瓶山国家级自然保护区

---

* 基金项目：生态环境部生物多样性保护专项资助项目；湖南农业大学与壶瓶山国家级自然保护区合作研究项目

** 第一作者：廖明玮，硕士研究生，主要从事昆虫生态学相关研究；E-mail：1959193336@ qq. com

*** 通信作者：黄国华，教授，主要从事农业害虫灾变机理及其综合治理研究；E-mail：1034987760@ qq. com

齿缘刺猎蝽的捕食和生殖行为*

马水莲**，黄科瑞，周　琼***
（湖南师范大学生命科学学院，长沙　410081）

摘　要：齿缘刺猎蝽（*Sclomina erinacea* Stål）隶属于半翅目（Hemiptera）猎蝽科（Reduviidae）真猎蝽亚科（Harpactorinae）刺猎蝽属（*Sclomina* Stål，1861），广泛分布于湖南、江西、安徽、浙江、福建、台湾、广东、海南、广西、云南等，是我国南方常见的猎蝽优势种之一。该猎蝽一年发生一代，以成虫在枯枝落叶及石缝、洞穴中越冬，翌年5月上中旬出蛰交配，产卵于叶片或树木枝条上。成虫及若虫常栖息于灌木或草丛中，捕食鳞翅目幼虫等。

2013年、2014和2015年的5月，笔者分别在湖南省峰峦溪国家森林公园、浏阳大围山国家森林和邵阳洞口县采集齿缘刺猎蝽成虫，并对其捕食和生殖行为进行了连续的室内饲养和观察。结果显示，齿缘刺猎蝽的捕食可分为搜寻猎物、接近、试探、固定猎物、进食、清洁、休憩等行为过程。搜寻和接近猎物时，用触角挥动和触碰猎物，捕获麻痹后直接吸食猎物，通常在原地取食，偶尔会一边用喙叼着猎物拖着边走边吸食，从猎物的一个部位转换到另外一个部位吸食。在用黄粉虫饲喂的人工饲养条件下，齿缘刺猎蝽成虫平均6.51天捕食一次黄粉虫，取食时间最短50min，最长达31h 50min，平均取食时间长达约10h。通过连续（红外）摄影记录发现，齿缘刺猎蝽主要在白天取食，比较活跃，在晚上则较少取食活动。求偶时雌雄虫的触角触碰一段时间后，雄虫尾随雌虫移动并有抬足和露出腹部的行为；交尾时，大多数的雄蝽在雌蝽背上，雄虫常伸出喙抵住雌虫头部或者前胸背板，两只前足搭在雌虫前胸背板前端；少数齿缘刺猎蝽雌雄虫交尾时呈“V”字形或“一”字形交配。有多次交配的习性。齿缘刺猎蝽一般一天产一次卵，也有的两天产一次卵，每次产一粒卵，可多次产卵。值得一提的是，切除触角的雌雄虫仍可发生交配行为。其捕食和生殖行为机制尚待进一步研究。

关键词：齿缘刺猎蝽；捕食行为；生殖行为

---

* 基金项目：湖南省普通高等学校教学改革研究项目（编号：湘教通〔2012〕142号）；湖南省生态学重点学科建设项目（0713）

** 作者简介：马水莲；E-mail：1515336854@qq.com

*** 通信作者：周琼，教授，主要从事昆虫行为与化学生态学研究；E-mail：zhoujoan@hunnu.edu.cn

八大公山国家级自然保护区天平山蝶类种群调查及其物种多样性分析

吴雨恒[*,**]，王　星[***]
(湖南农业大学植物保护学院/植物病虫害生物学与防控
湖南省重点实验室，长沙　410128)

摘　要：基于八大公山国家级自然保护区天平山林区林相分布、海拔高度、功能区划类型等，以试验区边缘为出发点深入核心区，共选取5条样线，每条样线长2km。于2016—2017年的4—9月间，每月对该区域内蝴蝶的种类组成、分布、种群数量及群落结构进行调查。共记录蝴蝶个体数4 514只，隶属于5科96属181种。物种多样性分析表明该区域内蝴蝶的物种数与个体数的变化主要可分为3个阶段：4—6月为上升期；7月达到峰值；8—9月为衰退期。5月与6月的相似度指数明显低于其他各相邻月份的相似度指数，仅为19.51%（2016年）和24.51%（2017年），说明该时段是蝴蝶种群组成发生变化的关键点。通过对各海拔蝴蝶种群进行对比，低海拔区的个体数与物种数总体均高于高海拔区，但这种差异会随着季节更替而变化。4—5月气温较低，高海拔地区的蝴蝶种类和数量均低于低海拔；7—8月物种数基本一致，且种群物种的相似程度也有所提升。

关键词：物种多样性；蝶类；八大公山国家级自然保护区；天平山

* 基金项目：生态环境部生物多样性保护专项资助项目；湖南农业大学与八大公山国家级自然保护区合作研究项目

** 第一作者：吴雨恒，硕士研究生，主要从事昆虫生态学相关研究；E-mail：641760495@ qq. com

*** 通信作者：王星，副教授，主要从事鳞翅目昆虫系统发育及其重要害虫综合治理研究；E-mail：wangxing@ hunau. edu. cn

黑水虻对气味物质的嗅觉反应及其体表超微感器研究*

周凯灵**，李芷瑜，周　琼***
（湖南师范大学生命科学学院，长沙　410081）

摘　要：亮斑扁角水虻 *Hermetia illucens*（即黑水虻 black soldier fly）是双翅目短角亚目水虻科 Stratiomyidae 扁角水虻属 *Hermetia* 的腐生性昆虫，以动物粪便、腐烂的动植物为食，食性杂，抗逆性强。其幼虫蛋白质和脂肪含量丰富，活虫或虫粉可以做鱼类、蛙类和龟类等的动物饲料以及动物饲料添加剂，提取甲壳素、抗菌肽、提炼生物燃料等生物活性物质；虫粪含氮量丰富，可以提高有机肥的肥力，目前被广泛用于畜禽养殖废弃物和餐厨垃圾的无害化处理和进一步的开发利用中。为了弄清黑水虻产卵的影响因素和行为机制，我们研究了黑水虻对几种气味物质的嗅觉响应和体表超微感器的结构。初步的 EAG 和 Y 型嗅觉仪测试发现，DL-Lactic acid 等几种物质可引起黑水虻明显的触角电位反应，并对黑水虻雌成虫有显著的引诱作用。扫描电镜观察结果，黑水虻体表主要有五类感器分布，包括毛形感器、腔锥形感器、锥形感器、刺形感器和鬃毛，其中，触角分布有毛形感器、腔锥形感器，刺形感器和鬃毛，下颚须则五类感器均有分布，唇瓣、产卵器和交配器有锥形感器和毛形感器，平衡棒分布有刺形和毛形感器。进一步透射电镜分析发现，触角和下颚须的腔锥形感器表皮有众多微孔，因此可以明确触角和下颚须的腔锥形感器为黑水虻的嗅觉感器，在黑水虻感受外界气味物质和行为调控中起重要作用。

关键词：黑水虻；嗅觉行为反应；触角电位；超微感器

---

* 基金项目：国家自然科学基金项目（31672094）；湖南省普通高等学校教学改革研究项目（编号：湘教通〔2012〕142 号）；湖南省生态学重点学科建设项目（0713）

** 作者简介：周凯灵；E-mail：845145700 @ qq. com

*** 通信作者：教授，主要从事昆虫行为与化学生态学研究；E-mail：zhoujoan@ hunnu. edu. cn

机敏异漏斗蛛取食 Vip3Aa 蛋白后中肠组织的病理变化*

赵　耀**，李子璇，彭　宇***
（湖北大学生命科学学院，武汉　430062）

摘　要：机敏异漏斗蛛 *Allagelena difficilis* 在我国分布广泛，是农业生态系统中重要的捕食性天敌。Vip3Aa 蛋白对多种鳞翅目害虫具有良好的毒杀效果，并且它与很多种类的 Cry 杀虫蛋白不存在交互抗性，所以 Vip3Aa 蛋白在转基因作物中有广阔的应用前景。机敏异漏斗蛛可能通过花粉漂移或者食物链传递的方式获得这种杀虫蛋白，研究机敏异漏斗蛛取食 Vip3Aa 蛋白后中肠组织的病理变化，有助于揭示 Vip3Aa 蛋白对蜘蛛类捕食性天敌的安全性。用不含有 Vip3Aa 蛋白的蔗糖溶液和含有 Vip3Aa 蛋白的蔗糖溶液分别饲喂机敏异漏斗蛛的幼蛛，饲喂 72h 后，用组织切片的方法研究机敏异漏斗蛛中肠组织的病理变化。采用 ELISA 检测方法对取食了含有 Vip3Aa 蛋白的蔗糖溶液的机敏异漏斗蛛进行定性检测。组织切片的结果显示，机敏异漏斗蛛的幼蛛在取食了含有 Vip3Aa 蛋白的蔗糖溶液 72h 后，中肠细胞与底膜连接紧密，中肠细胞形态完整，且排列整齐紧密，细胞核饱满，核膜清晰完整。与对照组相比，取食了含有 Vip3Aa 蛋白的蔗糖溶液的机敏异漏斗蛛的中肠组织没有发生明显的病理变化。用 ELISA 检测方法在取食了含有 Vip3Aa 蛋白的蔗糖溶液的机敏异漏斗蛛的体内检测到了 Vip3Aa 蛋白，表明机敏异漏斗蛛摄入了 Vip3Aa 蛋白。研究结果表明，Vip3Aa 蛋白对机敏异漏斗蛛的中肠组织没有影响。

关键词：机敏异漏斗蛛；Vip3Aa 蛋白；中肠组织；病理变化

---

* 基金项目：湖北省自然科学基金项目（2018CFB153）

** 作者简介：赵耀，讲师，主要从事害虫生物防治研究；E-mail：zhaoyao@ hubu. edu. cn

*** 通信作者：彭宇，教授，主要从事农业昆虫与害虫防治研究；E-mail：pengyu@ hubu. edu. cn

Effects of *Wolbachia* infection on the postmating response in *Drosophila melanogaster*[*]

He Zhen[1**], Zhang Huabao[1**], Li Shitian[1], Yu Wenjuan[1], Peng Yu[2], Wang Yufeng[1***]

(1. School of Life Sciences, Hubei key laboratory of genetic regulation and integrative biology, Central China Normal University, Wuhan 430079, China; 2. School of Life Sciences, Hubei University, Wuhan 430062, China)

Abstract: The series of stereotypical physiological and behavioral changes that female insects exhibit after mating are called postmating responses (PMR). *Wolbachia* are widespread intracellular bacteria that are well known for their ability to manipulate the host's reproductive behavior to facilitate their own maternal spreading. The effect of *Wolbachia* infection on insect hosts' PMR is not well understood. Here we showed that after mating with male *Drosophila melanogaster* infected with *Wolbachia*, the uninfected female showed a significant decrease in egg laying on the first day. Furthermore, both *Wolbachia*-infected and uninfected females mated with infected males exhibited reduced feeding frequency, low receptivity to remating, and an extended median life span compared to those mated with uninfected males. To determine how *Wolbachia* triggered these alterations, we detected the influence of *Wolbachia* infection on the expression of some genes encoding seminal fluid proteins (Sfps) in *D. melanogaster*. These seminal fluid proteins are known to contribute to PMR upon transfer to females during copulation. We found that *Acp26Aa*, *CG*1656 and *CG*42474 were significantly downregulated in *Wolbachia*-infected males, whereas *SP*, *CG*1652, *CG*9997, and *CG*17575 showed no significant difference between *Wolbachia*-infected and uninfected males. These results suggest that by decreasing the expression of some Sfps in the male hosts, *Wolbachia* may modulate sexual conflicts of their insect hosts in a way favoring females, thus benefit their own transmission through host populations. This study provides new insights into the host-endosymbiont interaction, which may support the application of endosymbionts for the control of pests and disease vectors.

---

* Funding: This work was supported by the National Natural Science Foundation of China (No. 31672352) and the International Cooperation Projects of Science and Technology of Hubei Province (2017AHB050)

** These authors contributed equally to this work

*** Corresponding author: Wang Yufeng; E-mail: yfengw@ mail. ccnu. edu. cn

Wolbachia 通过免疫相关途径影响果蝇生殖*

John C. Biwot，陈梦岩，刘　晨，王玉凤**

（华中师范大学生命科学学院，湖北省遗传调控与整合生物学重点实验室，武汉　430079）

摘　要：*Wolbachia* 是广泛存在于节肢动物体内的一类胞内共生菌，为革兰氏阴性菌，可通过宿主卵的细胞质传递给子代。据推测，有 40%~75%的陆生节肢动物种类中都长期存在 *Wolbachia*，因此，*Wolbachia* 可能是目前世界上分布最广、丰度最高的共生微生物类群。*Wolbachia* 能够通过多种机制操纵宿主的生殖方式。精卵细胞质不亲和（cytoplasmic incompatibility，CI）是 *Wolbachia* 诱导产生的常见表型，即当 *Wolbachia* 感染的雄性与正常未感染的雌性宿主交配后，受精卵不能正常发育，大多数或全部在胚胎期死亡。本课题组在前期研究 *Wolbachia* 诱导果蝇产生 CI 的分子机制时，在精巢中鉴定到多个免疫相关基因的表达水平由于 *Wolbachia* 感染而发生显著改变。由于昆虫的免疫和生殖之间存在着相互关联的影响，因此我们提出如下假说：*Wolbachia* 可能通过免疫相关途径影响了雄性果蝇的生殖。本研究首先通过 qRT-PCR 技术检测了 12 个免疫相关基因在 *w*Mel *Wolbachia* 感染和未感染果蝇精巢中表达量的差异。结果显示，其中 6 个基因（*kenny*、*vago*、*EbpIII*、*Int6*、*CG2736* 和 *AIF*）发生了显著上调，3 个（*Zn72D*、*Drosomycin* 和 *Alien*）发生显著下调（$P<0.05$）。然后，我们采用 UAS/Gal4 系统将 *kenny* 基因过量表达或敲降，发现在精巢中过量表达或敲降 *kenny* 的果蝇与正常雌蝇交配后胚胎孵化率都显著下降（$P<0.05$）。同时，笔者的研究也发现，在果蝇精巢中敲降 *AIF* 也导致其与正常雌蝇交配后胚胎孵化率显著下降。这些结果表明，*Wolbachia* 感染引起这些免疫相关基因表达水平的改变，可能与 CI 相关。笔者正在采用免疫荧光染色等技术对基因敲降精巢做进一步研究，探讨基因表达改变导致雄性繁殖力下降的分子机理。

关键词：*Wolbachia*；免疫基因；果蝇；生殖力

---

* 基金项目：国家自然科学基金（31672352）

** 通讯作者：王玉凤；E-mail：yfengw@ mail. ccnu. edu. cn

Wolbachia 感染对果蝇雄性生殖系统蛋白磷酸化的影响*

毛　斌，张　维，王玉凤**
（华中师范大学生命科学学院，湖北省遗传调控与整合
生物学重点实验室，武汉　430079）

摘　要：*Wolbachia* 是广泛存在于昆虫体内的一类胞内共生菌，可通过宿主卵的细胞质传递给子代。*Wolbachia* 能够通过多种机制操纵宿主的生殖方式，以利于自己的传播。精卵细胞质不亲和（cytoplasmic incompatibility，CI）是 *Wolbachia* 诱导产生的常见表型，即当 *Wolbachia* 感染的雄性与正常未感染的雌性宿主交配后，受精卵发育停滞，不能产生后代或只能产生少量后代。为了研究 *Wolbachia* 诱导果蝇产生 CI 的分子机制，本研究分别收集 1 日龄 *w*Mel *Wolbachia* 感染和未感染的果蝇雄性生殖系统（包括精巢、附腺、输精管和射精球。将样品分别记为 Dmel *w*Mel RS 和 Dmel T RS），加磷酸酶抑制剂 PhosSTOP（Roche），提取蛋白质，再用 iTRAQ 标记，进行磷酸化富集，用高效液相色谱和质谱进行检测，比较分析了 *Wolbachia* 感染和未感染的 1 日龄果蝇雄性生殖系统的差异磷酸化蛋白。笔者共鉴定 1 583条磷酸化肽段，1 403个磷酸化位点（phosphoRS probability≥0. 75），定位在 871 个磷酸化蛋白上。发现 33 个肽段出现了显著磷酸化差异（差异倍数≥1. 5 或≤0. 667，且 $P \leq 0.05$），其中 27 个显著上调，6 个显著下调。从生物过程（Biological process）来看，多数差异磷酸化蛋白与多细胞生物的繁殖（如精子发生过程和精子运动）有关，还有一些与细胞进程、催化过程、生物学过程的调控、免疫过程等相关。由于目前还没有这些蛋白的相应抗体，笔者先利用荧光定量 PCR 技术对这 33 个肽段对应的基因进行了检测，发现 *Wolbachia* 感染导致其中的 11 个基因显著上调，1 个基因显著下调。这些结果表明，*Wolbachia* 不仅可以导致宿主雄性生殖系统中磷酸化蛋白的差异，而且使得这些基因水平在转录水平也产生了变化。笔者正在制备抗体，后期将对这些差异磷酸化蛋白的功能进行深入研究。

关键词：*Wolbachia*；果蝇；生殖系统；蛋白磷酸化

* 基金项目：国家自然科学基金（31672352）
** 通讯作者：王玉凤；E-mail：yfengw@ mail. ccnu. edu. cn

亮斑扁角水虻肠道内可培养好氧与兼性厌氧菌多样性的初步研究*

梅 承，温林冉，赵 亮，李昕宇，杨 红
（华中师范大学生命科学学院昆虫所，遗传调控与整合
生物学湖北省重点实验室，武汉 430079）

摘 要：亮斑扁角水虻（*Hermetia illucens*）又名黑水虻，幼虫以自然界腐烂有机物和动物粪便为食，是一种重要的环境昆虫。亮斑扁角水虻幼虫在取食畜禽粪便和处理餐厨垃圾等有机废弃物的过程中接触到很多病原微生物，但其生长发育并不受影响，表现出对恶劣环境极强的适应性。在此过程中不仅能有效转化有机废弃物、消除臭气，而且能积累大量的蛋白质和脂肪，因此，亮斑扁角水虻也是一种重要的资源昆虫。了解亮斑扁角水虻肠道微生物的种类及其作用，对亮斑扁角水虻的利用具有重要的指导意义。本研究选用了4种培养基YCFA、MM-4、高氏一号培养基、1/10LB培养基通过梯度稀释法和连续划线法，在好氧和厌氧条件下从亮斑扁角水虻（武汉品系）肠道内先后分离到了176株好氧和兼性厌氧细菌。以形态学和基于16S rRNA基因的分子生物学特性对这176株细菌进行了初步鉴定。ARDRA聚类分析表明，这176株细菌共有52种ARDRA类型，将它们的代表性菌株16S rRNA基因序列与GenBank数据库进行比对分析，发现它们分别属于克雷伯氏菌属（*Klebsiella*）、普罗维登斯菌属（*Providencia*）、产碱杆菌属（*Alcaligenes faecails*）、柠檬酸杆菌属（*Citrobacter*）、肠球菌属（*Enterococcus*）、假单胞菌属（*Pseudomonas*）、芽孢杆菌属（*Bacillus*）、鞘氨醇杆菌属（*Sphingobacterium*）、摩根氏菌属（*morganella*）、苍白杆菌属（*Ochrobactrum*）、肠杆菌属（*Enterobacter*）、不动杆菌属（*Acinetobacter*）、短杆菌属（*Brachybacterium*）、类香味菌属（*Myroides*）、*Paenochrobactrum*属、*Paenalcaligenes*属及*Miniimonas*属等共17个属。其中有一株*Miniimonas*其16S rRNA基因序列与该属其他细菌的16S rRNA基因序列相似性为94%，初步判定为该属的一株新菌。这些微生物在亮斑扁角水虻转化有机废弃物的过程中是否发挥了作用，值得进一步深入研究。

关键词：亮斑扁角水虻；肠道微生物；多样性

* 基金项目：国家自然科学基金（31670004）

简析植物在白蚁防治中的地位与作用

邱让先
（十堰市福泽白蚁防治研究所，十堰　442000）

摘　要：经过多年白蚁防治的实践和研究，笔者发现，利用某种植物进行白蚁防治亦不失为一种好的方法之一。重要的是降低经济成本，减少经济损失，既环保，时效长。

在对江堤、库坝的白蚁防治过程中，要想做到长期有效地灭杀和防治白蚁，重要的是要提高对白蚁防治复杂性、长期性的认识，树立标本兼治的思想意识。既要治标，又要治本。

首先，对每项白蚁防治工程，目前常用的几种防治手段和措施都要按白蚁防治操作规程，保质保量地全部用上。即，对江堤库坝周围 150m 范围（包括周山和坝肩在内）的白蚁巢穴要全面彻底清除干净；打孔灌浆，堵塞蚁道，灭杀残留白蚁；打孔灌药，毒化土层，防止白蚁取食取水和飞群白蚁入土生存；设置毒土隔离沟，阻断白蚁建道入侵；在白蚁活动高峰地点设置引诱点，有意识地诱杀白蚁。

除险加固工程完成后，在药效逐渐消失的情况下，白蚁飞群继续入侵堤坝是不可避免的。如果正确选择某种植物作为堤坝面植被，就能达到事半功倍的效果。实践中笔者发现，利用马尼拉草，俗称“金丝绒”作为堤坝植被，能起到较长时间防止白蚁飞群入侵堤坝的作用。

这就要求堤坝除险加固工程完工后，堤坝表面及时栽上马尼拉草。虽然刚栽的马尼拉草比较稀疏，还暂时起不到防止白蚁飞群入侵堤坝的作用，但这一阶段有除险加固时所采取的一系列防治措施作保障，这一阶段的堤坝还是比较安全的。由于马尼拉草每年可成几何级生长发展，随着除险加固时所用药物药效经过二至三年逐渐消失，马尼拉草也在二至三年生长发展到互相连成一片，而且密集厚实。在这种情况下，当有白蚁飞群落到马尼拉草上时，被厚实的马尼拉草挡住，不会立即入地。在这个过程中，当时间一长，由于白蚁不能迅速入地，也会自然死亡。即使白蚁不会迅速自然死亡，也会被黑蚁、飞鸟等白蚁的天敌所消灭。这样，马尼拉草皮就起到了阻挡白蚁飞群入侵堤坝的屏障作用。

马尼拉草作为白蚁飞群入侵堤坝的有效屏障的作用虽然显而易见，但如果维护保养不力，其效果只能是昙花一现，不能长期发挥其作用。

所以，要想把马尼拉草作为预防白蚁的一种有效手段并发挥其长效作用，必须做到以下几点：

其一，要严禁人为破坏草皮，每棵草之间不得留有空隙，如有空隙要及时补栽；

其二，要防止家禽家畜上堤坝啃食草皮，破坏植被；

其三，要防止在草皮上堆放木料杂物，以免影响草皮的生长发育；

其四，要及时清除马尼拉草以外的杂草、杂木苗，更不能人为栽种任何其他苗木。

总之，要千方百计保证马尼拉草皮的纯净性、完整性。只有这样，才能有效发挥马尼拉草皮有效抵御白蚁飞群入侵堤坝的屏障作用。

综上所述，马尼拉草在白蚁防治中的作用和地位是不可忽视的，可作为白蚁绿色防控与可持续发展措施之一。也是白蚁绿色防控与可持续发展的方向。

关键词：白蚁；马尼拉草；绿色防控

C 型凝集素参与棉铃虫抗细菌免疫反应分子机理

王桂杰，卓晓蓉，汪家林*

（遗传调控与整合生物学湖北省重点实验室，华中师范大学
生命科学学院，武汉 430079）

摘　要：C 型凝集素（C-type lectin，CTL）蛋白家族是一类重要的模式识别受体，在无脊椎动物中能识别病原入侵物并触发一系列先天免疫反应。前期研究中，笔者证实棉铃虫（*Helicoverpa armigera*）C 型凝集素 3（HaCTL3）作为模式识别受体，在介导蜕皮激素信号调控血细胞包囊反应中发挥重要作用。本研究中，笔者发现 HaCTL3 能与多种细菌结合，且在细菌（大肠杆菌和金黄色葡萄球菌）刺激后的棉铃虫血淋巴中的表达量显著升高，并促进对棉铃虫血淋巴中的细菌进行清除。进一步研究发现，HaCTL3 通过增强血浆抗菌活性和促进血细胞吞噬作用来清除血淋巴中的细菌。转录组分析表明，当敲降 HaCTL3 基因的表达后，笔者在棉铃虫脂肪体中鉴定到 762 个差异表达基因，其中有 29 个免疫相关基因。免疫相关基因中有 6 个基因上调，23 个基因下调表达。鉴定到的所有模式识别受体（*SR-C-like*，*CTL4*，*PGRP C*，β-1，3-GRP 1，*PGRP A*，β-1，3-*GRP* 3，and β-1，3-*GRP* 2*a*）和大多数抗菌肽（*cecropin* 1，*cecropin*，*attacin*，*lebocin*，*pro-lebocin*，and *pre-gloverin*）基因均在敲降了 HaCTL3 基因的脂肪体中显著下调表达。因此笔者得出结论，HaCTL3 不仅能够直接促进血细胞吞噬细菌，还能够通过调控模式识别受体和抗菌肽等免疫相关基因的表达来增强棉铃虫抗细菌免疫反应。然而，HaCTL3 通过何种途径来调控这些免疫相关基因的表达尚不清楚，有待进一步研究。

关键词：C 型凝集素；棉铃虫；抗细菌免疫反应

* 通信作者：汪家林；E-mail：jlwang@ mail. ccnu. edu. cn

教学改革

基于 SPOC 平台的教学模式探究
——以普通昆虫学为例

朱　芬
（华中农业大学植物科学技术学院，武汉　430070）

1　课程建设背景

普通昆虫学是植物保护、植物检验检疫、农药等相关专业本科生的重要专业基础课程。由于生命科学各个学科的飞速发展，信息技术、生物技术融入昆虫学科，为古老的昆虫学科注入了强劲的活力，新的分支学科不断涌现，农学专业、生物技术专业、园艺专业、园林专业、森保专业、茶学专业、果树专业、设施专业、医学专业等也需要学习和掌握普通昆虫学的相关知识。

2　SPOC 平台建设

SPOC（Small Private Online Course）意即小规模限制性在线课程，在 MOOC（大规模在线开放课程）的基础上发展起来的。MOOC 的课程内容可以自由传播、没有严格的时间规定。参与 MOOC 课程的人根据自己的意愿选择学习的课程。MOOC 不同于网络课程和精品课程单向的视频授课形式，而是可以将参与者学习的过程、教师和学生的互动、学生之间的互动环节通过网络平台展现出来。和 MOOC 相比，SPOC 也是在线注册，但参与的人数少，授课形式包括：看视频、线上辅助、线下课堂、答疑等。

《普通昆虫学》内容多，网上 MOOC 被分成了（一）和（二）两门课程。

《普通昆虫学》（一）包括昆虫学概述、昆虫外部形态与昆虫内部器官及其生理等三部分内容。其教学目标是使学生通过学习了解昆虫的一般形态特征、变异特点及其结构与功能的关系等。《普通昆虫学》（二）包括昆虫生物学、昆虫行为学与昆虫分类学等三部分内容。其教学目标是使学习者通过学习了解昆虫的生长发育规律、生活史以及昆虫的主要类群及其特点，能熟练掌握各类昆虫的基础知识和鉴别方法以及识别常见的昆虫种类所属的科。课程的总体教学目标是希望学生掌握昆虫的基本形态学特征和生物学特性，理解昆虫的常见行为活动的内在机制，以便为害虫防治和昆虫资源的开发利用及有关昆虫学的其他分支学科的研究和发展打下良好的基础。

3　教学模式探究

3.1　MOOC 在线学习

在 MOOC 网上看视频。学生通过看视频，学习和了解有关知识点后，完成单元作业和单元测验，这部分成绩占总成绩的 16%。单元测验采用选择、判断等客观题形式；单元作业采用简答题与论述题形式。为提高学生的参与度，在单元作业方面还要求学生参与一定数量的互评，达到规定的互评份数，才可获得100%的分数，未参与互评的则只能获得60%的分数。

3.2 线上辅助

要求参与课程论坛的讨论。为提高学生的参与度，学生在课堂交流区回帖数在8次以上方可参与本部分评分，而在该区主要是由任课教师发起讨论主题。还需建立其他的交流互动平台：如QQ或微信平台，随时解答学生的疑惑。这部分成绩占总成绩的8%。

3.3 线上期末考试成绩

这部分成绩占总成绩的16%。采用选择、判断、论述题等试题形式。学生完成测试后，还需参与主观题的互评，达6份及以上可获得期末考试成绩的100%，互评份数少于6份的只能获得期末考试成绩80%的分数，未参与互评则只能获得期末考试成绩60%的分数。

3.4 线下课堂

虽然网上MOOC具有传统教学无法比拟的优势，但它无法抹杀见面课的独特价值，只有将两者的优势结合起来，弥补双方不足，才能让学生真正扎实地掌握知识。另外，见面课还有助于提升学生的参与度、互动性及师生的亲切度。内容主要包括碎片化的知识点串接、疑难知识点解答、热点问题深入讨论。这部分成绩占总成绩的20%。

线下课堂对碎片化的知识点串接非常重要。MOOC网上呈现的知识点都是碎片化的，一般3~5min视频呈现一个小的知识点。《普通昆虫学》知识点多而杂，涉及141段视频，共计141个小的知识片段，其中《普通昆虫学》（一）中包含76个知识片段，《普通昆虫学》（二）中包含65个知识片段。多段视频给予学生的印象是非常零碎的，要想学生能牢固的掌握，必须将学生在MOOC网上通过看视频、做单元作业、参加单元测验等学习到的各个碎片化的知识点连接起来，讲清不同知识点间的联系和区别，促进学生掌握相关的知识点。

疑难知识点解答在见面课中尤为重要，授课老师可以旁征博引、举很多实际的例子，以帮助学生理解知识点，也可通过示范加深学生的理解和对知识的深刻印象。

热点问题深入讨论。当今社会知识的更新速度非常快。这样就会有很多问题是社会的热点问题或者学生关注的热点问题，这一类问题需要在课前提出，并给出1~2周的准备时间，以便学生查阅相关的资料。学生通过看资料和文献形成自己的观点，在课堂上予以呈现。在执行的过程中事先将学生分好小组，每组4~5人，并按以下要求准备见面课的内容：查阅资料和文献搜集，PPT制作和汇报，课堂回答老师和其他同学的提问。

这种形式的见面课程不仅可以提高学生的参与度、丰富学生的知识，对学生查阅资料、归纳总结分析文献、PPT制作及交际口才等方面都有提升作用。

3.5 线下期末考试成绩

采用名词解释、填空、选择、判断、简答、论述等试题形式对学生掌握的知识进行全面考核，这部分成绩占总成绩的40%。

4 教学效果

比较了两个班级在不同教学模式下的学生考试成绩。其中一个班级使用的是传统见面课模式，另一个班级使用的是 SPOC 多种教学模式。

从表 1 可以看出，与传统见面课模式，采用 SPOC 多种教学模式后，优秀率提高了近 7%，良好率提高了约 12%，而中等及以下的比例从传统见面课模式的 23.53%下降为 SPOC 多种教学模式下的 6.78%。使用 SPOC 多种教学模式可以在很大程度上提高学生的成绩，反映了较好的教学效果。

表 1 传统见面课模式和 SPOC 多种教学模式下的教学效果比较

成绩等级	传统见面课模式	SPOC 多种教学模式
90~100 分（优秀）	27 人（52.94%）	35 人（59.32%）
80~89 分（良好）	12 人（23.53%）	21 人（35.59%）
70~79 分（中等）	10 人（19.61%）	2 人（3.39%）
60~69 分（及格）	2 人（3.92%）	1 人（1.69%）
<60 分（不及格）	0 人（0.00%）	1 人（1.69%）
总人数	51	59

5 教学思考

在体现出别样的教学模式以及良好的实行效果时，SPOC 也存在着不足和尚需改进的地方。对学生自主学习的能力要求高，自主学习的努力程度对学生的成绩影响较大。对缺乏自律的学生来说，SPOC 的督促效果较差，到单元测试截止时间突击学习的较多。线上学习限制了老师与学生之间的互动，在答疑解惑方面不甚完善，教学督促作用也大打折扣。在见面课上，各个小组的汇报虽然精彩，也进行了充分的准备，但容易对自己查阅的资料以偏概全，囫囵吞枣，不甚了了，这对授课老师的知识面也提出了更高的要求。

较之于以往的教学模式，SPOC 的教学与考核方式是一种新时代的创新，具有很多值得发扬借鉴的地方，尤其是见面课上要求学生对资料收集、消化和制作 PPT，能让学生学会独立思考，发散思维，勇于提出问题，并尝试解决，这些是传统课堂所不能给予的。SPOC 作为新兴教学方式，给学生腾出了很多课余时间，不至于为课程的冲突而烦恼，有精力去钻研学习多种课程，学习和生活能更好地协调。